21 世纪全国本科院校土木建筑类创新型应用人才培养规划教材

结构力学实用教程

主　编　常伏德　王晓天
副主编　王树范　刘丽华
主　审　范国庆

U0201513

北京大学出版社
PEKING UNIVERSITY PRESS

内 容 简 介

本书是编者依据多年的教学改革经验编写的，对与力学课程紧密联系的高等数学课程及后续的各门专业课程进行了系统的分析。本书在符号的使用上，尽可能与土木工程专业规范的规定相同；在内容安排上注重了承上启下、理论与实际应用的结合，对繁杂的理论推导进行了简化；强调使用计算机软件对复杂的力学问题进行分析，把烦琐的计算留给计算机；注重手算能力、基本概念的培养；在每章的导入案例中引入了工程实例，在课程内容中讨论了部分工程实例中力学原理的应用，配置了结合注册结构工程师考试的数量较多、题型较丰富的课后习题。

全书分 13 章，主要内容为绪论、平面体系的几何组成分析、静定梁、静定平面刚架、三铰拱、静定平面桁架和组合结构、结构的位移计算、力法、位移法、多高层结构内力分析的手算实用法、影响线及其应用、结构动力学、结构塑性极限荷载简介。每章均附有各种类型的习题及部分参考答案。

本书可作为高等学校土建、水利等专业的教材，也可作为工程技术人员进行工程计算、参加注册结构工程师考试的参考用书。

图书在版编目(CIP)数据

结构力学实用教程/常伏德，王晓天主编. —北京：北京大学出版社，2012.9
(21 世纪全国本科院校土木建筑类创新型应用人才培养规划教材)
ISBN 978 - 7 - 301 - 17488 - 3

Ⅰ. ①结…　Ⅱ. ①常…②王…　Ⅲ. ①结构力学—高等学校—教材　Ⅳ. ①O342

中国版本图书馆 CIP 数据核字(2012)第 205636 号

书　　　　名：	**结构力学实用教程**
著作责任者：	常伏德　王晓天　主编
策 划 编 辑：	吴　迪
责 任 编 辑：	伍大维
标 准 书 号：	ISBN 978 - 7 - 301 - 17488 - 3/TU · 0272
出　版　者：	北京大学出版社
地　　　址：	北京市海淀区成府路 205 号　100871
网　　　址：	http://www.pup.cn　http://www.pup6.cn
电　　　话：	邮购部 62752015　发行部 62750672　编辑部 62750667　出版部 62754962
电 子 邮 箱：	pup_6@163.com
印　　　刷　者：	三河市北燕印装有限公司
发　行　者：	北京大学出版社
经　销　者：	新华书店
	787 毫米×1092 毫米　16 开本　24.75 印张　584 字
	2012 年 9 月第 1 版　2021 年 6 月第 6 次印刷
定　　　价：	47.00 元

前　言

本书是依据编者多年的教学改革经验及参照 2011 年颁布的《高等学校土木工程本科指导性专业规范》编写的。

本书以应用为目的，以科学的认知、学习规律为主干，贯穿了分析研究力学问题的科学方法：增加与减少约束的方法；静力平衡和分配的方法；杆件变形、物理与静力结合的方法。这些方法在教材中多次循序渐进地应用，能提高学习者研究问题和解决实际工程问题的能力。

本书在编写前，对与力学课程紧密联系的高等数学课程及后续的各门专业课程进行了系统的分析。在每章的导入案例中引入了工程实例，在课程内容中讨论了部分工程实例中力学原理的应用，配置了结合注册结构工程师考试的数量较多、题型较丰富的课后习题，这些都会增强学习者对力学学习的目的性和趣味性。

本书由长春工程学院常伏德教授、长春工程学院王晓天副教授担任主编，由长春工程学院王树范讲师、长春工程学院刘丽华教授担任副主编。本书具体编写分工是：第 1 章、第 10 章、第 13 章由常伏德编写；第 2 章、第 3 章、第 4 章、第 8 章、第 11 章由王晓天编写；第 5 章、第 6 章、第 7 章、第 12 章由王树范编写；第 9 章由刘丽华编写。

本书在编写过程中得到了卢存恕教授、主审范国庆教授的无私帮助，在此表示衷心的感谢！

由于编者水平有限，书中难免存在不足之处，恳请广大读者批评指正。

编者
2012 年 4 月

目 录

第 **1** 章
绪　　论

本章教学要点

知识模块	掌握程度	知识要点
结构力学基本概念	掌握	结构力学基本概念
	熟悉	结构计算简图选取的基本原则
	熟悉	结构、荷载的分类
	了解	学习方法

本章技能要点

技能要点	掌握程度	应用方向
结构计算简图	熟悉	确定结构受力特点
结构、荷载的分类	熟悉	确定结构计算方法

 导入案例

曾被称为"八分之一 engineer"的土木工程师

19 世纪中叶，由于工业的发展，人们开始设计、建造各种金属桁架结构的铁路桥梁等大型的工程结构。对于这些结构的设计，首先要对各个杆件之间的联系进行简化，抽象出来一个可以计算的图形，再进行体系的组成分析、静定结构和超静定结构的内力分析和计算。而那个时期的工程师对单个构件的受力性能（如简支梁等）比较熟悉，而对结构物受力性能的认识还处在一个模糊、探索的阶段，对于如图 1.1 和图 1.2 所示的结构，还没有科学的计算简图及计算方法，还主要依靠材料力学的计算公式和简陋的试验来完成设计。19 世纪末 20 世纪初，钢筋混凝土结构大量应用在土木工程中，许多土木工程师对图 1.1 中所示连续梁的跨中弯矩进行计算时，还采用了为他们所熟知的简支梁在均布力作用下，跨中弯矩为 $1/8ql^2$ 的结果。由于实际结构的跨中弯矩小于该值，按其数值进行配筋是偏于安全的。他们对于支座处的负弯矩也采取了类似的偏于安全的算法，当年建造的一些房屋有些至今还在使用着。所以，那个时代的一些其他行业的工程师曾称呼土木工程师为"八分之一 engineer"。显然，这些结构耗费了大量的材料，是不经济的设计。并且，一些复杂的结构形式仅用这种简单的计算方式进行计算可能会得出偏于不安全的结果。

在长达 100 多年的时间里，科学家们经过不懈的努力，陆续建立起了结构力学的体系。到了 20 世纪二三十年代，科学家们还陆续创建了一些对超静定结构进行计算的简易方法，使得普通工程师在进行结构设计时，也能很容易地计算出复杂结构的内力。

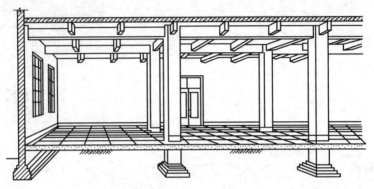

图 1.1

图 1.2

本章将介绍结构的分类、计算简图的选取、结构力学的发展和对结构力学的学习方法等内容。

1.1 结构力学的研究对象和任务

1. 结构及结构的分类

结构是指工程中能承受各种荷载与作用，起骨架作用的体系。例如，在房屋中的由梁和楼板组成的梁板结构体系、由梁与柱组成的框架（刚架）结构体系（图 1.1）以及由屋架与牛腿柱组成的排架结构体系，在铁路和公路上的桁架桥（图 1.2）、拱桥（图 1.3）、悬索桥（图 1.4）等，这些结构都是由梁、墙、板、柱等构件通过结点（相交点）连接而成的。这些

图 1.3

图 1.4

构件在一定条件下都可称为杆件。所谓杆件，就几何尺寸而论，其特点是沿杆长方向的尺寸要远大于其他两个方向的尺寸。由杆件组成的结构，称为杆件结构，如上述的梁、拱、刚架、桁架结构。由厚度比长度和宽度小得多的构件组成的结构称为板壳结构（壁结构），如楼板和壳体屋盖。由长度、宽度和厚度三个方向的尺度相近的构件组成的结构称为实体结构，如水工结构中的挡水坝。

2. 结构力学的研究对象和任务

结构力学是在理论力学和材料力学的基础之上，对结构的受力进行分析的重要课程。理论力学着重讨论物体机械运动的基本规律，材料力学是以单个杆件为研究对象的，而结构力学是以杆件结构为研究对象的。

为保障结构完成预定的承受各种荷载与作用，起骨架作用的目的，除了要满足各个杆件由材料力学保障的强度、刚度、稳定性外，还要保障结构的刚度和稳定性以及在振动时的安全，而这些都首先要对杆件结构的合理组成形式进行研究。例如，北京某工厂的一幢七层装配式钢筋混凝土框架结构，施工中在完成框架梁、柱吊装后，于 1985 年 3 月 27 日夜在一场大风中整体倒塌。原因在于结构吊装后，大部分梁柱相交结点未按规范要求焊接牢固，而只是点焊，致使结点刚性严重不足。这种状态下组成的结构是属于几何形状上可变动（几何不稳定）的结构，称为几何可变体系。显然，这样的体系即使在只有风力作用下也会失去原有的结构形式。因此研究结构各杆件间如何组成方能成为几何不变体系，是结构力学的首要任务。

1.2 结构的计算简图

由于实际结构的复杂性，完全按照实际结构进行受力分析一般是不可能的，也是不必要的。因此在进行结构力学计算以前必须将实际结构进行简化，略去次要的部分，表现其基本受力特征，用一个简单明了的图形代替实际结构简图，这种图形称为结构的计算简图。

1. 杆件连接的简化

结构中各个杆件相互连接的部分称为结点，按其连接的方式，一般可简化为铰结点、刚结点和组合结点。

（1）铰结点是指相互连接的杆件在连接处可以绕铰的中心转动但不能相对移动的结点，其特点是在结点处有两个方向互相垂直的约束力，但没有约束力矩。固定铰支座就是一个大地与构件之间的铰结点。

（2）刚结点是指相互连接的杆件在连接处既不能相对移动也不能相对转动的结点，其特点是在结点处有两个方向互相垂直的约束力，还有一个约束力矩。固定端就是一个大地与构件之间的刚结点。

（3）组合结点是指相互连接的杆件在连接处既有刚结点又有铰结点的结点，其特点是对各自连接的杆件具有刚结点和铰结点的特征。防止电杆倾斜的斜拉索与电杆连接处，就是一个组合结点。

2. 计算简图的选取

根据结构简图抽象出计算简图，应尽可能符合结构的主要受力特征，但同时又应使计算简化，这是选取结构计算简图的两条基本原则。应用结构计算软件进行力学分析时，计算简图的选取可以再多考虑一些结构受力的次要部分。

结构计算简图的选取一般由两部分内容组成：一个是结构的简化，另一个是荷载的简化。以图 1.5(a) 所示的木屋架结构简图为例说明如下：一栋房屋由多榀相互平行且等距的木屋架组成，各榀屋架的受力情况基本相同，因此只取其中一榀研究即可。以屋架各杆的轴线代替各杆件绘于图 1.5(b) 中，这是结构简化的第一步。根据木杆件交汇处各杆件间存在相互转动的实际可能性，将所有结点简化为铰结点，这是结构简化的第二步。最后考虑屋架与墙的实际支承方式并有利于简化计算，将支座选取为左边是固定铰支座，右边是单链杆支座(即为滚轴支座)作为第三步。关于荷载问题，就其实际传递而言，屋架应受到由檩条传过来的屋面荷载，但由于檩条并不一定位于屋架的结点处 [图 1.5(a)]，因此将形成非结点荷载，这会使计算复杂，为此可将檩条传递过来的非结点荷载分解到结点上形成如图 1.5(b) 所示的结点荷载，这个过程可以说是荷载简化。实际上屋架各结点上的集中荷载值可按各结点所占屋架平面位置的大小平均分配，这样就形成如图 1.5(b) 所示的屋架计算简图，该图为平面桁架，所谓桁架，是指所有结点均为铰结点的杆件结构。

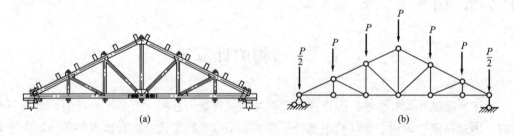

图 1.5

图 1.6 所示为一幢 7 层钢筋混凝土框架结构的计算简图。图中横竖线分别代表各层梁柱杆件，梁柱相交处应视为相互不能发生转动的刚性结点，支座均视为固定端。梁上承受由楼板或次梁传递过来的竖向荷载，框架边柱承受水平风荷载或水平地震作用。这种以刚结点为主的结构通常又称为刚架结构。

图 1.7 所示为一单层单跨厂房的计算简图。图中竖线代表厂房中的变截面柱，横线表示屋架，屋架与柱的结合点近似地看作铰接。竖向荷载除屋面传来的以外还有吊车压力(一般属偏心受压)，水平荷载除风或地震作用外还要考虑吊车的刹车力。这种结构称为排架结构。

图 1.8 为工程中的施工大模板结构简图。它主要由面板、水平加劲肋、竖楞与支撑桁架等组成。两个面板在灌注混凝土时将要受到很大的与板面垂直的荷载作用，为了保证施工质量和节约钢材，必须对面板、水平加劲肋等进行强度与刚度验算，特别是刚度验算将起控制作用。图 1.9(a) 为单向面板大模板构造图(结构简图)；图 1.9(b) 为面板的计算简图，称为多跨连续梁，它是沿水平方向取 1m 宽面板所构成的，水平肋起到支座作用；

图 1.9(c) 为面板与水平加劲肋共同工作的计算简图,称为带伸出端的两跨连续梁,竖楞起到支座作用。

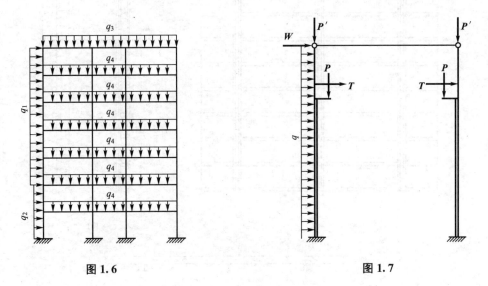

图 1.6   图 1.7

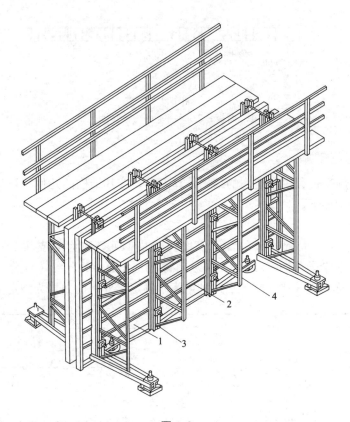

图 1.8
1—面板;2—水平加劲肋;3—竖楞;4—支撑桁架

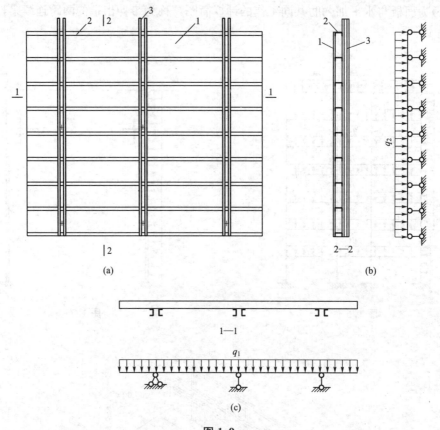

图 1.9

1—面板；2—水平肋；3—竖楞

3. 计算简图的分类

建筑结构与施工过程中常遇到的结构计算简图，按其结构的几何特征与构件连接方式的不同，可以分类如下。

1) 梁式结构

图 1.10 所示为一般常见梁的计算简图。图 1.10(a) 称为简支梁（支承最为简单）；图 1.10(b) 称为外伸梁；图 1.10(c) 称为悬臂梁；图 1.10(d)、(e) 称为多跨静定梁；图 1.10(f)、(g) 称为连续梁。除最后两种梁为超静定梁外，前面均为静定梁。

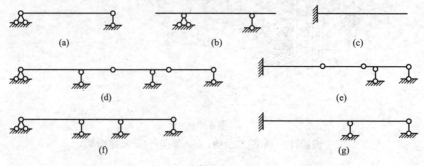

图 1.10

2）拱式结构

图 1.11 为常见的三种拱式结构。图 1.11(a)称为三铰拱(由三个铰组成)；图 1.11(b)称为两铰拱，图 1.11(c)称为无铰拱。除三铰拱为静定结构外，后两种拱为超静定拱。

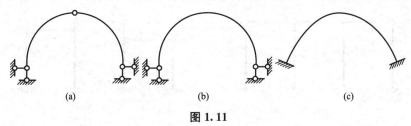

图 1.11

3）桁架

图 1.12 给出了工程结构中最常采用的桁架类型。图 1.12(a)为平行弦桁架；图 1.12(b)为三角形桁架；图 1.12(c)为折弦形桁架；图 1.12(d)为联合桁架；图 1.12(e)为抛物线形桁架；图 1.12(f)为三铰拱式桁架。此处所给桁架均为静定桁架。

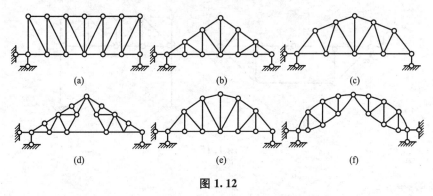

图 1.12

4）刚架

在图 1.13 所示刚架中，图 1.13(a)为悬臂式刚架；图 1.13(b)为简支刚架；图 1.13(c)为三铰刚架；图 1.13(d)为单层多跨刚架；图 1.13(e)为多层多跨刚架。前三种刚架为静定刚架，后两种刚架为超静定刚架。

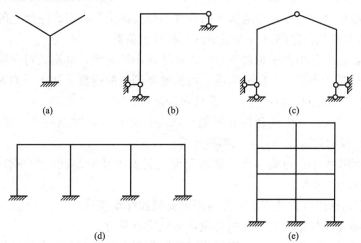

图 1.13

5）排架

图 1.14 为单层工业厂房中最常采用的排架形式，图 1.14(a)为等高多跨排架；图 1.14(b)为不等高多跨排架。两者均为超静定结构。

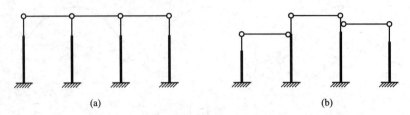

(a)   (b)

图 1.14

6）组合结构

组合结构是一种梁与桁架、柱与桁架或刚架与桁架组合在一起的结构，如图 1.15 所示。图 1.15(a)为静定结构；图 1.15(b)为超静定结构。

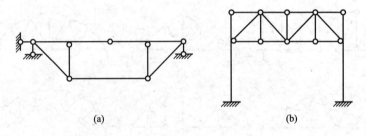

(a)   (b)

图 1.15

4. 荷载的分类

对结构进行简化时，还需要明确作用在结构上的荷载类型。

(1) 荷载按其作用时间的长短可分为恒载和活载。

① 恒载是指长期作用在结构上的荷载，如结构的自重及设备自重等，其特点是荷载的大小、方向、作用位置不随时间变化。

② 活载是指短时间内作用在结构上的荷载，如楼板上的人群、屋面上的雪等重力。

(2) 荷载按其作用的范围可分为集中荷载和分布荷载。

① 集中荷载是指作用范围相对于总杆件尺寸较小的荷载，如次梁对主梁的作用。

② 分布荷载是指作用在一块面积或一段长度范围上的荷载，如水压力等。

(3) 荷载按其作用的性质可分为静荷载和动荷载。

① 静荷载是指大小、方向和位置不随时间变化或其变化对结构产生惯性力影响可略去的荷载，如结构的自重、楼板上人群重力等。

② 动荷载是指大小、方向和位置随时间变化且其变化对结构产生惯性力影响不可略去的荷载，如地震作用等。

(4) 荷载按其作用位置的变化可分为固定荷载和移动荷载。

① 固定荷载是指作用位置不变的荷载，如结构自重等。

② 移动荷载是指在结构上按一定尺度移动的荷载，如吊车和汽车的轮压。

1.3 结构力学发展简史

人类在古代就开始制造各种器物，如弓箭、农具、房屋等，这些都是简单的结构。近两千年前的东汉时期，文学家王延寿在《鲁灵光殿赋》中描述灵光殿"于是详察其栋宇，观其结构"首次出现了"结构"一词。在以钢、混凝土为主要建筑材料之前，较长的时期里土木工程的结构是以石、木、砖为建筑材料的。西方各国多以石料、混凝土作建筑材料，而东方各国多以砖、木为建筑材料。由于木结构不耐火，也不耐腐蚀，所以，我国留存的古建筑数量很少。随着社会的进步，人们对于结构设计的规律以及结构的强度和刚度逐渐有了认识，并且积累了经验，这表现在古代建筑的辉煌成就中，如埃及的金字塔，中国的万里长城、赵州桥、故宫等。尽管这些结构中隐含有诸多的力学知识，但那时并没有形成一门学科。

结构力学是与近代的理论力学、材料力学同时发展起来的。所以结构力学在发展的初期是与理论力学和材料力学融合在一起的。到19世纪初，由于工业的发展，人们开始设计各种大规模的工程结构，从19世纪30年代起，由于要建造通行火车的铁路桥梁，不仅需要考虑桥梁承受静载荷的问题，还必须考虑承受动载荷的问题，又由于桥梁跨度的增长，出现了金属桁架结构。19世纪中叶之后，炼钢技术得到普及，于是在结构上普遍采用钢铁结构。1846年英国在北威尔士建成布瑞塔尼亚铁路大桥，1873年英国伦敦建成跨泰晤士河的阿尔伯特吊桥，最大跨度384英尺（1英尺＝0.3048米）。对于这些结构的设计，需要进行较精确的分析和计算。因此，工程结构的分析理论和分析方法开始建立起来。1826年，法国的纳维尔对于连续梁的理论提出了求解静不定结构问题的一般方法。19世纪中叶出现了许多结构力学的计算方法和理论，从1847年开始的数十年间，学者们应用图解法、解析法等来研究静定桁架结构的受力分析，这奠定了桁架理论的基础。1864年，英国的麦克斯韦用作图的方式求解桁架的内力，创立单位载荷法和位移互等定理，并用单位载荷法求出桁架的位移。在1875年，意大利工程师卡斯蒂利亚诺发表关于单位荷载法的论文。力法是19世纪末建立起来的，工程师们终于找到了解超静定结构的方法，结构力学逐渐发展成为一门独立的学科。

基本理论建立后，在解决原有结构问题的同时，还不断发展新型结构及其相应的理论。19世纪末到20世纪初，学者们对船舶结构进行了大量的力学研究，并研究了可动载荷下的梁的动力学理论以及自由振动和受迫振动方面的问题。

20世纪初，航空工程的发展促进了对薄壁结构和加劲板壳的应力和变形分析，以及对稳定性问题的研究。同时桥梁和建筑开始大量使用钢筋混凝土材料，这就要求科学家们对刚架结构进行系统的研究。1914年，德国的本迪克森创立了转角位移法，用以解决刚架和连续梁等问题。随后，一些科学家陆续创建了一些对超静定杆系结构的简易计算方法，如1924年维列沙金在莫斯科铁路运输学院读书时提出的图乘法、1925年林同炎提出的力矩分配法，使得普通的设计人员都可以很容易地计算较复杂的超静定杆系结构。

到了20世纪20年代，人们又提出了蜂窝夹层结构的设想。根据结构的"极限状态"这一概念，科学家得出了弹性地基梁、板及刚架的设计计算新理论。对承受各种动载荷（特别是地震作用）的结构的力学问题，科学家也在实验和理论方面做了许多研究工作。随着结构力学的发展，疲劳问题、断裂问题和复合材料结构问题先后进入结构力学的研究领域。

20 世纪 50 年代，电子计算机和有限元法的问世使得大型结构的复杂计算成为可能，计算力学作为力学的一个独立的分支学科，从而将结构力学的研究和应用水平提到了一个新的高度。

1.4 结构力学的重要性及学习方法

学习结构力学课程之前，需掌握的专业基础课程有理论力学和材料力学，之后，将学习弹性力学、钢筋混凝土结构、钢结构、建筑抗震等课程。从课程的设置上可以认识到，结构力学课程在土木工程专业中占有重要地位。

另外，从"结构是建筑物和工程设施中承受和传递荷载，起到骨架作用"的描述中可以看出，结构在所有土木工程设施中都是无处不在的。而土木工程中的桥梁、道路、建筑、水力等专业，都是直接构筑在结构力学之上的。

力学是一个完整的知识体系，其基本部分是理论力学、材料力学、结构力学、弹性力学。一般地，学习土木工程专业的人习惯将理论力学、材料力学和结构力学并称为"三大力学"，其中理论力学主要研究物体机械运动的基本规律，材料力学和结构力学主要研究构件及结构的强度、刚度、稳定性和动力反应等问题。其中材料力学是以单个杆件为研究对象的，而结构力学是以杆件结构为主要研究对象的。

结构力学的学习主要体现在对下述四个"能力"的培养和提高上。

1. 分析能力

这种能力包括对实际结构进行分析、简化，确定其计算简图；分析结构的组成规律，确定其是否为静定结构或为超静定结构；结构内力计算方法的选择。分析能力和下面介绍的计算能力是相辅相成的。

2. 计算能力

这种能力包括对各种结构进行计算的能力；对计算结果进行定量校核或定性判断的能力；初步具有应用结构计算程序进行电算的能力。不会计算，也就不会校核；不会手算，则电算也是盲目的。对计算结果进行校核和定性判断，要求能会用另一种计算方法来校核和用简略的方法判定计算结果是否在合理范围之内，这就要计算者掌握结构力学的多种计算方法和近似算法，并能灵活运用。应用计算程序进行电算的能力在今后的工作中十分重要——不会电算就无法计算大型的工程结构问题，也就无法提高计算效率。

做题练习是保证分析能力和计算能力提高的重要环节。不做一定数量的习题，很难对结构力学的基本概念和方法有深入的理解，也很难培养良好的计算能力。

做题练习时要先看书、复习，在理解的基础上做题，通过做题巩固和加深理解。

对习题要反复研究和练习，一道题要尝试用多种方法去求解，这比用一种方法做多道题会更有收获。

对于计算结果不能只对照答案，而不去判断。要养成自行校核的好习惯。在实际工作中，计算人员要对自己算出来的计算结果负责，这是一个优秀工程师所应具有的基本修养。

做错了的题目要及时改正并反思错误的原因，这也是一个非常好的学习机会。

3. 自学能力

自学就是根据已学的知识，主动学习新的知识。要善于总结，就是要把书本上的知识点用自己的话说出来，把繁杂的理论推证用自己的思路整理出来，把各章节的知识融贯成整体。总之，要把所学知识进行总结和提高。在结构力学的学习中，始终贯穿着增减约束、静力平衡、力的分配等研究方法，掌握了这些方法，对新问题的分析就会有正确的思路。

4. 表达能力

作业是工程师书写计算书的基础，因为计算书是要和其他技术人员进行交流和存档的资料，所以要求其形式整洁、步骤分明、思路清晰、图形简明、数据准确、表达简单和科学严谨。这是工程师应具有的一种认真负责的习惯和严谨的工作作风。

本 章 小 结

1. 基本概念
1）结构
构筑物中能够承受荷载而起骨架作用的体系称为结构。结构的类型可分为以下几种。
（1）按照几何特征区分，有杆件结构、薄壳结构和实体结构。
（2）按照空间特征区分，有平面结构和空间结构。
2）构件
组成结构的各个部件。构件的类型：杆件、板和壳、实体。
2. 结构力学的任务
研究杆件结构的合理组成形式；满足各个杆件的强度、刚度、稳定性的要求，保障结构的刚度和稳定性以及结构在振动时的安全。
3. 结构的计算简图
研究了铰结点、刚结点的简化；对计算简图的选取；对计算简图进行了分类，列出了常见的几种结构计算简图。
4. 荷载的分类
荷载：结构上承受的主动力。
荷载分类：按荷载作用的范围可分为分布荷载和集中荷载；按荷载作用时间的长短可分为恒荷载和活荷载；按荷载作用的性质可分为静荷载和动荷载；按荷载作用位置的变化可分为固定荷载和移动荷载。
本章还对结构力学发展史及对结构力学学习方法进行了介绍，有助于加强学习者的工程意识，提高对结构力学的学习兴趣。

关 键 术 语

计算简图（computing model）；结构（structure）；铰（hinge）；铰结点（hinge joint）；刚

结点(rigid joint)；联系(connection)；链杆(bar)；荷载(load)；杆件结构(structure of bar system)；板壳结构(plate and shell structure)；实体结构(massive structure)；梁式结构(beam‐type structure)；刚架(frame)；拱(arch)；平面桁架(plane truss)；排架(bent)；组合结构(composite structure)。

习　题　1

一、思考题

1. 结构力学研究的对象是什么？

2. 阐述结构简图和计算简图以及它们与实际结构的关系。

3. 阐述结构计算简图的简化原则、简化内容。

4. 简述常见的杆系结构，并绘图说明。

二、填空题

1. 结构按照几何特征分为_____、_____和_____；按照空间特征分为_____和_____。

2. 结构中常见的杆件有_____、_____和_____。

3. 恒荷载和活荷载是按_____来区分的。

三、判断题

1. 板和壳都是厚度很薄的构件，它们是根据其为平面或是曲面来区分的。（　　　）

2. 在任何情况下，体内任意两点的距离保持不变的物体叫刚体。（　　　）

3. 刚结点的特点是没有相对转角，也没有绝对转角。（　　　）

4. 四边支撑的正方形楼板可以简化为一根杆件计算。（　　　）

5. 结构的计算简图只考虑荷载的简化。（　　　）

6. 荷载是指结构的自重。（　　　）

7. 结构力学研究的对象仍然是弹性小变形体。（　　　）

四、选择题

1. 结构力学研究的任务是（　　　）。

A. 结构中的每一根构件都应有足够的强度

B. 设计时要保证构件的变形数值不超过它正常工作所容许的范围

C. 构件和结构应保持原有的平衡状态

D. 以上三种

2. 荷载按作用范围可分为（　　　）。

A. 静荷载和动荷载　　　　　　　　　　B. 恒荷载和活荷载

C. 分布荷载和集中荷载　　　　　　　　D. 以上都是

3. 作用在楼面上的人群的重力称为（　　　）。

A. 恒荷载　　　　　　　　　　　　　　B. 活荷载

C. 静荷载　　　　　　　　　　　　　　D. 动荷载

第**2**章
平面体系的几何组成分析

本章教学要点

知识模块	掌握程度	知识要点
平面几何体系组成分析	掌握	几何可变和几何不变体系的概念、体系的自由度
	掌握	几何不变体系的组成规则
	掌握	静定结构与超静定结构的几何组成特征
	熟悉	瞬变体系的概念

本章技能要点

技能要点	掌握程度	应用方向
体系自由度的计算	熟悉	结构组成的必要条件、规则的建立
几何组成规则的应用	掌握	判定结构的合理组成和超静定次数

 导入案例

被风吹倒了的建筑

　　1985年3月27日夜晚，北京某工厂的一幢还未完工的七层装配式钢筋混凝土框架结构在一场大风中整体倒塌。经分析，施工中在完成框架梁、柱吊装后，大部分梁柱相交结点未完全焊接牢固，而只是点焊，致使结点刚性严重不足，又没有架设临时支撑。当作用在结构上的外力使得结点焊口开裂，这种状态下组成的体系就是属于如图2.1所示的几何上可变动的体系，显然即使是在不太大的风力的作用下也会失去结构的原有形状。1972年，上海的一幢四层升板结构，也是在施工过程中，柱板相交处仅用木楔临时固定，未能形成刚结点，且又忽视了临时支撑的架设，结果在大约5级的风力作用下整体倒塌。在由构件组装成结构的过程中，构件组成形式的不合理使得整个结构完全失去承载能力，这是现场工程师经常面临的重要问题。因此，研究结构在设计和施工阶段，各杆件间如何连接才能成为几何不变体系，是本章学习的主要内容。

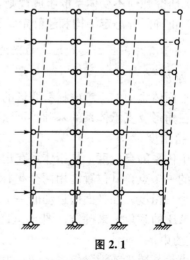

图 2.1

2.1 几何组成分析的几个概念

1. 几何不变体系和几何可变体系

杆件结构一般是由若干杆件互相连接所组成的体系。当体系受到任意荷载作用时，若不考虑材料的变形，其几何形状和位置均能保持不变，这样的体系称为几何不变体系，如图 2.2(a) 所示。不考虑材料的变形，即使在很小的外力作用下，其几何形状与位置都会发生改变，这样的体系称为几何可变体系，如图 2.2(b) 所示。

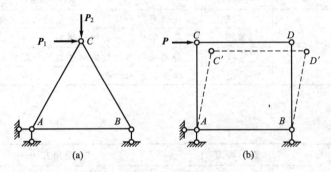

图 2.2

显然，几何可变体系是不能用来作为结构的，因为结构必须是其各部分之间不能发生相对运动的体系，只有这样的体系才可能承受任意荷载并维持平衡。

2. 几何组成分析的目的

分析体系的几何组成，以确定它们属于哪一类体系，称为体系的几何组成分析。几何组成分析的主要目的在于：

(1) 判别某一体系是否几何不变，从而决定它能否作为结构；

(2) 研究几何不变体系的组成规则，以保证所设计的结构能承受荷载而维持平衡；

(3) 正确区分静定结构和超静定结构，为结构的内力计算打下必要的基础。

3. 关于刚片、自由度和约束的概念

1) 刚片

在平面体系中，不考虑材料变形的几何不变部分称为刚片。如一根梁、一根链杆、一个铰结三角形及支承体系的基础都可以看成刚片。

2) 自由度

一个体系的自由度，是指体系在运动时确定其位置所需的独立坐标的数目。例如平面内运动的一个点，其位置需用两个坐标 x、y 来确定 [图 2.3(a)]，所以在平面内的一个点有两个自由度。在平面内运动的一个刚片，其位置可由其上任一点 A 的坐标 x、y 和任一直线 AB 的倾角 φ 来确定 [图 2.3(b)]，所以在平面内的一个刚片有三个自由度。

3) 约束

约束是指减少或消除体系运动自由度的各种连接装置，也称联系。体系与基础之间的

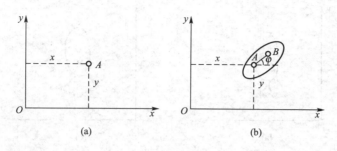

图 2.3

联系，即支座，是体系的外部约束(联系)。体系内部各杆件之间或结点之间的联系，如铰结点、刚结点和链杆等，是体系的内部约束(联系)。能减少一个自由度的装置称为一个约束。以下是几种常见的约束。

(1) 链杆。用一根链杆将刚片与基础相连 [图 2.4(a)]，则刚片将不能沿链杆方向移动，因而减少了一个自由度，故一根链杆相当于一个约束。

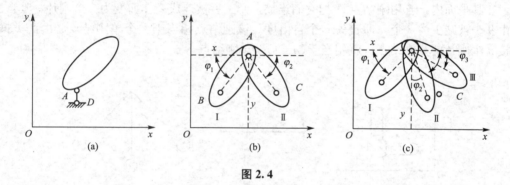

图 2.4

(2) 铰连接。连接两个刚片的铰称为单铰。如图 2.4(b)所示，用一个铰 A 将刚片 Ⅰ 与刚片 Ⅱ 相连接，对刚片 Ⅰ 而言，其位置可由 A 点的坐标 x、y 和 AB 线的倾角 φ_1 来确定，由于点 A 是两刚片的共同点，则刚片 Ⅱ 的位置只需用倾角 φ_2 就可以确定。两个各自独立的刚片在平面内共有 6 个自由度，它们之间用一个铰连接之后，只剩下 4 个自由度。可见，一个单铰能够减少两个自由度，它相当于两个约束，也相当于两根相交链杆的约束作用。

连接两个以上刚片的铰称为复铰。图 2.4(c)为连接三个刚片的复铰。三个各自独立的刚片在平面内总共有 9 个自由度，它们之间用铰连接之后，体系的自由度变为 5，减少了4 个自由度，故连接三个刚片的复铰相当于两个单铰的作用。一般说来，连接 n 个刚片的复铰相当于$(n-1)$个单铰的作用。

两根链杆的约束作用也相当于一个单铰。两根链杆杆端直接相连而形成的铰称为实铰，如图 2.5(a)所示。一个刚片用两根不共线的链杆与基础相连接，如图 2.5(b)所示，此时刚片只能绕两链杆的延长线之交点 O 转动。因此，两根链杆的作用相当于在其交点处加一个单铰，这种链杆的延长线交于一点的铰，称为虚铰。当体系运动时，虚铰铰心的位置也随之改变，所以通常又称它为瞬铰。虚铰的作用与单铰一样，仍相当于两个约束。

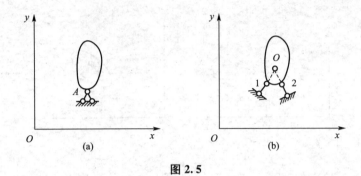

图 2.5

(3) 刚性连接。连接两个刚片的刚性结点称为单刚结点，如图 2.6(a)所示，刚片 Ⅰ、Ⅱ 原来共有 6 个自由度，用刚结点 C 连接后成为一个刚片，只具有 3 个自由度。所以一个单刚结点可使体系减少 3 个自由度，相当于 3 个约束。刚性连接用于支座时则称其为固定端支座，如图 2.6(b)所示。

连接两个以上刚片的刚性结点称为复刚结点。如图 2.6(c)所示，互不相连的三个刚片，在其平面内，若用刚结点 A 把它们连接，则三者被连成一体而变为一个刚片，其自由度由 9 个被减少为 3 个，即丧失 6 个自由度。该刚结点相当于 2 个单刚结点。由此类推，连接 n 个刚片的复刚结点，就相当于 $(n-1)$ 个单刚结点。

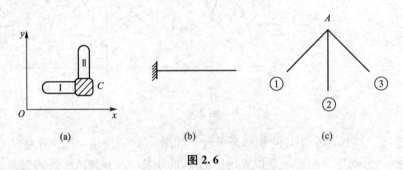

图 2.6

(4) 多余约束。若在体系中增加一个约束，而体系的自由度并不因此而减少，则此约束称为多余约束。例如，平面内的一个自由点 A 有两个自由度，如果用两根不共线的链杆 AB、AC 把 A 点与基础相连［图 2.7(a)］，则点 A 的自由度完全消除而变为零。从固定点 A 的位置来说，AB、AC 两根链杆已足够，且缺一不可，因此它们被称为必要约束。如果再增加一根链杆 AD［图 2.7(b)］，点 A 的实际自由度仍然为零。这就是说，链杆 AD 对于限制点 A 的运动来说是多余的，故称为多余约束。实际上，图 2.7(b)中三根链杆中只有两根链杆是必要约束，任何第三根链杆都可视为多余约束。

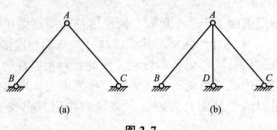

图 2.7

2.2 几何不变体系的基本组成规则

图 2.8(a)所示的结构,是由三根杆件用不在同一直线上的三个单铰两两相连组成的铰结三角形,虽然其位置在平面内是可以改变的(可以整体移动或转动),但铰结三角形的形状是不能改变的,则该铰结三角形本身是一个没有多余约束的几何不变体系,也称为内部几何不变体系(简称内部不变)。如果将铰结三角形中的三根链杆、或者其中两根、或者其中一根当作刚片,则可衍生出以下三个构成几何不变体系的基本规则。

1. 三刚片规则

将图 2.8(a)中 AB、BC、AC 三根链杆看作三个刚片,铰 A、B、C 为刚片间两两相连的不在同一直线上的三个单铰,这样组成的仍然是铰结三角形[图 2.8(b)],即是没有多余约束的几何不变体系。由此可得三刚片规则:三个刚片之间用不在同一直线上的三个铰两两相连,则所组成的体系是无多余约束的几何不变体系。

由于连接两刚片的两根链杆的作用相当于一个单铰,故可将任一单铰换为两根链杆所构成的虚铰。据此可知,图 2.8(c)所示体系仍然是无多余约束的几何不变体系。

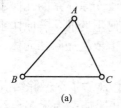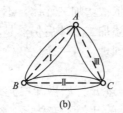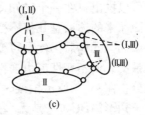

(a)　　　　　　(b)　　　　　　(c)

图 2.8

2. 两刚片规则

将图 2.9(a)中 AB、BC 杆看作两个刚片(Ⅰ、Ⅱ),B 为连接它们的单铰,AC 为连接它们的链杆[图 2.9(a)],这还是个铰结三角形,即是无多余约束的几何不变体系。由此可得两刚片规则:两个刚片之间用一个单铰和一根链杆连接,且铰和链杆不在同一直线上,则所组成的体系是无多余约束的几何不变体系。

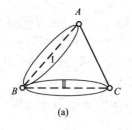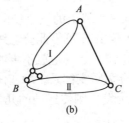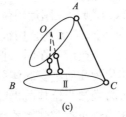

(a)　　　　　　(b)　　　　　　(c)

图 2.9

由于一个单铰的作用相当于两根链杆,故可将铰 B 换成两根链杆,如图 2.9(b)、(c)所示,因此,两刚片规则亦可这样叙述:两个刚片之间用不全交于一点也不全平行的三根链杆相连接，则所组成的体系是无多余约束的几何不变体系。

3. 二元体规则

将点 A 看作是要连接的点，BC 杆视为刚片，AB、AC 杆当作连接结点 A 与刚片的链杆，可得到图 2.10 所示体系。显然，它是无多余约束的几何不变体系。这种由两根不共线的链杆连接一个新结点的装置［图 2.10 中的 BAC］称为二元体。由此可得到二元体规则：在一个刚片上增加一个二元体，仍为无多余约束的几何不变体系。

例如分析图 2.11 所示桁架时，可任选一铰结三角形 ABC 为基础，增加一个二元体得结点 D，从而得到几何不变体系 $ABCD$；再以其为基础，增加一个二元体得结点 F……如此依次增添二元体而最后组成该桁架，故知它是一个无多余约束的几何不变体系。

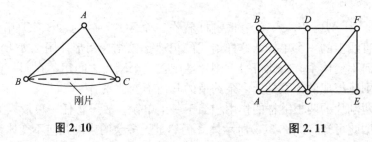

图 2.10　　　　　　　　　　图 2.11

由此可以推出：在一个已知体系上依次增加二元体，不会改变原体系的几何不变性或可变性。即原来的体系是几何不变的，添加二元体后仍然是几何不变的，若原体系是几何可变的，添加二元体后仍然是可变的。同理，在一个已知体系上依次撤除二元体，也不会改变原体系的几何不变性或可变性。

例如分析图 2.11 所示桁架时，从结点 E 开始撤除二元体，然后依次撤除结点 F、D，剩下铰结三角形 ABC，它是无多余约束的几何不变体系，故知原体系为无多余约束的几何不变体系。

2.3 瞬变体系

在研究平面体系的几何组成时应注意，对于构成几何不变体系的三个基本规则都有一些附加的限制条件，如果体系的几何组成不满足这些附加限制条件，其结果将会如何呢？下面来加以研究。

图 2.12(a)所示三刚片用位于同一直线上的三个铰两两相连，此时 A 点位于以 BA 和 CA 为半径的两个圆弧的公切线上，故 A 点可沿此公切线做微小的移动。不过，当发生微小移动后，三个铰就不在同一直线上了，运动也就不再继续。这种原为几何可变，经微小位移后即转化为几何不变的体系，称为瞬变体系。瞬变体系也是一种可变体系。为了区别起见，又可将经微小位移后仍能继续发生刚体运动的几何可变体系称为常变体系。这样，几何可变体系便包括常变体系和瞬变体系两种。

同理，两刚片之间用在同一直线上的一个单铰和一根链杆连接［图 2.12(b)］、两刚片之间用汇交于一个虚铰的三根链杆连接［图 2.12(c)］、两刚片之间用三根互相平行但不等长的链杆连接［图 2.12(d)］，都是瞬变体系。

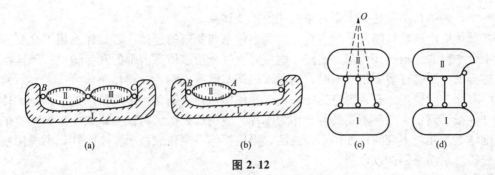

图 2.12

瞬变体系只发生微小的相对运动，似乎可以作为结构，但实际上当它受力时可能会出现很大的内力而导致破坏，或者产生过大的变形而影响使用。例如图 2.13(a)所示瞬变体系，在外力 P 作用下，铰 A 向下发生微小的位移而到 A' 位置，由图 2.13(b)所示隔离体的平衡条件得

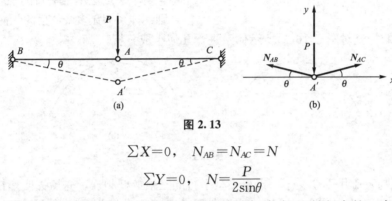

图 2.13

$$\sum X = 0, \quad N_{AB} = N_{AC} = N$$
$$\sum Y = 0, \quad N = \frac{P}{2\sin\theta}$$

当 A 点的竖向位移很小时，θ 也很小，由上式可知内力 N 是很大的。当 $\theta \to 0$ 时，即使 P 值很小，杆件的内力 $N \to \infty$，这将会造成杆件破坏。因此，瞬变体系是不能作为结构使用的，即使是接近于瞬变的体系也应当避免使用。

图 2.14(a)中，两刚片之间用三根等长平行链杆连接，则微小运动发生后三根链杆仍然相互平行，运动可继续下去〔图 2.14(b)〕，所以该体系为常变体系。同理，图 2.14(c)中，两刚片之间用汇交于一个实铰的三根链杆连接，该体系也为常变体系。

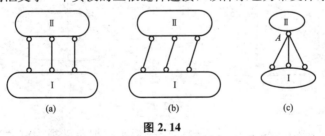

图 2.14

2.4 几何组成分析示例

对体系进行几何组成分析时，只要分析出体系的几何组成符合前述三个基本规则中的

任何一个，则体系必定是无多余约束的几何不变体系。

在具体应用这些规则分析时，首先应观察体系与基础的连接，若某体系用不全交于一点也不全平行的三根链杆与基础连接，则可以直接分析该体系内部的几何组成。但体系与基础连接的支座链杆数多于三根时，则通常应把基础看成刚片，再作整体分析。然后判别体系中有无二元体，如有，则应先撤去，以便使体系得到简化。最后恰当选取基础、体系中的杆件或可判别为几何不变的部分作为刚片，应用规则扩大其范围，如能扩大至整个体系，则体系为几可不变的；如果不能的话，则应把体系简化成两至三个刚片，再应用规则进行分析。下面举例加以说明。

【例 2-1】 试对图 2.15 所示体系进行几何组成分析。

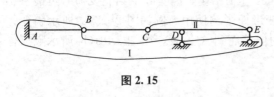

图 2.15

解： 由于 A 端为固定端，所以基础与 AB 梁形成一个刚片 Ⅰ，将 CE 梁视为一刚片 Ⅱ，BC 梁视为链杆，则 Ⅰ、Ⅱ 两刚片间用不全交于一点也不全平行的三根链杆相连接，则此体系为无多余约束的几何不变体系。

【例 2-2】 试对图 2.16(a)所示体系进行几何组成分析。

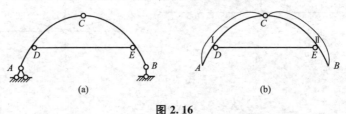

图 2.16

解： 体系与基础用不全交于一点也不全平行的三根链杆相连，先撤去支座链杆，只分析体系内部的几何组成［图 2.16(b)］。将曲杆 AC、BC 分别视为刚片 Ⅰ 与刚片 Ⅱ，它们之间用一个实铰与一根链杆连接，且铰和链杆不在同一直线上，则此体系为无多余约束的几何不变体系。

【例 2-3】 试对图 2.17(a)所示体系进行几何组成分析。

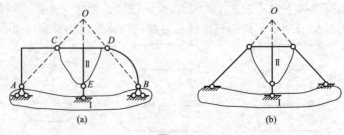

图 2.17

解： 该体系与基础相连的支座链杆数多于三根，故把基础视为刚片 Ⅰ（两个链杆的作用相当于一个单铰），CED 视为刚片 Ⅱ。折杆 AC 仅两端为铰结，无其他联系，自身又为几何不变体，因此从运动角度考察与一链杆 AC 的作用相当；与此类似，曲杆 DB 也相当于一根链杆。这样此体系将与图 2.17(b)等价。刚片 Ⅰ 与刚片 Ⅱ 之间用三根交于一点的虚铰连接，故此体系为瞬变体系。

【例 2-4】 试对图 2.18 所示体系进行几何组成分析。

解：该体系与基础相连的支座链杆数多于三根，故把基础视为刚片 I，AC、AD 杆分别视为刚片 II 与刚片 III，CB 与 DB 两折杆看成链杆。II、III 两刚片由实铰 A 相连，I、II 两刚片用虚铰 O_1 相连，I、III 两刚片用虚铰 O_2 相连，由于这三个铰并不共线，故此体系为无多余约束的几何不变体系。

【例 2-5】 试对图 2.19 所示体系进行几何组成分析。

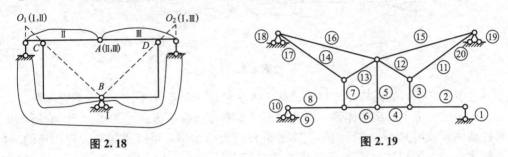

图 2.18　　　　　　　　　　图 2.19

解：方法 1：首先撤去①、②杆所形成的二元体，再相继撤去③、④形成的二元体，同理可撤去⑤、⑥杆，⑦、⑧杆，然后撤去⑪、⑫杆，⑬、⑭杆，⑮、⑯ 杆，⑨、⑩杆，⑰、⑱ 杆，⑲、⑳杆，最后剩下的只有基础这个刚片，故此体系为无多余约束的几何不变体系。

方法 2：将方法 1 的程序逆转过来，从基础这个刚片出发（自身为几何不变体系且无多余约束）增加⑲、⑳两杆组成的二元体，相继增加⑰、⑱、⑨、⑩杆，进一步增加⑮、⑯、⑬、⑭、⑪、⑫杆，然后增加⑦、⑧、⑤、⑥、③、④杆，最后增加①、②杆所形成的二元体，整个体系形成一个大刚片，故此体系为无多余约束的几何不变体系。

注意：减去二元体是体系的拆除过程，应从体系的外边缘开始逐个撤除，而不可从体系中间任意抽取。增加二元体是体系的组装过程，应从一个基本刚片开始。

【例 2-6】 试对图 2.20 所示体系进行几何组成分析。

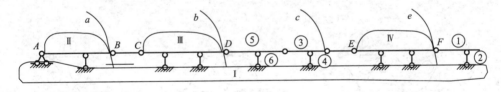

图 2.20

解：先将基础视为刚片 I，AB 杆视为刚片 II，则 I、II 两刚片间用不全交于一点也不全平行的三根链杆相连接形成一新刚片 a；将 CD 视为刚片 III，它与刚片 a 之间也是用不全交于一点也不全平行的三根链杆相连接，则又可组成新刚片 b；在刚片 b 的基础上增加⑤、⑥杆形成的二元体，再增加③、④杆形成的二元体，将刚片 b 扩展为刚片 c；将 EF 视为刚片 IV，它与刚片 c 又可组成大刚片 e，最后在大刚片 e 上加①、②杆所形成的二元体，故整个体系为无多余约束的几何不变体系。

【例 2-7】 试对图 2.21 所示体系进行几何组成分析。

解：基础视为刚片 I，以 DEF 三角形为基础，用增加二元体的方式可逐渐扩大到㉑、㉒、㉓、㉔、㉕、㉖形成刚片 II；以 ABC 三角形为基础逐渐扩大到④、⑥、⑤、⑦、⑧、⑨、⑩、⑪、⑫、⑬、⑭、⑮、⑯、⑰形成几可不变体系；由于它与基础用不全交于一点也不全平行的三根链杆相连接，故形成扩大了的刚片 III；刚片 II 与刚片 III 之间用四根不全

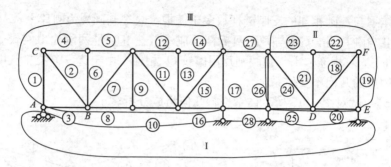

图 2.21

交于一点也不全平行的链杆相连接，故整个体系为有一个多余约束的几何不变体系。

几何组成分析中，某些体系可以选取不同的刚片和联系方式。如图 2.22(a)所示正六边形铰结体系，用三个不平行也不汇交的链杆与大地相连，可以去掉与大地相连的链杆，仅分析体系内部的组成，有如下三种方式进行分析：第一种 [图 2.22(b)]，取链杆①、⑨、④为刚片Ⅰ、刚片Ⅱ和刚片Ⅲ，刚片Ⅰ和刚片Ⅱ用链杆⑥、②组成的虚铰 O_1 相连，刚片Ⅱ和刚片Ⅲ用链杆⑤、③组成的虚铰 O_2 相连，而刚片Ⅰ和刚片Ⅲ则用链杆⑦和链杆⑧组成的虚铰 O_3 相连，三个铰心显然在一条直线上，为几何瞬变体系；第二种 [图 2.22(c)]，取链杆①、③、⑤为刚片Ⅰ、刚片Ⅱ和刚片Ⅲ，刚片Ⅰ和刚片Ⅱ用平行但不等长的链杆②、⑦组成的虚铰 O_1 相连，刚片Ⅱ和刚片Ⅲ用平行但不等长的链杆④、⑨组成的虚铰 O_2 相连，而刚片Ⅰ和刚片Ⅲ则用平行亦不等长的链杆⑥和链杆⑧组成的虚铰 O_3 相连，三个铰心在无穷远的直线上，亦为几何瞬变体系；第三种 [图 2.22(d)]，取链杆⑦、⑧、⑨为刚片Ⅰ、刚片Ⅱ和刚片Ⅲ，刚片Ⅰ和刚片Ⅱ用平行等长的链杆①、④组成的虚铰 O_1 相连，刚片Ⅱ和刚片Ⅲ用平行等长的链杆②、⑤组成的虚铰 O_2 相连，而刚片Ⅰ和刚片Ⅲ则用平行且等长的链杆⑥和链杆③组成的虚铰 O_3 相连，三个铰心在无穷远的直线上，仍为几何瞬变体系。

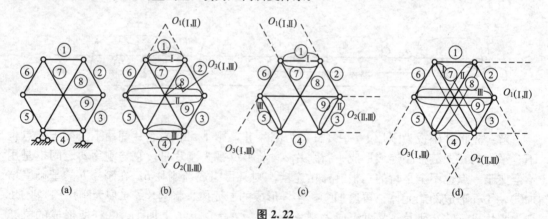

图 2.22

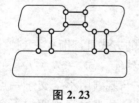

图 2.23

三个刚片用三对平行且等长的链杆相连时，分两种情况：等长链杆在刚片的同一侧相连时为几何常变体系，如图 2.23 所示；不在同一侧时为几何瞬变体系。

总结几何组成分析的过程，始终有增加和减少约束(联系)的思想，这也是在后续的章节里面一直贯穿的内容，因此，注意增减约束在分析过程中的应用，对结构力学的学习及总结会起到连贯作用。

2.5 平面体系的计算自由度

平面体系可以看成是由多个刚片组合而成。平面体系的计算自由度为各刚片不受约束时的自由度总数与因为约束作用而减少的自由度数之差。计算自由度可按以下两种方法求得。

1. 刚片法

刚片法是以刚片作为组成体系的基本构件来进行计算的，用于平面刚片体系。其计算公式为

$$W = 3m - (2h + r) \tag{2-1}$$

式中，W 为平面体系的计算自由度；m 为刚片数；h 为单铰数(若有复铰，须将其折算成单铰的个数再代入公式)；r 为支座链杆数。

2. 铰结点法

铰结点法取铰结点作为体系的基本构件进行计算，用于平面铰结链杆体系。其计算公式为

$$W = 2j - (b + r) \tag{2-2}$$

式中，W 为平面体系的计算自由度；J 为结点数；b 为杆件数；r 为支座链杆数。

应注意：计算自由度 W 不一定能够反映体系的实际自由度。这是因为计算自由度公式是通过假设每个约束都使体系减少自由度而导出的。所以，只有当体系上无多余约束时，计算自由度与实际自由度才一致。

【例 2-8】 求图 2.24 所示体系的计算自由度 W。

解：用刚片法计算。

刚片数 $m=5$；单铰数 $h=5$(结点 E 为复铰，相当于两个单铰)；支座链杆数 $r=5$，则

$$W = 3m - (2h + r) = 3 \times 5 - (2 \times 5 + 5) = 0$$

【例 2-9】 求图 2.25 所示体系的计算自由度 W。

解：用铰结点法计算。

结点数 $j=8$；杆件数 $b=14$；支座链杆数 $r=3$，则

$$W = 2j - (b + r) = 2 \times 8 - (14 + 3) = -1$$

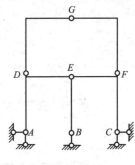

图 2.24

利用式(2-1)和式(2-2)计算体系的自由度 W，结果为下面三种情形。

(1) 当 $W > 0$ 时，表明体系存在自由度，缺乏足够的约束，体系一定是几何可变的。

(2) 当 $W = 0$ 时，表明体系具有保证几何不变所需的最少约束。如约束布置得当，则体系为无多余约束的几何不变体系，否则为几何可变体系或几何瞬变体系。

(3) 当 $W < 0$ 时，表明体系有多余约束。但有多余约束的体系不一定为几何不变的，

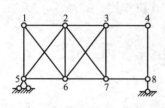

图 2.25

如约束布置不当，仍可为几何可变的。如图 2.25 所示体系，虽然计算自由度 $W=-1$，但由于约束布置不当，仍可为几何可变体系。

由此可见，$W \leqslant 0$ 是保证体系几何不变的必要条件，但不是充分条件。

对于如图 2.13、图 2.17、图 2.22 和图 2.24 所示几何瞬变体系，其自由度 $W=0$。从刚片的组成规则来看，它们也满足了三刚片相连组成无多余约束的几何不变体系所需最少联系的规则，所以说，他们是无多余约束的几何瞬变体系。

从瞬变体系的运动来看，图 2.17、图 2.22 和图 2.24 所示的几何瞬变体，它们具有一个瞬时运动。如图 2.13(a) 中的 A 点，AB 杆和 AC 杆同时限制了 A 点的水平运动而没有限制它的垂直运动，而限制 A 点的水平运动仅需一个 AB 杆或 AC 杆即可。那么，另一个杆件即是多余的了，因此，还可以说瞬变体系是至少具有一个多余约束的体系。这种决定体系为瞬变体系的多余约束与不变体系中的多余约束是有所不同的，这方面还有许多需要进一步分析和研究的问题。

还有一些体系是不能用几何组成规则来判定的，如图 2.26 所示的体系。当它们的自由度 $W=0$ 时，可用零载法(参考有关书籍)进行判别。

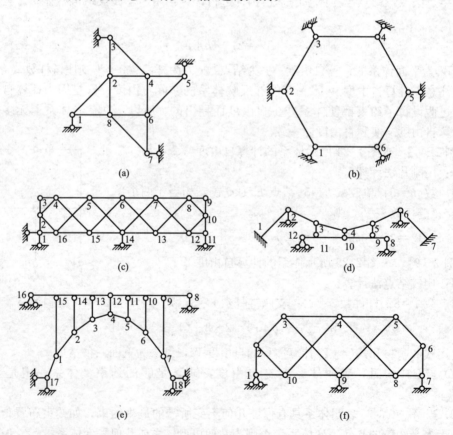

图 2.26

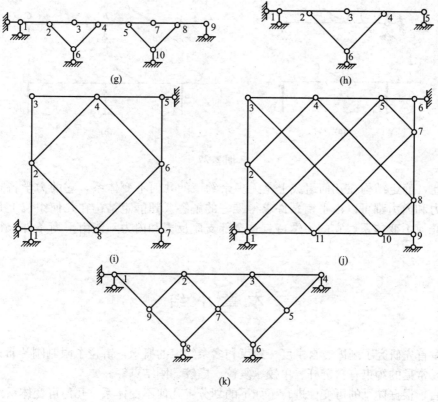

图 2.26(续)

清华大学研制的结构力学求解器可对所有体系进行判别,对于能用几何组成规则判断的体系可给出分析过程,特别是还能对几何瞬变体系和几何可变体系的运动情况进行动画演示。

2.6 体系的几何组成与静定性的关系

在体系的几何组成分析中,除可以判定体系是否几何不变外,还可判定体系是静定结构还是超静定结构。

在静力学中已知,由静力平衡方程即可求出全部反力和内力的结构称为静定结构,用静力平衡方程不能求出全部支座反力和内力的结构称为超静定结构。例如图 2.27(a)所示的简支梁,有三个支座反力,可以由平面一般力系的三个平衡方程 $\sum X=0$、$\sum Y=0$、$\sum m_0=0$ 求出。从而全部内力都能用平衡条件求出,即为静定结构。图 2.27(b)所示连续梁,有四个支座反力,但只能建立三个独立的平衡方程。未知支座反力数大于平衡方程数,不能用三个方程求解四个未知支座反力。因而不能求解全部内力,即为超静定结构。

从几何组成分析上来说,图 2.27(a)所示简支梁为无多余约束的几何不变体系,而图 2.27(b)所示连续梁为有多余约束的几何不变体系。

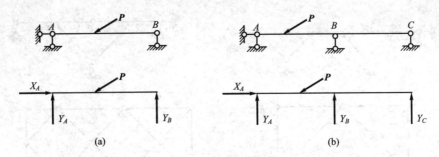

图 2.27

因此，静定结构在几何组成上是无多余约束的几何不变体系，它的力学特点是全部支座反力和内力都可以由平衡条件求得唯一的解答。超静定结构在几何组成上是有多余约束的几何不变体系，它的力学特点是全部支座反力和内力不能由平衡条件求得唯一的解答。

本 章 小 结

本章首先研究了刚体、自由度、约束和多余约束的概念，讲授了限制刚片自由度的约束类型，常见的约束有：链杆、单铰、复铰、虚铰、刚结点等。

然后，根据体系的可变性进行了如下的划分：几何不变体系、几何可变体系。

研究了体系的自由度计算和几何不变体系的三个构成规则，三个规则是本章学习和应用的重点内容。

对平面体系的分类及其几何特征和静力特征的总结见表 2-1。

表 2-1 平面体系的分类及其几何特征和静力特性

体系分类		几何组成特性		静力特性	
几何不变体系	无多余约束的几何不变体系	约束数目够、布置也合理		静定结构：仅由平衡条件就可求出全部反力和内力	可作结构使用
	有多余约束的几何不变体系	约束有多余、布置也合理	有多余约束	超静定结构：仅由平衡条件不能求出全部反力和内力	
几何可变体系	几何瞬变体系	约束数目够、布置不合理		内力为无穷大或不确定	不能作结构使用
	几何常变体系	约束数目不够、或布置不合理		不存在静力解答	

关 键 术 语

体系(几何)组成分析(geometric stability analysis of system)；刚片(rigid member)；

自由度（freedom）；约束（restraint）；单铰（single hinge）；虚铰（virtual hinge）（redundant restraint）；几何不变体系（stable system）；常变体系（constantly unstable system）；瞬变体系（instantaneously unstable system）。

习 题 2

一、思考题

1. 几何可变体系、几何瞬变体系为什么不能作为结构？试举例说明。

2. 何谓单铰、复铰、虚铰？体系中任何两根链杆是否都相当于在其交点处的一个虚铰？

3. 图 2.28 中哪两根链杆能形成虚铰？

4. 图 2.29 中的 1—a—2 部分能否看成是二元体？

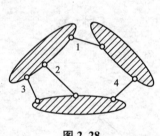

图 2.28

图 2.29

5. 链杆能作为刚片吗？刚片能作为链杆吗？刚片与链杆的主要区别在哪里？

6. 能否通过增加二元体将一可变体系转变为几何不变体系？不断地拆除二元体，能不能将一个几何不变体系拆成几何可变体系？

7. 试述几何不变体系的三个基本组成规则，为什么说它们实质上只是同一个规则？

8. 在进行几何组成分析时，应注意体系的哪些特点，才能使分析得到简化？

9. 计算自由度 W 的概念是什么？它与体系的几何可变（不变）性有什么关系？

10. 图 2.30 中，如果首先把 AC 杆和 BC 杆当作二元体去掉，则剩下的部分为常变体系，故推知原体系也是常变的，这样的分析正确否？为什么？

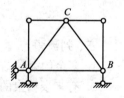

图 2.30

二、填空题

1. 杆件相互连接处的结点通常可以简化成＿＿＿、＿＿＿和＿＿＿。

2. 几何组成分析中，固定平面内一个点，至少需要＿＿＿个约束。

3. 三个刚片用三个共线的单铰两两相连，则该体系是＿＿＿。

4. 连接两个刚片的任意两根链杆的延长线交于一点，则该联系称为＿＿＿。

5. 几何瞬变体系的内力为＿＿＿或＿＿＿。

6. 两刚片组成无多余约束的几何不变体系，应至少需要＿＿＿个联系。

7. 从几何分析的角度讲，静定结构和超静定结构都是_____体系，前者是_____多余约束，而后者是_____多余约束。

8. 根据平面体系自由度计算公式即可判定其体系的是_____体系。

9. 几何不变体系的必要条件是计算自由度 W _____，充分条件是满足_____规则。

10. 若要使图 2.31 所示平面体系成为几何不变体系，且无多余约束，需添加链杆（包括支座链杆）的最少数目为_____个。

11. 图 2.32 所示体系是_____体系，它有_____个多余约束。

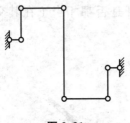
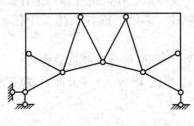

图 2.31   图 2.32

12. 几何不变体系的必要条件是_____，充分条件是_____。

13. 图 2.33 所示体系是_____体系。

14. 图 2.34 所示体系是_____体系。

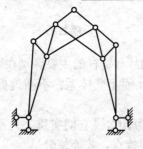
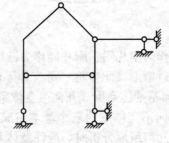

图 2.33   图 2.34

三、判断题

1. 多余约束是结构体系中不需要的约束。（　　　）

2. 有多余约束的体系一定是几何不变体系。（　　　）

3. 有些体系为几何可变体系，但却有多余的约束存在。（　　　）

4. 在任意荷载作用下，无多余约束的几何不变体系可以仅用静力平衡方程即可确定全部支座反力和内力。（　　　）

5. 任意两根链杆的约束作用均可相当于一个单铰。（　　　）

6. 连接 4 个刚片的复铰相当于 4 个单铰。（　　　）

7. 三个刚片由三个单铰或任意六根链杆两两相连，体系必为几何不变体系。（　　　）

8. 如果体系的计算自由度小于或等于零，那么体系一定是几何不变体系。（　　　）

9. 一个刚片可以是一根杆或者是由几个刚片组成的几何不变体系。（　　　）

10. 当一个体系的计算自由度为 0 时，则该体系为几何不变体系。（　　　）

11. 几何可变体系在任何荷载作用下都不能平衡。（　　）

12. 三个刚片彼此由三个铰相连的体系一定是静定结构。（　　）

13. 有多余约束的体系一定是超静定结构。（　　）

14. 几何瞬变体系不能用作工程结构。（　　）

15. 几何不变体系的计算自由度一定等于零。（　　）

16. 平面几何不变体系的三个基本组成规则其实质是相同的。（　　）

17. 两刚片或三刚片组成几何不变体系的规则中，不仅指明了必需的约束数目，而且指明了这些约束必须满足的几何条件。（　　）

18. 图 2.35 所示体系中，去掉其中任意两根支座链杆后，余下部分都是几何不变的。（　　）

19. 图 2.36 所示体系中，去掉 AE、CE、DE、BE 四根链杆后，得简支梁 AB，故该体系为具有四个多余约束的几何不变体系。（　　）

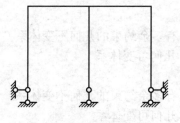

图 2.35

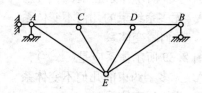

图 2.36

四、选择题

1. 两个刚片用三根链杆连接而成的体系为（　　）。

　　A. 几何不变体系

　　B. 几何可变体系

　　C. 几何瞬变体系

　　D. 几何不变体系、几何可变体系或几何瞬变体系

2. 将三个刚片组成无多余约束的几何不变体系，必要的约束数目是（　　）个。

　　A. 2　　　　　　　B. 3　　　　　　　C. 4　　　　　　　D. 6

3. 在一个无多余约束的几何不变体系上去除二元体后得到的新体系是（　　）。

　　A. 无多余约束的几何不变体系　　　　B. 几何可变体系

　　C. 几何瞬变体系　　　　　　　　　　D. 有多余约束的几何不变体系

4. 成为结构的体系应该是（　　）。

　　A. 几何不变体系　　　　　　　　　　B. 几何可变体系

　　C. 几何瞬变体系　　　　　　　　　　D. 几何不变体系或几何瞬变体系

5. 某几何不变体系的计算自由度 $W=-3$，则体系的（　　）。

　　A. 自由度＝3　　　　　　　　　　　B. 自由度＝0

　　C. 多余约束数＝3　　　　　　　　　D. 多余约束数>3

6. 图 2.37 中（　　）体系中的 1 点是二元体。

　　A. (a)(c)(d)　　　　　　　　　　　B. (a)(b)(c)(d)

　　C. (a)(b)(e)　　　　　　　　　　　D. 全是

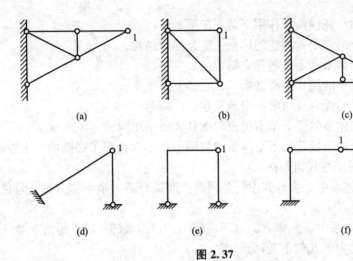

图 2.37

7. 图 2.38 所示体系应是（　　）。
   A. 无多余约束的几何不变体系　　　　B. 有多余约束的几何不变体系
   C. 几何瞬变体系　　　　　　　　　　D. 几何可变体系
8. 图 2.39 所示体系应是（　　）。
   A. 无多余约束的几何不变体系　　　　B. 有多余约束的几何不变体系
   C. 几何瞬变体系　　　　　　　　　　D. 几何可变体系

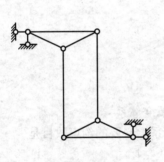

图 2.38

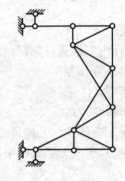

图 2.39

9. 图 2.40 所示平面体系的几何组成性质是（　　）。
   A. 几何不变且无多余联系　　　　　　B. 几何不变且有多余联系
   C. 几何可变　　　　　　　　　　　　D. 瞬变
10. 图 2.41 所示平面体系的几何组成性质是（　　）。
    A. 几何不变且无多余联系　　　　　　B. 几何不变且有多余联系
    C. 几何可变　　　　　　　　　　　　D. 瞬变

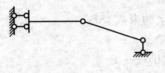

图 2.40

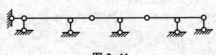

图 2.41

11. 图 2.42 所示体系是(　　)。
    A. 无多余联系的几何不变体系　　　　　B. 几何瞬变体系
    C. 有多余联系的几何不变体系　　　　　D. 有多余联系的几何不变体系
12. 图 2.43 所示体系是(　　)。
    A. 几何不变体系　　　　　　　　　　　B. 几何可变体系
    C. 无多余联系的几何不变体系　　　　　D. 瞬变体系

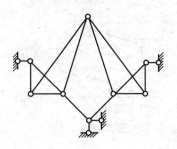

图 2.42

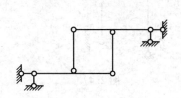

图 2.43

13. 图 2.44 所示，该体系为(　　)。
    A. 没有多余约束的几何不变体系
    B. 有多余约束的几何不变体系
    C. 有多余约束的几何常变体系
    D. 有多余约束的瞬变体系

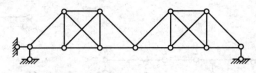

图 2.44

14. 图 2.45 所示的平面体系，几何组成为(　　)。
    A. 几何不变无多余约束　　　　　　　　B. 几何不变有多余约束
    C. 几何常变　　　　　　　　　　　　　D. 几何瞬变
15. 图 2.46 所示，体系的几何组成为(　　)。
    A. 几何不变且无多余约束　　　　　　　B. 几何不变有一个多余约束
    C. 常变体系　　　　　　　　　　　　　D. 瞬变体系

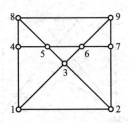

图 2.45

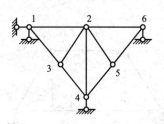

图 2.46

16. 图 2.47 所示，该体系为(   )。
    A. 有多余约束的几何不变体系   B. 无多余约束的几何不变体系
    C. 常变体系   D. 瞬变体系
17. 图 2.48 所示的体系，几何组成为(   )。
    A. 常变体系   B. 瞬变体系
    C. 无多余约束的几何不变体系   D. 有多余约束的几何不变体系

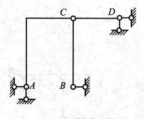

图 2.47

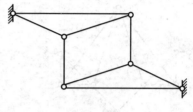

图 2.48

五、分析题

试对图 2.49～图 2.72 所示体系作几何组成分析。如果是具有多余约束的几何不变体系，则须指出其多余约束的数目。

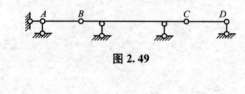

图 2.49

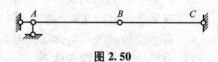

图 2.50

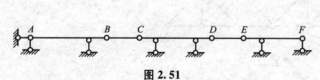

图 2.51

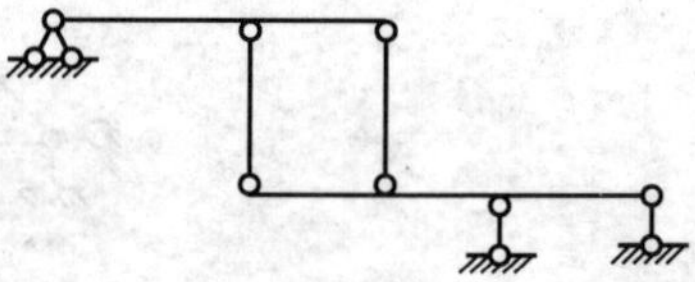

图 2.52

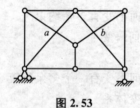

图 2.53

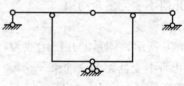

图 2.54

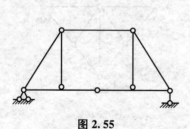

图 2.55

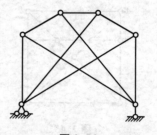

图 2.56

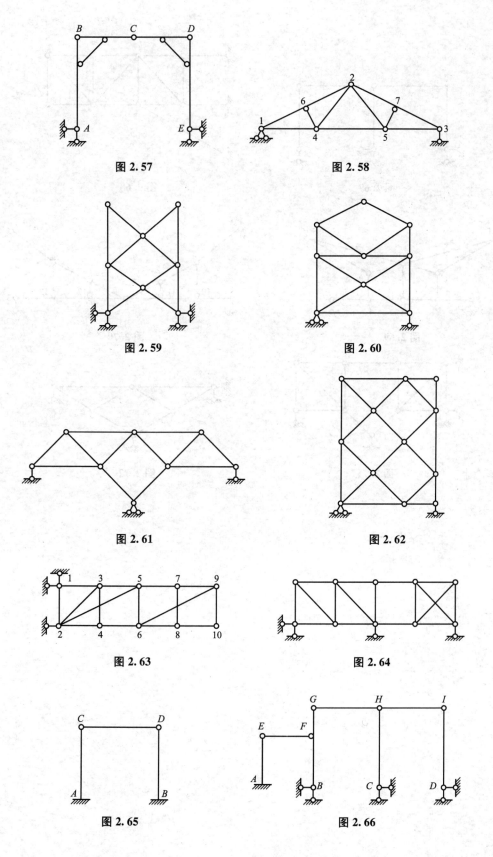

图 2.57

图 2.58

图 2.59

图 2.60

图 2.61

图 2.62

图 2.63

图 2.64

图 2.65

图 2.66

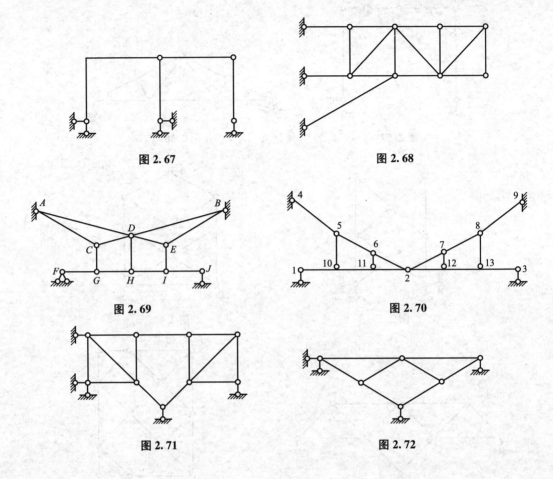

图 2.67

图 2.68

图 2.69

图 2.70

图 2.71

图 2.72

第3章
静定梁

本章教学要点

知识模块	掌握程度	知识要点
	掌握	单跨静定梁的内力计算及内力图
静定梁	掌握	多跨静定梁的组成特点及层次图
	掌握	多跨静定梁的内力分析及内力图

本章技能要点

技能要点	掌握程度	应用方向
单跨静定梁的内力计算及内力图	掌握	多跨梁和刚架分析的基础，强度计算，超静定计算
多跨静定梁的内力分析及内力图	掌握	影响线分析，可解决实际工程中多跨静定梁的结构设计

 导入案例

闽中桥梁甲天下

　　桥梁是人类很早以前就开始进行的一种以交通功能为主的土木工程建设，在我国又以福建省保存较好的古桥梁居多。

　　著名桥梁专家茅以升说："凡是到过福建的人，都会感到'闽中桥梁甲天下'之说，确非过誉。泉州洛阳桥、漳州江东桥等等甲天下的闽中桥梁，都是福建人民的光荣，中国人民的骄傲。"图 3.1 所示为福建泉州东北洛阳江上的泉州洛阳桥，始建于宋皇祐五年（公元 1053 年），洛阳桥原长 1200m，宽约 5m，有桥墩 46 座，全部用巨大石块干砌而成。铺设在洛阳桥上的都是 10 多米长、又厚又大的石板。该桥最伟大之处是桥基采用了迄今为止全世界绝无仅有的生物加固的方法，历经 900 多年至今不垮、不散。图 3.2 所示为福建的永春东关桥，始建于南宋绍兴十五年（公元 1145 年），也是一座梁式大桥。大桥长 85m，宽 5m，五孔桥墩为块石干砌而成，墩上砌三层巨石，上承桥梁，每孔桥由长 16～18m 的 22 根杉木为梁，分两层铺架。梁的上部架设有 26 间木架砖墙、青瓦屋顶的桥屋，是一座过桥的人员可以在桥屋里通行的"廊桥"。图 3.3(a)所示为一现代钢筋混凝土大桥，图中 CD 部分是搭接在两边的主梁上，图 3.3(b)为该桥的计算简图。显然，这是一个无多余联系的几何不变体系，为多跨静定梁结构。

图 3.1

图 3.2

图 3.3

桥梁的形式多种多样，本章主要对上述的静定梁式桥梁结构以及其他梁式结构进行力学分析。

3.1 单跨静定梁

单跨静定梁是工程中常见的一种结构，其内力分析已在工程力学（材料力学）课程中详加论述。但是，由于它的分析也是各种杆系结构内力分析的基础，因此，在这里作一简略回顾和补充。

1. 支座反力的计算

单跨静定梁有简支梁［图 3.4(a)］、伸臂梁（外伸梁）［图 3.4(b)］和悬臂梁［图 3.4(c)］三种形式，它们都是由梁和基础按两刚片规则组成的静定结构，因而其支座反力都只有三个，其值可取全梁为隔离体，由平面一般力系的三个平衡方程求出。

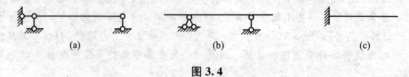

图 3.4

2. 截面内力的计算

如图 3.5 所示，梁的任一截面上一般有三个内力分量，即轴力 N、剪力 V 和弯矩 M。它们的正负号规定为：轴力以拉力为正，压力为负；剪力对所研究的部分顺时针转动为正，反之为负；弯矩使梁下部纤维受拉为正，反之为负。

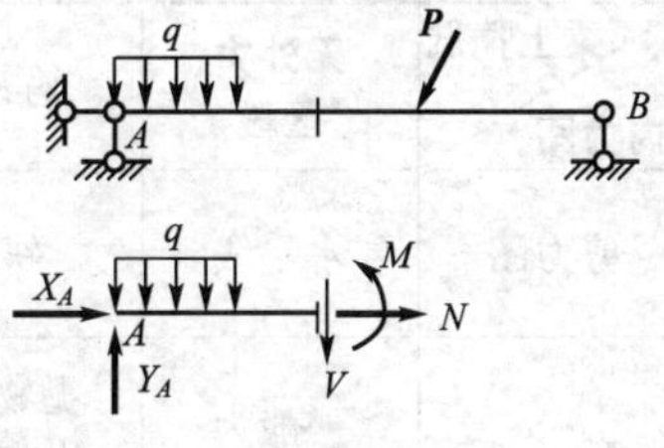

计算梁的内力的基本方法是截面法，即用一个假想截面沿所求内力截面切开，取截面任一侧的部分为隔离体，利用平面一般力系的三个平衡方程即可求出三个内力分量。

图 3.5

由截面法可得到内力的计算法则如下。

(1) 轴力等于截面一侧所有外力(包括荷载和反力)沿截面法线方向投影的代数和。外力沿截面法线方向的分量背离截面引起的轴力为正，指向截面引起的轴力为负。

(2) 剪力等于截面一侧所有外力沿截面方向投影的代数和。外力对所研究截面产生顺时针转动为正剪力，反之为负。

(3) 弯矩等于截面一侧所有外力对截面形心力矩的代数和。外力使梁产生下部受拉的变形为正弯矩，反之为负。

由以上所述内力分量计算法则，可较方便地求出杆件结构指定截面上的内力。

3. 内力与外力间的微分关系及内力图形状判断

在工程力学(材料力学)课程中，已讨论过水平直杆的弯矩、剪力、分布荷载之间的微分关系，在结构力学课程的学习中，要求进一步熟练掌握这些微分关系，并能根据内力图形状的特点迅速绘制内力图。

由工程力学(材料力学)已知，若 x 轴以向右为正，y 轴以向上为正，$q(x)$ 以向上为正(图 3.6)，则弯矩 $M(x)$、剪力 $V(x)$、荷载集度 $q(x)$ 之间具有如下的微分关系：

$$\left. \begin{array}{l} \dfrac{\mathrm{d}V(x)}{\mathrm{d}x}=q(x) \\[3mm] \dfrac{\mathrm{d}M(x)}{\mathrm{d}x}=V(x) \\[3mm] \dfrac{\mathrm{d}^2M(x)}{\mathrm{d}x^2}=q(x) \end{array} \right\} \tag{3-1}$$

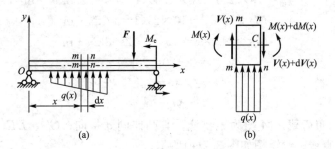

(a)   (b)

图 3.6

由式(3-1)可以推知荷载与内力图形状之间的对应关系(表3-1),掌握内力图形状特征,对于正确和迅速地绘制内力图有很大帮助。

表3-1 直梁内力图的形状特征

梁上情况 内力图	无外力 区段	均布力 q 作用区段		集中力 P 作用处		集中力矩 M 作用处	铰处
剪力图	水平线	斜直线	力零处	有突变 (突变值=P)	如变号	无变化	
弯矩图	一般为 斜直线	抛物线(凸 出方向同 q 指向)	有极值	有尖角(尖 角指向同 P 指向)	有极值	有突变 (突变值为 M)	为零

【例 3-1】 试作图 3.7(a)所示简支梁的内力图。

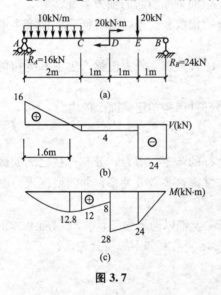

(a)

(b)

(c)

图 3.7

解: (1) 求支座反力。

由 $\sum m_B = 0$,得 $R_A = 16\text{kN}(\uparrow)$

由 $\sum m_A = 0$,得 $R_B = 24\text{kN}(\uparrow)$

(2) 作 V 图。由内力计算法则求控制截面剪力值:

$$V_A = R_A = 16\text{kN}$$

$$V_C = 16 - 10 \times 2 = -4\text{kN}$$

$$V_{E_左} = V_C = -4\text{kN}$$

$$V_{E_右} = -R_B = -24\text{kN}$$

$$V_B = -R_B = -24\text{kN}$$

AC 段内有均布荷载,V 图为斜直线;CE、EB 段内无均布荷载,V 图为水平线。剪力图如图 3.7 (b)所示。

(3) 作 M 图。由内力计算法则求控制截面弯矩值:

$$M_A = 0$$

为了求出弯矩极值,应确定剪力为零的截面的位置: $V(x) = 16 - 10x = 0$

$$x = 1.6\text{m}$$

$$M_{极值} = 16 \times 1.6 - 10 \times 1.6 \times 1.6/2 = 12.8\text{kN} \cdot \text{m}$$

$$M_C = 16 \times 2 - 10 \times 2 \times 1 = 12\text{kN} \cdot \text{m}$$

$$M_{D_左} = 16 \times 3 - 10 \times 2 \times 2 = 8\text{kN} \cdot \text{m}$$

$$M_{D_右} = 8 + 20 = 28\text{kN} \cdot \text{m}$$

$$M_E = 2 \times 14 = 24\text{kN} \cdot \text{m}$$

$$M_B = 0$$

AC 段内有均布荷载,M 图为抛物线,其凸向同 q 指向;CD、DE、EB 段内无均布荷载,M 图为斜直线。弯矩图如图 3.7(c)所示。

由此可知画内力图的一般步骤。

（1）求支座反力。

（2）分段。分段的原则是每段梁上的荷载必须是连续的，因此外力不连续点均为分段点，即集中力作用点、集中力偶作用点、分布荷载的起点和终点等都是分段点。

（3）计算控制截面上的内力值。根据各段梁的内力图形状，选定所需控制截面，求出这些截面的内力值，并在内力图的基线上用竖标绘出。这样，就定出了内力图上的各控制点。

（4）连线。根据各段梁的内力图形状，将其控制点以直线或曲线相连。

4. 叠加法作弯矩图

力学分析中的叠加原理是指结构中所有荷载产生的效果等于每一荷载单独作用时产生的效果的代数和。现利用叠加原理来绘制弯矩图。

1）用叠加法作简支梁的弯矩图

图 3.8(a)所示为一承受集中力偶 M_A、M_B 和均布荷载 q 作用的简支梁，现根据叠加原理作弯矩图。

首先将梁 AB 所受荷载分成两组：一组是梁两端的集中力偶 M_A、M_B，如图 3.8(b)所示；另一组是梁上的均布荷载 q，如图 3.8(c)所示；然后，分别绘制简支梁在 M_A、M_B 作用下的 M 图 ［图 3.8(b)］和简支梁在 q 作用下的 M 图 ［图 3.8(c)］；最后将同一截面的纵标叠加即得简支梁 AB 在外力偶 M_A、M_B 和均布荷载 q 共同作用下的弯矩图 ［图 3.8(d)］，这种利用叠加原理作弯矩法的方法称为叠加法。

应当注意：弯矩图的叠加是指弯矩纵标的叠加，而不是指图形的简单拼合。

2）分段叠加法作弯矩图

利用叠加法可画出整根梁的弯矩图，如果要画某一段梁 AB ［图 3.9(a)］的弯矩图，也可以用叠加法作梁段 AB 的弯矩图。

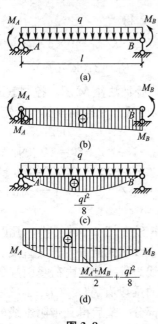

图 3.8

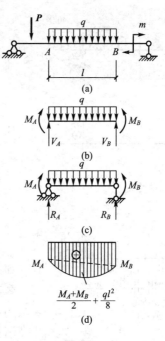

图 3.9

取 AB 段为研究对象，AB 段除受均布荷载的作用外，在 A、B 两截面上分别还应有相应的弯矩 M_A、M_B 和剪力 V_A、V_B [图 3.9(b)]，利用叠加法画简支梁弯矩图的方法，如果图 3.9(b)能转换成图 3.9(c)，则 AB 段的弯矩图可用叠加法得到。现在分析图 3.9(b)和图 3.9(c)是否等价。

梁段 AB 的长度和简支梁 AB 的跨度相等，杆端力偶 M_A、M_B 和均布荷载 q 都相同。将图 3.9(c)约束解除，用约束反力 R_A、R_B 代替，从平衡条件出发，则 R_A 等于 V_A，R_B 将等于 V_B。对比图 3.9(b)和图 3.9(c)，可发现两者受力情况完全相同，因此图 3.9(b)与图 3.9(c)应具有完全相同的弯矩图。这样，就可以利用绘制简支梁 AB 弯矩图的方法来绘制梁段 AB 的弯矩图。先将 A、B 两端弯矩求出，用虚线连接，然后叠加相应简支梁仅受荷载 q 作用的弯矩图，最终得到 AB 段的弯矩图 [图 3.9(d)]，这种画弯矩图的方法称为分段叠加法。

分段叠加法作梁的弯矩图的步骤如下。

(1) 将直梁划分为若干段。

(2) 计算各段梁两端截面的弯矩。

(3) 根据各段梁两端截面的弯矩(直线相连)作弯矩图。

(4) 将各段梁当作简支梁，根据其上的荷载作弯矩图。

(5) 将(3)、(4)两步的弯矩图相叠加。

采用分段叠加法作弯矩图，梁的分段点不一定取集中力作用点及分布荷载的起点和终点，只要梁段上的外力引起的弯矩图易作，梁段两端截面的弯矩易求，怎样分段都可以。

【例 3-2】 作图 3.10(a)所示伸臂梁的弯矩图。

解：(1) 求支座反力。由 $\sum m_B=0$，得

$$-R_A \times 8-80+160 \times 6+40 \times 6 \times 1-40 \times 2=0$$

$$R_A=130\text{kN}(\uparrow)$$

由 $\sum m_A=0$，得

$$R_B \times 8-80-160 \times 2-40 \times 6 \times 7-40 \times 10=0$$

$$R_B=310\text{kN}(\uparrow)$$

(2) 用分段叠加法作 M 图。控制截面 A、D、E、B、F 将梁分为四段，求控制截面的弯矩：

$$M_A=0$$

$$M_D=130 \times 2+80=340\text{kN} \cdot \text{m}$$

$$M_E=130 \times 4+80-160 \times 2=280\text{kN} \cdot \text{m}$$

$$M_B=-40 \times 2-40 \times 2 \times 1=-160\text{kN} \cdot \text{m}$$

$$M_F=0$$

将控制弯矩绘于图 3.10(b)中，凡两点间尚有荷载者分别连虚直线，无荷载者连实直线。连虚直线的各段分别以虚线为基线叠加由荷载引起的相应简支梁的弯矩，这样的梁段有 AD、EB、BF 三段，叠加时消去正负重叠部分，最后得到带阴影线的弯矩图，如图 3.10(c)所示。

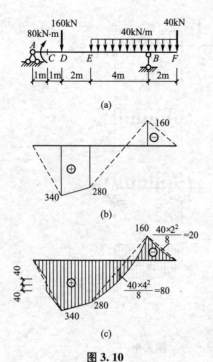

图 3.10

5. 简支斜梁的计算

图 3.11(a)所示为钢筋混凝土楼梯斜梁，两端支承在梁上。斜梁的倾角为 α，水平跨度为 l，斜梁所受的荷载分两种：一是沿水平方向均布的竖向荷载，如楼梯上的人群；二是沿楼梯斜梁轴线均布的竖向荷载，如楼梯的自重。斜梁的计算简图如图 3.11(b)所示。

计算时为统一，通常将沿楼梯轴线方向均布的楼梯的自重荷载 q_2 换算成沿水平方向均布的荷载 q_0，如图 3.11(c)所示。换算时可以根据在同一微段上合力相等的原则进行。即

$$q_0 \cdot \mathrm{d}x = q_2 \cdot \mathrm{d}s$$

$$q_0 = \frac{q_2 \cdot \mathrm{d}s}{\mathrm{d}x} = \frac{q_2}{\mathrm{d}x} \frac{\mathrm{d}x}{\cos\alpha} = \frac{q_2}{\cos\alpha}$$

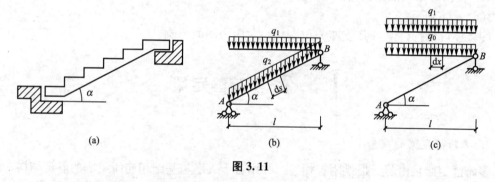

图 3.11

此外，在进行斜梁内力分析时还应注意到，由于斜梁的轴线与水平方向有一定的夹角，其截面上的剪力和轴力的方向与水平线也是倾斜的，需要计算竖向荷载和竖向反力的投影。这也是斜梁与直梁在内力分析上的不同之处。

【例 3-3】 作图 3.12(a)所示简支斜梁的内力图。

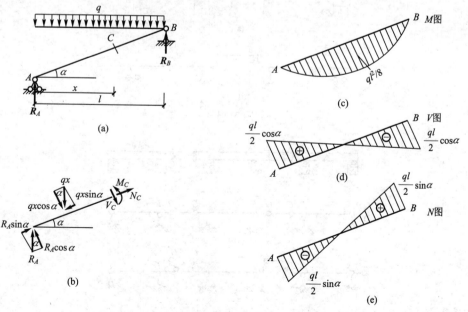

图 3.12

解：(1) 求支座反力。

$$R_A = R_B = \frac{1}{2} ql (\uparrow)$$

(2) 计算任一截面 C 的内力。将反力 R_A 和 AC 段的竖向荷载的合力 qx 分别分解为垂直于斜梁轴线的和平行于斜梁轴线的分力 [图 3.12(b)]，则

$$M_C = \frac{1}{2} qlx - \frac{1}{2} qx^2$$

$$V_C = \frac{1}{2} ql\cos\alpha - qx\cos\alpha$$

$$N_C = -\frac{1}{2} ql\sin\alpha + qx\sin\alpha$$

(3) 作内力图。根据上面三个方程分别作出内力图，M 图、V 图、N 图分别如图 3.12 (c)、(d)、(e)所示。

读者还可自行讨论当 B 支座方位变化时对内力图的影响。

3.2 多跨静定梁

1. 多跨静定梁的概念

多跨静定梁是由若干根梁用铰相连，并用若干支座与基础相连而组成的静定结构。

多跨梁在公路桥梁 [图 3.13(a)] 和房屋檩条 [图 3.14(a)] 中经常遇到，相应的计算简图如图 3.13(b) 和图 3.14(b)、(c)所示。

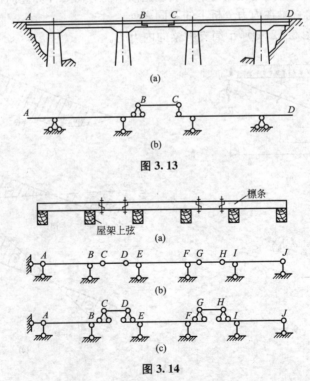

图 3.13

图 3.14

2. 多跨静定梁的基本形式

多跨静定梁通常有两种基本形式。一种基本形式如图 3.15(a)所示，其构造特点是除一跨无铰外，其余各跨均有一铰。另一种如图 3.15(c)所示，其构造特点是无铰跨与二铰跨交互排列。

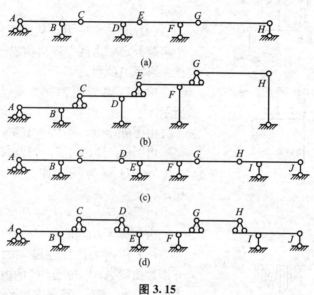

图 3.15

3. 多跨静定梁的计算方法

前面已经学过单跨静定梁内力的计算方法，如果能够把多跨静定梁划分成前面已学过的单跨静定梁，那么就能计算多跨静定梁的内力了。

1) 划分多跨静定梁的步骤

(1) 分清基本部分和附属部分。能独立承受荷载并维持平衡的部分称为基本部分；依靠基本部分的支承才能承受荷载并保持平衡的部分称为附属部分。由此可知，多跨静定梁可以在铰处分解为以单跨梁为单元的基本部分和附属部分。图 3.15(a)中的 AC 部分为基本部分，其余部分为附属部分；图 3.15(c)中的 AC、DG、HJ 部分为基本部分，CD、GH 部分为附属部分。

(2) 分清基本部分和附属部分的传荷关系。基本部分受力不影响附属部分，附属部分的受力要传给基本部分。

(3) 画层次图。根据基本部分和附属部分的传荷关系，把基本部分画在下层，而附属部分画在上层，荷载只能由上往下传，而不能由下往上传。这种表示传力层次关系的图形称为层次图。图 3.15(a)所示结构的层次图如图 3.15(b)所示，图 3.15(c)所示结构的层次图如图 3.15(d)所示。

2) 多跨静定梁的计算

通过画层次图，多跨静定梁可划分成若干个单跨梁，计算时从附属的最高层算起，逐层向下计算，附属部分的支座反力的反作用力就是基本部分的荷载；然后画出各单跨静定梁的内力图并将其连在一起，即为多跨静定梁的内力图。

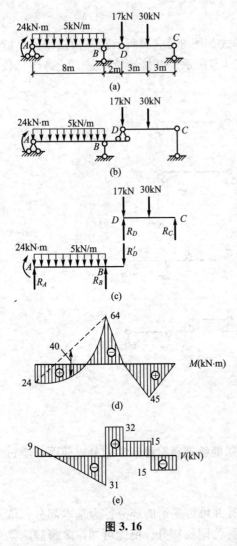

图 3.16

【例 3 - 4】 作图 3.16(a)所示多跨静定梁的内力图。

解：（1）画出层次图。梁 ABD 固定在基础上，是基本部分；梁 DC 固定在梁 ABD 上是附属部分。故此，多跨静定梁的层次图如图 3.16(b)所示。

（2）求支座反力。从层次图中可以看出，整个多跨静定梁由两个层次构成。在计算时先算 DC 梁，再算 AD 梁。

取 DC 梁为隔离体，受力图如图 3.16(c)所示。

由 $\sum m_D = 0$，得 $R_C = 15\text{kN}$（↑）

由 $\sum m_C = 0$，得 $R_D = 32\text{kN}$

取 AD 梁为隔离体，受力图如图 3.16(c)所示。

由 $\sum m_B = 0$，得 $R_A = 9\text{kN}$（↑）

由 $\sum m_A = 0$，得 $R_B = 63\text{kN}$（↑）

（3）作内力图。各段梁的支座反力求出后，分别画出梁 ABD 和梁 DC 的内力图，然后将其内力图连接在一起得所求多跨静定梁的内力图，如图 3.16(d)和(e)所示。

【例 3 - 5】 图 3.17(a)所示三跨静定梁，全长承受集度为 q 的均布荷载，各跨跨度均为 l，试调整铰 C、D 的位置，使 AB 跨及 EF 跨的跨中截面正弯矩与支座 B、E 处负弯矩的绝对值相等。

解：以 x 表示铰 $C(D)$ 与支座 $B(E)$ 之间的距离 [图 3.17(a)]。梁 ABC、DEF 部分在竖向荷载作用下能独立地维持平衡，故为基本部分。梁段 CD 支承于基本部分 ABC 和 DEF 的上面，为附属部分。计算先从附属部分 CD 开始，其隔离体如图 3.17(b)所示。根据平衡条件，可求得 CD 梁的竖向约束反力为 $\dfrac{q(l-2x)}{2}$。将其反向作用于基本部分上，然后计算基本部分，其 ABC 梁为隔离体，如图 3.17(c)所示（DEF 部分的受力情况与 ABC 部分相同）。在支座 B 处截面上产生的负弯矩为

$$M_B = -\left[\frac{q(l-2x)}{2}x + \frac{1}{2}qx^2\right] = -\left[\frac{qx(l-x)}{2}\right] \tag{a}$$

AB 跨中截面 G 的正弯矩按叠加法由图 3.17(d)求得

$$M_G = \frac{ql^2}{8} - \frac{|M_B|}{2}$$

根据题意

$$M_G = |M_B|$$

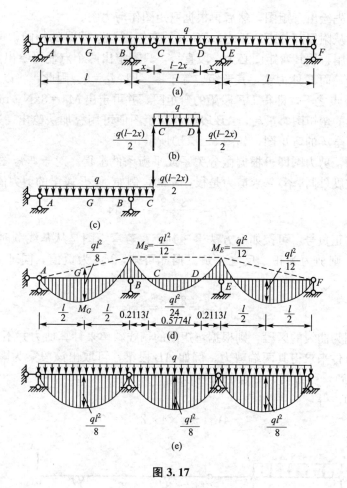

图 3.17

故有

$$|M_B| = \frac{ql^2}{8} - \frac{|M_B|}{2}$$

由此得

$$|M_B| = \frac{ql^2}{12} \qquad\qquad (b)$$

将式(b)代入式(a)得

$$\frac{qx(l-x)}{2} = \frac{ql^2}{12}$$

解得

$$x = 0.2113l$$

　　铰 C、D 的位置确定以后，即可画出三跨静定梁的弯矩图，如图 3.17(d)所示，将它与图 3.17(e)所示相应的多跨简支梁的弯矩图比较后，可以看出：在多跨静定梁中，弯矩分布要均匀些。这是由于多跨静定梁中设置了伸臂梁。它一方面减小了附属部分 CD 的跨度，另一方面又使得伸臂上的荷载对基本部分产生负弯矩，从而部分地抵消了跨中荷载产生的正弯矩。因此，多跨静定梁比相应多跨简支梁节省材料，但其构造要复杂一些。

　　【例 3-6】　不计算反力而绘出图 3.18(a)所示多跨静定梁的内力图。

　　解：按一般的解题步骤是先求出各支座反力及铰链处的约束力，然后作梁的剪力图和弯矩图。但是，如果能熟练地应用弯矩图的形状特征以及叠加法，则在某些情况下也可以不计算反力而首先绘出弯矩图，然后再根据弯矩图作剪力图。

作弯矩图时从附属部分 EG 开始。FG 段的弯矩图与悬臂梁的相同，可直接绘出。D、F 间并无外力作用，故其弯矩图必为一段直线，只需定出两个点便可绘出此直线。现已知 $M_F=-8kN \cdot m$，而 E 处为铰，其弯矩应等于零，即 $M_E=0$。因此，将以上两点连以直线并将其延长至 D 点之下，即得 DF 段梁的弯矩图，并可定出 $M_D=8kN \cdot m$。用同样的方法可绘出 BD 段梁的弯矩图。最后，AB 段梁的弯矩图便可用叠加法绘出。这样，就未经计算反力而绘出了全梁的弯矩图，如图 3.18(b)所示。

有了弯矩图，剪力图即可根据微分关系或平衡条件求得。对于弯矩图为直线的区段，利用弯矩图的坡度(即斜率)来求剪力是很方便的，例如，DF 段梁的剪力值为

$$V_{DF}=-\frac{8+8}{4}=-4kN$$

至于剪力的正负号，可按如下方法迅速判定：若弯矩图是从基线顺时针方向转的(小于 90° 的转角)，则剪力为正，反之为负。据此可知，V_{DF} 为负值。同理 BD 段梁的剪力值为

$$V_{BD}=\frac{8+8}{4}=4kN$$

对于弯矩图为曲线的区段，则根据弯矩图的切线斜率来计算剪力并不方便，此时可利用杆段的平衡条件来求得其两端剪力。例如 AB 段梁，可取出该段梁为隔离体(在截面 A 右和 B 左处截断)，受力图如图 3.18(c)所示。

由 $\sum M_A=0$，得

$$-4V_{BA}-4\times 4\times 2-8=0$$

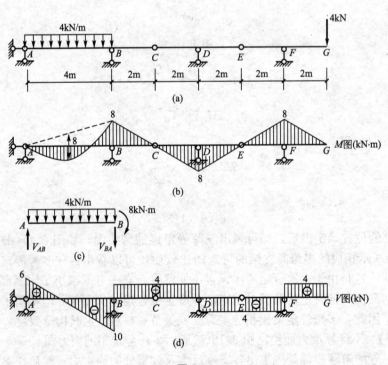

图 3.18

$$V_{BA} = -10\text{kN}$$

由 $\sum M_B = 0$，得

$$-4V_{AB} + 4 \times 4 \times 2 - 8 = 0$$

$$V_{AB} = 6\text{kN}$$

求得 AB 段两端剪力，在均布荷载作用区段剪力图应为斜直线，故将以上两点连以直线即得 AB 段梁的剪力图。整个多跨静定梁的剪力图如图 3.18(d) 所示。

本 章 小 结

本章首先通过对简支梁、外伸梁、悬臂梁等单跨静定梁的内力计算和内力图的绘制，复习了求控制截面内力的方法及弯矩、剪力与荷载集度的关系，列出了内力图形的特征；对单跨斜梁也作了进一步的介绍；在单跨梁用叠加法绘制弯矩图的基础上，又着重学习了用分段叠加法绘制弯矩图；研究了多跨静定梁反力和内力的计算及内力图的绘制，采用层次图的方式将多跨静定梁的基本部分与附属部分分开；使多跨静定梁可以拆成若干个单跨梁，绘出其内力图，进而得到整个多跨静定梁的内力图。

关 键 术 语

静定结构(statically determinate structure)；梁(beam)；梁式结构(beam - type structure)；跨度(span)；简支梁(simple beam)；悬臂梁(cantilever beam)；外伸梁(overhang beam)；斜梁(skew beam)；内力(internal force)；剪力(shearing force)；弯矩(bending moment)；内力图(internal force diagram)；叠加法(superposition method)；静定多跨梁(statically determinate multi - span beam)；基本部分(basic portion)；附属部分(accessory part)；层次图(laminar superposition diagram)。

习 题 3

一、思考题

1. 用叠加法作弯矩图时，为什么是竖标的叠加，而不是图形的拼合？

2. 结构的基本部分与附属部分是如何划分的？荷载作用在结构的基本部分上时，在附属部分是否会引起内力？若荷载作用在附属部分时，是否在所有基本部分都会引起内力？

3. 为什么说一般情况下，多跨静定梁的弯矩比一系列相应简支梁的弯矩要小？

4. 怎样根据静定结构的几何组成情况(与地基按两刚片、三刚片规则组成，或具有基本部分与附属部分等)来确定计算反力的顺序和方法？

5. 当不求或少求反力而迅速作出弯矩图时，有哪些规律可以利用？

二、填空题

1. 静定结构的静力特征是：可用_____求出全部反力和内力；其几何特征是：

结构为不变体系，且无_____联系。

2. 静定梁内力分析的基本方法是_____，隔离体上建立的基本方程是_____。

3. 用截面法计算指定截面的内力为：剪力等于截面_____的所有外力沿截面方向的投影代数和；弯矩等于截面_____的所有外力对_____形心的力矩代数和。

4. 图 3.19 所示梁中，BC 段的剪力 V 等于_____，DE 段的弯矩等于_____。

5. 已知 AB 梁的 M 图如图 3.20 所示，当该梁的抗弯刚度改为 $2EI$，而荷载不变时，其最大弯矩值为_____ kN·m。

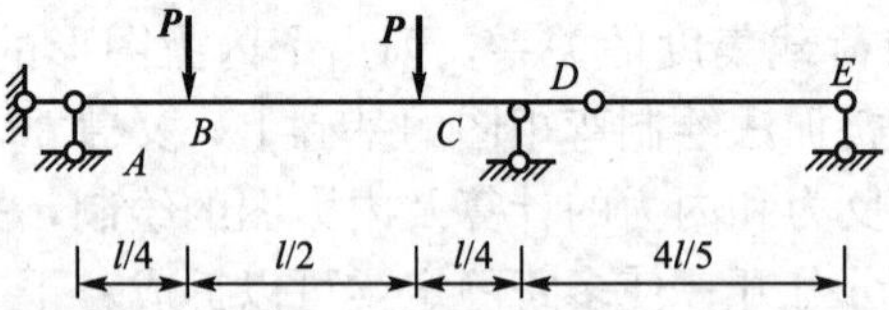

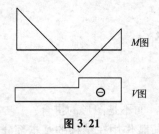

图 3.19

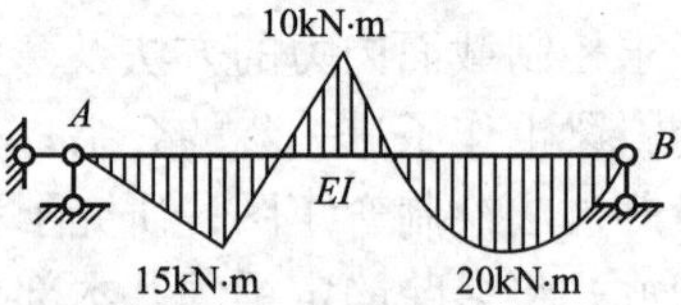

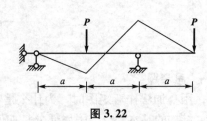

图 3.20

6. 工程中常见的三种单跨静定梁分别是_____、_____、_____。

7. 荷载集度与剪力和弯矩之间的关系是_____、_____、_____。

8. 在画梁的内力图时，集中力作用处_____有突变，集中力偶作用处_____有突变。

9. 一个人站在简支梁中点所产生的弯矩，大约是躺在该梁上所产生的弯矩的_____倍。

三、判断题

1. 图 3.21 所示为一杆段的 M、V 图，若 V 图正确，则 M 图一定是错误的。（   ）

2. 图 3.22 所示梁的弯矩图是正确的。（   ）

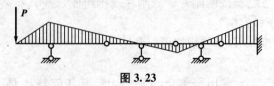

图 3.21

图 3.22

3. 荷载作用在静定多跨梁的附属部分时，基本部分一般内力不为零。（   ）

4. 多跨静定梁仅当基本部分承受荷载时，其他部分的内力和反力均为零。（   ）

5. 在无剪力直杆中，各截面弯矩不一定相等。（   ）

6. 图 3.23 所示结构 M 图的形状是正确的。（   ）

图 3.23

7. 图 3.24 所示同一简支斜梁，分别承受图示两种形式不同、集度相等的分布荷载时，其弯矩图相同。（　　）

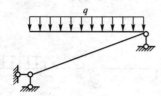

图 3.24

四、选择题

1. 对于水平梁某一指定的截面来说，在它（　　）的外力将产生正的剪力。
   A. 左侧向上或右侧向下　　　　　　B. 左侧或右侧向上
   C. 左侧向下或右侧向上　　　　　　D. 左侧或右侧向下

2. 对于水平梁某一指定的截面来说，在它（　　）的横向外力将产生正的弯矩。
   A. 左侧向上或右侧向下　　　　　　B. 左侧或右侧向上
   C. 左侧向下或右侧向上　　　　　　D. 左侧或右侧向下

3. 简支梁受均布荷载作用如图 3.25 所示，以下结论中（　　）是错误的。

   A. AC 段，剪力表达式为 $V = \frac{1}{4}qa$

   B. AC 段，弯矩表达式为 $M(x) = \frac{1}{4}qax$

   C. CB 段，剪力表达式为 $V = \frac{1}{4}qa - q(x-a)$

   D. CB 段，弯矩表达式为 $M(x) = \frac{1}{4}qax - \frac{1}{2}q(x-a)x$

4. 图 3.26 所示悬臂梁截面 B 上的剪力值和弯矩值分别为（　　）。

   A. $\frac{q_0 a}{2}$，$\frac{-q_0 a^2}{6}$　　B. $q_0 a$，$\frac{-q_0 a^2}{3}$　　C. $\frac{q_0 a}{2}$，$\frac{q_0 a^2}{3}$　　D. $q_0 a$，$\frac{q_0 a^2}{6}$

5. 图 3.27 所示简支梁中间截面 B 上的内力为（　　）。
   A. $M = 0$，$V = 0$　　B. $M = 0$，$V \neq 0$　　C. $M \neq 0$，$V = 0$　　D. $M \neq 0$，$V \neq 0$

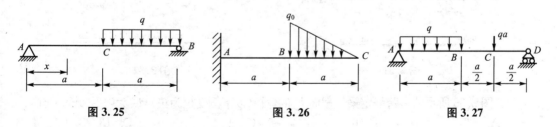

图 3.25　　　　　　　　　图 3.26　　　　　　　　　图 3.27

6. 图 3.28 所示结构所给出的 M 图形状是（　　）。
   A. 不能判定　　　　　　　　　　B. 错误的
   C. 有一部分是错误的　　　　　　D. 一定条件下是正确的

7. 图 3.29 所示结构（　　）。

7. 图 3.29 所示结构( )。
   A. ABC 段有内力
   B. ABC 段无内力
   C. CDE 段无内力
   D. 全梁无内力

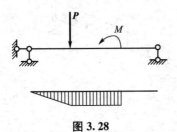

图 3.28

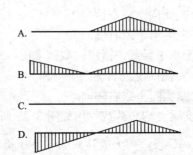

图 3.29

8. 图 3.30 所示结构弯矩图的形状为( )。

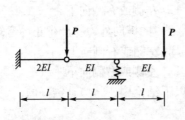

图 3.30

9. 如图 3.31 所示，该结构的跨中弯矩为( )。
   A. 3kN·m，下侧受拉
   B. 3kN·m，上侧受拉
   C. 4kN·m，下侧受拉
   D. 4kN·m，上侧受拉

10. 图 3.32 所示梁中，M_E 和 B 支座竖向反力 F_B 应为( )。
    A. $M_E=F/4$（上部受拉），$F_B=0$
    B. $M_E=0$，$F_B=F$（↑）
    C. $M_E=0$，$F_B=F/2$（↑）
    D. $M_E=F/4$（上部受拉），$F_B=F/2$（↑）

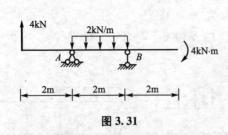

图 3.31

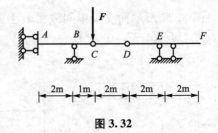

图 3.32

11. 图 3.33 所示的多跨静定梁，截面 K 的弯矩（以下侧受拉为正）M_K 为( )kN·m。
    A. 5   B. 6   C. 9   D. 13

12. 如图 3.34 所示，梁 A 端弯矩为( )。
    A. M B. 0   C. $2M$ D. $3M$

五、计算题

1. 试作图 3.35 所示单跨梁或柱的内力图。

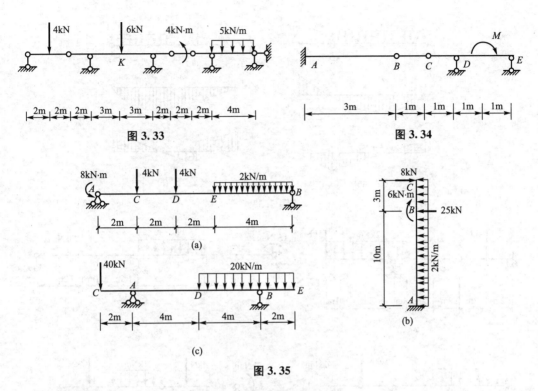

图 3. 33

图 3. 34

(a)

(c)

(b)

图 3. 35

2. 用分段叠加法作图 3.36 所示梁的弯矩图。

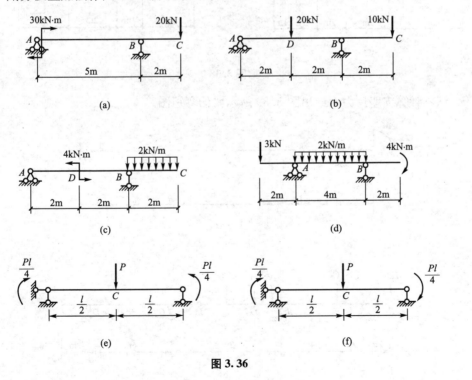

(a)

(b)

(c)

(d)

(e)

(f)

图 3. 36

3. 试判断图 3.37 所示内力图正确与否，将错误改正。

4. 试作图 3.38 所示多跨静定梁的内力图。

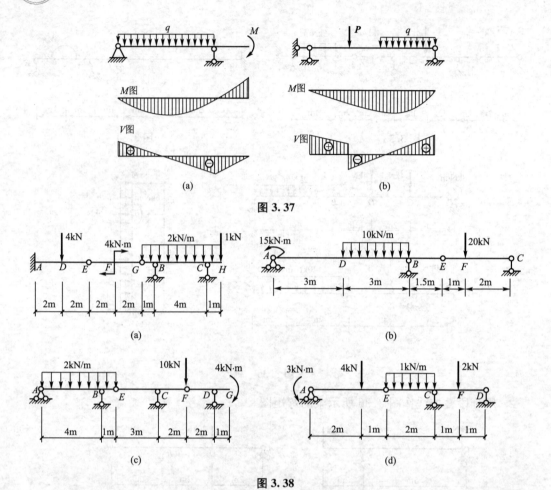

图 3.37

图 3.38

5. 试不计算支座反力而绘出图 3.39 所示梁的弯矩图。

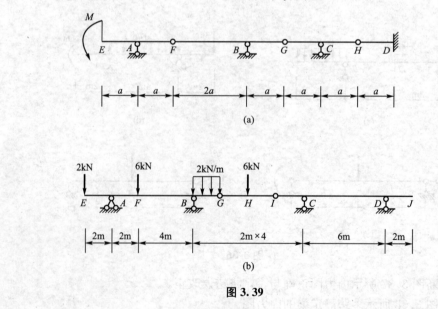

图 3.39

第**4**章
静定平面刚架

本章教学要点

知识模块	掌握程度	知识要点
静定平面刚架的内力计算、内力图的绘制及校核	掌握	刚架的分类
	掌握	悬臂刚架、简支刚架、三铰刚架的内力图
	掌握	刚结点的校核

本章技能要点

技能要点	掌握程度	应用方向
刚架的内力计算及内力图的绘制	掌握	杆件的强度、位移和超静定结构计算 结构的动力计算
结点平衡	掌握	计算结果的校核、判断刚架的变形

 导入案例

信号灯支架上的力学

在街道的路口处，支撑着信号灯的支架一般如图 4.1 所示，悬臂杆上固定有若干个信号灯及指示牌。
信号灯及指示牌的自重、悬臂杆的自重、大型
车辆通行时引起的动荷载以及风荷载等荷载
作用，都将通过与柱相连的刚结点传到柱上，
再通过埋设在地面下的基础传到大地上。

与前面研究的梁相比，该支架除了有水平
的悬臂梁杆件，还有竖直的柱杆件，以及连接
梁与柱的刚结点、连接柱与大地的固定端。

悬臂梁杆件的内力计算及内力图的绘制
仍如前所述，其上的荷载作用通过刚结点传到
柱上，在柱上也必将引起内力。本章将对这种
由若干个梁、柱及斜杆等杆件通过刚结点组成
的结构，进行内力计算并绘制内力图形。

图 4.1

4.1 刚架的特点及类型

1. 刚架的特点

刚架是由若干个直杆，通过全部或部分刚结点组成的结构。图 4.2(a)所示为一门式刚架的计算简图，其结点 C 和 D 是刚结点。在刚结点处，各杆端不能发生相对移动和相对转动，因而各杆件间的夹角始终保持不变，如图 4.2(a)所示，C、D 刚结点变形前后始终保持直角。如果把图 4.2(a)中的刚结点改为铰结点，体系便变成几何可变体系，如图 4.2(b)所示，要使它成为几何不变体系可增加杆 BC [图 4.3(c)]。可见，刚架依靠刚结点可用较少的杆件便能保持其几何不变性，而且内部空间大，便于利用。由于刚结点能约束杆端之间的相对转动，故能承受和传递弯矩，可以削减结构中弯矩的峰值，使弯矩分布较均匀，节省材料。图 4.3(a)中的梁和柱的结点为铰结点，图 4.3(b)为同高、同跨度的刚架，即梁和柱的结点为刚结点，当承受同样荷载时，其弯矩图如图 4.3(b)所示。可见由于刚结点能承担弯矩，使图 4.3(b)中横梁跨中弯矩的峰值比图 4.3(a)中梁的小，且分布均匀。刚架中的各杆为直杆，便于加工制作。因此，刚架在实际工程中得到广泛的应用。

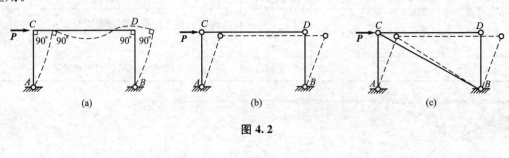

图 4.2

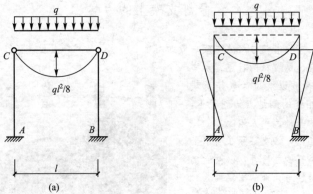

图 4.3

2. 刚架的类型

静定平面刚架按其支座约束的不同，基本上可以分为简支刚架 [图 4.4(a)]、悬臂刚架

［图 4.4(b)］和三铰刚架［图 4.4(c)］。由上述三种刚架中的某一种作为基本部分,再按几何不变体系的组成规则连接相应的附属部分组合而成的结构称为组合刚架［图 4.4(d)］。

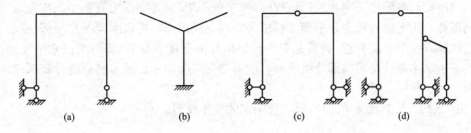

图 4.4

图 4.5(a)所示为一站台的雨棚,其计算简图如图 4.5(b)所示,图 4.6(a)所示为水利工程中的钢筋混凝土渡槽,在横向计算中,计算简图为简支的 ⊔ 形刚架［图 4.6(b)］,图 4.7(a)所示为单层厂房或仓库的屋架,其计算简图如图 4.7(b)所示。

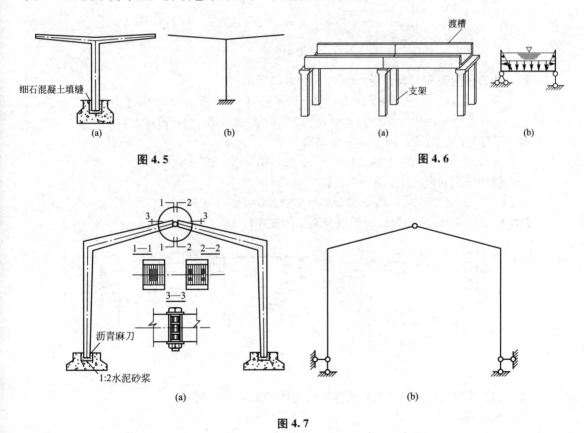

图 4.5   图 4.6

图 4.7

4.2 静定刚架支座反力的计算

在静定平面刚架的受力分析中,通常是先求支座反力,再求控制截面的内力,最后作内力图。计算支座反力时，要注意刚架的几何构造特点，当刚架与基础按两刚片规则组成时，支座反力有三个，取刚架整体为隔离体，用平面一般力系平衡方程即可求得全部支座反力；当刚架与基础按三刚片规则组成时（如三铰刚架），支座反力有四个，应先取刚架整体为隔离体，用平面一般力系平衡方程求得竖向支座反力，再取刚架的左半部（或右半部）为隔离体建立一个平衡方程（通常是对中间铰取矩的平衡方程），即可求出水平支座反力；当刚架是由基本部分与附属部分组成时，应遵循先附属部分后基本部分的计算顺序求其支座反力。

【例 4 - 1】 计算图 4.8(a)所示三铰刚架的支座反力。

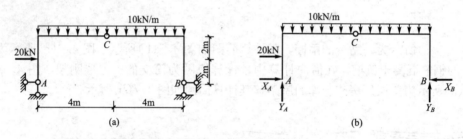

图 4.8

解：取整体为研究对象，受力图如图 4.8(b)所示。

$$\sum m_B = 0, \quad -8Y_A - 20 \times 2 + 10 \times 8 \times 4 = 0, \quad Y_A = 35 \text{kN}(\uparrow)$$
$$\sum m_A = 0, \quad 8Y_B - 20 \times 2 - 10 \times 8 \times 4 = 0, \quad Y_B = 45 \text{kN}(\uparrow)$$

取 BC 部分研究对象，由 $\sum m_C = 0$ ，得

$$-4X_B + 45 \times 4 - 10 \times 4 \times 2 = 0, \quad X_B = 25 \text{kN}(\leftarrow)$$

取整体为研究对象，由 $\sum X = 0$ ，得

$$X_A + 20 - 25 = 0, \quad X_A = 5 \text{kN}(\rightarrow)$$

【例 4 - 2】 计算图 4.9(a)所示组合刚架的支座反力。

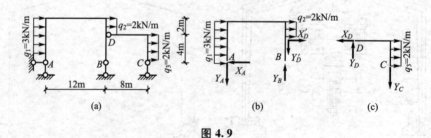

图 4.9

解：(1) 取附属部分 DC 为隔离体，受力图如图 4.9(c)所示。
列平衡方程，得

$$\sum m_D = 0, \quad q_3 \times 4 \times 2 - Y_C \times 8 = 0$$
$$\sum X = 0, \quad -X_D + q_3 \times 4 = 0$$
$$\sum Y = 0, \quad Y_D - Y_C = 0$$

解得

$$Y_C = 2 \text{kN}(\downarrow); \quad X_D = 8 \text{kN}; \quad Y_D = Y_C = 2 \text{kN}$$

(2) 取基本部分 AB 为隔离体，受力图如图 4.9(b)所示。

$$\sum x=0, \quad -X_A+q_1\times6+q_2\times2+X_D'=0$$
$$\sum m_A=0, \quad Y_B\times12-X_D'\times4-Y_D'\times12-q_2\times2\times5-q_1\times6\times3=0$$
$$\sum m_B=0, \quad Y_A\times12-q_1\times6\times3-X_D'\times4-q_2\times2\times5=0$$

解得

$$X_A=30\text{kN}(\leftarrow); \quad Y_A=8.83\text{kN}(\downarrow); \quad Y_B=10.83\text{ kN}(\uparrow)$$

4.3 静定刚架的内力计算与内力图

1. 静定刚架的内力计算

刚架的内力有弯矩、剪力和轴力。弯矩不规定正负号，剪力和轴力的正负号规定与梁相同。弯矩、剪力和轴力计算方法与梁也大体相同，即任一截面的轴力等于截面一侧所有外力沿截面法线方向投影的代数和，外力背离截面引起的轴力为正，指向截面引起的轴力为负。任一截面的剪力等于截面一侧所有外力沿截面方向投影的代数和，外力对所研究截面产生顺时针转动为正剪力，反之为负。任一截面的弯矩等于截面一侧所有外力对截面形心力矩的代数和。

为了区别相交于同一结点的不同杆件横截面的内力，使之表达得清晰，在内力符号后面引用两个脚标：第一个表示内力所属截面，第二个表示该截面所属杆件的另一端。例如杆件 BC，B 端的弯矩用 M_{BC} 表示，而 C 端的弯矩则用 M_{CB} 表示。

2. 静定刚架的内力图

刚架内力图基本作法是把刚架拆成若干个杆件，计算各杆件的杆端内力后分别绘出内力图，将各杆件内力图合在一起即可得到刚架的内力图。绘制内力图时应注意：弯矩图画在杆件的受拉侧，不注明正负号；剪力图和轴力图可画在杆件的任一侧，但必须注明正负号。

1）悬臂刚架的内力图

悬臂刚架由于支座一端为固定端，另一端为自由端，因此一般可以不先求支座反力，而从自由端开始求内力。

【例 4-3】 作图 4.10(a)所示悬臂刚架的内力图。

解：（1）作 M 图。

本刚架可按三根杆考虑。由弯矩计算法则直接计算各杆杆端弯矩值。

$M_{CB}=0, \quad M_{BC}=8\times4=32\text{kN}\cdot\text{m}$（上侧受拉）

$M_{DB}=0, \quad M_{BD}=2\times4\times2=16\text{kN}\cdot\text{m}$（上侧受拉）

$M_{BA}=8\times4-2\times4\times2=16\text{kN}\cdot\text{m}$（右侧受拉），$M_{AB}=16\text{kN}\cdot\text{m}$（右侧受拉）

在杆的受拉边画弯矩图的竖标。杆 CB 和杆 BA 上无荷载，将杆的两端杆端弯矩的竖标连以直线，即得杆 CB 和杆 BA 的弯矩图。杆 BD 上有向下的均布荷载作用，又由于 D 截面剪力为零，故将杆的两端杆端弯矩的竖标用凸向下的抛物线连接，抛物线在 D 点处与杆件轴线相切，即得杆 BD 的弯矩图。刚架的 M 图如图 4.10(b)所示。

（2）作 V 图。

由剪力计算法则直接计算各杆杆端剪力值。

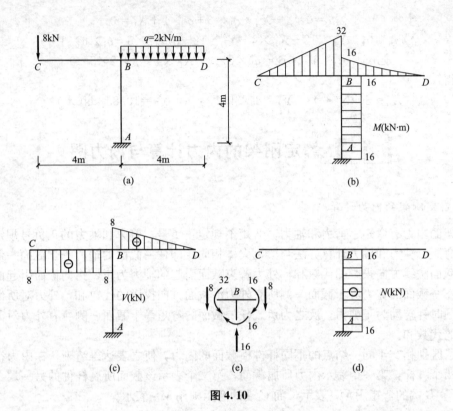

图 4.10

$$V_{CB} = V_{BC} = -8\text{kN} \cdot \text{m}$$
$$V_{DB} = 0, \quad V_{BD} = 2 \times 4 = 8\text{kN}$$
$$V_{BA} = V_{AB} = 0$$

剪力图的竖标可画在杆的任一边,但必须标明正负号。将各杆杆端剪力竖标连以直线,即得各杆的剪力图。刚架的 V 图如图 4.10(c)所示。

(3) 作 N 图。

由轴力计算法则直接计算各杆杆端轴力值。

$$N_{CB} = N_{BC} = 0$$
$$N_{DB} = N_{BD} = 0$$
$$N_{BA} = N_{AB} = -8 - 4 \times 2 = -16\text{kN}$$

轴力图的竖标可画在杆的任一边,但必须标明正负号。将各杆杆端轴力竖标连以直线,即得各杆的轴力图。刚架的 N 图如图 4.10(d)所示。

(4) 校核。

对于弯矩图,通常是检查刚结点处是否满足力矩平衡条件。例如取结点 B 为隔离体,在隔离体的截面上分别画上计算所得的杆端内力 [图 4.10(e)],有

$$\sum m_B = 32 - 16 - 16 = 0$$

可见,这一平衡条件满足。

通过上述结点平衡条件研究可以发现,由两个以上杆相交组成的刚结点,当结点处无集中力偶作用时,所有杆端弯矩代数和为零。

为了校核剪力图和轴力图的正确性，可取刚架的任何部分为隔离体检查$\sum X=0$和$\sum Y=0$是否得到满足。例如结点B为隔离体［图4.10(e)］，有

$$\sum X=0$$
$$\sum Y=16-8-8=0$$

故知此结点投影条件无误。

2）简支刚架的内力图

简支刚架端部均有支座约束存在，求内力时至少要考虑截面一侧外力，故须先确定支座反力。

【例4-4】 绘制图4.11(a)所示简支刚架的内力图。

解：（1）求支座反力。

取刚架整体为隔离体，受力分析如图4.11(a)所示。

$$\sum X=0, \quad 4-X_A=0, \quad X_A=4\text{kN}(\leftarrow)$$
$$\sum m_A=0, \quad Y_D\times6-10\times6\times3-4\times3=0, \quad Y_D=32\text{kN}(\uparrow)$$
$$\sum m_D=0, \quad 10\times6\times3-4\times3-Y_A\times6=0, \quad Y_A=28\text{kN}(\uparrow)$$

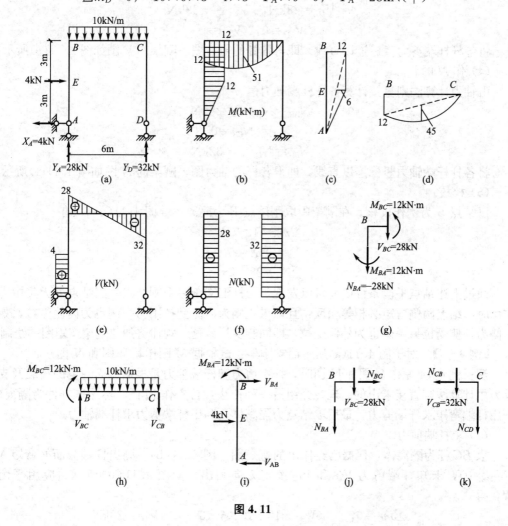

图4.11

（2）作 M 图。

本刚架可按三根杆考虑。由弯矩计算法则直接计算各杆杆端弯矩值。

$$M_{AB}=0, \quad M_{BA}=4\times6-4\times3=12\text{kN}\cdot\text{m（右侧受拉）}$$

$$M_{BC}=32\times6-10\times6\times3=12\text{kN}\cdot\text{m（下侧受拉）}, \quad M_{CB}=0$$

$$M_{CD}=0, \quad M_{DC}=0$$

在杆受拉边的杆端画上计算所得的弯矩竖标，AB 杆上有集中力作用，将杆端弯矩竖标先连以虚线，再叠加相应简支梁受该集中力作用的弯矩图，即为此杆的弯矩图［图4.11(c)］。BC 杆上有均布荷载作用，将杆端弯矩竖标先连以虚线，再叠加相应简支梁受该均布荷载作用的弯矩图，即为此杆的弯矩图［图4.11(d)］。CD 杆上无荷载作用，将杆端弯矩竖标连以直线，即为该杆弯矩图。刚架的 M 图如图4.11(b)所示。

（3）作 V 图。

由剪力计算法则直接计算各杆杆端剪力值。AB 杆上，由于集中力作用，剪力应分两段计算。

$$V_{AE}=V_{EA}=4\text{kN}, \quad V_{EB}=V_{BE}=4-4=0$$

$$V_{BC}=28\text{kN}, \quad V_{CB}=-32\text{kN}$$

$$V_{CD}=0, \quad V_{DC}=0$$

将各杆杆端剪力竖标连以直线，即得各杆的剪力图。刚架的 V 图如图4.11(e)所示。

（4）作 N 图。

由轴力计算法则直接计算各杆杆端轴力值。

$$N_{AB}=N_{BA}=-28\text{kN}$$

$$N_{BC}=N_{CB}=0$$

$$N_{CD}=N_{DC}=-32\text{kN}$$

将各杆杆端轴力竖标连以直线，即得各杆的轴力图。刚架的 N 图如图4.11(f)所示。

（5）校核。

以结点 B 为例作校核。在刚架中取刚结点 B 为隔离体［图4.11(g)］，有

$$\sum m_B=12-12=0$$

$$\sum X=0$$

$$\sum Y=28-28=0$$

通过上述结点平衡条件研究可以发现，两杆汇交于一个刚结点，当结点处无集中力偶作用时，结点两侧弯矩必相等相反，且如果一侧为内侧受拉则另一侧也为内侧受拉，如果一侧为外侧受拉另一侧也为外侧受拉，即同侧受拉。这一规律将加速刚架弯矩图的绘制。

【例4-5】 对于图4.11(a)所示简支刚架，试根据 M 图作其 V 图和 N 图。

解：例4-4题作 V 图和 N 图时，杆端剪力和杆端轴力是根据截面一侧的荷载及支座反力用计算法则直接求出的。现在介绍另一种作法：首先作 M 图，然后取杆件为隔离体，利用杆端弯矩求杆端剪力，最后取结点为隔离体，利用杆端剪力求杆端轴力。

（1）求杆端剪力。

取 BC 杆为隔离体，根据已经作出的弯矩图［图4.11(b)］画出杆端截面的弯矩 M_{BC}（$M_{CB}=0$），未知杆端剪力 V_{BC} 和 V_{CB} 按正方向画出，如图4.11(h)所示。应用平衡方程，得

$$\sum m_C=0, \quad -6V_{BC}-12+10\times6\times3=0, \quad V_{BC}=28\text{kN}$$

$$\sum m_B=0, \quad 6V_{CB}-12-10\times6\times3=0, \quad V_{CB}=-32\text{kN}$$

同理，取 AB 杆为隔离体［图 4.11(i)］，可得

$$V_{AB}=4\text{kN}, \quad V_{BA}=0$$

（2）求杆端轴力。

取 B 结点为隔离体，根据已经作的剪力图［图 4.11(b)］画出杆端截面的剪力 V_{BC}（$V_{BA}=0$），未知杆端轴力 N_{BA} 和 N_{BC} 设为拉力，如图 4.11(j)所示。应用平衡方程，得

$$\sum X=0, \quad N_{BC}=0$$
$$\sum Y=0, \quad -N_{BA}-28=0, \quad N_{BA}=-28\text{kN}$$

同理，取 C 结点为隔离体［图 4.11(k)］，可得

$$N_{CB}=0, \quad N_{CD}=-32\text{kN}$$

两种方法所得的结果相同。对于复杂的情况，以第二种方法较为方便。

3）三铰刚架的内力图

计算三铰刚架内力必须先求支座反力，求支座反力时必须整体平衡与局部平衡联合应用。

【例 4-6】 作图 4.12(a)所示三铰刚架的内力图。

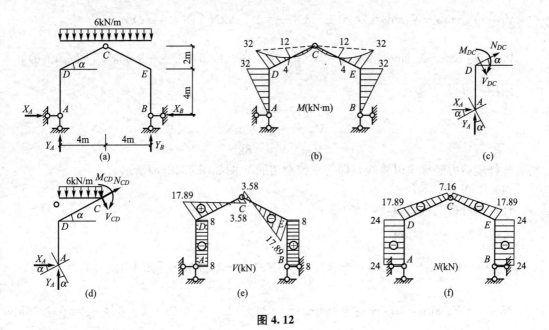

图 4.12

解：（1）求支座反力。

取刚架整体为隔离体，由平衡条件得

$$\sum m_B=0, \quad -8Y_A+6\times8\times4=0, \quad Y_A=24\text{kN}(\uparrow)$$
$$\sum m_A=0, \quad 8Y_B-6\times8\times4=0, \quad Y_B=24\text{kN}(\uparrow)$$

取 AC 部分为隔离体，由 $\sum m_C=0$，得

$$6X_A+6\times4\times2-24\times4=0, \quad X_A=8\text{kN}(\rightarrow)$$

取整体为研究对象，由 $\sum X=0$，得

$$-X_B+8=0, \quad X_B=8\text{kN}(\leftarrow)$$

(2) 作 M 图。

计算各杆杆端弯矩值：

$$M_{AD}=0, \quad M_{DA}=8\times4=32\text{kN}\cdot\text{m}(左侧受拉)$$

$$M_{DC}=32\text{kN}\cdot\text{m}(上侧受拉), \quad M_{CD}=0$$

$$M_{CE}=0, \quad M_{EC}=8\times4=32\text{kN}\cdot\text{m}(上侧受拉)$$

$$M_{EB}=32\text{kN}\cdot\text{m}(右侧受拉), \quad M_{BE}=0$$

杆 AD、BE 上无荷载作用，两端弯矩竖标连以直线，即得弯矩图；杆 DC、CE 上有均布荷载作用，两端弯矩竖标连以虚线，再叠加简支梁在相应荷载作用下的弯矩图。杆 DC、CE 中点的弯矩值

$$M=-\frac{32}{2}+\frac{6\times4^2}{8}=-4\text{kN}\cdot\text{m}(上侧受拉)$$

三铰刚架的 M 图如图 4.12(b)所示。

(3) 作 V 图。

计算各杆杆端剪力值：

$V_{AD}=V_{DA}=-8\text{kN}$

$V_{DC}=Y_A\cos\alpha-X_A\sin\alpha=24\times\frac{2}{\sqrt5}-8\times\frac{1}{\sqrt5}=17.89\text{kN}$ [图 4.12(c)]

$V_{CD}=Y_A\cos\alpha-X_A\sin\alpha-4q\cos\alpha=24\times\frac{2}{\sqrt5}-8\times\frac{1}{\sqrt5}-4\times6\times\frac{2}{\sqrt5}=-3.58\text{kN}$ [图 4.12(d)]

同理，可得

$$V_{CE}=3.58\text{kN}$$

$$V_{EC}=-17.89\text{kN}$$

$$V_{EB}=V_{BE}=8\text{kN}$$

将各杆杆端剪力竖标连以直线，即得三铰刚架的 V 图如图 4.12(e)所示。

(4) 作 N 图。

计算各杆杆端轴力值：

$N_{AD}=N_{DA}=-24\text{kN}$

$N_{DC}=-Y_A\sin\alpha-X_A\cos\alpha=-24\times\frac{1}{\sqrt5}-8\times\frac{2}{\sqrt5}=-17.89\text{kN}$ [图 4.12(c)]

$N_{CD}=-Y_A\sin\alpha-X_A\cos\alpha+4q\sin\alpha=-24\times\frac{1}{\sqrt5}-8\times\frac{2}{\sqrt5}+4\times6\times\frac{1}{\sqrt5}=-7.16\text{kN}$

[图 4.12(d)]

同理，可得

$$N_{CE}=-7.16\text{kN}$$

$$N_{EC}=-17.89\text{kN}$$

$$N_{EB}=N_{BE}=-24\text{kN}$$

将各杆杆端轴力竖标连以直线，得三铰刚架的 N 图如图 4.12(f)所示。

观察 M 图、V 图和 N 图可以发现：结构对称、荷载对称时，弯矩图对称、剪力图反对称、轴力图对称。根据此特点可以检查内力图的正确性。

4) 组合刚架的内力图

组合刚架可以拆开计算。如同多跨静定梁一样，分清组合刚架的基本部分和附属部分，遵循先附属部分后基本部分的计算原则。

【例4-7】 作图4.13(a)所示组合刚架的弯矩图。

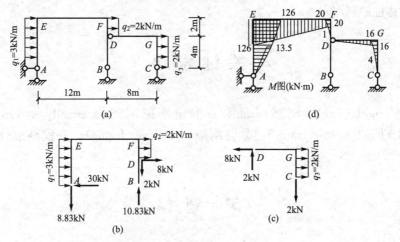

图 4.13

解：(1) 计算支座计算反力及约束力。

已在例4-2中求得，重示于图4.13(b)、(c)。

(2) 作 M 图。

$M_{AE}=0$，$M_{EA}=30\times6-3\times6\times3=126$kN·m(右侧受拉)

$M_{EF}=126$ kN·m(下侧受拉)，$M_{FE}=8\times2+2\times2\times1=20$kN·m(下侧受拉)

$M_{FD}=20$kN·m(左侧受拉)，$M_{DF}=0$

$M_{DG}=0$，$M_{GD}=2\times8=16$ kN·m(下侧受拉)

$M_{GC}=16$ kN·m(左侧受拉)，$M_{CG}=0$

根据 M 图绘制规定，作 M 图如图4.13(d)。

本 章 小 结

本章首先介绍了刚架及刚结点的概念，对静定刚架进行了分类：按其支座约束的不同，分为简支刚架、悬臂刚架和三铰刚架。

对刚架的分析过程可分为：①计算反力，悬臂刚架可不计算反力；②分段、定形；③计算控制截面的内力；④描点连线。

在梁的杆端截面内力计算的基础上，强调指定截面内力计算方法。

介绍了在刚结点处应满足 $\sum M=0$，$\sum F_x=0$，$\sum F_y=0$ 的平衡条件，总结了刚结点处 $\sum M=0$ 在弯矩图形上的特点。

掌握以下若干规律，对于一些结构可以不求反力或少求反力或只需判定反力的方向，即可迅速作出结构的弯矩图：

(1) 首先绘出结构上的悬臂部分和简支梁(含两端铰结的受弯直杆)部分的弯矩图；

(2) 充分利用荷载、剪力、弯矩三者之间的微分关系；

(3) 铰结点处的弯矩为零，刚结点处力矩平衡；

(4) 与杆轴共线的外力不产生弯矩；

(5) 利用区段叠加法作弯矩图形；

(6) 对称性的利用。

关 键 术 语

刚结点（rigid joint）；刚架（frame）；静定平面刚架（statically determinate plane frame）；简支刚架（simple frame）；悬臂刚架（cantilever frame）；三铰刚架（three-hinged frame）。

习　题　4

一、思考题

1. 简述刚结点和铰结点在变形、受力方面的区别。以结点为隔离体建立平衡方程时，两者有何区别？

2. 刚架杆件截面内力正负号是怎样规定的？为什么刚架杆端截面的内力需用两个下标表示？

3. 两个相互垂直的杆件组成的结点，其剪力与轴力有何关系？

4. 怎样根据弯矩图来作剪力图？又怎样继续作出轴力图及求出支座反力？

5. 作刚架弯矩图有何规律？容易出现哪些错误？

二、填空题

1. 图 4.14 所示结构中，$M_{AD}=$＿＿＿＿＿ kN·m，＿＿＿侧受拉，$M_{CD}=$＿＿＿＿＿ kN·m。

2. 图 4.15 所示结构中，m 为 8kN·m，BC 杆的内力是 $M=$＿＿＿＿，$V=$＿＿＿＿，$N=$＿＿＿＿。

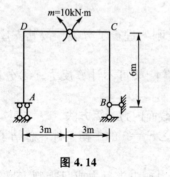

图 4.14

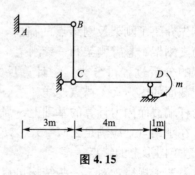

图 4.15

3. 刚结点与铰结点的区别在于：刚结点处各杆杆端转角＿＿＿＿，可承受和传递＿＿＿＿。

4. 图 4.16 所示结构 K 截面的 M 值为_____，_____侧受拉。

5. 图 4.17 所示结构 K 截面的 M 值为_____，_____侧受拉。

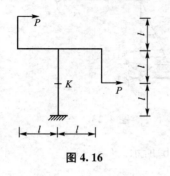

图 4.16

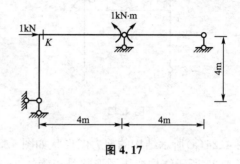

图 4.17

6. 图 4.18 所示结构 K 截面的 M 值为_____，_____侧受拉。

7. 图 4.19 所示结构 K 截面的 M 值为_____，_____侧受拉。

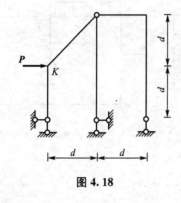

图 4.18

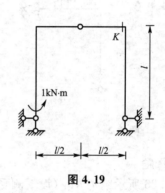

图 4.19

三、判断题

1. 刚架在荷载作用下的内力有剪力和弯矩，不会产生轴力。（   ）

2. 图 4.20 所示结构的弯矩图是正确的。（   ）

3. 图 4.21 所示结构 $M_K = \dfrac{ql^2}{2}$（内侧受拉）。（   ）

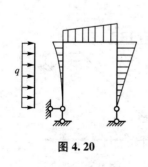

图 4.20

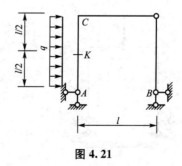

图 4.21

4. 图 4.22 所示结构弯矩图是正确的。（   ）

5. 图 4.23 所示结构弯矩图形状是正确的。（   ）

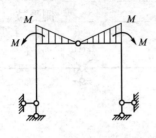

图 4.22

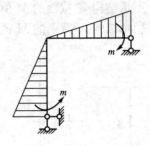

图 4.23

6. 图 4.24(a)所示结构的剪力图形状如图 4.24(b)所示。（　　）

7. 图 4.25 所示结构弯矩图形状是正确的。（　　）

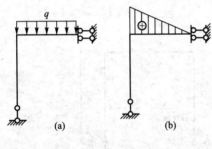

图 4.24

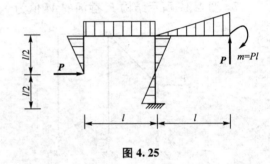

图 4.25

四、选择题

1. 图 4.26 所示结构 M_{DC}（设下侧受拉为正）为（　　）。

   A. $-Pa$ B. Pa

   C. $-Pa/2$ D. $Pa/2$

2. 图 4.27 所示结构 M_K（设下侧受拉为正）为（　　）。

   A. $qa^2/2$ B. $-qa^2/2$

   C. $3qa^2/2$ D. qa^2

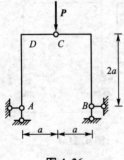

图 4.26

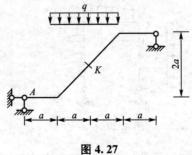

图 4.27

3. 图 4.28 所示刚架中，M_{AC} 应等于（　　）。

   A. 2kN·m(右侧受拉)   B. 2kN·m(左侧受拉)

C. 4kN·m（右侧受拉）   D. 6kN·m（左侧受拉）。

4. 图 4.29 所示结构中 M_{AC} 和 M_{BD} 全对的是（   ）。

A. $M_{AC}=Ph$（左侧受拉），$M_{BD}=Ph$（左侧受拉）

B. $M_{AC}=Ph$（左侧受拉），$M_{BD}=0$

C. $M_{AC}=0$，$M_{BD}=Ph$（左侧受拉）

D. $M_{AC}=Ph/3$（左侧受拉），$M_{BD}=2Ph/3$（左侧受拉）

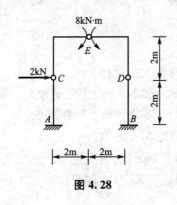

图 4.28

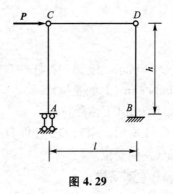

图 4.29

5. 图 4.30 所示结构中 M_{CA} 和 V_{CB} 为（   ）。

A. $M_{CA}=0$ ，$V_{CB}=\dfrac{m}{l}$

B. $M_{CA}=0$，$V_{CB}=0$

C. $M_{CA}=m$（左侧受拉），$V_{CB}=0$

D. $M_{CA}=m$（左侧受拉），$V_{CB}=-\dfrac{m}{l}$

6. 图 4.31 所示结构中，M_{EG} 和 V_{BA} 全对的是（   ）。

A. $M_{EG}=16$ kN·m（上侧受拉），$V_{BA}=8$kN

B. $M_{EG}=16$ kN·m（下侧受拉），$V_{BA}=0$

C. $M_{EG}=16$ kN·m（下侧受拉），$V_{BA}=-8$kN

D. $M_{EG}=16$ kN·m（上侧受拉），$V_{BA}=16$kN

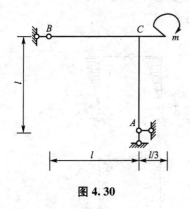

图 4.30

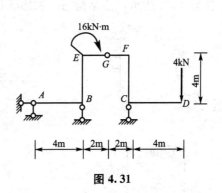

图 4.31

7. 图 4.32 中正确的 M 图是（   ）。

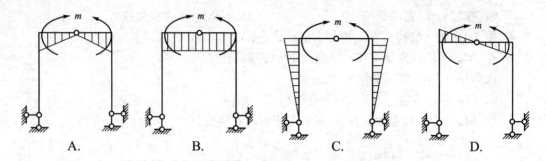

A.　　　　B.　　　　C.　　　　D.

图 4.32

8. 如图 4.33 所示，刚架 DA 杆件 D 截面的弯矩 M_{DA} 之值为（　　）。
   A. 35kN·m（上侧受拉）
   B. 62kN·m（上侧受拉）
   C. 40kN·m（下侧受拉）
   D. 45kN·m（下侧受拉）

9. 如图 4.34 所示，刚架 DE 杆件 D 截面的弯矩 M_{DE} 之值为（　　）。
   A. qa^2（左侧受拉）
   B. $2qa^2$（右侧受拉）
   C. $4qa^2$（左侧受拉）
   D. $1.5qa^2$（右侧受拉）

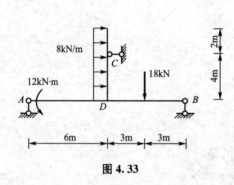

图 4.33

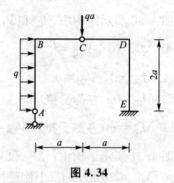

图 4.34

10. 如图 4.35 所示结构中，无论跨度、高度如何变化，M_{CB} 永远等于 M_{BC} 的（　　）。
    A. 1 倍（外侧受拉）
    B. 2 倍（外侧受拉）
    C. 2 倍（内侧受拉）
    D. 1 倍（内侧受拉）

11. 如图 4.36 所示，该结构弯矩图形状正确的是（　　）。

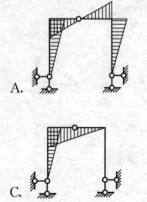

A.　　　　B.

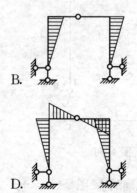

C.　　　　D.

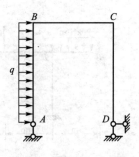

图 4.35　　　　　　　　　图 4.36

12. 图 4.37 所示两结构的内力是：（　　）。
   A. 弯矩相同，剪力不同
   B. 弯矩相同，轴力不同
   C. 弯矩不同，剪力相同
   D. 弯矩不同，轴力不同

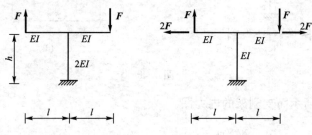

图 4.37

13. 图 4.38 所示结构截面 A 的弯矩（以下侧受拉为正）是（　　）。
   A. $-2m$　　　　　　　　　　B. $-m$
   C. 0　　　　　　　　　　　D. m

14. 如图 4.39 所示的结构，B 点杆端弯矩（设内侧受拉为正）为（　　）。
   A. $M_{BA}=Fa$，$M_{BC}=-Fa$　　　B. $M_{BA}=M_{BC}=2Fa$
   C. $M_{BA}=M_{BC}=Fa$　　　　　　D. $M_{BA}=M_{BC}=0$

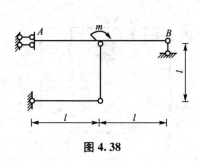

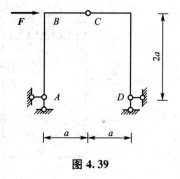

图 4.38　　　　　　　　　图 4.39

五、计算题

1. 作图 4.40 所示悬臂刚架的内力图。

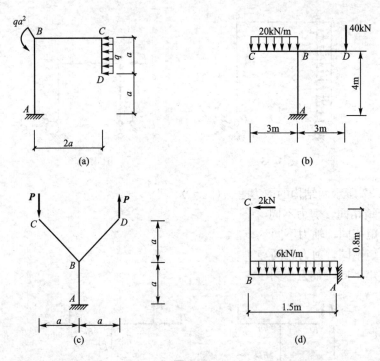

图 4.40

2. 作图 4.41 所示简支刚架的内力图。

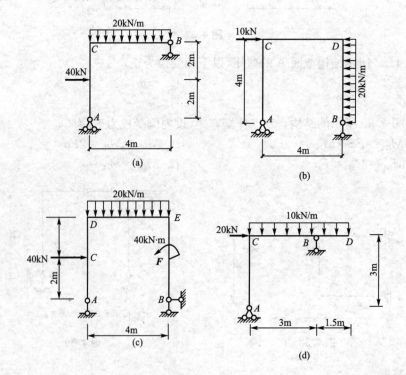

图 4.41

3. 作图 4.42 所示刚架的内力图。

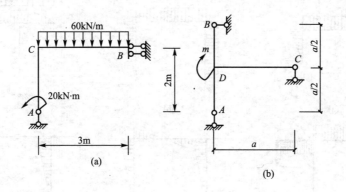

图 4.42

4. 作图 4.43 所示三铰刚架的内力图。

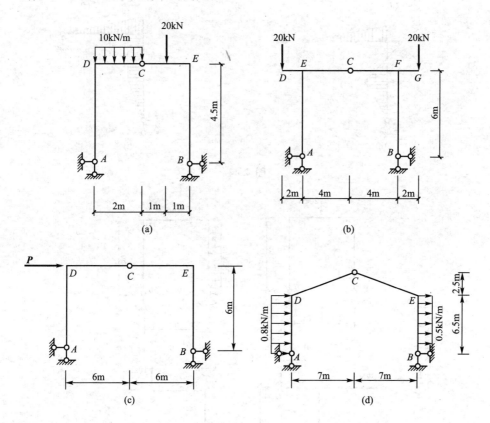

图 4.43

5. 试检查图 4.44 所示 M 图的正误，并加以改正。

6. 速作图 4.45 所示结构的弯矩图。

7. 作图 4.46 所示组合刚架的弯矩图。

8. 试绘出图 4.47 所示结构弯矩图的形状。

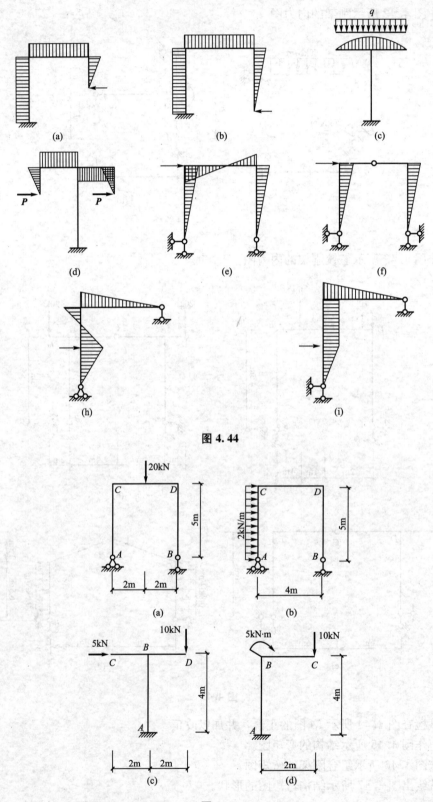

图 4.44

图 4.45

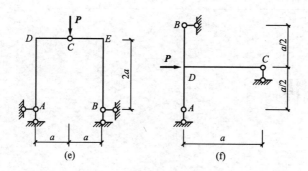

(e)   (f)

图 4.45(续)

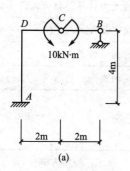

(a)

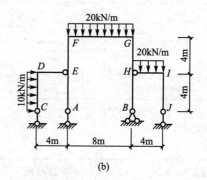

(b)

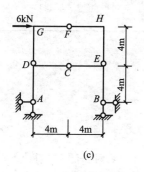

(c)

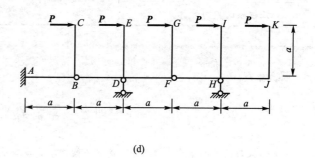

(d)

图 4.46

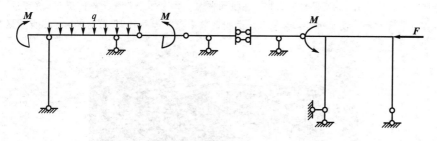

图 4.47

第**5**章
三 铰 拱

本章教学要点

知识模块	掌握程度	知识要点
三铰拱的内力计算方法 合理拱轴的概念	掌握	三铰拱的反力计算、推力的计算公式
	掌握	三铰拱指定截面的确定
	掌握	三铰拱的内力计算
	理解	合理拱轴的概念、均布荷载下的合理拱轴

本章技能要点

技能要点	掌握程度	应用方向
三铰拱的反力计算	掌握	结构设计
三铰拱的内力计算	掌握	超静定拱的计算

 导入案例

一千四百多年前的拱桥

一千多年以前，人们建造的桥梁除了简支桥梁外，更多的就是石拱桥了。我国古代石拱桥的杰出代表是举世闻名的河北省赵县的赵州桥(又称安济桥，如图 5.1 所示)，该桥在隋代(公元 605 年)由著名工匠李春设计和建造，距今已有1400 多年的历史，是当今世界上现存最早、保存最完善的古代敞肩石拱桥。拱桥净跨37m，宽9m，拱矢高度7.23m，在拱圈两肩各设有两个跨度不等的腹拱(敞肩)，这样既能减轻桥身自重、节省材料、便于排洪，又呈现出美观的效果。欧洲直到 19 世纪中期才出现了这样的敞肩

图 5.1

拱桥，比我国晚了 1200 多年。1991 年，美国土木工程师学会选定赵州桥为世界第十二处"国际土木工程历史古迹"。

石拱桥的形式有多种多样，公元前一世纪在法国建造的尼姆水道就是由上下三层连续的石拱构成（图 5.2），水道总长 269m，最高处离地面达 49m。第一层由 6 个跨度不等的拱券组成；第二层高度大约 20m，由 11 个跨度相等的拱券组成；第三层的高度是 8.5m，由 35 个跨度相同的拱券组成。

石拱不仅应用在桥梁上，欧洲早期的建筑大多数也是按拱结构的形式建造的。图 5.3 所示的建筑"剖面图"，是建于 13 世纪中叶的德国海德堡王宫的一幢三层楼房。从"剖面图"中可清楚地看到，该楼房的结构是由三层两跨环形拱组成的，注意到外圈厚重的墙体是为了提供给拱券足够的推力。建于公元 60 年的罗马斗兽场的剖面图如图 5.4 所示，从图中可以看出，在大约 2000 年前，欧洲的建筑师就已经将拱券在建筑中的应用，发挥得淋漓尽致了。图 5.5 所示为举世闻名的秦始皇兵马俑展馆的三铰拱钢屋架，其跨度为 72 米，拱脚落在巨大的钢筋混凝土支座上。

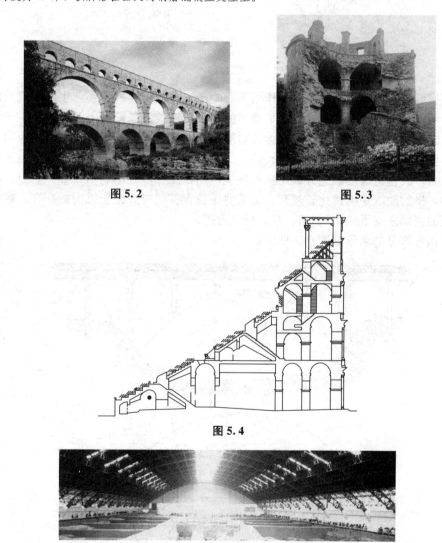

图 5.2　　　　　　　　　　　　　　图 5.3

图 5.4

图 5.5

本章将从最简单的静定拱开始，介绍拱的组成、特点及反力和内力的计算方法。

5.1 三铰拱的特点

拱是指杆的轴线是曲线,并在竖向荷载作用下会产生水平支座反力(又称水平推力)的结构。拱结构的计算简图通常有三种,如图 5.6 所示,其中图 5.6(a)和(b)所示的无铰拱和两铰拱是超静定结构,图 5.6(c)所示的三铰拱是静定结构。在本章中将只讨论三铰拱的计算。

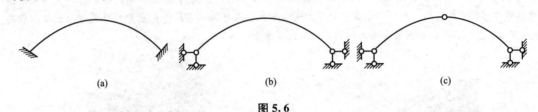

(a)   (b)   (c)

图 5.6

三铰拱的基本特点是在竖向荷载作用下,除产生竖向反力外,还产生水平推力。水平推力对拱的内力产生重要的影响,水平推力的存在使三铰拱各截面上的弯矩值小于与三铰拱相同跨度、相同荷载作用下的简支梁各对应截面上的弯矩值。因此,拱与相应简支梁比较,它的优点是用料比梁节省而自重较轻,故能跨越较大的空间。此外,由于拱主要是承受轴向压力,故建造时可以充分利用抗拉性能弱而抗压性能强的材料,如砖、石、混凝土等。但是,拱的缺点是构造比较复杂、施工费用较大。同时,由于推力的存在,拱需要有较为坚固的基础或支承结构(如墙、柱、墩、台等)。

三铰拱各部分的名称如图 5.7 所示。

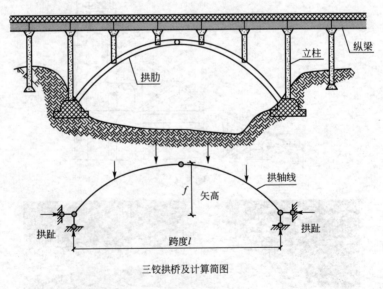

三铰拱桥及计算简图

图 5.7

在屋架中,为消除水平推力对墙或柱的影响,在两支座间增加一拉杆,由拉杆来承担水平推力,称为带拉杆的三铰拱,如图 5.8 所示。

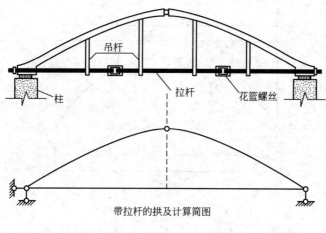

带拉杆的拱及计算简图

图 5.8

在铁路拱桥中，为了降低桥面高度，还可将桥面吊在拱上，如图 5.9 所示。

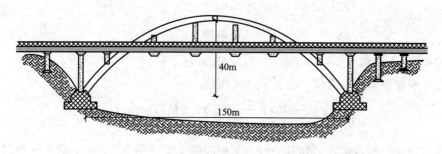

图 5.9

注：永定河七号铁路桥，1972 年投入使用，是我国最大跨度的钢筋混凝土拱桥

5.2 三铰拱的支座反力和内力的计算

当拱的两支座在同一水平线上时，这样的拱称为等高拱或平拱，否则称为斜拱。

现在以竖向荷载作用下的三铰拱为例，来说明三铰拱的支座反力和内力的计算。

1. 支座反力的计算

如图 5.10(a)所示的三铰拱，共有四个未知的支座反力，除以整体为隔离体建立的三个平衡方程外，还必须取左(或右)半拱为隔离体，以中间铰为矩心，建立一个平衡方程，从而求出所有的反力。

首先考虑整体的平衡，由 $\sum M_A = 0$ 及 $\sum F_y = 0$ 可求得两支座的竖向反力为

$$Y_A = \frac{F_1(l-a_1) + F_2(l-a_2)}{l}(\uparrow) \tag{a}$$

$$Y_B = \frac{F_1 a_1 + F_2 a_2}{l}(\uparrow) \tag{b}$$

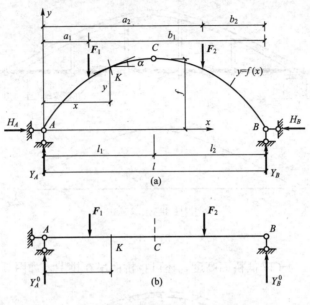

图 5.10

由 $\sum F_x = 0$，可得 $\qquad\qquad H_A = H_B = H$ (c)

然后，取左半拱为隔离体，由 $\sum M_C = 0$ 可得

$$H_A = \frac{Y_A l_1 - F_1(l_1 - a_1)}{f} = \frac{Y_A^0 - F_1(l_1 - a_1)}{f} = \frac{M_C^0}{f} \qquad\qquad (d)$$

考察(a)和(b)的右边，可知其恰好等于相应简支梁 [图 5.10(b)] 的支座竖向力 Y_A^0 和 Y_B^0，而(d)右边的分子则等于相应简支梁上与拱的中间铰处对应的截面 C 的弯矩 M_C^0。因此可将(a)、(b)、(c)、(d)写为

$$\left. \begin{array}{c} Y_A = Y_A^0 \\[2mm] Y_B = Y_B^0 \\[2mm] H = \dfrac{M_C^0}{f} \end{array} \right\} \qquad\qquad (5-1)$$

在竖向荷载作用下，三铰拱的支座反力有如下特点。

(1) 支座反力与拱轴线形状无关，而与三个铰的位置有关。

(2) 竖向支座反力与拱高无关。

(3) 当荷载和跨度固定时，拱的水平反力 H 与拱高 f 成反比，即拱高 f 越大，水平反力 H 越小；反之，拱高 f 越小，水平反力 H 越大。

2. 三铰拱的内力计算

计算内力时应注意到拱轴为曲线这一特点，横截面应与拱轴正交，即与拱轴的切线相垂直，如图 5.10(a)所示的任一截面 K，由图 5.11 所示的隔离体可求得 K 截面的内力。

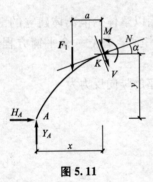

图 5.11

1）弯矩

$$M = Y_A x - F_1(x-a_1) - Hy = Y_A^0 x - F_1(x-a_1) - Hy$$
$$= M^0 - Hy \tag{5-2}$$

式中，M^0 为相应简支梁 K 截面的弯矩。

由式（5-2）可知，三铰拱截面中的弯矩比相应简支梁截面中的弯矩要小，这也是拱常用于较大跨度结构的原因。

2）剪力

任意截面 K 的剪力等于截面一侧所有外力在截面方向投影的代数和，即

$$V = Y_A \cos\alpha - F_1 \cos\alpha - H\sin\alpha$$
$$= (Y_A^0 - F_1)\cos\alpha - H\sin\alpha$$
$$= V^0 \cos\alpha - H\sin\alpha \tag{5-3}$$

式中，V^0 为相应简支梁 K 截面的剪力。

3）轴力

任意截面 K 的轴力等于截面一侧所有外力沿轴线在该处切线方向投影的代数和，即

$$N = Y_A \sin\alpha - F_1 \sin\alpha + H\cos\alpha$$
$$= (Y_A^0 - F_1)\sin\alpha + H\cos\alpha$$
$$= V^0 \sin\alpha + H\cos\alpha \tag{5-4}$$

拱截面轴力较大，且一般为压力。

注意：

（1）该组公式仅用于拱承受竖向荷载的情况；

（2）拱的左半跨 α 取正，右半跨 α 取负；

（3）剪力等于零处弯矩有极值；

（4）M 图、V 图、N 图均不再为直线；

（5）集中力作用处 V 图、N 图将发生突变，但突变值不等于集中力的大小；

（6）集中力偶作用处 M 图发生突变。

3. 三铰拱的内力图

（1）画三铰拱内力图的方法：描点法。

（2）画三铰拱内力图的步骤如下。

① 计算支座反力。

② 计算拱券截面的内力（可以每隔一定水平距离取一截面，也可以沿拱轴每隔一定长度取一截面）。

③ 按各截面内力的大小和正负绘制内力图。

【例 5-1】 三铰拱及其所受荷载如图 5.12 所示，拱的轴线为抛物线，方程为 $y = \dfrac{4f}{l^2}x(l-x)$。求支座反力，并绘制内力图。

解：（1）支座反力的计算。

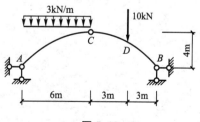

图 5.12

$$Y_A = Y_A^0 = \frac{10 \times 3 + 3 \times 6 \times 9}{12} = 16\text{kN}(\uparrow)$$

$$Y_B = Y_B^0 = \frac{3 \times 6 \times 3 + 10 \times 9}{12} = 12\text{kN}(\uparrow)$$

$$H = \frac{M_C^0}{f} = \frac{12 \times 6 - 10 \times 3}{4} = 10.5\text{kN}$$

（2）计算截面内力。求出支座反力后，可根据式（5-2）、式（5-3）、式（5-4）计算任意截面的内力。为了绘制内力图，将拱沿跨度方向分成 8 等份，算出每个截面的弯矩、剪力和轴力值。现以 $x=9\text{m}$ 截面 D 的内力为例，说明计算步骤。

截面几何参数：

$$x_D = 9\text{m}$$

$$y_D = \frac{4f}{l^2}x(l-x) = \frac{4 \times 4}{12^2} \times 9 \times (12-9) = 3\text{m}$$

$$\tan\varphi_D = \frac{dy}{dx} = \frac{4f}{l^2}(l-2x) = \frac{4 \times 4}{12^2} \times (12 - 2 \times 9) = -0.667$$

$$\varphi_D = -33.7° \quad \sin\varphi_D = -0.555 \quad \cos\varphi_D = 0.832$$

$$M_D = M_D^0 - Hy_D = 12 \times 3 - 10.5 \times 3 = 4.5\text{kN} \cdot \text{m}$$

$$V_{D左} = V_{D左}^0 \cos\varphi_D - H\sin\varphi_D = (-2) \times 0.832 - 10.5 \times (-0.555) = 4.18\text{kN}$$

$$N_{D左} = V_{D左}^0 \sin\varphi_D + H\cos\varphi_D = (-2) \times (-0.555) + 10.5 \times 0.832 = 9.85\text{kN}$$

$$V_{D右} = V_{D右}^0 \cos\varphi_D - H\sin\varphi_D = (-12) \times 0.832 - 10.5 \times (-0.555) = -4.16\text{kN}$$

$$N_{D右} = V_{D右}^0 \sin\varphi_D + H\cos\varphi_D = (-12) \times (-0.555) + 10.5 \times 0.832 = 15.40\text{kN}$$

重复上述步骤，可求出各等分截面的内力，作出内力图如图 5.13(a)、(b)、(c)所示。

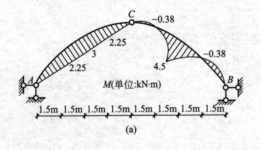

(a)

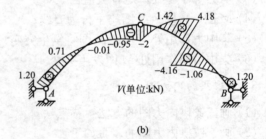

(b)

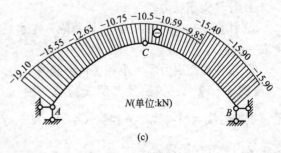

(c)

图 5.13

5.3 三铰拱的合理拱轴线

1. 合理拱轴线的概念

根据三铰拱截面的内力分析可知，三铰拱各截面的法向应力有由弯矩产生的不均匀分布的正应力和由轴力产生的均匀分布的正应力。为发挥材料的作用，应设法尽量减少截面上不均匀分布的正应力。如果使各截面的弯矩为零，只受轴力作用，正应力沿各截面都是均匀分布的，拱处于无弯矩状态，材料的使用是最经济的。在给定荷载作用下使拱处于无弯矩状态的拱轴线，称为拱的合理拱轴线或合理拱轴。

2. 合理拱轴线的确定

合理拱轴线可根据荷载作用下，任意截面弯矩为零的条件来确定。如在竖向荷载作用下三铰拱任一截面的弯矩为

$$M(x) = M^0(x) - Hy(x)$$

当拱的轴线为合理拱轴时，拱各截面的弯矩应为零，即

$$M(x) = 0$$

$$M(x) = M^0(x) - Hy(x) = 0$$

可得合理拱轴线方程为

$$y(x) = \frac{M^0(x)}{H} \tag{5-5}$$

其中 $M^0(x)$ 是与三铰拱跨度、荷载相等的简支梁的弯矩表达式，如用图形表示时，即为相应简支梁的弯矩图。在荷载、跨度、矢高给定时，H 是一个常数。所以合理拱轴线与相应的简支梁的弯矩图形状相似，对应竖标成比例，差一比例常数。在荷载、跨度给定时，合理拱轴线 $y(x)$ 随 f 的不同而有多条，不唯一。

【例 5-2】 设图 5.14(a)所示三铰拱承受沿水平方向均匀分布的竖向荷载 q 的作用，试求其合理轴线。

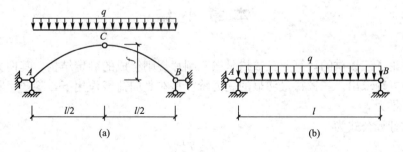

图 5.14

解： 由式(5-5)可知

$$y(x) = \frac{M^0(x)}{H}$$

相应简支梁如图 5.13(b)的弯矩方程为

$$M^0(x)=\frac{1}{2}qlx-\frac{1}{2}qx^2=\frac{qx}{2}(l-x)$$

拱的水平推力为

$$H=\frac{M_C^0}{f}=\frac{ql^2}{8f}$$

所以有

$$y(x)=\frac{\dfrac{qx}{2}(l-x)}{\dfrac{ql^2}{8f}}=\frac{4f}{l^2}x(l-x)$$

由此可知,三铰拱在沿水平方向均匀分布的竖向荷载作用下,其合理拱轴线为一抛物线。正因为如此,所以工程中拱的轴线常用抛物线。

可以验证三铰拱承受径向均匀水压力作用下,合理拱轴线为圆弧曲线,如图 5.15 所示。三铰拱在填土重力作用下,合理拱轴线是悬链线,如图 5.16 所示(γ 为填土的重力密度,拱所受的竖向分布荷载为 $q=q_C+\gamma y$)。

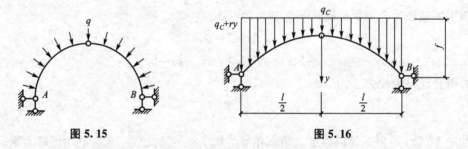

图 5.15　　　　　　　　　　　图 5.16

在实际工程中,同一结构往往要受到各种不同荷载的作用,而对应不同的荷载就有不同的合理轴线。因此,根据某一固定荷载所确定的合理轴线并不能保证拱在各种荷载作用下都处于无弯矩状态。在设计中应当尽可能地使拱的受力状态接近无弯矩状态。通常以主要荷载作用下的合理轴线作为拱的轴线,这样,在一般荷载作用下拱仍会产生不大的弯矩。

本 章 小 结

本章讨论了三铰拱的计算。三铰拱是按三刚片规则组成的静定结构,其内力和反力可由静力平衡方程求出。三铰拱最明显的受力特征是在竖向荷载作用下,除产生竖向反力外还产生水平推力。

反力的计算公式为

$$Y_A=Y_A^0$$
$$Y_B=Y_B^0$$

$$H_A=H_B=H=\frac{M_C^0}{f}$$

竖向反力的大小与相应简支梁的竖向反力大小相同,水平推力则与三个铰的位置及荷载有关。由于水平推力的存在，使拱的各个截面上的弯矩与相应简支梁相比减小很多。

拱的主要内力是轴向压力。求解三铰拱的内力主要是利用解析法，即通过确定指定截面的位置（坐标、方位）、取隔离体、列静力平衡方程，求出任一截面的内力。

本章还介绍了合理拱轴线的概念，对不同的荷载，会有相应的合理拱轴线。

关 键 术 语

拱(arch)；拱轴线(arch axis)；拱顶(vault)；拱高(arch height)；拱脚(arch toe)；水平推力(horizontal thrust)；拱式结构(arch structure)；推力结构(thrust structure)；三铰拱(three‐hinged arch)；压力线(line of pressure)；合理拱轴线(optimal arch axis)。

习　题　5

一、思考题

1. 拱有哪几种形式？

2. 拱的受力有何特点？与梁和刚架有何异同？

3. 三铰拱屋架中为什么常加拉杆？

4. 在竖向荷载作用下，三铰拱的支座反力和相应简支梁的支座反力存在什么关系？

5. 三铰拱与简支梁比较，其优缺点是什么？

6. 什么是拱的合理拱轴？

二、填空题

1. 拱是杆轴线为_____并且在竖向荷载作用下产生_____的结构。

2. 在同样荷载作用下，三铰拱某截面上的弯矩值比相应简支梁对应截面的弯矩值要小，这是因为三铰拱有_____。

3. 图 5.17 所示半圆三铰拱，$\alpha = 30°$，$Y_A = qa(\uparrow)$，$H_A = \frac{qa}{2}(\rightarrow)$，$K$ 截面的 $\varphi_K =$ _____，$V_K =$ _____，V_K 的计算式为_____。

4. 图 5.18 所示抛物线三铰拱的 $y_K = 3.34m$，截面 K 的弯矩 $M_K =$ _____，_____侧受拉。

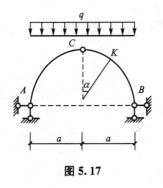

图 5.17

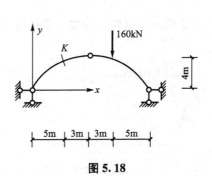

图 5.18

5. 三铰拱合理拱轴线的形状与_____有关 。

6. 在已知荷载作用下，使三铰拱处于_____状态的轴线叫做三铰拱的合理拱轴线，合理拱轴线的拱各截面只受____作用，即正应力沿截面_____分布。

三、判断题

1. 三铰拱的弯矩小于相应简支梁的弯矩是因为存在水平支座反力。（　　）

2. 三铰拱的水平推力只与三个铰的位置及荷载大小有关，而与拱轴线形状无关。（　　）

3. 三铰拱的内力不但与荷载及三个铰的位置有关，而且与拱轴线形状有关。（　　）

4. 在相同跨度及竖向荷载作用下，拱脚等高的三铰拱，其水平推力随矢高的减小而减小。（　　）

5. 图 5.19 所示拱的水平推力 $H=\dfrac{3ql}{4}$。（　　）

6. 图 5.20 所示三铰拱左支座的竖向反力为零。（　　）

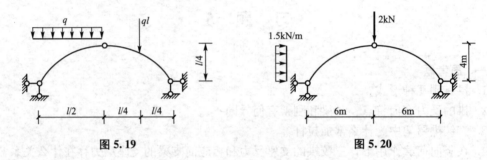

图 5.19　　　　　　　　　　　图 5.20

四、选择题

1. 在确定的竖向荷载作用下，三铰拱的水平反力仅与下列因素有关：（　　）。

　A. 拱跨　　　　　　　　　　　　B. 拱的矢高
　C. 三个铰的相对位置　　　　　　D. 拱的轴线形式

2. 在竖向荷载作用下，不产生水平推力的静定结构是（　　）。

　A. 多跨静定梁　　　　　　　　　B. 三铰刚架
　C. 三铰拱　　　　　　　　　　　D. 拱式桁架

3. 图 5.21 所示三铰拱结构截面 K 的弯矩为（　　）。

　A. $\dfrac{ql^2}{2}$　　　　　　　　　　　B. $\dfrac{3ql^2}{8}$

　C. $\dfrac{7ql^2}{8}$　　　　　　　　　　　D. $\dfrac{ql^2}{8}$

4. 图 5.22 所示半圆弧三铰拱，半径为 r，$\theta=60°$，截面 K 的弯矩为（　　）。

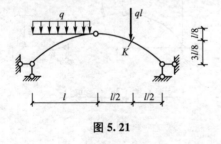

图 5.21

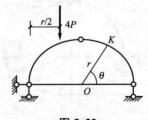

图 5.22

A. $\dfrac{\sqrt{3}\,Pr}{2}$ B. $-\dfrac{\sqrt{3}\,Pr}{2}$

C. $\dfrac{(1-\sqrt{3})\,Pr}{2}$ D. $\dfrac{(1+\sqrt{3})\,Pr}{2}$

5. 图 5.23 所示拱结构截面 D 的弯矩(拱内侧受拉为正)是(　　)。
A. 6kN·m B. −6kN·m
C. −3kN·m D. 3kN·m

6. 如图 5.24 所示的三铰拱,支座 A 的水平反力(以向右为正)是(　　)kN。
A. 1/2 B. 1
C. 2 D. 3

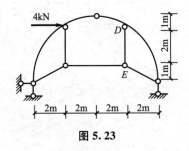 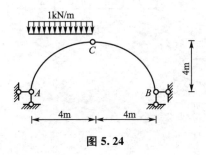

图 5.23　　　　　　　　图 5.24

7. 具有"合理拱轴"的静定拱结构的内力为(　　)。
A. $M=0$,$V\neq0$,$N\neq0$ B. $M\neq0$,V=0,$N\neq0$
C. $M=0$,$V=0$,$N\neq0$ D. $M\neq0$,$V\neq0$,$N\neq0$

8. 图 5.25(a)、(b)所示三铰拱的支座(　　)。

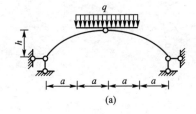 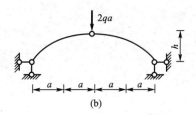

(a)　　　　　　　　(b)

图 5.25

A. 竖向反力相同,水平反力不同
B. 竖向反力不同,水平反力相同
C. 竖向反力相同,水平反力相同
D. 竖向反力不同,水平反力不同

五、计算题

1. 图 5.26 所示抛物线三铰拱,已知拱轴线方程为 $y=\dfrac{4f}{l^2}x(l-x)$,$l=16$m,$f=4$m,试求:(1)支座反力;(2)截面 D 和 E 的 M、V、N。

2. 对图 5.26 所示的三铰拱:(1)如果改变拱高($f=8$m),支座反力和弯矩有何变化?

(2)如果拱高和跨度同时改变($l=32\text{m}$，$f=8\text{m}$)，但高跨比 $\dfrac{f}{l}$ 保持不变，则支座反力和弯矩又有何变化？

3. 图 5.27 所示圆弧三铰拱，求支座反力及 D 截面的 M、V、N。

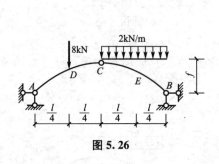

图 5.26

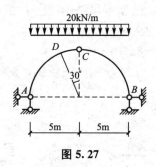

图 5.27

第6章
静定平面桁架和组合结构

本章教学要点

知识模块	掌握程度	知识要点
静定平面桁架的计算	熟悉	桁架的特点和分类
	掌握	桁架中杆的内力计算方法和零杆的判断
	理解	组合结构

本章技能要点

技能要点	掌握程度	应用方向
桁架中杆的内力计算	掌握	桁架结构设计

 导入案例

埃菲尔建造的桥梁

1889 年法国巴黎世界博览会建造的埃菲尔铁塔是法国结构工程师埃菲尔名扬全世界的建筑。其实，埃菲尔更多的功绩是表现在桥梁工程方面。

1860 年，艾菲尔完成了当时法国著名的波尔多大桥工程，将长达 500m 的钢铁构件架设在跨越吉隆河中的 6 个桥墩上。这项巨大工程的完成，使艾菲尔在工程界的名声大振。

1869 年，他完成了法国南部四座巨大的桥梁建筑，其中有最著名的索尔河高架桥，该桥是用两座高达 59m 的铁塔支撑着整个桥梁结构的钢铁大桥。

1876 年法国为庆祝美国独立 100 周年赠送的自由女神像的钢桁架也是埃菲尔设计的。

可是，由于种种原因，艾菲尔设计的一座架设在莱茵河支流比尔斯河上的单轨铁桥在 1891 年 5 月 14 日发生了坠毁，在 12 节车厢的旅客列车上，74 人遇难，200 多人受伤。

该桥位于瑞士的巴塞尔城东 4.4km、距明汉斯太因车站 400m 处。这是一座长 42m、高 6m、宽 4.6m 的单跨桥，其结构的立面和平面图见图 6.1。投入使用期间曾因各种灾害多次维修过。事故发生前不久，考虑机车和列车自重增加，还对该桥的强度重新进行了分析。经计算，构件的最大应力不超过 66.6MPa，而荷载也未超出原设计值。通过试验表明该桥梁桁架可承受一般荷载，为保险起见，还是对该桥做了局部加强。

大桥的破坏是发生在白天。由巴塞尔开过来的列车，当车头开到桥中央时，车头连车厢就冲向了河里（图 6.2）。

瑞士政府责成结构力学教授和实验专家对事故进行分析：当列车行驶到桥跨中央时，桁架中间斜杆

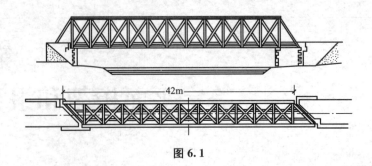

图 6.1

图 6.2

的压应力为最大,工作压应力达到 66.3MPa,而压杆失稳的临界应力仅为 52MPa,超载 27.5%。该杆件退出工作后,其他杆件的应力增大相继退出工作,最后整个桁架成为几何可变体。

同样的事故在美国的阿什特比拉河大桥就发生过。该桥是双轨路面、跨长 37m 的单跨桁架铁路桥,建于 1865 年。1876 年 12 月 29 日晚 8 时许,一列由两辆机车和 11 节车厢组成的列车通过这座桥梁,当第一辆机车行驶到距离对岸大约 15m 远时,司机感到列车在向后拽,于是他加足了马力,用力开上了对岸,行驶了 45m 停下来,回头一看,什么都不见了。由于大桥断裂,后面的机车和车厢从 21m 高的桥面坠入河中,158 名乘客中有 92 人遇难。经调查,破坏原因是多方面的,比如:没有对大桥进行严格的验收,施工时出现过多处差错,结构设计也不合理等。

本章研究的主要内容就是对桁架结构进行内力分析,防止桁架结构由于杆件设计不合理而发生破坏。

6.1 静定平面桁架

1. 静定平面桁架

桁架是由若干直杆在两端铰接组成的结构。桁架可分为平面桁架和空间桁架。无多余约束的为静定桁架,有多余约束的为超静定桁架。

桁架在工程实际中得到广泛的应用,但是,结构力学中的桁架与实际桁架有差别,主要进行了以下三点假设:

(1) 所有结点都是无摩擦的理想铰;

（2）各杆的轴线都是直线并通过铰的中心；

（3）荷载和支座反力都作用在结点上。

符合上述假定的桁架称为理想桁架。理想桁架中的各杆都是二力杆，各杆只承受轴力。在实际工程中，对于在结点荷载作用下的各杆主要承受轴力的结构，经常采用理想桁架作为其计算简图。在桁架结构中，由于杆件主要承受轴力，杆工作应力分布均匀，能够充分利用材料，与梁相比，用料省、自重轻，因此，在实际工程中得到广泛的应用。如图 6.3 是人民大会堂的屋架计算简图，图 6.4 是福斯湾悬臂钢桁架桥，图 6.5 是武汉长江大桥（桥梁类型是钢桁架三孔连续梁），图 6.6 是木桁架屋架施工现场。

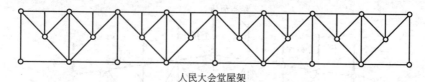

人民大会堂屋架

图 6.3

图 6.4

图 6.5

图 6.6

应当注意，实际工程中的桁架与上述理想桁架有一定的区别，主要表现在以下几方面。

1）杆的连接方式有差异

在钢结构中，结点通常是铆接或焊接；在钢筋混凝土结构中，各杆端通常是整体浇注在一起的；在木结构中，各杆通常是榫接或螺栓连接。

2）杆的几何性质有差异

实际工程中的直杆无法绝对平直，结点上各杆的轴线也不一定完全交于一点。

3）结构上的荷载有差异

实际工程中桁架必然有自重，即使荷载是作用在结点上，在自重的作用下，各杆必然发生弯曲变形，产生弯曲应力，并不像理想桁架那样只有均匀分布的轴力。

2. 桁架中各部分的名称

桁架的杆件，按其所在位置的不同，可分为弦杆和腹杆两大类，如图 6.7 所示，弦杆是指桁架上、下外围的杆件，可分为上弦杆和下弦杆；腹杆是在上、下弦杆之间的杆件，可分为竖杆和斜杆，弦杆上两相邻结点之间的区间称为节间。

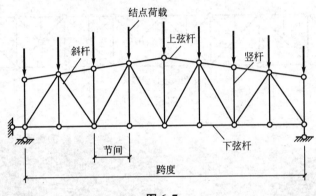

图 6.7

3. 静定平面桁架的分类

按几何组成分类，可分为以下 3 类。

（1）简单桁架：由一个基本铰接三角形开始，逐次增加二元体所组成的几何不变体。如图 6.8 所示的两个桁架。

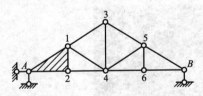

图 6.8

（2）联合桁架：由几个简单桁架，按两刚片法则或三刚片法则所组成的几何不变体。如图 6.9 所示的两个桁架。

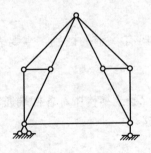
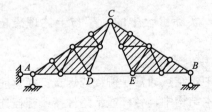

图 6.9

(3) 复杂桁架：不属于前两种的桁架。如图 6.10 所示的两个桁架。

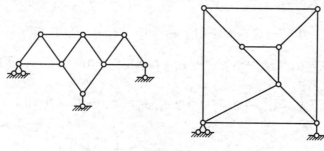

图 6.10

6.2 桁架内力计算的方法

桁架中杆的内力计算方法有：结点法、截面法、联合法。

1. 结点法

结点法：截取桁架的一个结点为隔离体计算桁架内力的方法。

结点上的荷载、反力和杆件内力作用线都汇交于一点，组成了平面汇交力系，因此，结点法是利用平面汇交力系求解内力的。

利用结点法求解桁架，主要是利用汇交力系求解，每一个结点只能求解两根杆件的内力，因此，结点法最适用于计算简单桁架。

分析时，各个杆件的内力一般先假设为受拉，当计算结果为正时，说明杆件受拉；为负时，杆件受压。

【例 6-1】 用结点法计算图 6.11 所示桁架各杆的内力。

解：(1) 求支座反力。

$$R_A = R_B = 2P(\uparrow)$$

(2) 计算各杆的内力。

由于该结构几何形状、荷载、约束反力都对称，则内力也对称，所以只需计算对称轴一侧的内力即可。现计算左半部分。

图 6.11

结点 1 [图 6.12(a)]：

$$\sum Y = 0, \quad N_{13}\sin\alpha - \frac{P}{2} + 2P = 0, \quad \sin\alpha = \frac{1}{\sqrt{5}}, \quad N_{13} = -\frac{3\sqrt{5}}{2}P(\text{压})$$

$$\sum X = 0, \quad N_{13}\cos\alpha + N_{12} = 0, \quad \cos\alpha = \frac{2}{\sqrt{5}}, \quad N_{12} = 3P(\text{拉})$$

结点 2 [图 6.12(b)]：

$$N_{21} = N_{12} = 3P(\text{拉})$$

$$\sum X = 0, \quad N_{25} - N_{21} = 0, \quad N_{25} = N_{21} = 3P(\text{拉})$$

$$\sum Y = 0, \quad N_{23} = 0$$

结点 3 [图 6.12(c)]:

$$\sum Y = 0, \quad -N_{35}\sin 2\alpha - P\cos\alpha = 0, \quad N_{35} = -\frac{\sqrt{5}}{2}P(压)$$

$$\sum X = 0, \quad N_{34} + N_{13} - P\sin\alpha + N_{35}\cos 2\alpha = 0, \quad N_{34} = -\sqrt{5}P(压)$$

结点 4 [图 6.12(d)]:

$$\sum Y = 0, \quad -N_{45} - P + 2N_{43}\sin\alpha = 0, \quad N_{45} = P(拉)$$

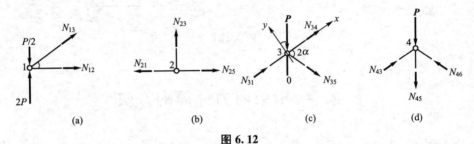

图 6.12

通过上题我们发现,桁架中有时会出现内力是零的杆(称为零杆)。如果在计算之前,能预先判断出零杆,会给计算带来很多的方便。在以下情况会出现零杆:

(1) 不共线的两杆相连且结点上无荷载作用时,则这两个杆都为零杆,见图 6.13(a);

(2) 当两杆结点上作用荷载且荷载沿其中一杆的方向,则该杆轴力大小与荷载相等,另外一杆的轴力为零,见图 6.13(b);

(3) 三杆相连接的结点,有两杆共线,当结点上无荷载作用时,则不共线那个杆的轴力为零,而共线的两杆的轴力大小相等、性质相同,见图 6.13(c)。

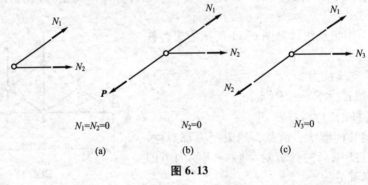

图 6.13

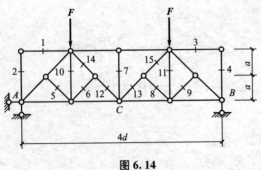

图 6.14

零杆指杆件轴力为零的杆件,虽不受轴力,但不能理解成多余的杆件。

【例 6 - 2】 判断图 6.14 所示桁架的零杆。

解:杆 1、2、3、4、5、6、7、8、9、10、11、12、13、14、15 都是零杆。

结点 C 处于对称轴上,处于对称位置的 12 杆和 13 杆的内力应相等,即 $N_{12} = N_{13}$,又因 $N_7 = 0$,由 $\sum Y = 0$,$Y_{12} + Y_{13} = 0$,

$Y_{12} = -Y_{13}$，与 $N_{12} = N_{13}$ 矛盾，所以 $N_{12} = N_{13} = 0$。

2. 截面法

截面法：用适当的截面，截取桁架的一部分(至少包括两个结点)为隔离体，利用平面任意力系的平衡条件进行求解。

截面法适合于求解指定杆件的内力，尤其是联合桁架中连接杆的轴力。隔离体上的未知力一般不超过三个。在计算时，轴力也一般假设为拉力。

为避免求解联立方程，要注意选择平衡方程，一般使每一个平衡方程包含一个未知力。

【例 6 - 3】 求图 6.15(a)所示桁架中 1、2、3 杆的轴力。

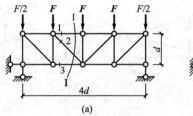 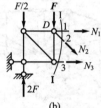

图 6.15

解：(1) 求支座反力。

(2) 求各杆轴力。

取 I—I 截面左边为研究对象，受力如图 6.15(b)所示。

$$\sum m_D = 0, \quad N_3 \times d - \left(2F - \frac{F}{2}\right) \times d = 0, \quad N_3 = \frac{3}{2}F(拉)$$

$$\sum Y = 0, \quad 2F - \frac{F}{2} - F - N_2 \cos 45° = 0, \quad N_2 = \frac{\sqrt{2}}{2}F(拉)$$

$$\sum X = 0, \quad N_1 + N_3 + N_2 \cos 45° = 0, \quad N_2 = -2F(压)$$

【例 6 - 4】 求图 6.16(a)所示桁架杆 1、2 的内力 N_1、N_2。

解：计算支座反力： $X_A = P(\leftarrow), \quad Y_A = P(\uparrow)$

这是联合桁架，切断三根联系杆，取隔离体如图 6.16(b)所示。

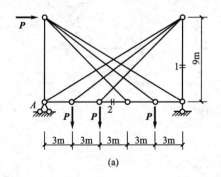 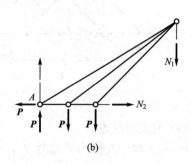

图 6.16

$$\sum M_A = 0, \quad 15N_1 + 3P + 6P = 0, \quad N_1 = -0.6P(压)$$

$$\sum X = 0, \quad N_2 = P$$

在截面法的应用中,会有下述的特殊情况:

一般来说,用截面法截断不超过三根不交于一点也不互相平行的杆件时,可以直接利用三个平衡方程求出三根杆件的轴力。但在某些特殊情况下,截断的杆数大于三根,但除一根以外,其余各杆都交于一点(或都互相平行),则这一根不与其他杆件相交(或与其他杆件平行)的杆件的轴力,仍可利用力矩平衡方程(或投影平衡方程)求得。

如图 6.17(a) 所示,若求桁架中 1 杆的轴力,则取 n—n 截面左边为研究对象,受力如图 6.17(b),则对 C 点列力矩方程可求出杆 1 轴力。

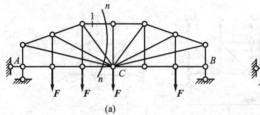

(a)   (b)

图 6.17

如图 6.18 所示,当所取 n—n 截面截断三根以上的杆件,除了杆 1 外,其余各杆均互相平行,则由投影方程可求出杆 1 轴力。取 n—n 截面以上为隔离体,列出水平方向上的投影方程就可求出 1 杆的轴力。

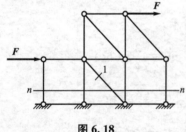

图 6.18

3. 联合法

在解决一些复杂的桁架时,单应用结点法或截面法往往不能够求解结构的内力或比较烦琐,这时需要将这两种方法联合应用,从而进行解题,解题的关键是从几何构造分析。

【例 6-5】 求图 6.19(a)所示桁架中 1、2 杆的轴力 N_1、N_2。

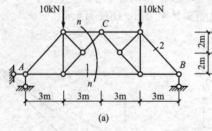

(a)   (b)

图 6.19

解:(1) 求支座反力。

(2) 取 n—n 截面左边为研究对象,受力如图 6.19(b)所示。

$$\sum m_C = 0, \quad N_1 \times 4 + 10 \times 3 - 10 \times 6 = 0, \quad N_1 = 7.5\text{kN}(拉)$$

(3) 以结点 B 为研究对象(受力图略),可求出 2 杆的内力 $N_2 = -12.5\text{kN}(压)$。

6.3 静定组合结构

1. 组合结构的受力特点

组合结构是由受弯构件(梁式杆)与受拉压杆件组合而成的。组合结构多用于工业与民用建筑中的屋架结构、吊车梁及桥梁中的承重结构。

图 6.20 所示为下撑式五角形屋架及其计算简图，上弦杆为梁式杆，由钢筋混凝土制成；下弦杆和腹杆为链杆，由型钢制成。

图 6.21 所示为一门式组合结构，柱子是梁式杆，屋架则由链杆组成。

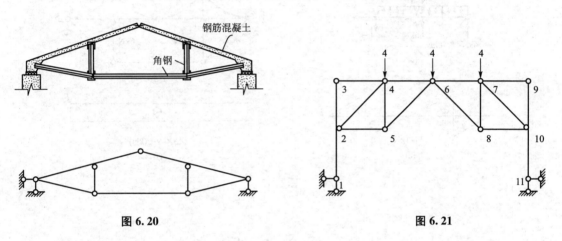

图 6.20   图 6.21

2. 组合结构的计算

计算组合结构时，应先根据其几何组成来确定计算的顺序，依次求各部分的约束力，然后再求内力。求内力时，一般先求各链杆的内力，再求各梁式杆的内力，绘制内力图。

【例 6 - 6】 试作出图 6.22 (a)所示组合结构的内力图。

解：该结构 AC、BC 杆为梁式杆，其余各杆均为二力杆。

(1) 求支座反力。

$$X_A=0, \quad Y_A=6kN(\uparrow), \quad Y_B=6kN(\uparrow)$$

(2) 计算各链杆内力。

作截面 $n—n$，截断铰 C 和链杆 DE，隔离体见图 6.22(b)。

$$\sum M_C=0, \quad 6\times6-1\times6\times3-N_{DE}\times3=0$$

$$N_{DE}=6kN(拉)$$

再由 D 结点的平衡，可得

$$N_{DA}=6\times\sqrt{2}=8.48kN(拉)$$

$$N_{DF}=-6kN(压)$$

（3）计算梁式杆内力。

取 AFC 为隔离体，受力图如图 6.22（c）所示，由此可求出 AFC 各截面上的内力。再根据对称性可作出内力图，如图 6.22（d）、（e）、（f）所示。

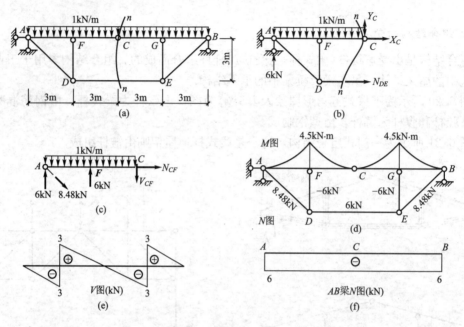

图 6.22

本 章 小 结

本章首先讨论了平面静定桁架的组成和分类：①桁架是只受结点荷载的直杆铰结体系；②桁架各杆件内力只有轴力（受拉或受压的二力杆）；③桁架按几何组成可分为简单桁架、联合桁架、复杂桁架。

介绍了静定平面桁架内力计算的两个主要方法：结点法与截面法。具体步骤是：作几何组成分析、求支座反力、判定零杆、应用结点法和截面法进行内力分析。

若桁架对称，计算过程中可考虑对称性的利用。应用截面法时，若截面的未知力超过三个，当仅有一个未知力与其他未知力不平行时可采用投影方程求出该力；当仅有一个未知力与其他未知力不汇交时可采用力矩方程求出该力。

本章还介绍了组合结构的内力计算，计算过程中，要注意区分桁架结点和桁架杆与梁式杆连接结点的不同之处。

关 键 术 语

杆件(bar)；铰结点(hinge joint)；桁架(truss)；平面桁架(plane truss)；节间(inter-

val）；弦杆（chord member）；上弦杆（upper chord member）；下弦杆（lower chord mem-
ber）；腹杆（web member）；竖杆（vertical member）；斜杆（skew bar）；简单桁架（simple
truss）；联合桁架（joint truss）；复杂桁架（complex truss）结点法（joint method）；零杆
（member without force）；截面法（section method）；组合结构（composite structure）。

习　题　6

一、思考题

1. 理想桁架的基本假设是什么？
2. 桁架和梁相比较有何优点？
3. 桁架按几何组成可分为哪几类？
4. 桁架中杆内力的计算方法有哪几种？
5. 怎样利用联合桁架的组成特点来进行计算？
6. 怎样判断零杆？
7. 零杆既然不受力，为什么在实际结构中不把它去掉？
8. 什么是组合结构？怎样判断组合结构中的杆是二力杆还是梁式杆？
9. 组合结构的计算方法和步骤是怎样的？

二、填空题

1. 由一个基本铰结三角形依次增加二元体而组成的桁架称为_____，由几个简单桁架按几何不变体系的组成规则组成的桁架称为_____，按上述两种方式以外组成的其他静定桁架称为_____。

2. 对桁架进行内力分析时，若所取隔离体只包含一个结点，称为_____法；若所取隔离体包含两个或两个以上的结点，则称为_____法。

3. 组合结构是指由链杆和受弯杆件_____的结构，其中链杆只有_____，受弯杆件同时有_____和_____以及剪力。

4. 图 6.23 所示桁架中杆 1 和杆 2 的轴力 $N_1=$_____，$N_2=$_____。

5. 图 6.24 所示桁架中杆 1 和杆 2 的轴力 $N_1=$_____，$N_2=$_____。

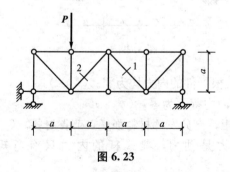

图 6.23

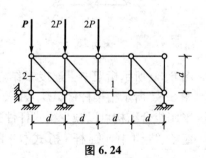

图 6.24

6. 图 6.25 所示两桁架中斜杆 AB 的内力 N_{AB}，其大小_____，性质_____。

7. 图 6.26 所示桁架中内力为零的杆件有_____根，并标示在零杆上。

8. 图 6.27 所示结构中内力为零的杆件有_____根，并标示在零杆上。

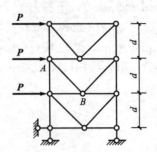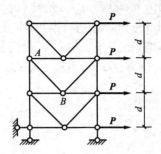

图 6.25

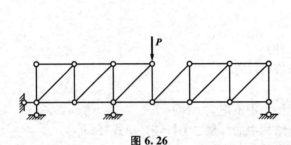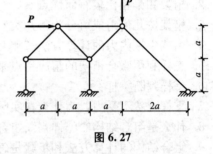

图 6.26 图 6.27

三、判断题

1. 因为零杆的轴力为零，故该杆从该静定结构中去掉，不影响结构的功能。（ ）

2. 图 6.28 所示对称桁架中杆 1～6 的轴力等于零。（ ）

3. 图 6.29 所示桁架中，有 $N_1＝N_2＝N_3＝0$。（ ）

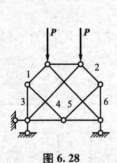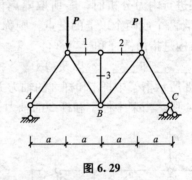

图 6.28 图 6.29

4. 图 6.30 所示桁架中，连接 E 结点的三根杆件的内力均为零。（ ）

5. 图 6.31 所示桁架杆件 AB、AF、AG 内力都不为零。（ ）

6. 采用组合结构可以减少梁式杆件的弯矩，充分发挥材料强度，节省材料。（ ）

7. 组合结构中，链杆（桁式杆）的内力是轴力，梁式杆的内力只有弯矩和剪力。（ ）

8. 图 6.32 所示结构中，支座反力为已知值，则由结点 D 的平衡条件即可求得 F_{NCD}。（ ）

9. 图 6.33 所示结构中杆 1 的轴力 $N_1＝0$。（ ）

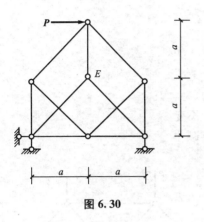

图 6.30

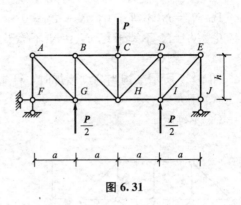

图 6.31

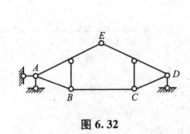

图 6.32

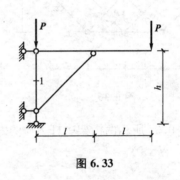

图 6.33

四、选择题

1. 图 6.34 所示桁架中，当仅增大桁架高度，其他条件均不变时，杆 1 和杆 2 的内力变化是（ ）。

    A. N_1、N_2 均减小   B. N_1、N_2 均不变

    C. N_1 减小、N_2 不变   D. N_1 增大、N_2 不变

2. 图 6.35 所示桁架中 1、2 杆内力值为（ ）。

    A. $N_1 = N_2 = 0$ B. $N_1 < 0$、$N_2 < 0$

    C. $N_1 = -N_2$ D. $N_1 > 0$、$N_2 > 0$

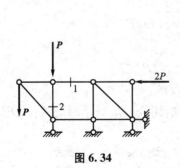

图 6.34

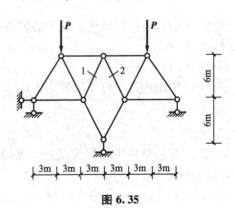

图 6.35

3. 图 6.36 所示桁架中 1、2、3、4 杆内力值为（ ）。

A. $N_1 = N_2 = 0$，$N_3 = N_4$ 不等于 0

B. $N_1 = N_2$ 不等于 0，$N_3 = N_4 = 0$

C. $N_1 = N_2$ 不等于 0，$N_3 = N_4$ 不等于 0

D. $N_1 = N_2 = N_3 = N_4 = 0$

4. 图 6.37 所示结构当高度增加时，杆 1 的内力（　　）。

A. 增大 　　　　　　　　　　B. 不变

C. 不确定 　　　　　　　　　　D. 减小

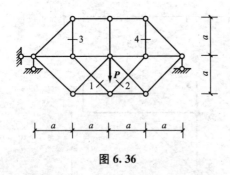

图 6.36　　　　　　　　　　　　　　图 6.37

5. 图 6.38 所示两桁架中杆 AB 的内力分别记为 N_1 和 N_2，则两内力有（　　）。

A. $N_1 > N_2$ 　　　　　　　　　B. $N_1 < N_2$

C. $N_1 = N_2$ 　　　　　　　　　D. $N_1 = -N_2$

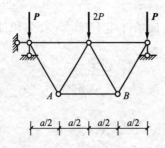 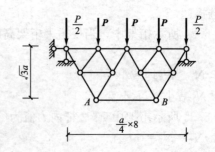

图 6.38

6. 图 6.39 所示桁架结构中，杆 1 的轴力为（　　）。

A. $-P$ 　　　　　　　　　　B. $-1.414P$

C. $-2.732P$ 　　　　　　　　D. $-1.732P$

7. 图 6.40 所示桁架中杆 1 的轴力为（　　）。

A. 0 　　　　　　　　　　　　B. $-\sqrt{2}P$

C. $\sqrt{2}P/2$ 　　　　　　　　D. $\sqrt{2}P$

8. 图 6.41 所示结构中，当荷载及 h 保持不变而 h_1 增大、h_2 减小时，链杆 DE 与 DF 内力绝对值的变化为（　　）。

A. N_{DE} 不变，$|N_{DE}|$ 增大 　　　　B. N_{DE} 增大，$|N_{DE}|$ 增大

C. N_{DE} 不变，$|N_{DE}|$ 减小 　　　　D. N_{DE} 减小，$|N_{DE}|$ 不变

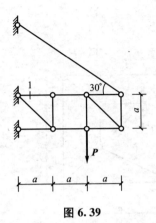

图 6.39

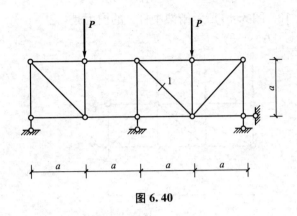

图 6.40

9. 如图 6.42 所示的桁架中，FH 杆的轴力为_____。

A. $-\dfrac{3\sqrt{2}P}{4}$ B. $\dfrac{3\sqrt{2}P}{2}$ C. $-\dfrac{5\sqrt{2}P}{2}$ D. $-\dfrac{\sqrt{2}P}{8}$

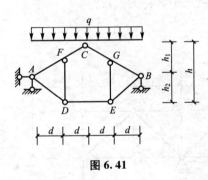

图 6.41

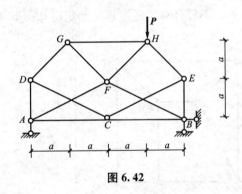

图 6.42

10. 图 6.43 所示结构中杆 1 的轴力为（   ）。

A. $-ql/2$ B. 0   C. $-ql$ D. $-2ql$

11. 图 6.44 所示结构中 B 支座反力 F_B 为（   ）。

A. P B. $P/2$ C. $P/3$ D. $2P$

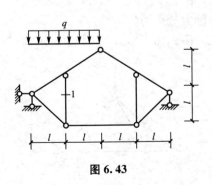

图 6.43

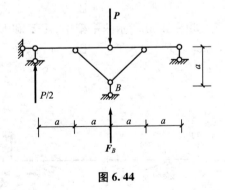

图 6.44

12. 图 6.45 所示桁架杆 a 的内力是（   ）。

A. $-3F$　　　　B. $-2F$　　　　C. $2F$　　　　D. $3F$

13. 图 6.46 所示桁架中杆 c 的内力是(　　)。

A. $-F/2$　　　　B. 0　　　　C. $F/2$　　　　D. F

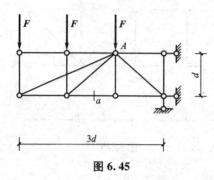

图 6.45

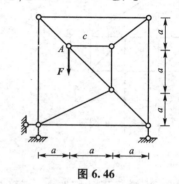

图 6.46

14. 图 6.47 所示桁架中杆 BE 的内力 N_{BE} 为(　　)。

A. F　　　　B. $-F$　　　　C. $\sqrt{2}F$　　　　D. $-\sqrt{2}F$

15. 不经计算,通过直接判定得知图 6.48 所示桁架中零杆的数目为(　　)根。

A. 4　　　　B. 5　　　　C. 6　　　　D. 7

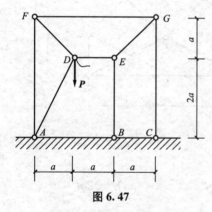

图 6.47

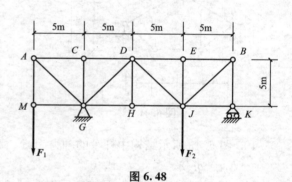

图 6.48

16. 如图 6.49 所示,结构 CD 杆的内力是(　　)。

A. $-F/2$　　　　B. 0　　　　C. $F/2$　　　　D. F

17. 如图 6.50 所示的桁架中,GF 和 DC 杆的轴力分别为(　　)。

A. $-F,-F/2$　　B. $-F/2,0$　　C. $F/2,0$　　D. $F,F/2$

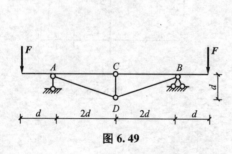

图 6.49

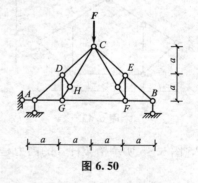

图 6.50

18. 如图 6.51 所示，桁架杆①、②的内力分别为（　　）。

A. $\sqrt{2}P, \dfrac{\sqrt{2}}{3}P$ B. $-\sqrt{2}P, -\dfrac{\sqrt{2}}{3}P$

C. $-\dfrac{\sqrt{2}}{3}P, -\dfrac{\sqrt{2}}{3}P$ D. $-\dfrac{\sqrt{2}}{3}P, \dfrac{\sqrt{2}}{3}P$

19. 图 6.52 所示结构中杆 1 的轴力一定为（　　）。

A. 0   B. $2F_P$（拉力）

C. $0.5F_P$（压力）   D. $0.5F_P$（拉力）

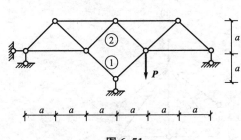 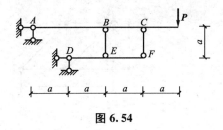

图 6.51   图 6.52

20. 图 6.53 所示结构中杆①的轴力为（　　）。

A. $-P$ B. $-0.5P$

C. 0   D. P

21. 图 6.54 所示结构杆中 CF 的轴力为（　　）。

A. $2P$（拉）   B. $P/3$（拉）   C. $4P$（拉）   D. $4P$（压）

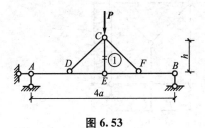 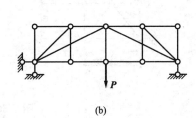

图 6.53   图 6.54

五、计算分析题

1. 试分析图 6.55 所示桁架的类型，找出零杆。

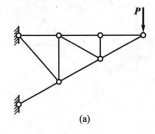

(a)   (b)

图 6.55

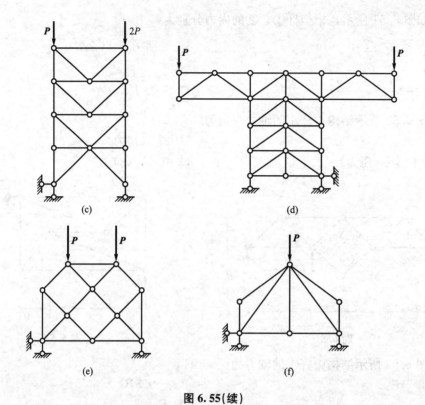

图 6.55(续)

2. 用结点法求图 6.56 所示桁架各杆的轴力。

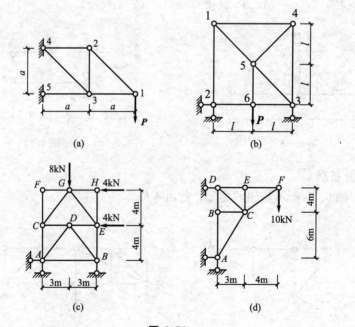

图 6.56

3. 用截面法求图 6.57 所示桁架指定杆的轴力。

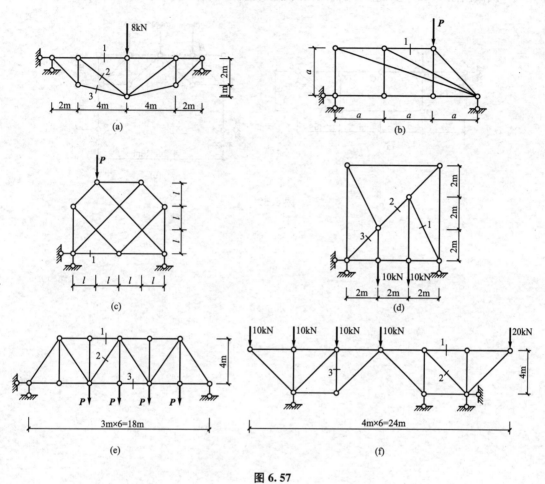

图 6.57

4. 选用较简捷的方法计算图 6.58 所示桁架中指定杆的轴力。

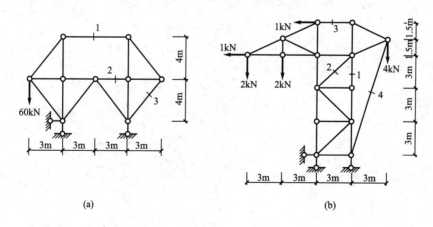

图 6.58

5. 试做出图 6.59 所示组合结构的内力图。

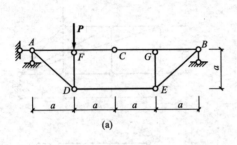

(a)

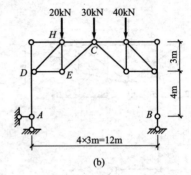

(b)

图 6. 59

第**7**章
结构的位移计算

本章教学要点

知识模块	掌握程度	知识要点
静定结构的位移计算	掌握	广义位移的概念、实功与虚功的概念、变形体系的虚功原理
	掌握	单位荷载法计算位移
	掌握	图乘法计算梁和刚架的位移
	掌握	支座移动及温度改变引起的位移计算方法
功的原理	了解	互等定理

本章技能要点

技能要点	掌握程度	应用方向
图乘法计算梁和刚架的位移	掌握	刚度校核、超静定结构的计算
互等定理的应用	了解	力法方程、位移法方程的建立

 **导入案例**

"鸟巢"站起来了

结构建造过程中，需要对搭建的杆件设置临时支撑点，当各个构件组装成结构后，再撤去临时支撑，原支撑上所负担的荷载将转移到结构上，这个过程就是结构的卸载（对于临时支撑是卸掉荷载，以便于将其拆除；对于结构是增加了荷载）。

2006 年 9 月 18 日，随着建筑工人在"鸟巢"的顶端取下了最后一块钢垫块，历时 4 天的国家体育场钢结构卸载顺利完成。此次卸载的钢结构总质量达到 14000t，共有 78 个卸载点，安装了 156 个千斤顶，采取分级同步卸载的方法。鸟巢由被外力支撑的状态（图 7.1 为正在搭建过程中）变成完全靠自身结构支撑而站立起来了（图 7.2）。

结构在卸载过程中，支撑点的转移会使结构产生很大的位移。"鸟巢"卸载成功后，整个钢结构在独立承重的状态下，出现了不同程度的下沉，最大下沉距离达到了 27.1cm（比设计规定值少 1.5cm，完全符合设计要求）。显然，若在设置临时支撑时未考虑这种位移，则卸载后的结构形状将会发生变化，甚至会影响结构的使用。

图 7.1   图 7.2

结构的位移不仅影响到结构施工，在结构的刚度校核、超静定结构的计算以及结构的动力计算中也都需要考虑结构的位移。本章将首先对静定结构的位移计算进行研究。

7.1 位移计算概述

结构在荷载等因素作用时，要产生变形和位移。变形是指结构（或其一部分）形状的改变，位移则是指结构各截面位置的移动。结构的位移有两大类，一类是线位移，指结构上某点沿直线方向移动的距离；另一类是角位移，指结构上某截面转动的角度。如图 7.3(a) 所示的悬臂刚架，在竖向力 P 作用下，刚架变形曲线以虚线示意，梁端 A 点移到 A'，AA' 是 A 点的线位移，用 Δ_A 表示；它可分解为水平方向和竖直方向两个分量，分别以 Δ_{AH} 和 Δ_{AV} 表示。图中的 θ_A 为 A 截面的转角，也就是截面 A 的角位移。以上两种位移又称为绝对位移。有时要计算相对位移，即指两点或两截面之间的位置相对改变量，包括相对线位移和相对角位移，例如图 7.3(b) 所示的刚架，在荷载作用下其变形如虚线所示，其中 A 点水平位移为 Δ_{Ax}，B 点水平位移为 Δ_{Bx}，则 A、B 两点间的相对水平位移为 $\Delta_{AB} = \Delta_{Ax} + \Delta_{Bx}$。另外，$C$ 截面的转角为 θ_C，D 截面的转角为 θ_D，则 C、D 两截面相对转角为 $\theta_{CD} = \theta_C + \theta_D$。

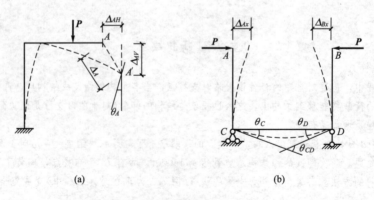

(a)   (b)

图 7.3

结构位移计算主要有以下目的应用：①验算结构的刚度，工程结构设计除了必须满足强度要求外，还必须保证具有足够的刚度，不能产生过大的变形，即结构的变形不得超过规范规定的容许值，如《钢结构设计规范》规定，楼（屋）盖主梁的挠度容许值为梁跨度的

1/400，轻级工作制桥式吊车梁挠度容许值为梁跨度的 1/800 ；②为超静定结构的内力计算作准备，因为在超静定结构计算中，不仅需考虑结构的平衡条件，还必须满足结构的变形协调条件，而建立变形协调条件，必须计算结构的位移；③施工阶段结构起拱，结构构件在使用中会产生变形，根据对变形的分析，在施工阶段，采取反向预加位移，这样在实际应用中能减小或抵消实际位移。如图 7.4 所示的桁架，竖向荷载作用时的挠度，通过施工阶段向上起拱，得以减小或抵消；④此外，在结构的动力计算和稳定计算中，也需要计算结构的位移。可见，结构的位移计算在工程上是具有重要意义的。

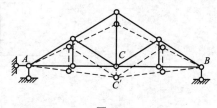

图 7.4

　　除荷载因素外，温度改变、支座移动、材料收缩和制造误差等，也是结构产生位移的原因。例如图 7.5(a)所示的刚架，外侧温度改变为 t_1℃，内侧温度改变为 t_2℃，当 $t_2 > t_1$ 时刚架将发生虚线所示变形与位移；如图 7.5(b)所示的刚架，当支座 A 发生沉陷与滑移时，结构也会产生相应的位移。静定结构在温度改变与支座移动时，虽产生位移但并不产生内力。

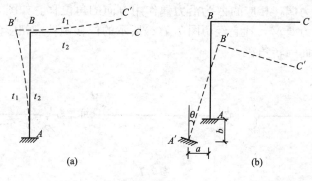

(a)　　　　　　　　　　　　　　　(b)

图 7.5

　　本章所研究的是线性变形体系位移的计算。所谓线性变形体系是指位移与荷载成比例的结构体系，荷载对这种体系的影响可以叠加，而且当荷载全部撤除后，由荷载引起的位移也完全消失，这样的体系，应力与应变的关系符合胡克定律，且变形应是微小的，在计算结构的反力和内力时，可认为结构的几何形状和尺寸以及荷载的位置和方向保持不变。

7.2 虚功和变形体虚功原理

1. 虚功

　　功等于力在作用点位移方向的分量与位移大小的乘积。功包含两个要素——力和位移，当力与位移分属于两个相互无关的状态时，这类功称为虚功。

　　例如在图 7.6 所示结构中，7.6(a)图 A 点处作用一个集中力 P，达到平衡，称为力状态。假设由于某种其他原因结构发生如图 7.6(b)中虚线所示的变形(为清晰起见，图中没有标明使结构发生变形的原因)，称为位移状态，力 P 的作用点由 A 移动到 A'，水平线位

移为 Δ，则力 P 所做的虚功为

$$W = P\Delta$$

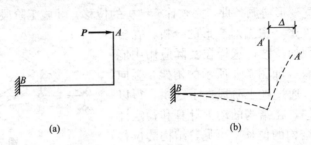

图 7.6

将上式的定义扩大，式中，W 为虚功；P 为广义力；Δ 为广义虚位移。所谓虚位移，是指与力 P 作用无关，为约束条件所允许的任意微小位移。

若 P 是一个力，相应的 Δ 为沿这个力作用线方向的线位移。如图 7.7(a)所示，简支梁在 C 点作用一个竖向力，让它经历图 7.7(c)所示虚位移做功，相应的虚位移 Δ 是在 C 点沿力 P 作用方向的线位移。

如果 P 是一个力偶，相应的 Δ 为沿力偶作用方向的角位移。如图 7.7(b)所示，简支梁在 B 端作用一个力偶 M，让它经历图 7.7(c)所示的位移做功，相应的位移 Δ 则是沿 M 作用方向的 B 端截面的转角 θ。

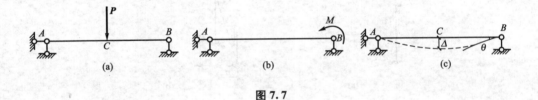

图 7.7

2. 变形体系的虚功原理

体系在变形过程中，不但各杆发生刚体运动，内部材料同时也产生应变，则该体系属于变形体系。

对于变形体体系，虚功原理可表述如下：体系在任意平衡力系作用下，对于任何虚位移，外力所做虚功总和等于各微段上的内力在其变形上所做的虚功总和。或者简单地说，外力虚功等于变形虚功，即

$$W_e = W_v \tag{7-1}$$

式中　W_e 为体系的外力虚功；W_v 为体系的内力虚功。

现简要说明上述原理的正确性，关于更详细的数学推导及证明，读者可参阅其他书籍。

图 7.8(a)表示结构在力系作用下处于平衡状态，图 7.8(b)表示该结构由于其他原因（图中未示出）而产生的虚位移状态，下面分别称这两个状态为结构的力状态和位移状态。

这里，虚位移必须是微小的，并为支承约束条件和变形连续条件所允许，即所谓协调的位移。

110

现从图 7.8(a)的力状态中取出一个微段来研究，作用在微段上的力除外力 q 外，还有两侧截面上的内力，即轴力、弯矩和剪力（这些力对整个结构而言是内力，对于所取微段而言则是外力，为了与整个结构的外力即荷载和支座反力相区别，仍称这些力为内力），如图 7.8(c)所示。在图 7.8(b)的位移状态中，此微段与内力对应的变形如图 7.8(d)所示。

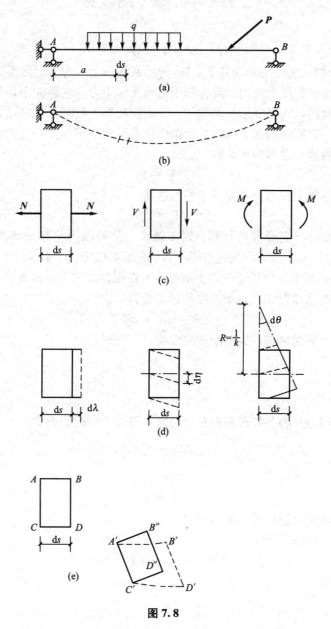

图 7.8

微段上的各力将在相应的位移上做虚功。把所有微段的虚功累加起来，便是整个结构的虚功。

下面按两种不同的途径来计算虚功。

(1) 按外力虚功与内力虚功计算。设作用于微段上所有各力所做虚功总和为 $\mathrm{d}W$，它可以分为两部分：一部分是外力所做的功 $\mathrm{d}W_\mathrm{e}$，另一部分是截面上的内力所做的功

dW_i，即
$$dW = dW_e + dW_i$$

将其沿杆段积分并将各杆段积分总和起来，得整个结构的虚功为
$$\Sigma \int dW = \Sigma \int dW_e + \Sigma \int dW_i$$

简写为
$$W = W_e + W_i$$

式中，W_e 为整个结构的外力虚功总和；W_i 为所有微段上的内力所做虚功总和。

由于任意相邻两微段上的内力互为作用力与反作用力，它们大小相等方向相反；另一方面虚位移是协调的，满足变形连续条件，两微段相邻的截面总是密贴在一起而具有相同的位移，因此每一对相邻截面上的内力所做虚功总是大小相等正负互相抵消。因此，所有微段上的内力所做虚功总和为零，即
$$W_i = 0$$

于是，整个结构上的总虚功便等于外力虚功：
$$W = W_e$$

(2) 按刚体虚功与变形虚功计算。对于微段，又可以把位移分解为先发生刚体位移（由 $ABCD$ 移到 $A'B'C'D'$），再发生变形位移（截面 $A'C'$ 不动，$B'D'$ 因变形移到 $B''D''$）的叠加，如图 7.8(e)所示。作用于微段上所有各力在刚体位移上所做虚功总和为 dW_s，在变形位移上所做虚功总和为 dW_v，则微段的总虚功为
$$dW = dW_s + dW_v$$

由于微段处于平衡状态，故由刚体的虚功原理可知：
$$dW_s = 0$$

于是，
$$dW = dW_v$$

将其沿杆段积分并将各杆段积分总和起来，得整个结构的虚功为
$$\Sigma \int dW = \Sigma \int dW_v$$

即
$$W = W_v$$
因此
$$W_e = W_v$$

由以上过程说明变形体虚功原理成立。

微段上内力所做虚功写为
$$dW_v = Md\theta + V\gamma ds + Nd\lambda$$

对于整个结构：
$$W_v = \Sigma \int dW_v = \Sigma \int Md\theta + \Sigma \int V\gamma ds + \Sigma \int N d\lambda \qquad (7-2)$$

故虚功方程为
$$W = \Sigma \int dW_v = \Sigma \int Md\theta + \Sigma \int V\gamma ds + \Sigma \int Nd\lambda \qquad (7-3)$$

在上述讨论中，并没有涉及材料的物理性质，因此虚功原理适用于弹性、非弹性、线性、非线性的变形体系。

刚体虚功原理可看成是变形体虚功原理的一个特例。刚体在发生位移时各微段上不产生任何变形，故变形虚功 $dW_v = 0$。此时式(7-1)成为

$$W = 0$$

即外力虚功为零。

7.3 单位荷载法计算位移和位移计算的一般公式

如何利用虚功原理来求解平面杆系结构由于荷载、温度变化及支座移动等因素引起的任一指定截面的位移，是下面要讨论的问题。

要应用虚功原理，就需要有两个状态：位移状态和力状态。现在，要求的位移是由给定的荷载、温度变化及支座移动等因素引起的，故应以此作为结构的位移状态，并称为实际状态。另外，还需要建立一个力状态。由于力状态与位移状态是彼此独立无关的，因此力状态完全可以根据计算的需要来假设。这个力状态并不是实际原有的，而是虚设的，故称为虚拟状态。如图 7.9(a)所示，为了计算位移状态中 K 点沿 $m\!-\!m$ 方向的位移 Δ_K，可以在力状态中的 K 点沿 $m\!-\!m$ 方向加一个集中荷载 P_K，以便力状态中的外力能在位移状态中所求位移上做虚功，其箭头指向则可假设，并且为了计算方便，令 $P_K = 1$（属单位物理量，这种量的量纲为一，称为无量纲量，以下类同），称为单位荷载，或单位力，如图 7.9(b)所示。

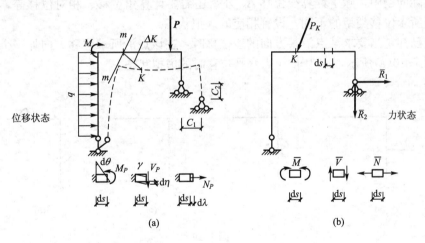

图 7.9

现在来计算虚拟状态的外力和内力在实际状态相应的位移和变形上所做的虚功。外力虚功包括荷载和支座反力所做的虚功。设在虚拟状态中由单位荷载 $P_K = 1$ 引起的支座反力为 $\overline{R}_1$、$\overline{R}_2$，而在实际状态中相应的支座位移为 c_1、c_2，则外力虚功为

$$W = P_K \cdot \Delta_K + \overline{R}_1 c_1 + \overline{R}_2 c_2 = P_K \cdot \Delta_K + \sum \overline{R}_i \cdot c_i$$

这样，单位荷载 $P_K = 1$ 所做的虚功恰好就等于所要求的位移 Δ_K。

计算变形虚功时，设虚拟状态中由单位荷载 $P_K = 1$ 作用而引起的某微段上的内力为 $\overline{M}$、$\overline{V}$、$\overline{N}$，而实际状态中微段相应的变形为 $d\theta$、γds、$d\lambda$，则变形虚功：

$$\mathrm{d}W_v = \overline{M}\mathrm{d}\theta + \overline{V}\gamma\mathrm{d}s + \overline{N}\mathrm{d}\lambda$$

$$W_v = \sum\int\overline{M}\mathrm{d}\theta + \sum\int\overline{V}\gamma\mathrm{d}s + \sum\int\overline{N}\mathrm{d}\lambda$$

由虚功原理 $W = W_v$，有

$$1 \cdot \Delta_K = \sum\int\overline{M}\mathrm{d}\theta + \sum\int\overline{V}\gamma\mathrm{d}s + \sum\int\overline{N}\mathrm{d}\lambda - \sum\overline{R}_i \cdot c_i$$

则

$$\Delta_K = \sum\int\overline{M}\mathrm{d}\theta + \sum\int\overline{V}\gamma\mathrm{d}s + \sum\int\overline{N}\mathrm{d}\lambda - \sum\overline{R}_i \cdot c_i \qquad (7-4)$$

这就是平面杆件结构位移计算的一般公式。

如果已知实际状态的支座位移 c，又确定了虚拟状态的反力 $\overline{R}_i$ 和内力 $\overline{M}$、$\overline{V}$、$\overline{N}$，并求得了微段的变形 $\mathrm{d}\theta$、$\gamma\mathrm{d}s$、$\mathrm{d}\lambda$，则由式(7-4)可算出位移 Δ_K。等号右边的四个乘积中，当虚设状态中的 $\overline{M}$、$\overline{V}$、$\overline{N}$ 及反力 $\overline{R}_i$ 与实际状态中的 $\mathrm{d}\theta$、$\gamma\mathrm{d}s$、$\mathrm{d}\lambda$、c 方向一致时，力与变形的乘积为正，反之为负。

若计算结果为正，表示单位荷载所做虚功为正，故所求位移 Δ_K 的实际指向与所假设的单位荷载 $P_K = 1$ 的指向相同，为负则相反。

由上可以看出，利用虚功原理求结构的位移，关键在于虚设恰当的力状态，而方法的巧妙之处在于虚拟状态中只需在所求位移处沿所求位移方向加一个单位荷载，以便荷载虚功恰好等于所求位移。这种计算位移的方法称为单位荷载法。

在实际问题中，除了计算线位移 Δ_K 外，还需要计算角位移、相对位移等，现在讨论如何按照所求位移类型的不同，设置相应的虚拟状态。

由上已知，当要求某点沿某方向的线位移时，在该点沿所求位移方向加一个单位集中力，如图 7.10(a)所示，即为求 A 点水平位移时的虚拟状态。

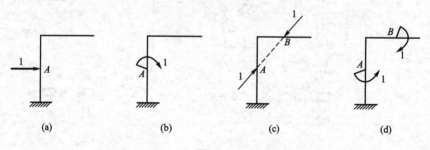

图 7.10

当求某截面的角位移时，则需在该截面处加一个单位力偶，如图 7.10(b)所示，这样，荷载所做的虚功为 $1 \cdot \theta_A$，即恰好等于所要求的角位移。

要求两点间距离的变化，也就是求两点沿其连线方向上的相对线位移，应在两点沿其连线方向上加一对指向相反的单位力，如图 7.10(c)所示。对此，设在实际状态中 A 点沿 AB 方向的位移为 Δ_A，B 点沿 AB 方向的位移为 Δ_B，则两点沿其连线方向上的相对线位移 $\Delta_{AB} = \Delta_A + \Delta_B$，对于图 7.10(c)所示的虚拟状态，荷载所做的虚功为

$$1 \cdot \Delta_A + 1 \cdot \Delta_B = 1 \cdot (\Delta_A + \Delta_B) = \Delta_{AB}$$

可见荷载所做的虚功恰好等于所求的相对位移。

同理，若要求两截面的相对角位移，就应在两截面处加一对方向相反的单位力偶，如图 7.10(d)所示。

这里，注意广义位移和广义力的概念。线位移、角位移、相对线性移、相对角位移以及某一组位移等可以统称为广义位移；而集中力、力偶、一对集中力、一对力偶以及某一力系等，则统称为广义力。这样，在求任何广义位移时，虚拟状态所加的荷载就应是与所求广义位移相应的单位广义力。这时，"相应"是指力与位移在做功的关系上的对应，如集中力与线位移对应，力偶与角位移对应等。

在求桁架某杆的角位移时，由于桁架只承受轴力，应将单位力偶换为等效的结点集中荷载，即在该杆两端加一对方向与杆件垂直、大小等于杆长倒数而指向相反的集中力，如图 7.11(a)所示。这是因为在位移微小的情况下，桁架杆件的角位移等于其两端在垂直于杆轴方向上的相对线位移除以杆长，如图 7.11(b)所示，即

$$\varphi_{AB} = \frac{\Delta_A + \Delta_B}{d}$$

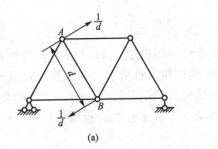

图 7.11

这样，荷载所做虚功为

$$\frac{1}{d} \cdot \Delta_A + \frac{1}{d} \cdot \Delta_B = \frac{\Delta_A + \Delta_B}{d} = \varphi_{AB}$$

即等于所求杆件角位移。

位移计算一般公式（7-4）可应用于计算不同的材料、不同的变形类型、产生变形的不同原因以及不同结构类型的位移。

拟求结构某点沿某方向的位移 Δ，计算步骤如下。

（1）在某点沿拟求位移 Δ 的方向加一个虚设的单位荷载 $P = 1$。

（2）在单位荷载作用下，根据结构的平衡条件，计算结构的内力 $\overline{M}$、$\overline{V}$、$\overline{N}$ 和支座反力 $\overline{R}_i$。

（3）用式（7-4）计算位移 Δ。

7.4 荷载作用下的位移计算

本节讨论静定结构在荷载作用下的位移计算。仅限于研究线弹性结构，即结构的位移与荷载是成正比的，因而计算位移时荷载的影响可以叠加，而且当荷载全部撤除后位移也完全消失，位移应是微小的，应力与应变的关系符合胡克定律。

1. 荷载作用下位移的计算公式

设图 7.12(a)所示结构只受到广义荷载 P(包括集中力、力偶、均布荷载等)作用,现要求 K 点沿指定方向 m—m 的位移 Δ_{KP}。位移 Δ_{KP} 用了两个下标:第一个下标 K 表示该位移的位置和方向,即 K 点沿指定方向;第二个下标 P 表示引起该位移的原因,即是由于广义荷载引起的。此时,由于没有支座移动,故式(7-4)中的最后一项 $\sum \overline{R} \cdot c$ 为零,因而位移计算公式为

$$\Delta_{KP} = \sum \int \overline{M} d\theta + \sum \int \overline{V} \gamma ds + \sum \int \overline{N} d\lambda \qquad \text{(a)}$$

$$d\theta = \frac{M_P}{EI} ds \qquad \text{(b)}$$

$$\gamma ds = \frac{\tau}{G} ds = k \frac{V_P}{GA} ds \qquad \text{(c)}$$

$$d\lambda = \frac{N_P}{EA} ds \qquad \text{(d)}$$

式中,E、G 分别为材料的弹性模量和剪切模量;A、I 为分别为杆件截面的面积和惯性矩;EA、GA、EI 分别为杆件截面的抗拉、抗剪和抗弯刚度;K 为切应力在截面上分布不均匀而加的修正系数,与截面形状有关,矩形截面 $k=1.2$,圆形截面 $k=10/9$,薄壁圆环形截面 $k=2$,工字形或箱形截面 $k=A/A_1$(A_1 为腹板面积)。

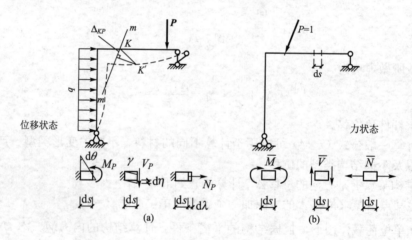

图 7.12

将式(b)、式(c)、式(d)式代入式(a)得到结构在荷载作用下的位移计算公式为

$$\Delta_{KP} = \sum \int \frac{\overline{M}M_P}{EI} ds + \sum \int \frac{k\overline{V}V_P}{GA} ds + \sum \int \frac{\overline{N}N_P}{EA} ds \qquad (7-5)$$

式中,$\overline{M}$、$\overline{V}$、$\overline{N}$ 为虚设单位荷载引起的内力;M_P、V_P、N_P 为实际荷载引起的内力。当两套内力引起的杆件变形方向相同时,乘积取正,相反时乘积取负。式(7-5)右边三项分别代表结构的弯曲变形、剪切变形和轴向变形对所求位移的影响。

2. 各类结构的位移计算公式及计算位移的步骤

在实际计算中，根据结构的具体情况，常常可以只考虑其中的一项（或两项）。

对于梁和刚架，位移主要是由弯矩引起的，轴力和剪力的影响很小，一般可以略去，故式(7-5)可简化为

$$\Delta_{KP} = \sum \int \frac{\overline{M}M_P}{EI} \mathrm{d}x \tag{7-6}$$

在桁架中，因只有轴力作用，且同一杆件的轴力 $\overline{N}$、N_P 及面积 A 沿杆长 l 均为常数，故式(7-5)成为

$$\Delta_{KP} = \sum \int \frac{\overline{N}N_P}{EA} \mathrm{d}s = \sum \frac{\overline{N}N_P}{EA} \int \mathrm{d}x = \sum \frac{\overline{N}N_P}{EA} l \tag{7-7}$$

对于组合结构，其中的受弯杆件可只计弯矩一项的影响，链杆则只有轴力影响，故其位移计算公式可写为

$$\Delta_{KP} = \sum \int \frac{\overline{M}M_P}{EI} \mathrm{d}s + \sum \frac{\overline{N}N_P}{EA} l \tag{7-8}$$

对于一般的实体拱，计算位移时可忽略曲率对位移的影响，只考虑弯矩的影响，即式(7-6)。但在扁平拱中需考虑弯矩和轴力的影响：

$$\Delta_{KP} = \sum \int \frac{\overline{M}M_P}{EI} \mathrm{d}s + \sum \int \frac{\overline{N}N_P}{EA} \mathrm{d}s \tag{7-9}$$

现说明式(7-5)剪切变形中修正系数 k 的来源。由于虚拟状态中切应力沿截面高度分布是不均匀的［图 7.13(a)］，实际状态中切应力 τ_P 也是按同样规律不均匀分布的［图 7.13(b)］，因而其相应的切应变 γ 分布亦不均匀，所以上述微段上剪力所做的虚功 $\overline{V}\gamma\mathrm{d}s$ 应按下列积分式来计算：

$$\overline{V}\gamma\mathrm{d}s = \int_A \overline{\tau}\mathrm{d}A \cdot \gamma\mathrm{d}s = \mathrm{d}s \int_A \overline{\tau}\gamma\mathrm{d}A$$

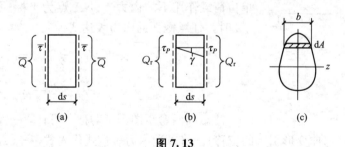

图 7.13

由材料力学可知：

$$\overline{\tau} = \frac{\overline{V}S}{I_z b}, \quad \tau_P = \frac{V_P S}{I_z b}, \quad \gamma = \frac{\tau_P}{G} = \frac{V_P S}{G I_z b}$$

式中 b 为所求切应力处截面的宽度；S 为该处以上（或以下）截面对中性轴 z 的静矩［图 7.13(c)］。

其余符号意义同前。代入式 $\overline{V}\gamma\mathrm{d}s$，就有

$$\int \overline{V} \gamma \, \mathrm{d}s = \mathrm{d}s \int_A \frac{\overline{V} V_P S^2 \, \mathrm{d}A}{GI_z^2 b^2} = \frac{\overline{V} V_P \, \mathrm{d}s}{GA} \cdot \frac{A}{I_z^2} \int_A \frac{S^2}{b^2} \, \mathrm{d}A = \frac{k\overline{V} V_P \, \mathrm{d}s}{GA}$$

式中

$$k = \frac{A}{I_z^2} \int \frac{S^2}{b^2} \, \mathrm{d}A$$

即切应力在截面上分布不均匀的修正系数，它是一个只与截面形状有关的系数，对于几种常见的截面，k 值已在前面给出，读者可自行校核。

3. 荷载作用下位移计算举例

梁和刚架位移的计算步骤如下。

(1) 沿拟求位移 Δ 的位置和方向虚设相应的单位荷载。

(2) 根据静力平衡条件，列实际荷载作用下各杆段的弯矩方程 M_P。

(3) 根据静力平衡条件，列虚拟单位荷载作用下各杆段的弯矩方程 $\overline{M}$。

(4) 代入梁和刚架的位移计算公式(7-6)，计算位移 Δ。

桁架位移的计算步骤如下。

(1) 沿拟求位移 Δ 的位置和方向虚设相应的单位荷载。

(2) 根据静力平衡条件，计算实际荷载引起的各杆内力 N_P。

(3) 根据静力平衡条件，计算虚拟单位荷载引起的各杆内力 $\overline{N}$。

(4) 代入桁架位移计算公式(7-7)，计算位移 Δ。

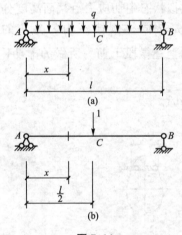

图 7.14

【例 7-1】 试求图 7.14(a)所示简支梁在中点 C 的竖向位移 Δ，并比较弯曲变形与剪切变形对位移的影响。梁的截面为矩形，面积为 $b \times h$。

解： (1) 在 C 点设相应于竖向位移的单位力 $P=1$，如图 7.14(b)所示。

(2) 由平衡条件求实际荷载作用下的内力，再求虚设单位荷载作用下的内力。设 A 点为坐标原点，当 $0 \leqslant x \leqslant l/2$ 时，任意截面的内力表达式为

$$\overline{M} = \frac{1}{2}x \quad M_P = \frac{q}{2}(lx - x^2)$$

$$\overline{V} = \frac{1}{2} \quad V_P = \frac{ql}{2} - qx$$

注意到两弯矩图图形对称，可计算一半再乘两倍。

(3) 计算 Δ_M（弯曲变形引起的位移）。将以上内力表达式代入式(7-6)：

$$\Delta_M = 2 \int_0^{l/2} \frac{1}{EI} \times \frac{x}{2} \times \frac{q}{2}(lx - x^2) \, \mathrm{d}x$$

$$= \frac{q}{2EI} \int_0^{l/2} (lx^2 - x^3) \, \mathrm{d}x$$

$$= \frac{5ql^4}{384EI} (\downarrow)$$

Δ_M 为正值，说明 C 点挠度与虚设力方向一致。

(4) 比较剪切变形与弯曲变形对位移的影响。现分析剪切变形引起的位移（对于矩形

截面 $k=1.2$)。

$$\Delta_V = k\int \frac{\overline{V}V_P}{GA}\mathrm{d}s = 2\times1.2\int_0^{\frac{l}{2}}\frac{\frac{1}{2}\cdot\frac{q}{2}(l-2x)}{GA} = 0.15\frac{ql^2}{GA}(\downarrow)$$

轴向变形引起的位移为零(因梁的轴力为零)。

所以 C 点的总位移为

$$\Delta = \Delta_M + \Delta_V = \frac{5ql^2}{384EI} + 0.15\frac{ql^2}{GA}$$

剪切与弯曲位移两者的比值为

$$\frac{\Delta_V}{\Delta_M} = \frac{0.15\dfrac{ql^2}{GA}}{\dfrac{5ql^2}{384EI}} = 11.52\frac{EI}{GAl^2}$$

对于矩形截面，$I/A = h^2/12$，设泊松比 $\mu=0.3$，则 $E/G = 2(1+\mu) = 8/3$，代入上式，得

$$\frac{\Delta_V}{\Delta_M} = 2.56\left(\frac{h}{l}\right)^2$$

当梁的高跨比 h/l 是 $1/10$ 时，则 $\dfrac{\Delta_V}{\Delta_M} = 2.56\%$，剪力的影响不到弯矩影响的 3%，故对于细长的梁可以忽略剪切变形对位移的影响，直接用式$(7-6)$计算位移。但是当梁的高跨比增大为 $1/5$ 时，则 $\dfrac{\Delta_V}{\Delta_M}$ 增大为 10%，因此，对于高跨比较大的梁，剪切变形对位移的影响不可忽略。

【例 7 - 2】 试求图 7.15(a)所示结构 C 端的水平位移 Δ_{CH} 和角位移 θ_C。已知 EI 为一常数。

解：(1) 求 C 端的水平位移 Δ_{CH}。

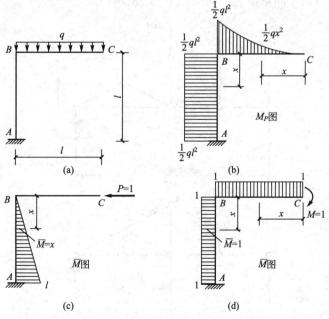

图 7.15

① 在 C 点设相应于水平位移的水平单位力，其方向取为向左，如图 7.15(c)所示。

② 列两种状态下的弯矩方程：

横梁 BC 上 $\qquad \bar{M}=0, \quad M_P=-\dfrac{1}{2}qx^2$

竖柱 AB 上 $\qquad \bar{M}=x, \quad M_P=-\dfrac{1}{2}ql^2$

③ 代入式(7-6)，得 C 端水平位移为

$$\Delta_{CH}=\sum\int\frac{\bar{M}M_P}{EI}\mathrm{d}x=\frac{1}{EI}\int_0^l x\times\left(-\frac{1}{2}ql^2\right)\mathrm{d}x=-\frac{ql^4}{4EI}(\rightarrow)$$

计算结果为负，表示实际位移与所设虚拟单位荷载的方向相反，即为向右。

（2）求 C 端的角位移 θ_C。

① 在 C 点设相应于转角位移的单位力矩，其方向取为顺时针方向，如图 7.15(d)所示。

② 列两种状态下的弯矩方程：

横梁 BC 上 $\qquad \bar{M}=-1, \quad M_P=-\dfrac{1}{2}qx^2$

竖柱 AB 上 $\qquad \bar{M}=-1, \quad M_P=-\dfrac{1}{2}ql^2$

③ 代入式(7-6)，得 C 端的角位移为

$$\theta_C=\frac{1}{EI}\int_0^l(-1)\left(-\frac{1}{2}qx^2\right)\mathrm{d}x+\frac{1}{EI}\int_0^l(-1)\left(-\frac{1}{2}ql^2\right)\mathrm{d}x=\frac{2ql^3}{3EI}(\circlearrowleft)$$

计算结果为正，表示 C 端转动的方向与虚拟力矩的方向相同，即为顺时针方向转动。

【例 7-3】 计算图 7.16(a)所示木桁架下弦中间结点 5 的挠度。已知各杆弹性模量 $E=850\times10^7\mathrm{Pa}$，截面面积 $A=0.12\mathrm{m}\times0.12\mathrm{m}=0.014\mathrm{m}^2$。

解：（1）在 5 点加竖向单位力，如图 7.16(b)所示。

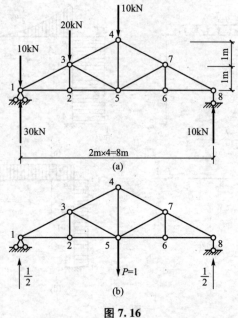

图 7.16

（2）求 $\bar{N}$。计算在 $P=1$ 作用下各杆的轴力。数值见表 7-1。

（3）求 N_P。计算在荷载作用下各杆的轴力。数值见表 7-1。

（4）计算位移 Δ。根据桁架位移式（7-7），得

$$\Delta_P = \sum \frac{\bar{N}N_P}{EA}l = 0.0044\text{m} = 4.4\text{mm}$$

正号表示结点 5 处的挠度向下，与所设单位力方向相同。

表 7-1 为例 7-3 的计算表。

表 7-1 例 7-3 的计算表

杆件		l/m	$\bar{F}_N$	F_{NP}/kN	$\bar{F}_N F_{NP} l$/(kN·m)
上弦	1-3	$\sqrt{5}$	$-0.5\sqrt{5}$	$-20\sqrt{5}$	$50\sqrt{5}$
	3-4	$\sqrt{5}$	$-0.5\sqrt{5}$	$-10\sqrt{5}$	$25\sqrt{5}$
	4-7	$\sqrt{5}$	$-0.5\sqrt{5}$	$-10\sqrt{5}$	$25\sqrt{5}$
	7-8	$\sqrt{5}$	$-0.5\sqrt{5}$	$-10\sqrt{5}$	$25\sqrt{5}$
下弦	1-2	2	1	40	80
	2-5	2	1	40	80
	5-6	2	1	20	40
	6-8	2	1	20	40
竖杆	2-3	1	0	0	0
	4-5	2	1	10	20
	6-7	1	0	0	0
斜杆	3-5	$\sqrt{5}$	0	$-10\sqrt{5}$	0
	5-7	$\sqrt{5}$	0	0	0

$\sum = 125\sqrt{5} + 260$

【例 7-4】 图 7.17(a)所示为一等截面圆弧形曲杆 AB，截面为矩形，圆弧 AB 的圆心角为 α，半径为 R。设沿水平线作用均布竖向荷载 q，求 B 点的竖向位移，并比较剪切变形和轴向变形对位移的影响。

解：（1）在 B 点加单位竖向荷载 $P=1$，如图 7.17(b)所示。

（2）分别求在实际荷载和虚设单位荷载作用下的内力。取 B 点为坐标原点，任一点 C 的坐标为 x、y，圆心角为 θ。任意截面 x 的内力为

实际荷载   虚设荷载

$$M_P = -\frac{1}{2}qx^2 \qquad \bar{M} = -x$$

$$N_P = -qx\sin\theta \qquad \bar{N} = -\sin\theta$$

$$V_P = qx\cos\theta \qquad \bar{V} = \cos\theta$$

（3）计算 Δ。位移公式为（忽略了曲率的影响）

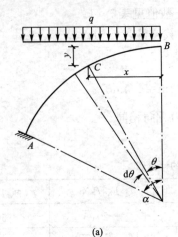
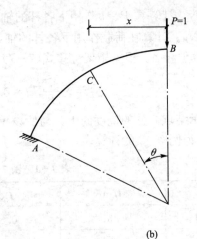

(a)　　　　　　　　　　　　　(b)

图 7. 17

$$\Delta = \sum \int \frac{\overline{M} M_P}{EI} \mathrm{d}s + \sum \int \frac{k \overline{V} V_P}{GA} \mathrm{d}s + \sum \int \frac{\overline{N} N_P}{EA} \mathrm{d}s$$

为比较，分别计算 M、N、V 引起的位移，并用 Δ_M、Δ_N、Δ_V 表示：

$$\Delta_M = \int_B^A \frac{\overline{M} M_P}{EI} \mathrm{d}s = \frac{q}{2EI} \int_B^A x^3 \mathrm{d}s$$

$$\Delta_N = \int_B^A \frac{\overline{N} N_P}{EA} \mathrm{d}s = \frac{q}{EA} \int_B^A x \sin^2\theta \mathrm{d}s$$

$$\Delta_V = \int_B^A k \frac{\overline{V} V_P}{GA} \mathrm{d}s = k \frac{q}{GA} \int_B^A x \cos^2\theta \mathrm{d}s$$

为统一变量，取 θ 为变量，则

$$x = R\sin\theta, \quad y = R(1-\cos\theta), \quad \mathrm{d}s = R\mathrm{d}\theta$$

代入上式得

$$\Delta_M = \frac{qR^4}{2EI} \int_0^\alpha \sin^3\theta \mathrm{d}\theta$$

$$\Delta_N = \frac{qR^2}{EA} \int_0^\alpha \sin^3\theta \mathrm{d}\theta$$

$$\Delta_V = k \frac{qR^2}{GA} \int_0^\alpha \cos^2\theta \sin\theta \mathrm{d}\theta$$

由于

$$\int_0^\alpha \sin^3\theta \mathrm{d}\theta = \int_0^\alpha (1-\cos^3\theta)\sin\theta \mathrm{d}\theta = \left[-\cos\theta + \frac{1}{3}\cos^3\theta\right]\Big|_0^\alpha$$

$$= \frac{2}{3} - \cos\alpha + \frac{1}{3}\cos^3\alpha$$

$$\int_0^\alpha \cos^2\theta \sin\theta \mathrm{d}\theta = \left(-\frac{1}{3}\cos^3\theta\right)\Big|_0^\alpha = \frac{1}{3}(1-\cos^3\alpha)$$

所以

$$\Delta_M = \frac{qR^4}{2EI}\left(\frac{2}{3} - \cos\alpha + \frac{1}{3}\cos^3\alpha\right)$$

$$\Delta_N = \frac{qR^2}{EA}\left(\frac{2}{3} - \cos\alpha + \frac{1}{3}\cos^3\alpha\right)$$

$$\Delta_V = k\frac{qR^2}{GA}\frac{1}{3}(1 - \cos^3\alpha)$$

如果 $\alpha = 90°$，则

$$\Delta_M = \frac{qR^4}{3EI}$$

$$\Delta_N = \frac{2qR^2}{3EA}$$

$$\Delta_V = k\frac{qR^2}{3GA}$$

(4) 比较各项内力因素对位移的影响。为了进行比较，求出 $\dfrac{\Delta_N}{\Delta_M}$ 和 $\dfrac{\Delta_V}{\Delta_M}$ 这两个比值。

若 $\alpha = 90°$，$h/R = 1/10$，$E/G = 8/3$，截面为矩形，$I/A = h^2/12$，$k = 1.2$，则

$$\frac{\Delta_N}{\Delta_M} = \frac{2I}{R^2 A} = \frac{1}{6}\left(\frac{h}{R}\right) = \frac{1}{600}$$

$$\frac{\Delta_V}{\Delta_M} = \frac{kEI}{R^2 GA} = \frac{k}{12}\frac{E}{G}\left(\frac{h}{R}\right)^2 = \frac{1}{375}$$

计算结果表明，在给定的条件下，轴力和剪力所引起的位移可以忽略不计。

7.5 图 乘 法

由 7.4 节知道，计算在荷载作用下梁、刚架的位移时，要先列出 $\overline{M}$、M_P 的方程，再计算 $\displaystyle\int\frac{\overline{M}M_P}{EI}\mathrm{d}x$ 是比较麻烦的。但是，当结构的各杆段符合杆轴为直线，$EI =$ 常数，$\overline{M}$、M_P 两个弯矩图中至少有一个是直线图形的条件时，则可用图乘法来代替积分运算，从而简化计算工作。

1. 图乘法公式

如图 7.18 所示，设等截面直杆 AB 段上的两个弯矩图中 $\overline{M}$ 图为一段直线，而 M_P 为任意形状。以杆轴为 x 轴，以 $\overline{M}$ 图的延长线与 x 轴的交点 O 为原点，并设置 y 轴，则积分式为

$$\int_A^B \frac{\overline{M}M_P}{EI}\mathrm{d}s = \frac{1}{EI}\int_A^B x\tan\alpha\, M_P\mathrm{d}x = \frac{\tan\alpha}{EI}\int_A^B x\,\mathrm{d}A$$

$$(7-10)$$

式中，$\mathrm{d}A = M\mathrm{d}x$，为 M_P 图中有阴影线的微分面积。故 $x\mathrm{d}A$ 为微分面积对 y 轴的静矩。$\displaystyle\int_A^B x\,\mathrm{d}A$ 即为整个 M_P 图的面积对 y 轴的静矩，等于 M_P 图的面积 A

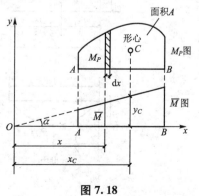

图 7.18

乘以其形心 C 到 y 轴的距离 x_C，即

$$\int_A^B x \, \mathrm{d}A = A x_C$$

代入式(7-10)：

$$\int_A^B \frac{\overline{M} M_P}{EI} \mathrm{d}s = \frac{1}{EI} \tan\alpha \cdot A \cdot x_C = \frac{A \cdot y_C}{EI}$$

式中，A 为 AB 杆 $\overline{M}$ 图形的面积；y_C 为 M_P 图的形心 C 处所对应的 $\overline{M}$ 图的竖标。

可见，上述积分式等于一个弯矩图的面积 A 乘以其形心处所对应的另一个直线弯矩图上的竖标 y_C，再除以 EI，这就是图乘法。

如果结构上所有各杆段均可图乘，则位移计算公式(7-6)可写为

$$\Delta_{KP} = \sum \int \frac{\overline{M}_i}{EI} M_P \mathrm{d}s = \sum \frac{A \cdot y_C}{EI} \tag{7-11}$$

式(7-11)即为杆件仅考虑弯曲影响的图乘计算公式。一般来说，两个函数积的积分，只要其中的一个函数是直线函数，均可化成图乘这样的代数计算。

图乘法是 Vereshagin 于 1925 年在莫斯科铁路运输学院读书时提出的。

根据上面的推导过程，可知在应用图乘法时需注意下列各点。

(1) 必须符合图乘法适用条件；

(2) 竖标 y_C 只能取自直线图形；

(3) A 与 y_C 若在杆件的同侧则乘积取正号，在异侧则取负号。

图 7.19 列出了常用的几种简单图形的面积及形心位置。在应用各抛物线图形时，顶点处切线必须平行于基线，即顶点处 $Q=0$。顶点在中点或端点者可称为"标准抛物线图形"。

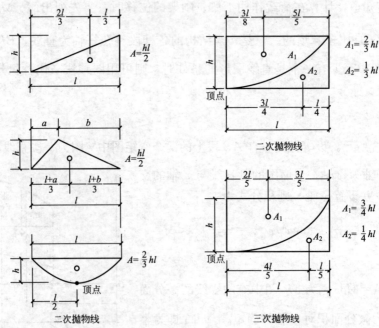

图 7.19

2. 图形的叠加与分段

1) 图形的叠加

当图形的形心位置或面积不便确定时，可以将它分解为几个简单的图形，分别与另一图形相乘，然后把所得结果叠加。

例如，图 7.20 所示两个梯形相乘时，可不必定出 M_P 图的梯形形心位置，而把它分解成两个三角形(也可分为一个矩形及一个三角形)。此时，$M_P = M_{P1} + M_{P2}$，故有

$$Ay_C = A_1 y_1 + A_2 y_2$$
$$A_1 = la/2 \quad y_1 = 2c/3 + d/3$$
$$A_2 = lb/2 \quad y_2 = c/3 + 2d/3$$

注意：y_1、y_2 为直线图形中的纵坐标，宜采取简便的方法求得。

$$\frac{1}{EI}\int \bar{M}M_P \mathrm{d}x = \frac{1}{EI}\int \bar{M}(M_{P1} + M_{P2})\mathrm{d}x$$

$$= \frac{1}{EI}\left(\int \bar{M}M_{P1}\mathrm{d}x + \int \bar{M}M_{P2}\mathrm{d}x\right) = \frac{1}{EI}\left(\frac{la}{2}y_1 + \frac{lb}{2}y_2\right)$$

当 M_P 或 $\bar{M}$ 图位于基线的两侧时，如图 7.21 所示，较快捷的方法是将图形分解为位于基线两侧的两个三角形，再按上述方法分别图乘，然后叠加。

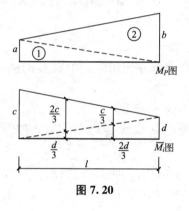

图 7.20

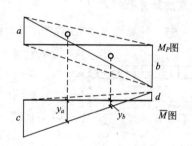

图 7.21

结构中均布荷载作用下的任意一段直杆，如图 7.22 (a)所示，其弯矩图均可看成一个梯形与一个标准抛物线图形的叠加。因为这段直杆的弯矩图与图 7.22(b)所示相应简支梁在两端弯矩 M_A、M_B 和均布荷载 q 作用下的弯矩图是相同的。需要注意，所谓弯矩图的叠加，是指其竖标的叠加，而不是原图形状的剪贴拼合。因此，叠加后的抛物线图形的所有竖标仍应为竖向的，而不是垂直于 M_A 与 M_B 的连线方向。这样，叠加后的抛物线图形与原标准抛物线在形状上并不相同，但两者任一处对应的竖标 y 和微段长度 $\mathrm{d}x$ 仍相等，因而对应的每一微分面积仍相等。由此可知，两个图形总的面积大小和形心位置仍然是相同的。理解了这个道理，对于分解复杂的弯矩图形是有利的。

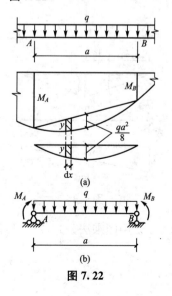

图 7.22

2) 分段

在应用图乘法时，当 y_C 所属图形不是一段直线而是由若干段直线组成时，或当各杆段的截面不相等时，均应分段图乘，再进行叠加。例如，对于图 7.23 应为

$$\int \overline{M}M_P \mathrm{d}x = A_1 y_1 + A_2 y_2 + A_3 y_3$$

杆件各段有不同的 EI，则应在 EI 变化处分段，分段进行图乘。如图 7.24 所示情形，有

$$\int \frac{\overline{M}M_P}{EI}\mathrm{d}x = \frac{1}{EI_1}\int \overline{M}M_{P1}\mathrm{d}x + \frac{1}{EI_2}\int \overline{M}M_{P2}\mathrm{d}x \frac{1}{EI_3}\int \overline{M}M_{P3}\mathrm{d}x$$

$$= \frac{1}{EI_1}A_1 y_1 + \frac{1}{EI_2}A_2 y_2 + \frac{1}{EI_3}A_3 y_3$$

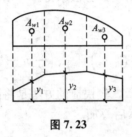
图 7.23

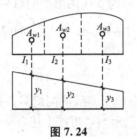
图 7.24

3. 图乘法计算位移举例

【例 7-5】 计算图 7.25(a)所示简支梁在均布荷载 q 作用时，中点 C 的挠度 Δ_C 及 A 端的转角 θ_A。EI 为常数。

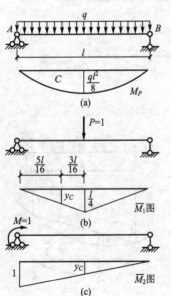
图 7.25

解 (1) 计算中点的挠度。

① 在简支梁跨中点 C 设竖向单位力，如图 7.25(b) 所示。

② 分别作 M_P 和 $\overline{M}_1$ 图，见图 7.25(a)、图 7.25(b)。

③ 用图乘法公式(7-11)计算 C 点挠度。因 M_P 图是曲线，应以 M_P 图作为面积，而 $\overline{M}$ 图是由两直线组成，应分两段进行。注意到两弯矩图形对称，可计算一半再乘两倍。

$$\Delta_C = \frac{2}{EI}\left[\left(\frac{2}{3}\times\frac{l}{2}\times\frac{1}{8}ql^2\right)\left(\frac{5}{8}\times\frac{l}{4}\right)\right] = \frac{5ql^4}{384EI}(\downarrow)$$

图形相乘所得结果与例 7-2 用积分计算的结果完全一样。

(2) 计算 A 端转角。

① 在简支梁 A 端设单位力偶，如图 7.25(c)所示。

② 作 $\overline{M}_2$ 图，如图 7.25(c)所示。

③ 用图乘法公式(7-11)计算 B 端转角。

$$\theta_A = \frac{1}{EI}\left(\frac{2}{3}\times\frac{1}{8}ql^2\times l\times\frac{1}{2}\right) = \frac{ql^3}{24EI}$$

计算结果为正，表示 A 端转动的方向与虚拟力矩的方向相同，即为顺时针方向转动。

【例7-6】 试求图 7.26(a)所示的梁在已知荷载作用下，A 截面的角位移 θ_A 及 C 点的竖向线位移 Δ_{CV}。EI 为常数。

解：（1）分别建立在 $m=1$ 及 $P=1$ 作用下的虚设状态，如图 7.26(b)、(c)所示。

（2）分别作荷载作用和单位力作用下的弯矩图，如图 7.26(a)、(b)、(c)所示。

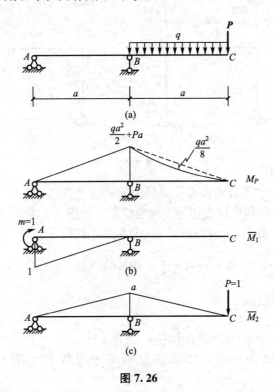

图 7.26

（3）图形相乘。将图 7.26(a)中 M_P 图与图 7.26(b)中 $\overline{M}$ 图相乘，则得

$$\theta_A = -\frac{1}{EI}\left[\frac{1}{2} \times a \times \left(\frac{1}{2}qa^2 + Pa\right) \times \frac{1}{3} \times 1\right]$$

$$= -\frac{a}{6EI}\left(Pa + \frac{1}{2}qa^2\right)$$

结果为负值，表示 θ_A 的方向与假设 $m=1$ 的方向相反，即逆时针转动。

计算 Δ_{CV} 时，将图 7.26(a)与图 7.26(c)相乘，这里必须注意的是 M_P 图 BC 段的弯矩图是非标准抛物线，图乘时不能直接代入公式，应将此部分的面积分解为两部分，然后叠加，则得：

$$\Delta_{CV} = \frac{1}{EI}\left[\frac{1}{2} \times a \times \left(\frac{1}{2}qa^2 + Pa\right) \times \frac{2a}{3} \times 2 - \frac{2}{3} \times a \times \frac{1}{8}qa^2 \times \frac{a}{2}\right]$$

$$= \frac{1}{EI}\left(\frac{2}{3}Pa^3 + \frac{7}{24}qa^4\right)(\downarrow)$$

【例7-7】 用图乘法求图 7.27(a)所示刚架 D 点的水平位移 Δ_{DH}，已知横梁 BC 刚度为 $2EI$，柱 AB 与 CD 刚度为 EI。

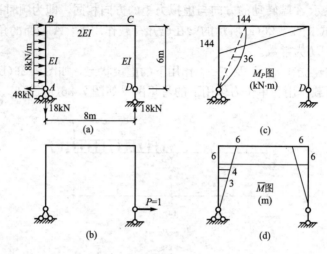

图 7.27

解：（1）在 D 点沿水平方向设水平单位力 $P=1$，如图 7.27(b) 所示。

（2）分别作荷载作用和单位力作用下的弯矩图，如图 7.27(c)、(d) 所示。

（3）图形相乘。将图 7.27(c) 与图 7.27(d) 相乘，则得

$$\Delta_{DH}=\frac{1}{EI}\left(\frac{1}{2}\times144\times6\times4+\frac{2}{3}\times36\times6\times3\right)+\frac{1}{2EI}\times\frac{1}{2}\times144\times8\times6$$

$$=\frac{3888}{EI}(\rightarrow)$$

【例 7-8】 图 7.28(a) 为一组合结构，链杆 CD、BD 的抗拉(压)刚度为 E_1A_1，受弯杆件 AC 的抗弯刚度为 E_2I_2，在结点 D 有集中荷载 P 作用。试求 D 点的竖向位移 Δ_{DV}。

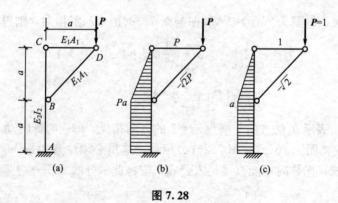

图 7.28

解：计算组合结构在荷载作用下的位移时，对链杆只有轴力影响，对受弯杆件只计弯矩影响。

（1）在 D 点设竖向单位力 $P=1$，如图 7.28(c) 所示。

（2）分别作荷载作用和单位力作用下受弯构件的弯矩图，并计算链杆的轴力，如图 7.28(b)、(c) 所示。

(3) 计算 Δ_{DV}。根据式(7-8)并利用图乘法，有

$$\Delta_{DV} = \sum \frac{Ay_C}{E_2 I_2} + \sum \frac{\overline{N}N_P l}{E_1 A_1}$$

$$= \frac{1}{E_2 I_2}\left(\frac{Pa^2}{2}\cdot\frac{2a}{3} + Pa^2 a\right) + \frac{1 \cdot P \cdot a + (-\sqrt{2})(-\sqrt{2}P)\sqrt{2}a}{E_1 A_1}$$

$$= \frac{4Pa^3}{3E_2 I_2} + \frac{(1+2\sqrt{2})Pa}{E_1 A_1}(\downarrow)$$

7.6 静定结构温度变化时的位移计算

当静定结构的温度发生变化时，由于材料热胀冷缩，因而会使结构产生变形和位移，但由平衡条件分析得到，任意截面均不产生内力。温度变化产生的位移，同样可以采取单位荷载法计算。此时位移计算的一般公式(7-4)成为

$$\Delta = \sum \int \overline{M}\mathrm{d}\theta + \sum \int \overline{V}\gamma\mathrm{d}s + \sum \int \overline{N}\mathrm{d}\lambda \qquad (a)$$

计算温度变化所产生的位移时，需要求出由于温度变化引起的微段变形，即 $\mathrm{d}\theta$、$\gamma\mathrm{d}s$、$\mathrm{d}\lambda$ 等。

现在分析实际状态中任一微段由于温度变化所产生的变形。如图 7.29(a)所示，设杆件上边缘温度上升 t_1℃。下边缘温度上升温 t_2℃，且假定 $t_2 > t_1$。为简化计算，可假定温度沿杆件截面厚度 h 为线性分布，如图 7.29(b)所示，即在发生温度变形后，截面仍保持为平面。截面的变形可分解为沿轴线方向的拉伸变形 $\mathrm{d}\lambda$ 和截面的转角 $\mathrm{d}\theta$，不产生剪切变形。

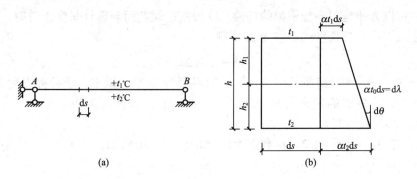

图 7.29

当杆件截面对称于形心轴时$(h_1 = h_2)$，其形心轴处的温度为：

$$t_0 = \frac{1}{2}(t_1 + t_2)$$

当杆件截面不对称于形心轴时，则有：

$$t_0 = \frac{t_1 h_2 + t_2 h_1}{h}$$

而上、下边缘的温度改变差为：

$$\Delta t = t_2 - t_1$$

式中，h 为杆件截面高度；h_1、h_2 分别为杆轴至上、下边缘的距离；t_1、t_2 分别为上、下边缘温度改变值。

如材料的线膨胀系数为 α，则 ds 段的轴向变形 $d\lambda$ 为

$$d\lambda = \alpha t_0 \qquad\qquad\qquad (b)$$

弯曲变形 $d\theta$ 为

$$d\theta = \frac{\alpha t_2 ds - \alpha t_1 ds}{h} \qquad\qquad\qquad (c)$$

将式(b)和式(c)代入式(a)，则温度作用引起的位移计算公式为

$$\Delta = \sum \int \overline{M} \frac{\alpha \Delta t ds}{h} + \sum \int \overline{N} \alpha t_0 ds \qquad\qquad (7-12)$$

如果各杆均为等截面杆件，则得

$$\Delta = \sum \frac{\alpha \Delta t}{h} \int \overline{M} ds + \sum \alpha t_0 \int \overline{N} ds$$

$$= \sum \frac{\alpha \Delta t}{h} A_{\overline{M}} + \sum \alpha t_0 A_{\overline{N}} \qquad\qquad (7-13)$$

在应用式(7-12)和(7-13)时，需注意右边各项正负号的确定。由于它们都是内力所做的变形虚功，故当实际温度变形与虚拟内力方向一致时其乘积为正，相反时为负。因此，对于温度变化，若规定以升温为正，降温为负，则轴力 $\overline{N}$ 以拉力为正，压力为负；弯矩 $\overline{M}$ 则应以和温差 Δ_t 产生同侧受拉者为正，反之为负。

对于梁和刚架，在计算温度变化所引起的位移时，一般不能略去轴向变形的影响。

对于桁架，由于只有轴力，在温度变化时，其位移计算公式为

$$\Delta = \sum \alpha t_0 \overline{N} l \qquad\qquad\qquad (7-14)$$

在此，可以方便地得到当桁架的杆件长度因制造误差而与设计长度不符时，所引起的位移计算公式。设各杆长度的误差为 Δl，则

$$\Delta = \sum \overline{N} \Delta l \qquad\qquad\qquad (7-15)$$

【例 7-9】 图 7.30(a)所示刚架，施工时温度为 20℃，试求冬季外侧温度为 −10℃，内侧温度为 0℃时 C 点的竖向位移 Δ_{CV}。已知 $a=4\text{m}$，各杆均为矩形截面杆，高度 $h=0.4\text{m}$，$\alpha=0.00001(1/℃)$。

解：(1) 在 C 点加竖向单位荷载 $P=1$，如图 7.30(b)所示。

(2) 分别作 $\overline{M}$ 图 [图 7.30(b)] 及 $\overline{N}$ 图 [图 7.30(c)]。

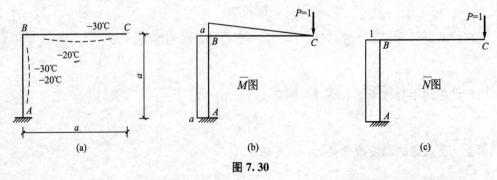

图 7.30

(3) 计算各杆件轴线处温度变化 t_0 及内外两侧温差 Δt。

$$t_0 = \frac{(-10-20)+(0-20)}{2} = -25°C$$

$$\Delta t = -20-(-30) = 10°C$$

(4) 代入式(7-13)得

$$\Delta_{CV} = \sum \alpha t_0 \overline{N}l + \sum \frac{\alpha \Delta t}{h} A_{\overline{M}}$$

$$= \alpha(-25) \times (-1)l - \frac{1}{h} \times \alpha \times 10 \times \frac{1}{2} \times l \times l - \frac{1}{h} \times \alpha \times 10 \times l \times l$$

$$= -0.005\text{m}(\uparrow)$$

因轴力为压力，轴线温度降低，所以上式第一项乘积为正。因 Δt 与 $\overline{M}$ 所产生的弯曲方向相反，所以第二项取负号。结果为负，说明当温度变化如图 7.30 (a)所示时，C 点的实际竖向位移方向向上。

7.7 静定结构支座移动时的位移计算

静定结构当支座移动时，并不使结构产生内力或引起应变，而使结构只发生刚体位移，如图 7.31(a)所示。因此，当用单位荷载法计算时，式(7-4)简化为

$$\Delta = -\sum \overline{R}_i \cdot C_i \tag{7-16}$$

式中，C_i 为实际支座的位移；$\overline{R}_i$ 为虚设单位力作用时的支座反力，与 C_i 对应，如图 7.31 (b)所示。两者方向一致时，乘积为正，反之为负。

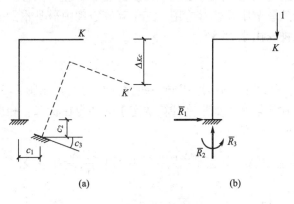

图 7.31

用单位荷载法计算支座移动引起的位移步骤如下。

(1) 沿拟求位移 Δ 方向虚设相应的单位力。

(2) 根据静力平衡条件求单位力作用下相应于支座移动 C_i 的支座反力 $\overline{R}_i$。

(3) 由式(7-16)计算 Δ。

【例 7 - 10】 如图 7.32(a)所示的三铰刚架，右边支座发生竖向位移为 $\Delta_{By}=0.06\text{m}$，水平位移 $\Delta_{Bx}=0.04\text{m}$，已知 $l=12\text{m}$，$h=8\text{m}$。试求由此引起的 A 端转角 θ_A。

解：(1) 在 A 处虚设单位力偶 $M=1$，如图 7.32(b)所示。

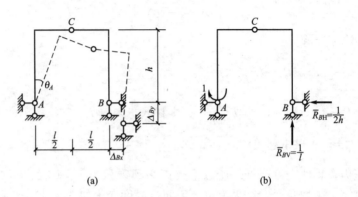

(a)　　　　　　　　　　　(b)

图 7.32

(2) 根据静力平衡条件计算 B 处单位力偶作用下相应的支座反力，如图 7.32(b)所示。

(3) 由式(7 - 16)计算求 θ_A：

$$\theta_A=-\sum \overline{R}_i \cdot C_i=-\left(-\frac{1}{l}\Delta_{By}-\frac{1}{2h}\Delta_{Bx}\right)=\frac{0.06}{12}+\frac{0.04}{2\times8}=0.0075\text{rad}$$

与单位力偶转向相同，为顺时针转向。

7.8 线弹性结构的互等定理

本节介绍线弹性结构的三个互等定理，即功的互等定理、位移互等定理和反力互等定理，这些定理在以后的章节中要经常应用。三个互等定理中最基本的是功的互等定理，其他两个定理都可由此推导出来。

1. 功的互等定理

设有两组外力 P_1 和 P_2 分别作用于同一线弹性结构上，如图 7.33(a)、(b)所示，分别称为结构的状态 Ⅰ 和状态 Ⅱ。如果来计算状态 Ⅰ 的外力在状态 Ⅱ 相应的位移上所做的虚功 W_{12}，根据虚功原理，则有

$$W_{12} = \sum P_1\Delta_{12} = \sum \int \frac{M_1M_2}{EI}\text{d}s + \sum \int \frac{kV_1V_2}{GA}\text{d}s + \sum \int \frac{N_1N_2}{EA}\text{d}s \qquad (7 - 17)$$

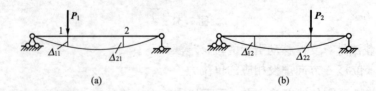

(a)　　　　　　　　　　　(b)

图 7.33

这里，位移 Δ_{12} 的两个下标的含义：第一个下标 1 表示位移的位置和方向，即该位移是 P_1 作用点沿 P_1 方向上的位移；第二个下标 2 表示产生位移的原因，即该位移是由 P_2 所引起的。

同理，计算状态 II 的外力在状态 I 相应的位移上所做的虚功 W_{21}，则有

$$W_{21} = \sum P_2\Delta_{21} = \sum \int \frac{M_2 M_1}{EI}\mathrm{d}s + \sum \int \frac{kV_2 V_1}{GA}\mathrm{d}s + \sum \int \frac{N_2 N_1}{EA}\mathrm{d}s \qquad (7-18)$$

由于式(7-17)和式(7-18)的右边彼此相等，所以：

$$\sum P_1\Delta_{12} = \sum P_2\Delta_{21} \qquad (7-19)$$

或写成：

$$W_{12} = W_{21} \qquad (7-20)$$

这表明，同一结构的两种不同状态之间具有如下关系，即状态 I 的所有外力在状态 II 相应位移上所做的总虚功，等于状态 II 的所有外力在状态 I 相应位移上所做的总虚功。这就是功的互等定理。

2. 位移互等定理

现在用上述功的互等定理来研究一种特殊情况。如图 7.34 所示，状态 I 中只有一个单位荷载 $P=1$，状态 II 中也只有一个单位荷载 $P_2=1$。由功的互等定理（7-19）可得

$$1 \cdot \Delta_{12} = 1 \cdot \Delta_{21}$$

即

$$\Delta_{12} = \Delta_{21}$$

此时，Δ_{12} 和 Δ_{21} 都是由单位力引起的，为区别起见，改用小写 δ_{12}、δ_{21} 表示，则有

$$\delta_{12} = \delta_{21} \qquad (7-21)$$

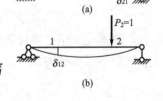

图 7.34

这就是位移互相定理：在第一单位力作用点沿其方向上由第二个单位力作用所引起的位移 δ_{12}，等于第二个单位力作用点沿其方向上由第一个单位力作用所引起的位移 δ_{21}。

3. 反力互等定理

反力互等定理也是功的互等定理的一个特殊情况。它用来说明在同一超静定结构中假设两个支座分别产生位移时，两个状态中反力的互等关系。图 7.35(a) 表示支座 1 发生单位位移 $\Delta_1=1$ 的状态，此时使支座 2 产生的反力为 k_{21}；图 7.35(b) 表示支座 2 发生单位位移 $\Delta_2=1$ 的状态，此时使支座 1 产生的反力为 k_{12}。根据功的互等定理，有

$$k_{21} \cdot \Delta_2 = k_{12} \cdot \Delta_1$$

现有 $\Delta_1 = \Delta_2 = 1$，则

$$k_{21} = k_{12} \qquad (7-22)$$

这就是反力互等定理。它表明：支座 1 发生单位位移所引起的支座 2 的反力，等于支座 2 发生单位位移所引起的支座 1 的反力。

支座反力 k_{ij} 有两个下标，第一个下标 i 表示支座反力所在的位置，第二个下标 j 表示产生反力的单位位移所在位置。

这一定理对结构上任何两个支座都适用，但应注意反力与位移在做功的关系上应相对

应，即力对应于线位移，力偶对应于角位移。例如，在图 7.36(a)、(b)的两个状态中，应有 $k_{21} = k_{12}$，它们虽然一个为单位线位移引起的反力偶，一个为单位转角引起的反力，含义不同，但此时两者在数值上是相等的，量纲也相同。

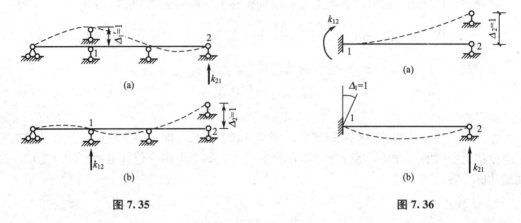

图 7.35   图 7.36

另外，根据功的互等定理还可推证出反力位移互等定理。读者可参考有关书籍。

本 章 小 结

本章首先介绍了弹性体的虚功原理，主要应用虚设力状态求实际位移状态的位移。

然后学习了结构位移计算的一般公式：

$$\Delta_{KP} = -\sum \overline{F}_R c + \sum \int_l \frac{\overline{M}M_P}{EI_z} \mathrm{d}x + \sum \int_l \frac{k \overline{F}_S F_{SP}}{GA} \mathrm{d}x + \sum \int_l \frac{\overline{F}_N F_{NP}}{EA} \mathrm{d}x$$

公式中的第一项是由支座移动引起的位移；第二项是由弯曲引起的位移，对于梁和刚架经常仅用此项结果计算位移；第三项是由剪切引起的位移，一般只有在构件的高跨比较大时才考虑这项影响，通常不计这一因素；第四项是由轴向变形所引起的位移，桁架位移计算仅用此项，组合结构中的桁架杆要考虑这一项，弯曲杆要考虑第二项；拱结构在考虑第二项的同时有时还要考虑第四项。

对于以弯曲变形为主的梁和刚架(忽略轴力和剪力的影响，直杆)，计算由荷载所引起的位移时，可用图乘法求其位移：

$$\Delta_{KP} = \sum \frac{A_\omega y_C}{EI_z}$$

图乘法是本章学习的重点。

对于非荷载因素引起的位移，主要介绍了支座移动引起的位移：

$$\Delta_{Kc} = -\sum \overline{F}_R c$$

温度变化引起的位移为

$$\Delta_{Kt} = \sum (\pm) \frac{\alpha \Delta t}{h} A_{\overline{M}} + \sum (\pm) \alpha t_0 A_{\overline{N}}$$

最后，本章还介绍了功的互等定理、位移互等定理和反力互等定理，在后续的超静定结构计算中，将会应用到这些定理。

关 键 术 语

位移(displacement)；挠度(deflection)；线位移(linear displacement)；角位移(angular displacement)；广义力(generalized force)；广义位移(generalized displacement)；应变能(strain energy)；虚功原理(principle of virtual work)；积分法(method of integration)；图乘法(diagram multiplication method)；支座移动(variation of supports)；互等定理(reciprocal theorems)；功的互等定理(reciprocal work theorem)；位移互等定理(reciprocal displacement theorem)；反力互等定理(reciprocal reaction theorem)。

习 题 7

一、思考题

1. 没有变形就没有位移，此结论正确吗？
2. 图乘法的应用条件是什么？变截面杆件和曲杆是否可用图乘法？
3. 用图乘法应如何确定乘积的正负号？
4. 图 7.37 所示 M_i、$\overline{M}$ 图都是梯形，下列图乘算法是否正确？

$$\int M_i \overline{M} dx = A_1 y_1 + A_2 y_2$$

5. 图 7.38 所示 M_P、$\overline{M}$ 图分别是抛物线和三角形，下列算法是否正确？

$$\int M_P \overline{M} dx = \left(\frac{2}{3} \cdot \frac{ql^2}{8} \cdot l \right) \times \frac{l}{4}$$

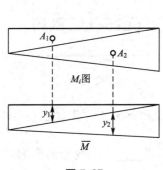

图 7.37

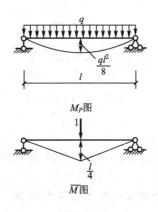

图 7.38

6. 对于图 7.39 所示结构的 M_P、$\overline{M}$ 图，下列算法是否正确？

$$\int M_P \overline{M} \mathrm{d}x = \left(\frac{1}{3} \cdot ql^2 \cdot l\right) \times \frac{3l}{4}$$

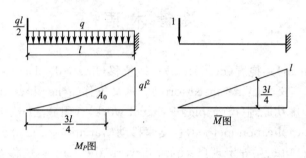

图 7.39

7. 在温度变化引起的位移计算公式中，如何确定各项的正负号？

8. 试用图 7.40 所示两种情况，说明位移互等定理，并说明 δ_{12} 和 δ_{21} 的物理意义。

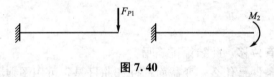

图 7.40

二、填空题

1. 结构变形是指结构的_____发生改变，结构的位移是指结构某点的_____发生改变，其位移又分为_____位移、_____位移。

2. 如图 7.41 所示的桁架，$EA=$常数，D、E 两点的相对水平位移为_____。

3. 图 7.42 所示结构 B 点的竖向位移 Δ_{By} 为_____。

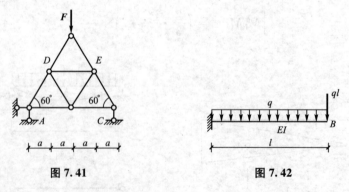

图 7.41　　　　　图 7.42

4. 静定结构中的杆件在温度变化时只产生_____，不产生_____，在支座移动时只产生_____，不产生内力与_____。

5. 计算刚架在荷载作用下的位移，一般只考虑_____变形的影响，当杆件较短粗时还应考虑_____变形的影响。

6. 应用图乘法求杆件结构的位移时，图乘的杆段必须满足如下三个条件：
_____；_____；_____。

7. 虚功原理应用条件是：力系满足＿＿＿＿＿＿＿条件；位移是＿＿＿＿的。

8. 图乘公式 $\sum \int \overline{M}M_P \mathrm{d}s/EI = \sum \pm A_\omega y_C/EI$ 中，当＿＿＿＿＿＿时取正号；当＿＿＿＿＿＿＿时取负号。

9. 虚位移原理是在给定力系与＿＿＿＿＿＿之间应用虚功方程；虚力原理是在＿＿＿＿＿＿与给定位移状态之间应用虚功方程。

三、判断题

1. 静定结构中由于支座移动和温度影响产生位移时不产生内力。（ ）

2. 虚功中的力状态和位移状态是彼此独立无关的，这两个状态中的任一个都可看作是虚设的。（ ）

3. 应用虚力原理求体系的位移时，虚设力状态可在需求位移处添加相应的非单位力，亦可求得该位移。（ ）

4. 用图乘法可求得各种结构在荷载作用下的位移。（ ）

5. 在荷载作用下，刚架和梁的位移主要由各杆的弯曲变形引起的。（ ）

6. 若刚架中各杆均无内力，则整个刚架不存在位移。（ ）

7. 图 7.43 所示梁的跨中挠度为零。（ ）

8. 图 7.44 所示 M_P、$\overline{M}_k$ 图，用图乘法求位移的结果为：$(\omega_1 y_1 + \omega_2 y_2)/EI$。（ ）

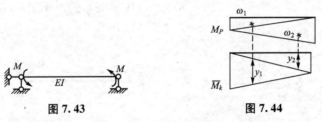

图 7.43　　　　　　图 7.44

9. 在非荷载因素（支座移动、温度变化、材料收缩等）作用下，静定结构不产生内力，但会有位移且位移只与杆件相对刚度有关。（ ）

四、选择题

1. 四个互等定理适用于（ ）。

　A. 刚体　　　B. 变形体　　　C. 线性弹性体系　　　D. 非线性体系

2. 如图 7.45 所示结构，求 A、B 两点相对线位移时，虚力状态应在两点分别施加的单位力为（ ）。

　A. 竖向反向力　　　　　　B. 水平反向力
　C. 连线方向反向力　　　　D. 反向力偶

3. 图 7.46 所示结构 A 截面转角（设顺时针为正）为（ ）。

　A. $2Fa^2/EI$　　B. $-Fa^2/EI$　　C. $5Fa^2/(4EI)$　　D. $-5Fa^2/(4EI)$

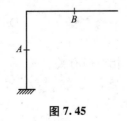

图 7.45

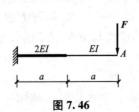

图 7.46

4. 图 7.47 所示结构(EA＝常数)，C 点的竖向位移(向下为正)为(　　)。

  A. $1.914Pa^2/EA$ B. $1.914Pa/EA$

  C. $-1.914Pa^2/EA$ D. $-1.914Pa/EA$

5. 图 7.48 所示刚架 A 支座下移量为 a，转角为 α，则 B 端竖向位移大小(　　)。

  A. 与 h、l、E、I 均有关   B. 与 h、l 有关，与 E、I 无关

  C. 与 l 有关，与 h、E、I 无关   D. 与 E、I 有关，与 h、l 无关

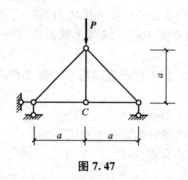

图 7.47   图 7.48

6. 图 7.49(a)、(b)所示的两种状态中，梁的转角 φ 与竖向位 δ 间的关系为(　　)。

  A. $\delta=\varphi$ B. δ 与 φ 关系不定，取决于梁的刚度大小

  C. $\delta>\varphi$ D. $\delta<\varphi$

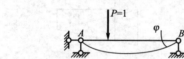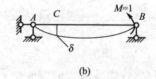

(a)   (b)

图 7.49

7. 欲求图 7.50 所示各结构中的 A 点竖向位移，能用图乘法的为(　　)。

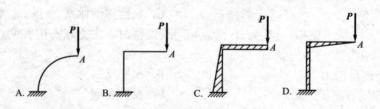

图 7.50

8. 按虚力原理所建立的虚功方程等价于(　　)。

  A. 静力方程   B. 物理方程   C. 平衡方程   D. 几何方程

9. 静定结构的位移与 EA、EI 的关系是(　　)。

  A. 无关   B. 相对值有关

  C. 绝对值有关   D. 与 E 无关，与 A、I 有关

10. 静定结构在温度改变时，结构(　　)。

A. 无变形，无位移，无内力   B. 有变形，有内力，有位移

C. 有变形，有位移，无内力   D. 无变形，有位移，无内力

11. 对组合结构进行位移计算时（   ）。

    A. 仅考虑弯矩作用   B. 仅考虑轴力作用

    C. 考虑弯矩和剪力作用   D. 考虑弯矩和轴力作用

12. 图 7.51 所示结构截面 A 的转角为（   ）。

    A. $\dfrac{qa^3}{2EI}$（逆时针）   B. $\dfrac{2qa^3}{EI}$（顺时针）

    C. $\dfrac{4qa^3}{EI}$（顺时针）   D. $\dfrac{1.5qa^3}{EI}$（逆时针）

13. 等截面刚架，矩形截面高 $h=a/10$，材料的线膨胀系数为 α，在图 7.52 所示温度变化下，C 点的竖向位移 Δ_{Cy} 之值为（   ）。

    A. $80.5a\alpha$（↑）   B. $60a\alpha$（↓）   C. $68a\alpha$（↑）   D. $72a\alpha$（↓）

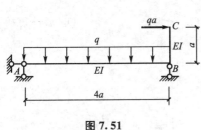

图 7.51

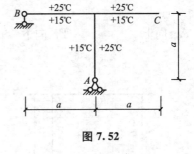

图 7.52

14. 图 7.53 所示刚架的 $EI=$ 常数，各杆长为 l，A 截面的转角为（   ）。

    A. $ql^3/(24EI)$（逆时针）   B. $ql^3/(24EI)$（顺时针）

    C. $ql^3/(12EI)$（顺时针）   D. $ql^3/(6EI)$（逆时针）

15. 在图 7.54 所示的结构中，A 点竖向位移 $\Delta_{Ay}=$（   ）。

    A. $\dfrac{31ql^4}{24EI}$（↓）   B. $\dfrac{31ql^4}{24EI}$（↑）   C. $\dfrac{33ql^4}{24EI}$（↓）   D. $\dfrac{33ql^4}{24EI}$（↑）

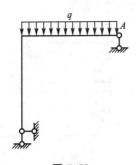

图 7.53

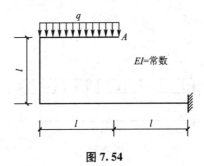

图 7.54

16. 如图 7.55 所示的结构（$EI=$ 常数）中，D 点水平位移（向右为正）为（   ）。

    A. $-qa^4/(3EI)$ B. $-qa^4/(6EI)$ C. $qa^4/(6EI)$ D. $qa^4/(3EI)$

17. 图 7.56 所示结构的 B 支座发生移动，D 点的水平位移（向右为正）为（   ）。

A. $-\dfrac{c_1+c_2}{2}$　　　B. $-\dfrac{c_1-c_2}{2}$　　　C. $\dfrac{c_1-c_2}{2}$　　　D. $\dfrac{c_1+c_2}{2}$。

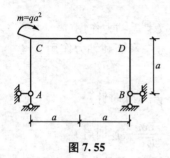

图 7.55

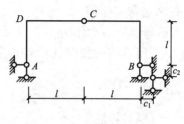

图 7.56

18. 图 7.57 所示刚架，各杆 EI 相同。C 点的竖向位移（向下为正）等于（　　）。

A. $5ql^4/(384EI)$　　　B. $ql^2/(48EI)$　　　C. $ql^4/(48EI)$　　　D. $ql^3/(3EI)$

19. 图 7.58 所示组合结构，梁式杆件的 $EI=$ 常数，桁架杆件 $EA=$ 常数，C 点竖向位移为（　　）。

A. 向上　　　　　　B. 向下　　　　　　C. 为零　　　　　　D. 需计算确定

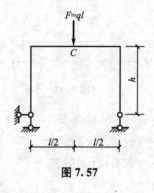

图 7.57

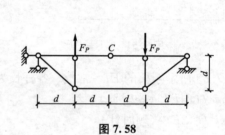

图 7.58

五、计算题

1. 试用积分法求图 7.59 所示悬臂梁 A 点的竖向位移和转角位移。$EI=$ 常数。

2. 试用积分法求图 7.60 所示刚架 B 点的水平位移。$EI=$ 常数。

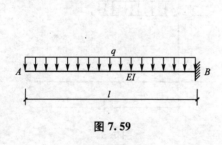

图 7.59

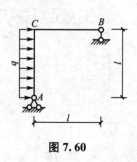

图 7.60

3. 图 7.61 所示桁架各杆截面均为 $A=2\times10^{-3}\mathrm{m}^2$，$E=210\mathrm{GPa}$，试求 C 点的竖向位移。

4. 试求图 7.62 所示桁架 D 点的水平位移。各杆 EA 相等。

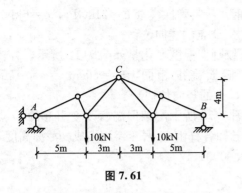

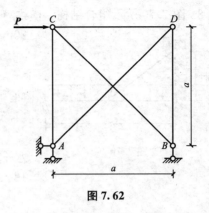

图 7.61　　　　　　　　　　　　图 7.62

5. 试求图 7.63 所示半圆曲梁 B 点的水平位移。只记弯曲变形，$EI=$ 常数。

6. 用图乘法计算图 7.59、图 7.60 的位移。

7. 用图乘法求结构的指定位移：（1）求图 7.64 的最大挠度；（2）求图 7.65C 点的竖向位移；（3）求图 7.66B 点的转角；（4）求图 7.67A 点的水平位移、D 点的竖向位移；（5）求图 7.68C、D 两点的距离改变；（6）求图 7.69C 点的竖向位移、C 点左右两侧的相对转角。

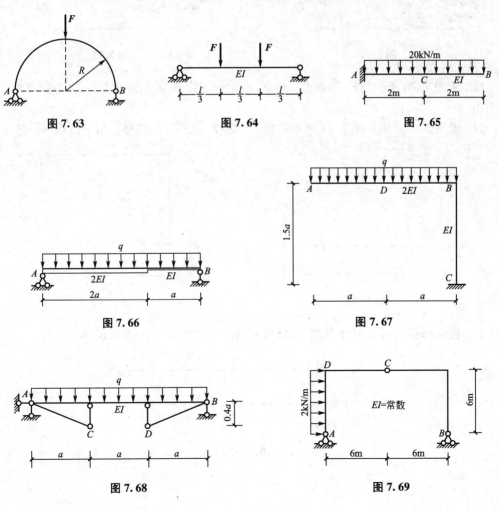

图 7.63　　　　　　　　图 7.64　　　　　　　　图 7.65

图 7.66　　　　　　　　　　图 7.67

图 7.68　　　　　　　　　图 7.69

8. 图 7.70 所示组合结构，横梁 AD 为工字钢，惯性矩 $I=3400\text{cm}^4$，拉杆 BC 为直径 20mm 的圆钢，材料弹性模量 $E=210\text{GPa}$，$q=6\text{kN/m}$，$a=3\text{m}$。试求 D 点的竖向位移。

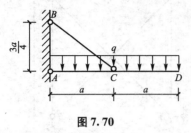

图 7.70

9. 设三铰刚架温度变化量如图 7.11 所示，各杆截面为矩形，截面高度相同，$h=60\text{cm}$，$\alpha=0.00001$ $(1/℃)$。求 C 点的竖向位移。

10. 求图 7.72 所示刚架因温度改变引起的 D 点的水平位移。已知各杆由 18 号工字钢组成，截面高度 $h=18\text{cm}$，$\alpha=0.00001(1/℃)$。

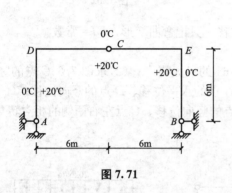

图 7.71

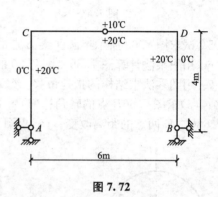

图 7.72

11. 求图 7.73 所示结构 D 点水平位移。（1）设支座 A 向左移动 1cm；（2）设支座 B 下沉 1cm。

12. 设支座 A 产生如图 7.74 所示位移，试求 K 点的竖向位移、水平位移和转角位移。

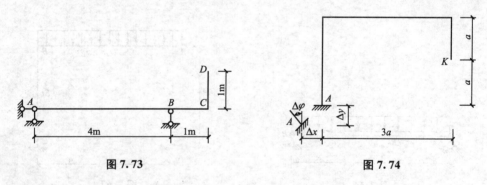

图 7.73

图 7.74

13. 设多跨梁支座 A 产生如图 7.75 所示移动，试求 D 点的竖向位移。

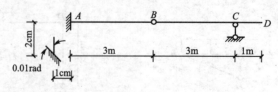

图 7.75

第**8**章
力　　法

本章教学要点

知识模块	掌握程度	知识要点
荷载作用时超静定结构的计算	掌握	超静定结构的组成和超静定次数的确定
	掌握	力法的典型方程
	熟悉	对称性的利用
非荷载作用时超静定结构的计算	理解	支座移动和温度变化时超静定结构的计算

本章技能要点

技能要点	掌握程度	应用方向
超静定次数的确定	掌握	建立基本结构
力法方程的应用	掌握	计算内力、绘制内力图
对称性的利用	熟悉	简化计算

 **导入案例**

一个倒塌的建筑

　　20 世纪，我国北方某城市的一幢四层楼的建筑，在主体工程完成后对模板进行拆卸时，楼房突然坍塌，造成了死伤多人的重大损失。事故发生后，有关部门对结构设计和施工质量进行了调查。发现，在结构设计中的力学计算方面存在严重错误：对本应是超静定结构的计算，采用了静定结构的计算方法。

　　该工程每层主梁的计算简图可由图 8.1(a) 表示，为多一个联系的几何不变体，是一次超静定结构。因此，其各支座的反力和内力是不能仅由静力平衡条件求出的。但是，设计者错误地将其按照图 8.1(b) 所示的静定结构进行计算，特别是对中间支座(混凝土柱)反力的计算，使该数值比准确值少了 12.5%。

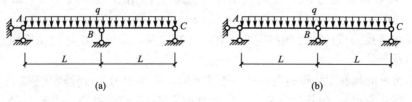

图 8.1

导致该工程发生破坏的另一原因是施工质量非常差，柱子内的混凝土出现了骨料分离的现象，所以该混凝土柱的破坏是在所难免的。

本章将学习超静定结构反力、内力计算的基本方法，得出超静定结构反力、内力的正确结果，以保证结构的安全。

8.1 超静定结构的组成和超静定次数的确定

1. 超静定结构的组成

在前面几章中，讨论了静定结构的内力和位移计算，从本章起开始讨论超静定结构的计算。

前已述及，一个结构，如果它的支座反力和各截面的内力都可以用静力平衡条件唯一地确定，就称为静定结构。图 8.2(a)所示简支梁是一个静定结构，为了增大简支梁的刚度和强度，对简支梁 AB 增加一个支座链杆 C，就得到图 8.2(b)所示的连续梁，它的支座反力和各截面的内力不能完全由静力平衡条件唯一地加以确定，这样的结构就称为超静定结构。

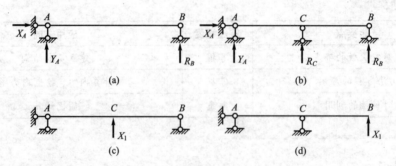

图 8.2

从几何组成角度分析，简支梁和连续梁都是几何不变体系。但简支梁无多余约束，而连续梁有多余约束。由此引出如下结论：静定结构是没有多余约束的几何不变体系，而超静定结构则是有多余约束的几何不变体系。

所谓多余约束是对保持体系的几何不变性而言，它不是必要的。超静定结构中把哪个约束视为多余约束，并不是固定不变的。如图 8.2(b)中，除水平链杆外，A、B、C 三根竖向链杆中的任何一根均可视为多余约束。多余约束中产生的力称为多余未知力。若把竖向链杆 C 看作多余约束，则其多余未知力就是 R_C，若把竖向链杆 B 看作多余约束，则其多余未知力就是 R_B，在力法中多余未知力都用 $X_i(i=1, 2, \cdots, n)$ 表示，见图 8.2(c)、(d)。

总的来说，反力或内力是超静定的，有多余的约束，这就是超静定结构区别于静定结构的基本特征。

工程中常见的超静定结构的类型有：超静定梁［图 8.3(a)］、超静定刚架［图 8.3(b)］、超静定拱［图 8.3(c)］、超静定桁架［图 8.3(d)］及超静定组合结构［图 8.3(e)］等。

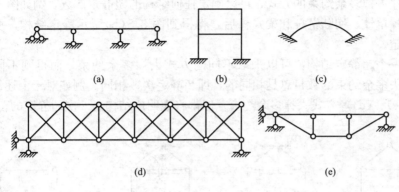

图 8.3

2. 超静定次数的确定

从几何组成分析方面看，超静定次数是指超静定结构中多余约束的个数。如果从原结构中去掉 n 个约束，结构就成为静定的，则原结构即为 n 次超静定结构。

显然，为了确定结构的超静定次数，就可以用去掉多余约束使原结构变成静定结构的方法来进行。去掉多余约束的方式，通常有以下几种：

（1）去掉一根支座链杆（支杆）或切断一根链杆，相当于去掉一个约束 ［图 8.4(a)、(b)］；

（2）去掉一个铰支座或去掉一个单铰，相当于去掉两个约束 ［图 8.4(c)、(d)］；

（3）去掉一个固定端或切断一个梁式杆，相当于去掉三个约束 ［图 8.4(e)］；

（4）将刚结改为单铰连接，相当于去掉一个约束 ［图 8.4(f)］。

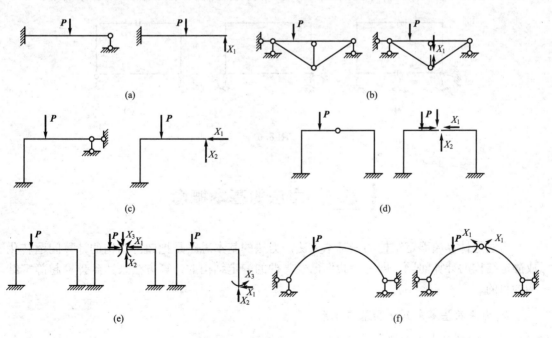

图 8.4

应用上述去掉多余约束的方式，可以确定任何结构的超静定次数。例如图 8.5(a)所示结构，在去掉单铰、切断链杆和梁式杆后，将得到图 8.5(b)所示静定结构，所以原结构为 6 次超静定。

对于同一个超静定结构，可以采取不同的方式去掉多余约束，而得到不同的静定结构，但是所去多余约束的数目总是相同的，即超静定次数相同。例如对于上述结构，还可以按图 8.5(c)、(d)等方式去掉多余约束，但都将表明原结构是 6 次超静定的。

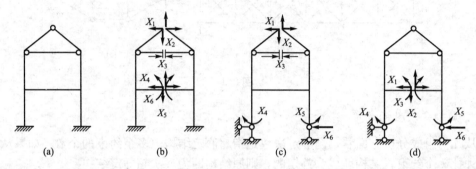

图 8.5

此外，在去掉多余约束时，还要注意：

(1) 不要把原结构去成一个几何可变体系。例如，如果把图 8.6(a)所示结构中的水平支杆拆掉，这样就变成了几何可变体系；

(2) 内外多余约束都要去掉。如图 8.6(a)所示结构，如果只去掉一根竖向支杆，如图 8.6(b)所示，则其中的闭合框仍然具有三个多余约束。因此，必须把闭合框再切开一个截面，如图 8.6(c)所示，这时才成为静定结构。所以，原结构共有四个多余约束。

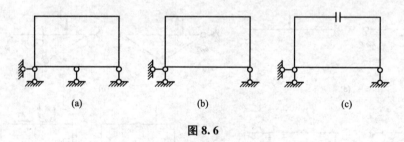

图 8.6

8.2 力法的基本概念

力法是计算超静定结构的最基本方法。力法的基本思路是把超静结构的计算问题转化成静定结构的计算问题，即利用我们已经掌握的静定结构的计算方法来达到计算超静定结构的目的。

1. 力法的基本未知量和基本体系

1) 力法的基本未知量

图 8.7(a)所示为一两跨连续梁，它是具有一个多余约束的超静定结构。若将支座 B

处的支杆作为多余约束，在去掉该约束并代以一个相应的多余未知力 X_1 后，则得到图 8.7(b)所示的简支梁。如果能设法把多余未知力 X_1 计算出来，剩下的问题就是简支梁的计算问题，从而将超静定结构的计算问题转化为静定结构的计算问题。由此可见，求解超静定结构的关键问题是计算多余未知力，我们把处于关键地位的多余未知力称为力法的基本未知量。

2) 力法的基本体系

在超静定结构中，去掉多余约束所得到的静定结构称为力法的基本结构（在特殊情况下也可以选择超静定的基本结构，本章只讨论静定的基本结构），图 8.7(c)所示的静定结构即为原结构［图 8.7(a)］的基本结构。基本结构在荷载和多余未知力共同作用下的体系称为力法的基本体系，图 8.7(b)为 8.6(a)的基本体系。可以看出，基本体系本身既是静定结构，又可用它代替原结构。因此，它是将超静定结构的计算问题转化为静定结构的计算问题的一座桥梁。

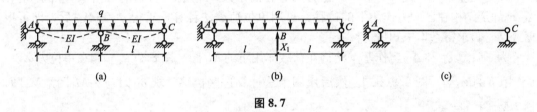

图 8.7

2. 力法的基本方程

现在我们讨论如何求出基本未知量 X_1。我们知道不论 X_1 为任何值，基本体系都保持平衡。显然，基本未知量 X_1 不能利用平衡条件求出，必须补充新的条件。

在力法中，我们以基本体系作为桥梁计算原结构。前面已经说明了如何把原结构转化为基本体系，现在需要说明如何使基本体系等效原结构。为此，将原结构与基本体系加以比较。

在原结构［图 8.7(a)］中，B 处的支座反力 R_B 是被动力，是一个固定值。与 R_B 相应的位移（即 B 点的竖向位移）等于零。在基本体系［图 8.7(b)］中，多余未知力 X_1 是主动力，是变量。如果 X_1 过大，则简支梁上的 B 点往上移；如果 X_1 过小，则简支梁上的 B 点往下移。只有当简支梁上的 B 点竖向位移正好等于零时，基本体系中的多余未知力 X_1(变力)与原结构中支座反力 R_B(常力)相等，基本体系受力状态和变形状态与原结构完全相同，这时基本体系才等效于原结构。

由此看出，基本体系等效于原结构的条件是：基本体系沿多余未知力 X_1 方向的位移 Δ_1 应与原结构相同，即

$$\Delta_1 = 0 \tag{a}$$

上式是一个变形条件或称位移条件，也就是计算多余未知力 X_1 时所需的补充条件。

下面只讨论线性变形体的情形。设以 Δ_{11} 和 Δ_{1P} 分别表示多余未知力 X_1 和荷载 q 单独作用在基本结构上时，B 点沿 X_1 方向上的位移，如图 8.8(b)、(c)所示，并规定位移与所设 X_1 方向相同者为正，两个下标的含义与第 7 章所述相同，即第一个下标表示位移的位置和方向，第二个下标表示产生位移的原因。根据叠加原理，变形条件式(a)可写为：

$$\Delta_{11} + \Delta_{1P} = 0 \tag{b}$$

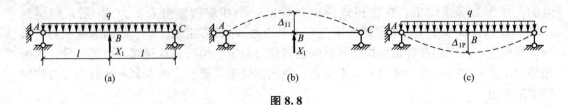

图 8.8

为从(b)式求得多余未知力 X_1，应先从寻找 X_1 和 Δ_{11} 之间的关系入手。不妨先令 $X_1=1$，它引起的 X_1 方向上的位移用 δ_{11} 表示〔图 8.9(b)〕，则有

$$\Delta_{11}=\delta_{11}X_1 \qquad\qquad (c)$$

将式(c)代入式(b)，有

$$\delta_{11}X_1+\Delta_{1P}=0 \qquad\qquad (8-1)$$

这就是在线性变形条件下一次超静定结构的力法基本方程，简称为力法方程。

在力法基本方程式(8-1)中，δ_{11} 称为方程的系数，Δ_{1P} 称为方程的自由项。由于 δ_{11} 和 Δ_{1P} 是静定结构在已知力作用下的位移，可用单位荷载法计算，求得 δ_{11} 和 Δ_{1P} 后，即可根据式(8-1)求得基本未知量 X_1。

为了计算 δ_{11} 和 Δ_{1P}，作基本结构在荷载作用下的 M_P 图〔图 8.9(a)〕和在单位力 $X_1=1$ 作用下的 $\overline{M}_1$ 图〔图 8.9(b)〕。然后用图乘法计算这些位移。求 δ_{11} 时应为 $\overline{M}_1$ 图乘 $\overline{M}_1$ 图，称为 $\overline{M}_1$ 图"自乘"：

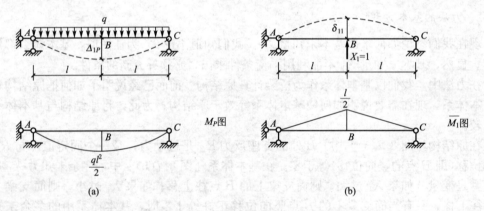

图 8.9

$$\delta_{11}=\int \frac{\overline{M}_1\,\overline{M}_1}{EI}\mathrm{d}x=\frac{2}{EI}\left[\frac{1}{2}\times l\times \frac{l}{2}\times \frac{2}{3}\times \frac{l}{2}\right]=\frac{l^3}{6EI}$$

求 Δ_{1P} 则为 $\overline{M}_1$ 图与 M_P 图相乘：

$$\Delta_{1P}=\int \frac{\overline{M}_1 M_P}{EI}\mathrm{d}x=\frac{2}{EI}\left[-\frac{2}{3}l\times \frac{ql^2}{2}\times \frac{5}{8}\times \frac{l}{2}\right]=-\frac{5ql^4}{24EI}$$

将 δ_{11} 和 Δ_{1P} 代入式(8-1)可求得

$$X_1=-\frac{\Delta_{1P}}{\delta_{11}}=-\left(-\frac{5ql^4}{24EI}\right)\Big/\left(\frac{l^3}{6EI}\right)=\frac{5}{4}ql(\uparrow)$$

所得 X_1 为正值，表明 X_1 的实际方向与原假定方向相同。

求出多余未知力 X_1 后，即可按静力平衡条件求得其余反力和内力，作内力图，计算结果见图 8.10。

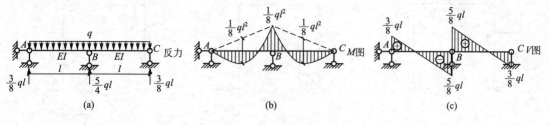

图 8.10

结构任一截面的弯矩 M 也可按叠加原理由下式求得：

$$M=\overline{M_1}X_1+M_P \qquad (8-2)$$

即将 $\overline{M_1}$ 图的竖标乘以 X_1 倍，再与 M_P 图的对应竖标相加，就可绘出 M 图。

像上述这样以多余未知力为基本未知量，以去掉多余约束后得到的静定结构作为基本结构，根据基本体系应与原结构变形相同的条件建立力法方程，从而求解多余未知力，然后由平衡条件即可计算其余反力、内力的方法，称为力法。可以用力法来分析任何类型的超静定结构。

图 8.10 即是导入案例中所述倒塌建筑的计算简图，设计人员按两个 l 长的简支梁近似计算 B 支座的反力为 ql，每一层都比实际受力少了 $1/4ql$，又由于施工质量也很差，致使该工程在拆卸模板时整个建筑坍塌。

8.3 力法的典型方程

8.2 节以一次超静定结构为例说明了力法的基本概念。可以看出，用力法计算超静定结构的关键，在于根据变形条件建立力法方程以求解多余未知力。对于多次超静定结构，其计算原理与一次超静定结构的基本相同。下面结合一个三次超静定的刚架来进一步说明用力法解多次超静定结构的原理和力法典型方程的建立。

1. 三次超静定结构的力法方程

图 8.11(a)所示为三次超静定刚架，分析时必须去掉它的三个多余约束。若把固定端 B 看作多余约束，将其去掉并以相应的多余未知力 X_1、X_2 和 X_3 代替所去掉约束的作用，则得到如图 8.11(b)所示的基本体系。现在用此基本体系建立力法方程，这就要使基本体系与原结构在变形上完全一致。在原结构中，由于 B 端为固定支座，所以没有水平位移、竖向位移和角位移，因此基本结构在荷载和多余未知力 X_1、X_2、X_3 共同作用下，B 点沿 X_1 方向的位移 Δ_1（水平位移）、沿 X_2 方向的位移 Δ_2（竖向位移）和沿 X_3 方向的位移 Δ_3（转角）应该分别等于零。即位移条件为

$$\Delta_1=0, \ \Delta_2=0, \ \Delta_3=0 \qquad (a)$$

设各单位多余未知力 $X_1=1$、$X_2=1$、$X_3=1$ 和荷载（P_1、P_2）分别作用于基本结构上时，B 点沿 X_1 方向的位移分别为 δ_{11}、δ_{12}、δ_{13} 和 Δ_{1P}，沿 X_2 方向的位移分别为 δ_{21}、δ_{22}、δ_{23} 和 Δ_{2P}，沿 X_3 方向的位移分别为 δ_{31}、δ_{32}、δ_{33} 和 Δ_{3P} [图 8.11(c)、(d)、(e)、(f)]。则

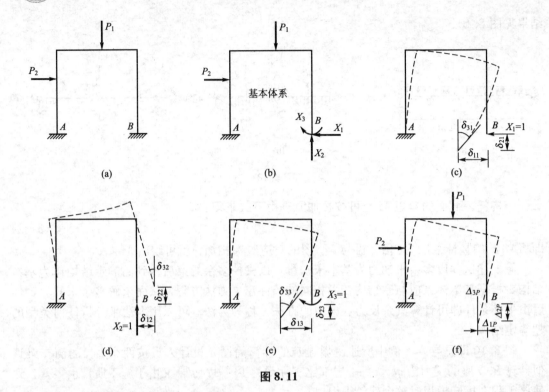

图 8.11

根据叠加原理可将位移条件式(a)写为：

$$\Delta_1 = \delta_{11}X_1 + \delta_{12}X_2 + \delta_{13}X_3 + \Delta_{1P} = 0$$
$$\Delta_2 = \delta_{21}X_1 + \delta_{22}X_2 + \delta_{23}X_3 + \Delta_{2P} = 0$$
$$\Delta_3 = \delta_{31}X_1 + \delta_{32}X_2 + \delta_{33}X_3 + \Delta_{3P} = 0 \qquad (8-3)$$

这就是三次超静定结构的力法基本方程。它与一次超静定的力法方程比较主要增加了未知力之间的相互影响。

式(8-3)力法方程中的系数和自由项都是基本结构的位移，即静定结构的位移，均可采用单位荷载法计算。求解这一方程组便可求得多余未知力 X_1、X_2 和 X_3。

应当说明，对于同一结构，可以按不同的方式选取力法的基本结构和基本未知量，如图 8.11(a)所示的结构，其基本结构也可用图 8.12(a)、(b)、(c)所示的基本结构，这时力法方程在形式上与式(8-3)完全相同。但由于 X_1、X_2 和 X_3 的实际含义不同，因而变形条件的含义也不同。此外，还须注意，基本结构必须是几何不变的，瞬变体系不能用作基本结构。

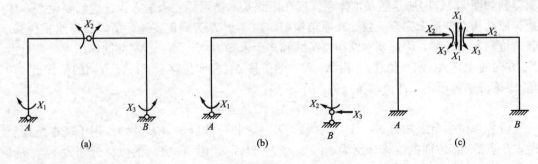

图 8.12

2. n 次超静定结构的力法方程

对于 n 次超静定结构的一般情形，力法的基本未知量是 n 个多余未知力 X_1、X_2、$\cdots$、X_n。力法的基本体系是从原结构中去掉 n 个多余约束，而代之以相应的 n 个多余未知力后所得到的静定结构，力法的基本方程是在 n 个多余约束处的 n 个变形条件，即基本体系中沿多余未知力方向的位移应与原结构中相应的位移相等。在线性变形体中，根据叠加原理，n 个变形条件可写为：

$$\begin{cases} \delta_{11}X_1+\delta_{12}X_2+\cdots+\delta_{1i}X_i+\cdots+\delta_{1n}X_n+\Delta_{1P}=0 \\ \qquad\qquad\cdots\cdots \\ \delta_{i1}X_1+\delta_{i2}X_2+\cdots+\delta_{ii}X_i+\cdots+\delta_{in}X_n+\Delta_{iP}=0 \\ \qquad\qquad\cdots\cdots \\ \delta_{n1}X_1+\delta_{n2}X_2+\cdots+\delta_{ni}X_i+\cdots+\delta_{nn}X_n+\Delta_{nP}=0 \end{cases} \quad (8-4)$$

式(8-4)为 n 次超静定结构在荷载作用下力法方程的一般形式，因为不论超静定结构是什么形式，超静定结构的基本结构和基本未知量怎么选取，其力法基本方程均为此形式，故常称之为力法典型方程。它的物理意义为基本结构在荷载和全部多余未知力作用下，在去掉各多余约束处沿多余未知力方向的位移，应与原结构相应的位移相等。

在式(8-4)方程中，主斜线上的系数 δ_{ii} 称为主系数或主位移，它是单位多余未知力 $X_i=1$ 单独作用时所引起的沿 X_i 方向上的位移，其值恒为正，且不会等于零。在主斜线两侧的系数 δ_{ij} 称为副系数或副位移，它是单位多余未知力 $X_j=1$ 单独作用时所引起的沿 X_i 方向的位移。式中最后一项 Δ_{iP} 称为自由项，它是荷载单独作用时所引起的沿 X_i 方向的位移。副系数和自由项的值可能为正、负或零。

根据位移互等定理，系数 δ_{ij} 与 δ_{ji} 是相等的，即

$$\delta_{ij}=\delta_{ji}$$

典型方程中的各系数和自由项，都是静定结构在已知力作用下的位移，均可采用单位荷载法计算。对于平面结构，这些位移的计算可写为：

$$\delta_{ii}=\sum\int\frac{\overline{M}_i^2}{EI}\mathrm{d}x+\sum\int\frac{\overline{N}_i^2}{EA}\mathrm{d}x+\sum\int\frac{k\,\overline{V}_i^2}{GA}\mathrm{d}x$$

$$\delta_{ij}=\sum\int\frac{\overline{M}_i\overline{M}_j}{EI}\mathrm{d}x+\sum\int\frac{\overline{N}_i\overline{N}_j}{EA}\mathrm{d}x+\sum\int\frac{k\,\overline{V}_i\overline{V}_j}{GA}\mathrm{d}x \quad (8-5)$$

$$\Delta_{iP}=\sum\int\frac{\overline{M}_iM_P}{EI}\mathrm{d}x+\sum\int\frac{\overline{N}_iN_P}{EA}\mathrm{d}x+\sum\int\frac{k\,\overline{V}_iV_P}{GA}\mathrm{d}x$$

显然，对于各种具体结构，通常只需计算其中的一项或两项。系数和自由项求得后，解力法方程组，即可求得多余未知力 X_1、X_2、$\cdots$、X_n，然后根据静力平衡条件或叠加原理，计算各截面内力，绘制内力图。按叠加原理计算内力的公式为：

$$M=\overline{M}_1X_1+\overline{M}_2X_2+\cdots+\overline{M}_nX_n+M_P$$

$$V=\overline{V}_1X_1+\overline{V}_2X_2+\cdots+\overline{V}_nX_n+V_P \quad (8-6)$$

$$N=\overline{N}_1X_1+\overline{N}_2X_2+\cdots+\overline{N}_nX_n+N_P$$

式中，$\overline{M}_i$、$\overline{V}_i$、$\overline{N}_i$ 是基本结构由 $X_i=1$ 单独作用时所产生的任一截面的内力($i=1,2,\cdots,n$)；M_P、V_P、N_P 是基本结构由荷载单独作用时所产生的任一截面的内力。

典型方程若采用矩阵形式，则可表示为：

$$\begin{bmatrix} \delta_{11} & \delta_{12} & \cdots & \delta_{1n} \\ \delta_{21} & \delta_{22} & \cdots & \delta_{2n} \\ \vdots & \vdots & & \vdots \\ \delta_{n1} & \delta_{n2} & \cdots & \delta_{nn} \end{bmatrix} \begin{Bmatrix} X_1 \\ X_2 \\ \vdots \\ X_n \end{Bmatrix} + \begin{Bmatrix} \Delta_{1P} \\ \Delta_{2P} \\ \vdots \\ \Delta_{nP} \end{Bmatrix} = \begin{Bmatrix} 0 \\ 0 \\ \vdots \\ 0 \end{Bmatrix} \qquad (8-7)$$

式中，由典型方程系数 δ_{ij} 组成的矩阵称为结构柔度矩阵，其中的元素 δ_{ij} 称为结构的柔度系数。因此，力法方程也称为柔度方程，力法也称为柔度法。

8.4 力法计算示例

根据以上所述，用力法计算超静定结构的步骤可归纳如下。

（1）确定原结构的超静定次数。

（2）选择基本结构与基本体系。选择适当的约束作为多余约束并将其去掉，得到的静定结构为原结构的基本结构。在选择基本结构的形式时，以使计算尽可能简单为原则。在基本结构上加上外荷载以及因去掉多余约束而加上的多余未知力就得到了基本体系。

（3）建立力法方程。根据基本结构在多余未知力和荷载共同作用下，多余约束处的位移应与原结构相应的位移相等的条件，建立力法方程。

（4）计算系数和自由项。作出基本结构的单位内力图和荷载内力图（或内力表达式），按照求位移的方法计算方程中的系数和自由项。

（5）解力法方程，求多余未知力。将计算所得的系数和自由项代入力法方程，求解多余未知力。

（6）作内力图。求出多余未知力后，按分析静定结构的方法，由平衡条件或叠加法求得最后内力，并绘制内力图。

下面分别举例说明用力法计算超静定梁、刚架、桁架、铰接排架、组合结构和拱的具体方法。

1. 超静定梁和超静定刚架

用力法计算超静定梁和刚架时，由于剪力和轴力引起的位移较小，通常可忽略剪力和轴力对位移的影响，只考虑弯矩的影响。因此，力法方程中系数和自由项的表达式为：

$$\left. \begin{aligned} \delta_{ii} &= \sum \int \frac{\overline{M}_i^2}{EI} \mathrm{d}x \\ \delta_{ij} &= \sum \int \frac{\overline{M}_i \overline{M}_j}{EI} \mathrm{d}x \\ \Delta_{iP} &= \sum \int \frac{\overline{M}_i M_P}{EI} \mathrm{d}x \end{aligned} \right\} \qquad (8-8)$$

1）超静定梁

【例 8-1】 图 8.13(a)所示为一两端固定的超静定梁，满跨受均布荷载 q 的作用，作梁的内力图。

解：（1）确定超静定次数 $n=3$。

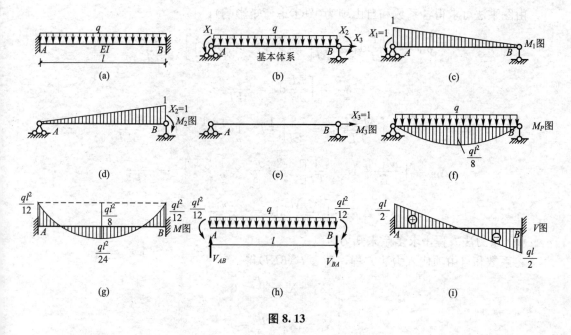

图 8.13

（2）选择基本体系。

去掉 A、B 端转动约束及 B 端水平约束，得到一简支梁为基本结构。在基本结构上加上外荷载以及因去掉多余约束而代之的多余未知力 X_1、X_2、X_3，就得到了基本体系，如图 8.13(b)所示。

（3）建立力法方程。

由梁的 A 端、B 端的转角和 B 端的水平位移分别等于零的变形条件，建立力法方程。

$$\delta_{11}X_1+\delta_{12}X_2+\delta_{13}X_3+\Delta_{1P}=0$$
$$\delta_{21}X_1+\delta_{22}X_2+\delta_{23}X_3+\Delta_{2P}=0$$
$$\delta_{31}X_1+\delta_{32}X_2+\delta_{33}X_3+\Delta_{3P}=0$$

（4）计算系数与自由项。

画基本结构在单位力 $X_1=1$、$X_2=1$ 和 $X_3=1$ 作用下的弯矩图，即 $\overline{M}_1$ 图、$\overline{M}_2$ 图、$\overline{M}_3$ 图 ［图 8.13(c)、(d)、(e)］，以及在荷载作用下的弯矩图，即 M_P 图 ［图 8.13(f)］。

由于弯矩 $\overline{M}_3=0$，$\overline{V}_3=0$ 以及 $\overline{N}_1=\overline{N}_2=\overline{N}_P=0$，故由图乘法可知 $\delta_{13}=\delta_{31}=0$，$\delta_{23}=\delta_{32}=0$，$\Delta_{3P}=0$。因此典型方程的第三式为：

$$\delta_{33}X_3=0$$

在计算 δ_{33} 时，应同时考虑弯矩和轴力的影响，则有

$$\delta_{33}=\int\frac{\overline{M}_3^2}{EI}\mathrm{d}x+\int\frac{\overline{N}_3^2}{EA}\mathrm{d}x=0+\frac{l}{EA}=\frac{l}{EA}\neq0$$

于是有
$$X_3=0$$

这表明两端固定梁在垂直于梁轴线的荷载作用下并不产生水平反力。因此，此题可简化为只求解两个多余未知力的问题，力法方程直接写为：

$$\delta_{11}X_1+\delta_{12}X_2+\Delta_{1P}=0$$
$$\delta_{21}X_1+\delta_{22}X_2+\Delta_{2P}=0$$

由图乘法可求得各系数和自由项为(只考虑弯矩影响):

$$\delta_{11} = \int \frac{\overline{M}_1^2}{EI} \mathrm{d}x = \frac{1}{EI}\left[\frac{1}{2}l \times 1 \times \left(\frac{2}{3} \times 1\right)\right] = \frac{l}{3EI}$$

$$\delta_{22} = \int \frac{\overline{M}_2^2}{EI} \mathrm{d}x = \frac{l}{3EI}$$

$$\delta_{12} = \delta_{21} = \int \frac{\overline{M}_1 \overline{M}_2}{EI} \mathrm{d}x = \frac{1}{EI}\left[\frac{1}{2}l \times 1 \times \left(\frac{1}{3} \times 1\right)\right] = \frac{l}{6EI}$$

$$\Delta_{1P} = \int \frac{\overline{M}_1 M_P}{EI} \mathrm{d}x = \frac{1}{EI}\left[-\frac{2}{3}l \frac{ql^2}{8} \times \frac{1}{2} \times 1\right] = -\frac{ql^3}{24EI}$$

$$\Delta_{2P} = \int \frac{\overline{M}_2 M_P}{EI} \mathrm{d}x = -\frac{ql^3}{24EI}$$

(5) 解力法方程,求多余未知力。

将系数和自由项代入力法方程,消去 $l/(6EI)$ 得

$$\begin{cases} 2X_1 + X_2 - \frac{ql^2}{4} = 0 \\ X_1 + 2X_2 - \frac{ql^2}{4} = 0 \end{cases}$$

解得

$$X_1 = \frac{ql^2}{12}, \quad X_2 = \frac{ql^2}{12}$$

(6) 作内力图。

由弯矩叠加公式 $M = \overline{M}_1 X_1 + \overline{M}_2 X_2 + \overline{M}_3 X_3 + M_P$ 计算弯矩值。最后弯矩图如图 8.13(g) 所示。

取杆件 AB 为隔离体 [图 8.13(h)],利用已知杆端弯矩,由静力平衡条件求出杆端剪力,作剪力图如图 8.13(i)所示。

由以上计算可知,两端固定的单跨超静定梁的弯矩图与同跨度、同荷载的简支梁相比较,因超静定梁两端受多余约束限制,不能产生转角位移而出现负弯矩(上侧受拉),而梁中点的弯矩值较相应简支梁减少,降低了最大内力峰值,使整个梁上内力分布得以改善。

【例 8-2】 试用力法计算图 8.14(a)所示连续梁,作 M 图。

解:(1) 确定超静定次数 $n=2$。

(2) 选择基本体系。

去掉 A 端的转动约束和 C 端的竖向支杆,得到基本结构。在基本结构上加上外荷载以及因去掉多余约束而代之的多余未知力 X_1 和 X_2,就得到了基本体系,如图 8.14(b)所示。

(3) 建立力法方程。

根据基本体系应满足 A 端的转角和 C 端的竖向位移分别等于零的变形条件,建立力法方程:

$$\delta_{11}X_1 + \delta_{12}X_2 + \Delta_{1P} = 0$$
$$\delta_{21}X_1 + \delta_{22}X_2 + \Delta_{2P} = 0$$

(4) 计算系数与自由项。

作 $\overline{M}_1$、$\overline{M}_2$ 和 M_P 图,见图 8.14(c)、(d)、(e)。

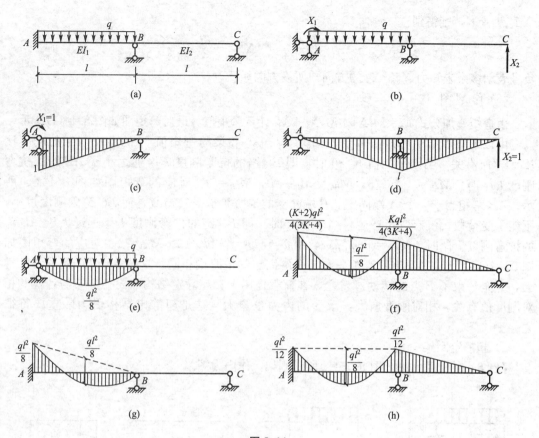

图 8.14

利用图乘法，可得

$$\delta_{11} = \sum \int \frac{\overline{M}_1^2}{EI}dx = \frac{1}{EI_1}\Big[\frac{1}{2}l\times1\times\Big(\frac{2}{3}\times1\Big)\Big] = \frac{l}{3EI_1}$$

$$\delta_{22} = \sum \int \frac{\overline{M}_2^2}{EI}dx = \frac{1}{EI_1}\Big(\frac{1}{2}l\cdot l\times\frac{2}{3}l\Big) + \frac{1}{EI_2}\Big(\frac{1}{2}l\cdot l\times\frac{2}{3}l\Big) = \frac{l^3}{3EI_1}\Big(1+\frac{I_1}{I_2}\Big)$$

$$\delta_{12} = \delta_{21} = \sum \int \frac{\overline{M}_1\overline{M}_2}{EI}dx = \frac{1}{EI_1}\Big(\frac{1}{2}l\times1\times\frac{l}{3}\Big) = \frac{l^2}{6EI_1}$$

$$\Delta_{1P} = \sum \int \frac{\overline{M}_1 M_P}{EI}dx = \frac{1}{EI_1}\Big(\frac{2}{3}l\times\frac{ql^2}{8}\times\frac{1}{2}\times1\Big) = \frac{ql^3}{24EI_1}$$

$$\Delta_{2P} = \sum \int \frac{\overline{M}_2 M_P}{EI}dx = \frac{1}{EI_1}\Big(\frac{2}{3}\times\frac{ql^2}{8}\times l\times\frac{l}{2}\Big) = \frac{ql^4}{24EI_1}$$

（5）解力法方程，求多余未知力。

将上述系数和自由项代入力法方程，并消去 $l/(3EI_1)$ 后得

$$\begin{cases} X_1 + \frac{l}{2}X_2 + \frac{ql^2}{8} = 0 \\ \frac{X_1}{2} + l\Big(1+\frac{I_1}{I_2}\Big)X_2 + \frac{ql^2}{8} = 0 \end{cases}$$

令 $I_2/I_1 = K$，则得到

$$X_1 = -\frac{ql^2}{4} \cdot \frac{K+2}{3K+4}, \qquad X_2 = -\frac{ql}{4} \cdot \frac{K}{3K+4}$$

负号表示多余未知力 X_1、X_2 的方向与所设方向相反。

（6）作 M 图。

由弯矩叠加公式 $M = \overline{M}_1 X_1 + \overline{M}_2 X_2 + M_P$ 计算弯矩值。最后弯矩图如图 8.14(f) 所示。

由以上计算结果可知，多余未知力 X_1、X_2 和梁的弯矩值 M 的大小与梁的刚度比 $K = I_2/I_1$ 有关。当刚度比值 $K \to 0$ 时，即 BC 跨的抗弯刚度 EI_2 远远小于 AB 跨的抗弯刚度 EI_1 时，$M_{AB} = -ql^2/8$，$M_{BA} = M_{BC} = 0$，$M_{CB} = 0$。对应的弯矩图如图 8.14(g) 所示。AB 跨相当于一个 A 端固定、B 端简支的单跨梁承受着荷载，而 BC 跨因刚度过小，不能承受荷载，没有弯矩产生；当 $K \to \infty$ 时，即 BC 跨的抗弯刚度 EI_2 远远大于 AB 跨的抗弯刚度 EI_1 时，$M_{AB} = -ql^2/12$，$M_{BA} = M_{BC} = -ql^2/12$，$M_{CB} = 0$。对应的弯矩图如图 8.14(h) 所示，$AB$ 跨的弯矩分布与两端固定的单跨梁相同，这是由于 BC 跨的刚度过大，完全约束了 B 点的转动。总之，在荷载作用下，超静定结构的内力分布与各杆的相对刚度值有关，相对刚度愈大，承受的内力也愈大。这是超静定结构受力的重要特征之一。

2）超静定刚架

【例 8-3】 用力法解图 8.15(a) 所示刚架，作内力图。

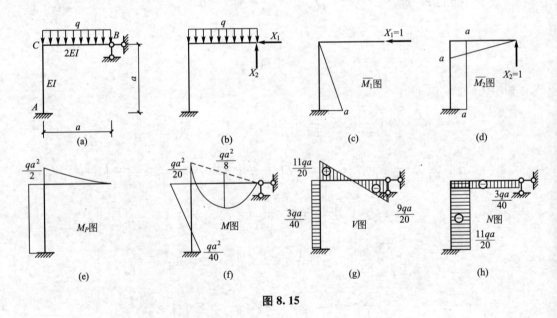

图 8.15

解：（1）确定超静定次数 $n = 2$。

（2）选择基本体系。

去掉 B 点的水平支杆和竖向支杆，得到基本结构。在基本结构上加上外荷载 q 及因去掉多余约束而代之的多余未知力 X_1 和 X_2，就得到了基本体系，如图 8.15(b) 所示。

（3）建立力法方程。

根据基本体系应满足 B 点的水平位移和竖向位移为零的变形条件，建立力法方程：

$$\delta_{11}X_1+\delta_{12}X_2+\Delta_{1P}=0$$
$$\delta_{21}X_1+\delta_{22}X_2+\Delta_{2P}=0$$

(4) 计算系数与自由项。

作 $\overline{M}_1$、$\overline{M}_2$ 和 M_P 图，见图 8.15(c)、(d)、(e)。

利用图乘法，可得

$$\delta_{11} = \sum \int \frac{\overline{M}_1^2}{EI}\mathrm{d}x = \frac{1}{EI}\left(\frac{1}{2}\times a \times a \times \frac{2}{3}a\right) = \frac{a^3}{3EI}$$

$$\delta_{22} = \sum \int \frac{\overline{M}_2^2}{EI}\mathrm{d}x = \frac{1}{2EI}\left(\frac{1}{2}\times a \times a \times \frac{2}{3}a\right) + \frac{1}{EI}(a \times a \times a) = \frac{7a^3}{6EI}$$

$$\delta_{12} = \delta_{21} = \sum \int \frac{\overline{M}_1\overline{M}_2}{EI}\mathrm{d}x = \frac{1}{EI}\left(\frac{1}{2}\times a \times a \times a\right) = \frac{a^3}{2EI}$$

$$\Delta_{1P} = \sum \int \frac{\overline{M}_1 M_P}{EI}\mathrm{d}x = \frac{1}{EI}\left(-\frac{qa^2}{2}\times a \times \frac{a}{2}\right) = -\frac{qa^4}{4EI}$$

$$\Delta_{2P} = \sum \int \frac{\overline{M}_2 M_P}{EI}\mathrm{d}x = \frac{1}{2EI}\left(-\frac{1}{3}\times \frac{qa^2}{2}\times a \times \frac{3}{4}a\right) + \frac{1}{EI}\left(-\frac{qa^2}{2}\times a \times a\right) = -\frac{9qa^4}{16EI}$$

(5) 解力法方程，求多余未知力。

将上述系数和自由项代入力法方程，并消去 a^3/EI 后得

$$\begin{cases} \dfrac{1}{3}X_1 + \dfrac{1}{2}X_2 - \dfrac{qa}{4} = 0 \\[2mm] \dfrac{1}{2}X_1 + \dfrac{7}{6}X_2 - \dfrac{9qa}{16} = 0 \end{cases}$$

解得

$$X_1 = \frac{3}{40}qa, \quad X_2 = \frac{9}{20}qa$$

(6) 作内力图。

① 作 M 图。由弯矩叠加公式 $M = \overline{M}_1 X_1 + \overline{M}_2 X_2 + M_P$ 计算弯矩值，最后弯矩图见图 8.15(f)。

② 作 V 图。根据 M 图可直接求作剪力图，也可利用 X_1 和 X_2 作剪力图，剪力图见图 8.15(g)。

③ 作 N 图。根据剪力图考虑结点平衡可作出轴力图，也可利用 X_1 和 X_2 作轴力图，轴力图见图 8.15(h)。

由以上计算可以看出，由于典型方程中每个系数和自由项均含有 EI，因而可以消去。由此可知，在荷载作用下，超静定结构的内力只与各杆的刚度相对值有关，而与其刚度绝对值无关。对于同一材料组成的结构，内力也与材料性质 E 无关。

工程中采用的刚架多数是超静定的。图 8.16(a)所示为一个房屋的框架结构，图 8.16(b)所示为其计算简图。图 8.17(a)所示为一水闸的简图。其启闭台的纵梁是一个连续梁 [图 8.17(b)]，启闭台的横向承重结构是一个刚架 [图 8.17(c)、(d)]。图 8.18(a)所示为

一弧形闸门，主梁（或主桁架）和腿架组成Ⅱ形刚架，计算简图见图 8.18(b)；腿架也可以做成斜的，如图 8.18(c)所示。

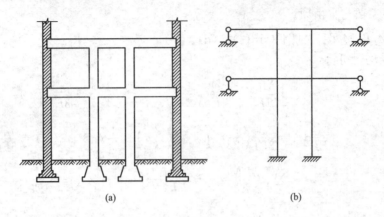

图 8.16

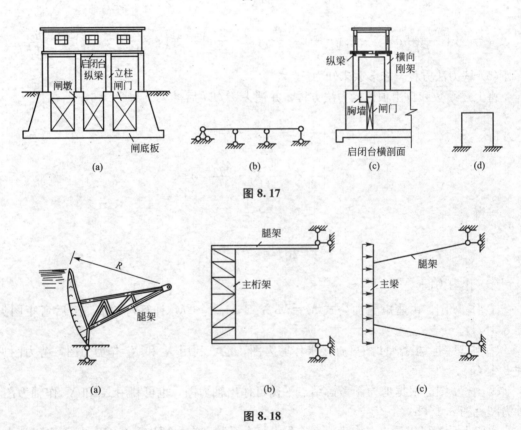

图 8.17

图 8.18

2. 超静定桁架

超静定桁架多在大跨度结构中使用。如图 8.19 所示为某大跨度厂房屋架，图 8.20 所示为武汉长江大桥主体桁架，图 8.21 所示为起重机架，图 8.22 所示为某屋盖的下弦水平支撑系统，它们是有交叉斜杆的超静定桁架。

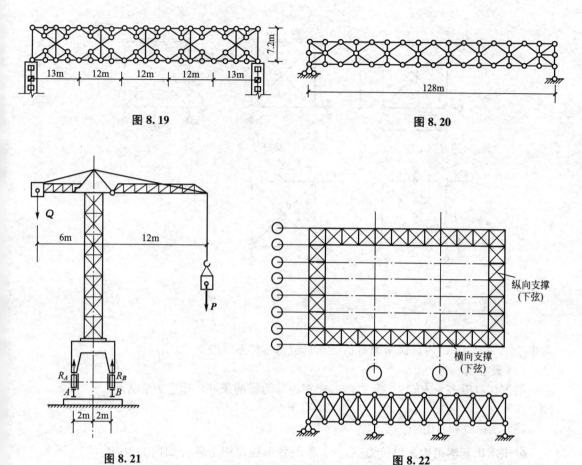

图 8.19

图 8.20

图 8.21

图 8.22

超静定桁架与静定桁架一样，在结点荷载作用下，桁架各杆只产生轴力。用力法计算时，力法方程中系数与自由项的计算公式为：

$$\delta_{ii} = \sum \frac{\overline{N}_i \overline{N}_i}{EA} l$$

$$\delta_{ij} = \sum \frac{\overline{N}_i \overline{N}_j}{EA} l$$

$$\Delta_{iP} = \sum \frac{\overline{N}_i N_P}{EA} l$$

(8-9)

桁架各杆的最后轴力按下式计算：

$$N = \overline{N}_1 X_1 + \overline{N}_2 X_2 + \cdots + \overline{N}_n X_n + N_P$$

(8-10)

【例 8-4】 用力法计算图 8.23(a)所示超静定桁架的内力。设各杆 EA 相同。

解：(1) 确定超静定次数 $n=1$。

(2) 选择基本体系。

从几何组成观点分析，桁架中六根杆的任意一根都可作为多余约束，现认为 CD 杆为多余约束，将 CD 杆沿某一截面切断，去掉多余约束形成基本结构。去掉的多余约束用一

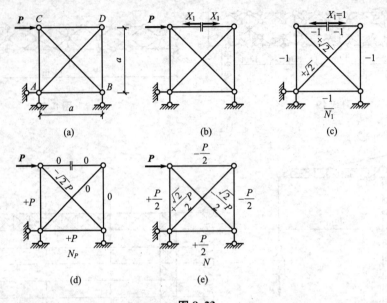

图 8.23

对多余未知力 X_1 代替，保留原有荷载，形成基本体系 [图 8.23(b)]。

（3）建立力法方程。

根据切口沿多余未知力 X_1 方向的相对位移为零的条件，建立力法方程：

$$\delta_{11}X_1+\Delta_{1P}=0$$

（4）求系数和自由项。

分别求出基本结构在单位力 $X_1=1$ 和荷载单独作用下各杆的内力 $\overline{N}_1$ 和 N_P [图 8.23(c)、(d)]，即可按式(8-9)求得系数和自由项。

$$\delta_{11}=\sum\frac{\overline{N}_1^2}{EA}l=\frac{1}{EA}\left[4\times(-1)\times(-1)\times a+2\times\sqrt{2}\times\sqrt{2}\times\sqrt{2}a\right]=\frac{4a}{EA}(1+\sqrt{2})$$

$$\Delta_{1P}=\sum\frac{\overline{N}_1N_P}{EA}l=\frac{1}{EA}\left[2\times P\times(-1)\times a+(-\sqrt{2}P)\times\sqrt{2}\times\sqrt{2}a\right]=-\frac{2Pa}{EA}(1+\sqrt{2})$$

（5）解力法方程，求多余未知力。

将上述系数和自由项代入力法方程，求得

$$X_1=-\frac{\Delta_{1P}}{\delta_{11}}=\frac{P}{2}$$

（6）计算各杆的轴力。

桁架各杆的轴力可按下式计算：

$$N=\overline{N}_1X_1+N_P$$

最后结果见图 8.23(e)。

计算时注意：虽然杆 CD 被切断，但在多余力作用下其轴力并不为零，故在 δ_{11} 的算式中必须将与其相应的项 $\frac{(-1)^2a}{EA}$ 包括在内。

3. 铰接排架

图 8.24(a)所示为装配式单层厂房的横剖面结构示意图，主要承重结构是屋架(或屋面

大梁)、柱和基础。当不考虑纵向影响时，可按平面结构计算。其计算简图如图 8.24(b)所示。柱与基础的连接视为刚结，屋架与柱之间的连接如图 8.24(c)所示，可视为铰结点，这样组成的结构称为排架。排架承受着厂房横向计算单元上屋盖传来的荷载、吊车荷载、横向风荷载等。在屋面荷载作用下，屋架本身可单独按桁架计算。当柱上作用荷载时，屋架只起联系两柱顶的作用，相当于一个链杆。由于柱上常放置吊车梁及柱上荷载较小，因此排架柱多制成阶梯形变截面的形状。

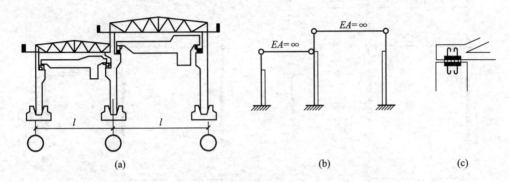

图 8.24

计算排架时，我们假定排架的横梁刚度很大，受力后轴向变形很小，可以忽略不计，即认为排架受力作用后横梁两端的两个柱子的柱顶水平位移相等。这对于一般钢屋架、钢筋混凝土或预应力混凝土屋架是适用的，但对于刚度较小的屋架，则必须考虑横梁的轴向变形。

【例 8-5】 试用力法计算图 8.25(a)所示风荷载作用下的不等高排架，作弯矩图。各柱相对刚度如图所示。

解：(1)确定超静定次数 $n=2$。

(2)选择基本体系。

将 DG、FH 两根链杆视为多余约束，将其切断得到基本结构。在基本结构上加上与之多余约束对应的多余未知力 X_1、X_2，保留原有荷载，形成基本体系 [图 8.25(b)]。

(3)建立力法方程。

根据基本结构在荷载和多余未知力共同作用下，应满足切口处两侧截面沿轴向的相对位移为零的变形条件，建立力法方程：

$$\delta_{11}X_1+\delta_{12}X_2+\Delta_{1P}=0$$
$$\delta_{21}X_1+\delta_{22}X_2+\Delta_{2P}=0$$

(4)求系数和自由项。

作 $\overline{M}_1$、$\overline{M}_2$ 和 M_P 图，见图 8.25(c)、(d)、(e)。

利用图乘法，可得

$$\delta_{11}=\frac{1}{1.59}\times\left[\frac{2.6\times2.6}{2}\times\left(\frac{2}{3}\times2.6\right)\right]\times2+\frac{1}{8.10}\times\left[2.6\times6.75\times5.98+\frac{6.75\times6.75}{2}\times7.10\right]\times2$$

$$=73.4$$

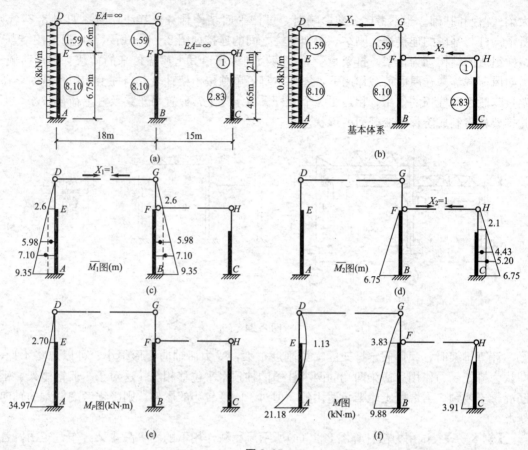

图 8.25

$$\delta_{22}=\frac{1}{8.10}\times\left[\frac{6.75\times6.75}{2}\times\left(\frac{2}{3}\times6.75\right)\right]+\frac{1}{1}\times\left[\frac{2.1\times2.1}{2}\times\left(\frac{2}{3}\times2.1\right)\right]+$$

$$\frac{1}{2.83}\times\left[2.1\times4.65\times4.43+\frac{4.65\times4.65}{2}\times5.20\right]$$

$$=50.9$$

$$\delta_{12}=\delta_{21}=-\frac{1}{8.10}\times\left(\frac{6.75\times6.75}{2}\times7.10\right)=-20$$

$$\Delta_{1P}=\frac{1}{1.59}\times\left[\frac{1}{3}\times2.7\times2.6\times\left(\frac{3}{4}\times2.6\right)\right]+\frac{1}{8.10}\times\left[\frac{1}{2}\times2.7\times6.75\times\left(2.6+\frac{1}{3}\times6.75\right)+\right.$$

$$\left.\frac{1}{2}\times34.97\times6.75\times\left(2.6+\frac{2}{3}\times6.75\right)-\frac{2}{3}\times\frac{0.8\times6.75^2}{8}\times6.75\times\left(\frac{2.6+9.35}{2}\right)\right]$$

$$=96.65$$

$$\Delta_{2P}=0$$

（5）解力法方程，求多余未知力。

将上述系数和自由项代入力法方程，得

$$73.4X_1-20X_2+96.65=0$$

$$-20X_1+50.9X_2+0=0$$

解得

$$X_1 = -1.475\text{kN}$$
$$X_2 = -0.579\text{kN}$$

负号表示实际力为压力。

(6) 作内力图。

利用弯矩叠加公式 $M = \overline{M}_1 X_1 + \overline{M}_2 X_2 + M_P$ 得弯矩图,如图 8.25(f)所示。

4. 超静定组合结构

在实际工程中,为了节约材料和制造方便,有时采用超静定组合结构。这类结构的一部分杆件作用与梁相同,主要承受弯矩,而另一部分杆件则与桁架链杆作用相同,只承受轴力。因此在用力法分析时,力法方程中的系数和自由项可由下式计算:

$$\delta_{ii} = \sum \int \frac{\overline{M}_i^2}{EI} \mathrm{d}x + \sum \frac{\overline{N}_i^2}{EA} l$$

$$\delta_{ij} = \sum \int \frac{\overline{M}_i \overline{M}_j}{EI} \mathrm{d}x + \sum \frac{\overline{N}_i \overline{N}_j}{EA} l \qquad (8-11)$$

$$\Delta_{iP} = \sum \int \frac{\overline{M}_i M_P}{EI} \mathrm{d}x + \sum \frac{\overline{N}_i N_P}{EA} l$$

图 8.26(a)所示为一吊车梁,顶部横梁为钢筋混凝土梁,下面各杆由角钢组成。吊车梁两端由柱子上的牛腿支承,其计算简图如图 8.26(b)所示。AB 为梁式杆,AD、CD 及 BD 为链杆,它是一个超静定的组合结构。图 8.27 所示为北京某游泳馆悬吊梁,也属于超静定组合结构。

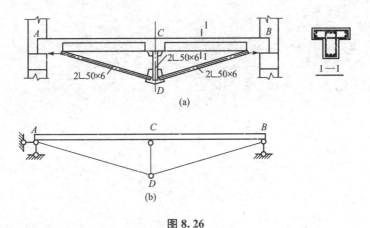

图 8.26

【例 8-6】 图 8.28(a)所示为一加劲梁,横梁 $I = 1 \times 10^{-4}\text{m}^4$。链杆 $A = 1 \times 10^{-3}\,\text{m}^2$,$E =$ 常数。试绘制梁的弯矩图,并计算各杆轴力。

解: (1) 确定超静定次数 $n = 1$。

(2) 选择基本体系。

将竖向链杆视为多余约束,将其切断得到基本结构。在基本结构上加上与之多余约束对应的

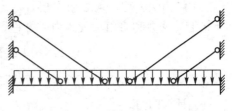

图 8.27

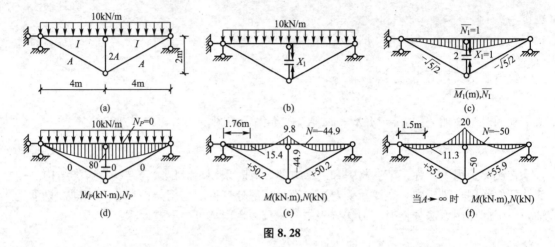

图 8.28

多余未知力 X_1，保留原有荷载，形成基本体系［图 8.28(b)］。

（3）建立力法方程。

根据基本结构在荷载和多余未知力共同作用下，应满足切口处两侧截面沿轴向的相对位移为零的变形条件，建立力法方程：

$$\delta_{11}X_1 + \Delta_{1P} = 0$$

（4）求系数和自由项。

分别绘出基本结构中梁的 $\overline{M}_1$ 和 M_P 图并求出各杆的轴力 $\overline{N}_1$ 和 N_P［图 8.28(c)、(d)］，即可按式(8-10)求得系数和自由项。

$$\delta_{11} = \sum \int \frac{\overline{M}_1^2}{EI} dx + \sum \frac{\overline{N}_1^2}{EA}l$$

$$= \frac{1}{E \times 1 \times 10^{-4}} \left(2 \times \frac{4 \times 2}{2} \times \frac{2 \times 2}{3} \right) + \frac{1}{E \times 1 \times 10^{-3}} \left[\frac{1^2 \times 2}{2} + 2 \times \left(-\frac{\sqrt{5}}{2} \right)^2 \times 2\sqrt{5} \right]$$

$$= \frac{1}{E}(1.067 \times 10^5 + 0.122 \times 10^5)$$

$$= \frac{1}{E}(1.189 \times 10^5)$$

$$\Delta_{1P} = \sum \int \frac{\overline{M}_1 M_P}{EI} dx + \sum \frac{\overline{N}_1 N_P}{EA}l$$

$$= \frac{1}{E \times 1 \times 10^{-4}} \left(2 \times \frac{2 \times 4 \times 80}{3} \times \frac{5 \times 2}{8} \right) + 0$$

$$= \frac{1}{E}(5.333 \times 10^6)$$

（5）解力法方程，求多余未知力。

将上述系数和自由项代入力法方程，得

$$X_1 = -\frac{\Delta_{1P}}{\delta_{11}} = \frac{5.333 \times 10^6}{1.189 \times 10^5} = -44.9 \text{kN}$$

（6）计算内力。

内力叠加公式为：

$$N = \overline{N}_1 X_1 + N_P$$

$$M = \overline{M}_1 X_1 + M_P$$

据此可绘出梁的弯矩图并求出各杆轴力，如图 8.28(e) 所示。

(7) 讨论。

由图 8.28(e) 所示 M 图可以看出，由于下部链杆的支承作用，梁的最大弯矩值比没有这些链杆时减少 80.75%。

如果改变链杆截面 A 的大小，结构内力分布将随之改变。当 A 减小时，梁的正弯矩值将增大而负弯矩值将减小。当 $A \to 0$ 时，梁的弯矩图将为简支梁的弯矩图 [图 8.28(d)]。反之，当 A 增大时，梁的正弯矩值将减小而负弯矩值将增大。当 $A \to \infty$ 时，梁的中点相当于有一刚性支座，其弯矩图将与两跨连续梁的弯矩图相同 [图 8.28(f)]。

5. 超静定拱

拱结构是工程中采用较多的一种结构形式。它可分为图 8.29(a) 所示的两铰拱和图 8.29(b) 所示的无铰拱。这类结构与第 5 章所述的三铰拱基本一样，其优点在于主要承受轴向压力，利用抗压性能强而抗拉性能弱的砖、石、混凝土等材料来建造。这些材料不仅价格较低而且便于就地取材，这就使得拱结构在工程上得到广泛的应用。

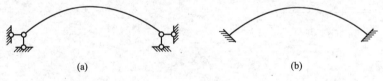

(a)   (b)

图 8.29

图 8.30(a) 所示为历史上著名的赵州石拱桥。图 8.30(b) 所示为带拉杆的拱式屋架，其计算简图如图 8.30(c) 所示，屋架中的曲杆为钢筋混凝土构件，拉杆为角钢，吊杆是为了防止拉杆下垂而设的构件。水利工程和地下隧洞衬砌也是一种拱式结构，见图 8.30(d)、(e)。

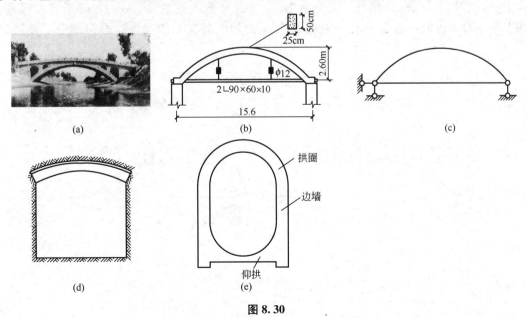

(a)   (b)   (c)

(d)   (e)

图 8.30

如图 8.31 所示的两铰拱为是一次超静定结构，计算时通常取水平推力为多余未知力建立力法方程。计算系数和自由项时，由于基本结构是一个简支曲梁，则位移 δ_{11} 和 Δ_{1P} 不能用图乘法计算，而应按积分计算。在计算 Δ_{1P} 时一般只考虑弯矩影响，在计算 δ_{11} 时，对于扁平拱 $\left(f < \dfrac{l}{3}\right)$ 则需考虑弯矩与轴力两项影响，通常剪力对位移的影响可忽略不计。因此有

$$\left.\begin{aligned}\delta_{11} &= \int \frac{\overline{M}_1^2}{EI}\mathrm{d}s + \int \frac{\overline{N}_1^2}{EA}\mathrm{d}s\\[2mm]\Delta_{1P} &= \int \frac{\overline{M}_1 M_P}{EI}\mathrm{d}s\end{aligned}\right\} \tag{8-12}$$

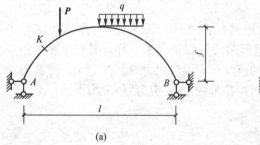 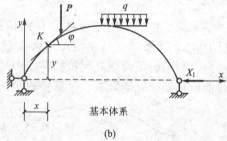

图 8.31

求出多余未知力后，竖向荷载作用下两铰拱的内力计算式与三铰拱是相似的，即为

$$\begin{aligned}M &= M^0 - X_1 y\\V &= V^0\cos\varphi - X_1\sin\varphi\\N &= V^0\sin\varphi + X_1\cos\varphi\end{aligned} \tag{8-13}$$

式中　y 为任意截面的纵坐标，向上为正；φ 为任意截面处拱轴切线与 x 轴所成的锐角，在左半拱的 φ 正值，右半拱的 φ 为负值；M^0 为相应简支梁的弯矩；V^0 为相应简支梁的剪力。

【例 8-7】　计算图 8.32(a)所示等截面两铰拱。已知拱轴方程为 $y = \dfrac{4f}{l^2}x(l-x)$，拱截面面积 $A = 384 \times 10^{-3}\,\mathrm{m}^2$，惯性矩 $I = 1843 \times 10^{-6}\,\mathrm{m}^4$，$E = 192\mathrm{GPa}$。

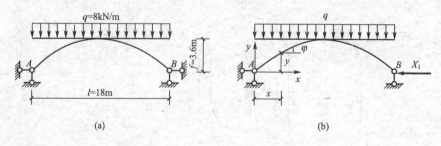

图 8.32

解：（1）选择基本体系。

将支座 B 的水平链杆视为多余约束，将其去掉得到的简支曲梁作为基本结构。在基本结构上加上与之多余约束对应的多余未知力 X_1，保留原有荷载，形成基本体系［图8.32(b)］。

（2）建立力法方程。

根据基本结构在荷载和多余未知力共同作用下，在支座 B 处沿 X_1 方向的水平位移为零的变形条件，建立力法方程：

$$\delta_{11}X_1 + \Delta_{1P} = 0$$

（3）求系数和自由项。

因拱的高跨比 $\dfrac{f}{l} = \dfrac{3.6}{18} = \dfrac{1}{5} < \dfrac{1}{3}$，故需考虑轴力的影响。又当 $\dfrac{f}{l} < \dfrac{1}{4}$ 时，可近似地取 $\mathrm{d}s \approx \mathrm{d}x$，$\cos\varphi \approx 1$。则基本结构在单位多余未知力 $X_1 = 1$ 和荷载分别作用下引起的弯矩和轴力可表示为：

$$\overline{M}_1 = -y \quad \overline{N}_1 = \cos\varphi = 1$$

$$M_P = M^0 = \frac{q}{2}x(l-x)$$

弯矩以使拱的内侧受拉为正；轴力以使拱轴压缩为正。

$$\delta_{11} = \int \frac{\overline{M}_1^2}{EI}\mathrm{d}x + \int \frac{\overline{N}_1^2}{EA}\mathrm{d}x = \frac{1}{EI}\int_0^l (-y)^2\mathrm{d}x + \frac{1}{EA}\int_0^l \mathrm{d}x$$

$$= \frac{1}{EI}\int_0^l \left[\frac{4f}{l^2}x(l-x)\right]^2\mathrm{d}x + \frac{1}{EA}\int_0^l \mathrm{d}x = \frac{16f^2l}{30EI} + \frac{l}{EA}$$

$$= \frac{16 \times 3.6^2 \times 18}{30 \times 192 \times 10^9 \times 1843 \times 10^{-6}} + \frac{18}{192 \times 10^9 \times 384 \times 10^{-3}}$$

$$= 3518.45 \times 10^{-10}\,\mathrm{m/N}$$

$$\Delta_{1P} = \int \frac{\overline{M}_1 M_P}{EI}\mathrm{d}x = \frac{1}{EI}\int_0^l \left[-\frac{4f}{l^2}x(l-x)\right] \cdot \left[\frac{q}{2}x(l-x)\right]\mathrm{d}x = \frac{-qfl^3}{15EI}$$

$$= \frac{-8 \times 10^3 \times 3.6 \times 18^3}{15 \times 192 \times 10^9 \times 1843 \times 10^{-6}}$$

$$= -316.44 \times 10^{-4}\,\mathrm{m}$$

（4）解力法方程，求多余未知力。

将上述系数和自由项代入力法方程，得

$$X_1 = -\frac{\Delta_{1P}}{\delta_{11}} = 89.94\,\mathrm{kN}$$

（5）计算内力。

多余未知力 X_1 求得后，按式(8-11)计算拱中各截面的内力，并作出内力图，此处从略。

有时为了不使两铰拱的水平推力传给下部支承结构，可采用具有拉杆（其抗拉刚度为 E_1A_1）的两铰拱。对于这种结构，应以拉杆内力作为多余未知力，它的计算方法和步骤同上，但在计算系数 δ_{11} 时，除应考虑拱的变形外，还需考虑拉杆轴向变形 $\dfrac{l}{E_1A_1}$ 的影响。

8.5 对称性的利用

用力法计算超静定结构的主要工作量在于建立和求解力法方程。超静定次数愈高，计算方程中系数、自由项和求解方程的工作量愈大，因此在计算中力求简化。如使尽可能多的副系数及自由项等于零或减少计算的未知量数目，则计算工作量可大为简化。能达到简化的方法很多，本节只讨论对称性的利用。

在实际工程中，有很多结构是对称的，利用其对称性可简化计算。

1. 结构和荷载的对称性

1) 结构的对称性

结构的对称，是指对结构中某一轴的对称。所以，对称结构必须有对称轴。结构的对称性，包含以下两个方面：

(1) 结构的几何形状和支承情况对某一轴线对称；

(2) 杆件截面尺寸和材料的弹性模量（即各杆的刚度 EI、EA、GA）也对称于此轴。因此，对称结构绕对称轴对折后，对称轴两边的结构图形完全重合及材料性质完全相同。

例如图 8.33(a)所示刚架是一个对称刚架；图 8.33(b)所示矩形涵管是一个对称结构，并且有两根对称轴；图 8.33(c)所示刚架也是一个对称结构，其对称轴为一根斜向轴。

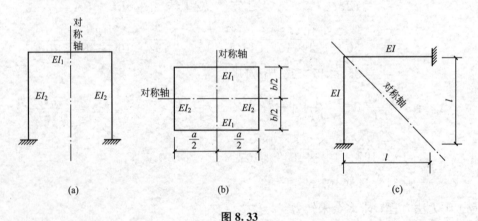

(a)   (b)   (c)

图 8.33

2) 荷载的对称性

作用在对称结构上的任何荷载［图 8.34(a)］都可分解为两组：一组是对称荷载［图 8.34(b)］，另一组是反对称荷载［图 8.34(c)］。对称荷载绕对称轴对折后，对称轴两边的荷载彼此重合(作用点相对应、数值相等、方向相同)；反对称荷载绕对称轴对折后，对称轴两边的荷载正好相反(作用点相对应、数值相等、方向相反)。

2. 取对称的基本结构

计算超静定结构对称结构时，应考虑选择对称的基本结构进行计算，在图 8.34(a)所示的三次超静定刚架中，可沿对称轴上梁的中间截面切开，则得到一个对称的基本结构

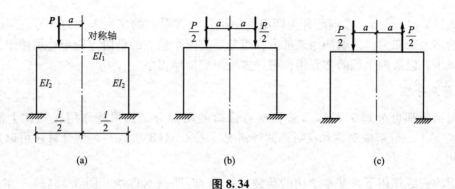

图 8.34

[图 8.35(a)]。梁的截面切口两侧有三对相互作用的多余未知力:一对弯矩 X_1、一对轴力 X_2 和一对剪力 X_3,其中 X_1 和 X_2 是对称力,X_3 是反称对力。根据基本结构在荷载及多余未知力 X_1、X_2 和 X_3 共同作用下在切口两侧截面的相对转角、相对水平线位移和相对竖向线位移分别等于零,建立力法方程:

$$\left.\begin{aligned}\delta_{11}X_1+\delta_{12}X_2+\delta_{13}X_3+\Delta_{1P}=0\\ \delta_{21}X_1+\delta_{22}X_2+\delta_{23}X_3+\Delta_{2P}=0\\ \delta_{31}X_1+\delta_{32}X_2+\delta_{33}X_3+\Delta_{3P}=0\end{aligned}\right\} \tag{a}$$

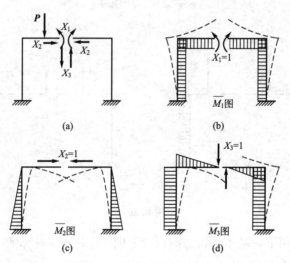

图 8.35

绘出基本结构在单位多余未知力下的单位弯矩图和变形图,可以看出,对称的多余未知力 X_1、X_2 所产生的弯矩图 $\overline{M}_1$ 图 [图 8.35(b)]、$\overline{M}_2$ 图 [图 8.35(c)] 及变形图是对称的;反对称的多余未知力 X_3 所产生的弯矩图 $\overline{M}_3$ 图 [图 8.35(d)] 和变形图是反对称的。由于正、反对称的两图相乘时恰好正负抵消,使结果为零,因而可知副系数

$$\delta_{13}=\delta_{31}=0 \text{ , } \delta_{23}=\delta_{32}=0$$

于是,力法方程简化为:

$$\left.\begin{aligned}\delta_{11}X_1+\delta_{12}X_2+\Delta_{1P}=0\\ \delta_{21}X_1+\delta_{22}X_2+\Delta_{2P}=0\\ \delta_{33}X_3+\Delta_{3P}=0\end{aligned}\right\} \tag{b}$$

由式(b)可以看出，方程已分为两组。一组只包含对称的多余未知力；另一组只包含反对称的多余未知力。这就使原来的方程组分解为两个独立的低阶方程组，虽然未知力个数并未减少，但解两个低阶方程组比解原方程组要简单得多。

3. 荷载分组

任何荷载都可分解为对称荷载和反对称荷载两部分。如果将作用在结构上的荷载 [图 8.34(a)] 也分解成对称和反对称两种情况 [图 8.34(b)、(c)]，则计算还可以进一步得到简化。

在对称荷载作用下，基本结构的荷载弯矩图 M_P 图是对称的 [图 8.36(a)]。由于 $\overline{M}_3$ 图是反对称的 [图 8.35(d)]，于是 $\Delta_{3P}=0$，将其代入力法方程式(b)的第三式，可得反对称多余未知力 $X_3=0$，因此只有对称的多余未知力 X_1 和 X_2 [图 8.36(b)]。

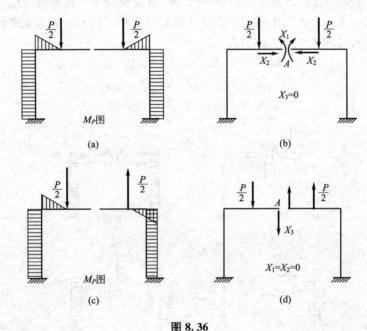

图 8.36

在反对称荷载作用下，基本结构的荷载弯矩图 M_P 图是反对称的 [图 8.36(c)]。由于 $\overline{M}_1$ 图和 $\overline{M}_2$ 图是对称的 [图 8.35(b)、(c)]，于是 $\Delta_{1P}=0$，$\Delta_{2P}=0$，将其代入力法方程式(b)的前两式，可得对称多余未知力 $X_1=0$、$X_2=0$，因此只有反对称的多余未知力 X_3 [图 8.36(d)]。

综上所述得出如下结论：对称结构在对称荷载作用下，只有对称的多余未知力存在，反对称的多余未知力必为零，结构的内力(以及变形)是对称的。对称结构在反对称荷载作用下，只有反对称的多余未知力存在，对称的多余未知力必为零，结构的内力(以及变形)是反对称的。利用这一特性可以简化力法计算，也可以用来检验计算结果的正确性。

4. 取半边结构计算

根据对称结构在对称荷载和反对称荷载作用下的内力和变形特点，可取半边结构计算对称结构，例如，在分析对称刚架时，可取半个刚架来进行计算，称为半刚架法。下面就奇数跨和偶数跨两种对称刚架加以说明。

1) 奇数跨对称刚架

(1) 在对称荷载作用下的半刚架。图 8.37(a)所示刚架，在对称荷载作用下，由于只产生正对称的内力和变形，故位于对称轴上的截面 C 处不可能产生转角和水平线位移，但可能产生竖向线位移。同时，该截面上只有对称的多余未知力(弯矩和轴力)，而反对称的多余未知力(剪力)应为零。因此，当截取半边刚架计算时，在截面 C 处可用一定向支座来代替原有的约束，从而得到如图 8.37(b)所示的计算简图。

(2) 在反对称荷载作用下的半刚架。图 8.37(c)所示刚架，在反对称荷载作用下，由于只产生反对称的内力和变形，故位于对称轴上的截面 C 处不可能产生竖向线位移，但可有水平线位移和转角。同时，该截面上只有反对称的多余未知力(剪力)，而对称多余未知力(弯矩和轴力)应为零。因此，当截取半边刚架计算时，在截面 C 处可用竖向的可动铰支座来代替原有的约束，从而得到如图 8.37(d)所示的计算简图。

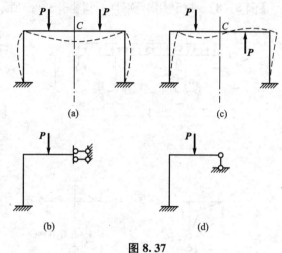

图 8.37

2) 偶数跨对称刚架

(1) 在对称荷载作用下的半刚架。图 8.38(a)所示刚架，在对称荷载作用下，由于只产生正对称的内力和变形，故位于对称轴上的截面 C 处将不可能产生任何位移(因为忽略了柱的轴向变形)。同时，在该处的横梁杆端有弯矩、轴力和剪力存在。因此，当截取半边刚架计算时，该处可用固定支座来代替原有的约束，从而得到如图 8.38(b)所示的计算简图。

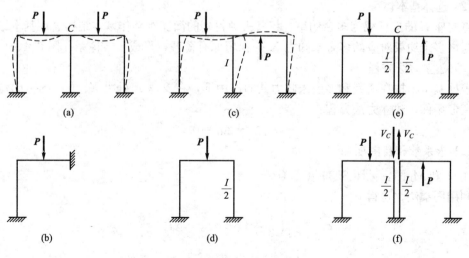

图 8.38

（2）在反对称荷载作用下的半刚架。图 8.38（c）所示刚架，在反对称荷载作用下，可将其中间柱设想为由两根惯性矩各为 $I/2$ 的竖柱组成，它们分别在对称轴两侧与横梁刚结，如图 8.38（e）所示。若将此两柱中间的横梁切开，由于荷载是反对称的，故该截面上只有剪力存在［图 8.38（f）］。当不考虑轴向变形时，这一对剪力 V_C 对其他各杆均不产生内力，而只使对称轴两侧的两根竖柱产生大小相等性质相反的轴力。由于原有中间柱的内力是两根竖柱的内力之和，故剪力 V_C 对原结构的内力和变形都无影响，于是可将其略去而取半边刚架计算，计算简图如图 8.38（d）所示。

【例 8-8】 试利用对称性，作图 8.39（a）所示刚架的弯矩图，EI＝常数。

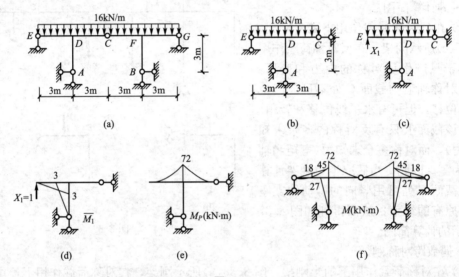

图 8.39

解：（1）对称性分析。

这是一个有一个对称轴的二次超静定刚架，荷载也对称于该对称轴，利用对称性，可取半边结构计算，如图 8.39（b）所示。

（2）选择基本体系。

将支座 E 的支杆视为多余约束，将其去掉得到的简支刚架作基本结构。在基本结构上加上与之多余约束对应的多余未知力 X_1，保留原有荷载，形成基本体系［图 8.4（c）］。

（3）建立力法方程。

根据基本结构在荷载和多余未知力共同作用下，在支座 E 处沿 X_1 方向的竖向位移为零的变形条件，建立力法方程：

$$\delta_{11}X_1 + \Delta_{1P} = 0$$

（4）求系数和自由项。

作 $\overline{M}_1$ 和 M_P 图，见图 8.39（d）、（e）。

利用图乘法，可得

$$\delta_{11} = \frac{2}{EI}\left(\frac{1}{2} \times 3 \times 3 \times \frac{2}{3} \times 3\right) = \frac{18}{EI}$$

$$\Delta_{1P} = -\frac{1}{EI}\left(\frac{1}{3} \times 72 \times 3 \times \frac{3}{4} \times 3\right) = -\frac{162}{EI}$$

（5）解力法方程，求多余未知力。

$$X_1 = -\frac{\Delta_{1P}}{\delta_{11}} = 9\text{kN}$$

（6）作 M 图。

先作半边结构的 M 图，再利用对称性作原结构的 M 图，见图 8.39(f)。

【例 8-9】 试利用对称性，计算图 8.40(a)所示刚架，$EI=$常数。

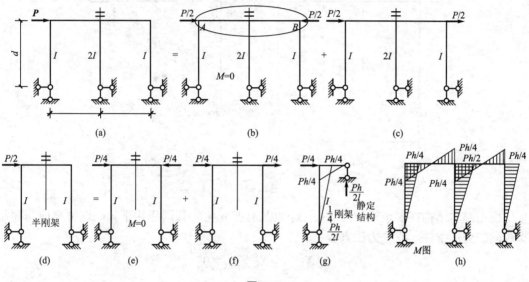

图 8.40

解： 这是一个三次超静定对称刚架，荷载 P 是非对称荷载，利用结构的对称性，把荷载分解为对称与反对称两组，分别如图 8.40(b)、(c)所示。

图 8.40(b)所示对称结构在对称荷载作用下，AB 杆自相平衡，若不考虑轴向变形，A、B 点不动，故结构上无弯矩，$M=0$。图 8.40(c)所示对称结构在反对称荷载作用下有弯矩 M 和弯曲变形，可取半边结构 [图 8.40(d)] 计算。

图 8.40(d)所示的半边结构仍具有对称性，再利用对称性将其分解为对称荷载与反对称荷载两组，分别如图 8.40(e)、(f)所示。同理，在对称荷载作用下半边结构无弯矩，$M=0$ [图 8.40(e)]；在反对称荷载作用下，有弯矩 M 和弯曲变形，可取 1/4 结构 [图 8.41(g)] 计算。

1/4 结构是一静定结构，其弯矩图可由静力平衡方程求得。由此得出，原结构的弯矩图如图 8.40(h)所示。

8.6 温度变化和支座移动时超静定结构的计算

对于静定结构只有在荷载作用下才会产生内力，在非荷载因素作用时，结构不产生内力。而超静定结构则不然，只要存在使结构产生变形的因素如温度改变、支座移动、材料收缩、制造误差等，都会使超静定结构产生内力，这是超静定结构不同于静定结构的一个重要特性。用力法计算超静定结构在非荷载因素作用下的内力时，其原理和步骤与荷载作用时的情况基本相同。下面将分别讨论温度改变和支座移动时超静定结构的计算。

1. 温度变化时超静定结构的计算

图 8.41(a)所示为一二次超静定刚架。设各杆件外侧温度升高 t_1^0，内侧温度升高 t_2^0。去掉 C 支座两个多余约束代之以多余未知力 X_1、X_2，得基本体系如图 8.41(b)所示。

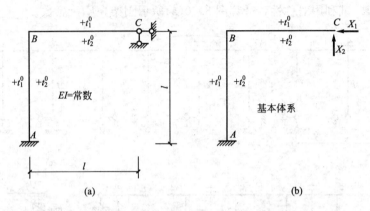

图 8.41

根据基本结构在多余未知力 X_1、X_2 以及温度变化的共同作用下，C 点位移应与原结构相同的变形条件，建立力法方程：

$$\left.\begin{array}{l} \delta_{11}X_1 + \delta_{12}X_2 + \Delta_{1t} = 0 \\ \delta_{21}X_1 + \delta_{22}X_2 + \Delta_{2t} = 0 \end{array}\right\} \tag{8-14}$$

式(8-10)中系数的物理意义和计算方法均与荷载作用下的力法典型方程中的系数相同。自由项 Δ_{1t} 和 Δ_{2t} 分别代表基本结构上的 C 点在 X_1 和 X_2 方向上由于温度变化所引起的位移，它们需根据温度变化引起的位移计算公式(7-13)计算，即

$$\Delta_{Kt} = \sum(\pm)\alpha t_0 A_{\overline{N}} + \sum(\pm)\alpha \frac{\Delta t}{h} A_{\overline{M}}$$

因为基本结构是静定的，温度变化并不产生内力，故最后弯矩图只由多余未知力所引起，即

$$M = \overline{M}_1 X_1 + \overline{M}_2 X_2$$

【例 8-10】 图 8.42(a)所示刚架各杆外侧温度 $t_1 = -30℃$，内侧温度 $t_2 = 18℃$，试绘制其弯矩图。设各杆 $EI=$ 常数，截面对称于形心轴，截面高度为 $h = l/10$，温度线膨胀系数为 α。

解：(1)选取基本体系。

由于结构具有对称性，且温度变化的分布也是对称的，故选对称的基本体系如图 8.42(b)所示。

(2)建立力法方程。

根据基本结构在温度变化和多余未知力 X_1、X_2 共同作用下截面处相对位移为零的变形条件，建立力法方程：

$$\delta_{11}X_1 + \delta_{12}X_2 + \Delta_{1t} = 0$$
$$\delta_{21}X_1 + \delta_{22}X_2 + \Delta_{2t} = 0$$

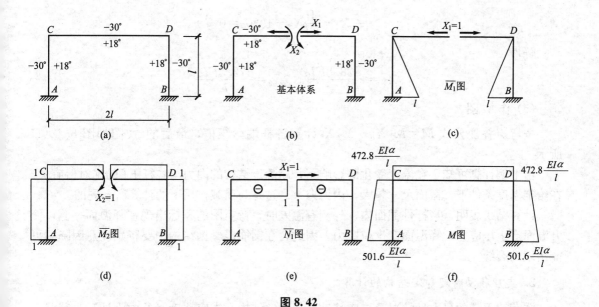

图 8.42

（3）计算系数和自由项计算。

绘出 $\overline{M}_1$、$\overline{M}_2$ 和 $\overline{N}_1$ 图，分别如图 8.42(c)、(d) 和 (e) 所示，$\overline{N}_2=0$。

轴线温度 $t_0=\dfrac{18+(-30)}{2}=-6℃$，温差 $\Delta t=18-(-30)=48℃$

其系数和自由项计算为：

$$\delta_{11}=\sum\int\frac{\overline{M}_1^2}{EI}\mathrm{d}x=\frac{1}{EI}\left[\frac{1}{2}\times l\times l\times\frac{2}{3}l\right]\times2=\frac{2l^3}{3EI}$$

$$\delta_{22}=\sum\int\frac{\overline{M}_2^2}{EI}\mathrm{d}x=\frac{1}{EI}[1\times l\times1\times2+1\times2l\times1]=\frac{4l}{EI}$$

$$\delta_{12}=\delta_{21}=\sum\int\frac{\overline{M}_1\overline{M}_2}{EI}\mathrm{d}x=-\frac{1}{EI}\left[\frac{1}{2}\times l\times l\times1\right]\times2=-\frac{l^2}{EI}$$

$$\Delta_{1t}=\sum(\pm)\alpha t_0A_{\overline{N}_1}+\sum(\pm)\alpha\frac{\Delta t}{h}A_{\overline{M}_1}$$

$$=\alpha\times6\times1\times2l+\alpha\times\frac{48}{h}\left(\frac{1}{2}\times l\times l\times2\right)=12\alpha l+\alpha\frac{48}{\frac{l}{10}}\times l^2=492\alpha l$$

$$\Delta_{2t}=\sum(\pm)\alpha t_0A_{\overline{N}_2}+\sum(\pm)\alpha\frac{\Delta t}{h}A_{\overline{M}_2}$$

$$=0-\alpha\times\frac{48}{h}(1\times l\times2+1\times2l)=-\frac{192\alpha l}{\frac{l}{10}}=-1920\alpha$$

（4）解力法方程，求多余未知力。

代入数据后，方程为：

$$\frac{2l^3}{3EI}X_1-\frac{l^2}{EI}X_2+492\alpha l=0$$

$$-\frac{l^2}{EI}X_1+\frac{4l}{EI}X_2-1920\alpha=0$$

解得

$$X_1=-\frac{28.8EI\alpha}{l^2},\quad X_2=\frac{472.8EI\alpha}{l}$$

（5）作 M 图。

按弯矩叠加公式 $M=\overline{M}_1X_1+\overline{M}_2X_2$ 计算各杆端弯矩值，最后的 M 图如图 8.42(f) 所示。

由上例计算可知，在温度变化的影响下，超静定结构的内力与各杆 EI 的绝对值有关。在给定温度条件下，截面尺寸越大，内力愈大。这是与荷载作用下的计算所不同的。

计算结果表明，当杆件截面内、外侧有温差时，弯矩图的竖标出现在降温面一侧，使升温面产生压应力，降温面产生拉应力。因此，在钢筋混凝土结构中要特别注意因降温可能出现的裂缝。

2. 支座移动时超静定结构的计算

非荷载因素的另一种情况是支座移动。超静定结构在支座移动时的内力计算与荷载作用或温度改变时的计算方法基本相同，主要区别在于力法方程中自由项的计算以及右端项与基本体系形式有关。下面举例说明。

图 8.43(a)所示刚架，设其支座 B 由于某种原因产生位移，向右移动距离 a，向下移动 b，且顺时针方向转动 φ 角。分析此结构时，如取基本体系(一) [图 8.43(b)]，根据基

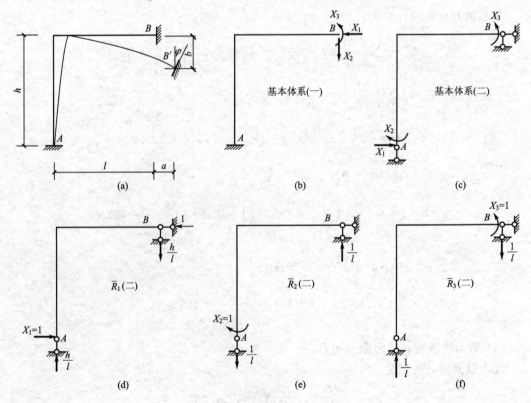

图 8.43

本结构在多余未知力 X_1、X_2、X_3 和支座移动共同作用下应与原结构具有相同位移的条件，建立力法方程：

$$\delta_{11}X_1+\delta_{12}X_2+\delta_{13}X_3+\Delta_{1C}=-a$$
$$\delta_{21}X_1+\delta_{22}X_2+\delta_{23}X_3+\Delta_{2C}=b \tag{a}$$
$$\delta_{31}X_1+\delta_{32}X_2+\delta_{33}X_3+\Delta_{3C}=-\varphi$$

式中系数与外因无关，故其计算和以前一样。右端负号表示所设多余未知力方向与位移方向相反。自由项 Δ_{1C}、Δ_{2C}、Δ_{3C} 分别代表基本结构由于支座移动在去掉多余约束处沿 X_1、X_2、X_3 方向的位移，它们可按求静定结构因支座移动引起的位移公式（7-16）计算，即

$$\Delta_{KC}=-\Sigma\overline{R}\cdot C \tag{b}$$

因支座 A 处无位移，则 $\Delta_{1C}=\Delta_{2C}=\Delta_{3C}=0$。

若取基本体系（二）[图 8.43(c)]，则力法方程为：

$$\delta_{11}X_1+\delta_{12}X_2+\delta_{13}X_3+\Delta_{1C}=0$$
$$\delta_{21}X_1+\delta_{22}X_2+\delta_{23}X_3+\Delta_{2C}=0 \tag{c}$$
$$\delta_{31}X_1+\delta_{32}X_2+\delta_{33}X_3+\Delta_{3C}=-\varphi$$

$$\Delta_{1C}=-\left[-1\times a+\frac{h}{l}\times b\right]=a-\frac{b}{l}h$$

$$\Delta_{2C}=-\left[-\frac{1}{l}\times b\right]=\frac{b}{l} \tag{d}$$

$$\Delta_{3C}=-\left[\frac{1}{l}\times b\right]=-\frac{b}{l}$$

将系数和自由项代入力法方程，可解得多余未知力 X_1、X_2 和 X_3，并按叠加公式：

$$M=\overline{M}_1X_1+\overline{M}_2X_2+\overline{M}_3X_3 \tag{e}$$

计算最后弯矩。

通过以上分析，可以看出支座移动与荷载作用相比，有以下几个特点：

（1）由式（a）和式（c）可以看出，取不同基本体系时，力法方程的形式有所不同，方程等号右边可以不为零；

（2）由力法方程式（a）和式（c）可以看出，自由项是基本结构由支座移动产生的，可由静定结构支座移动的位移公式计算；

（3）因没有荷载作用，所以内力全部由多余未知力引起，见式（e）。

【例 8-11】 图 8.44(a)所示一端固定，一端铰支单跨超静定梁，如果固定端 A 转动角度 φ，支座 B 下沉 c，试绘制其弯矩图。

解：（1）选择基本体系。

去掉支座的转动约束，以简支梁作为基本结构，以支座 A 的反力偶为多余未知力 X_1，得到基本体系如图 8.44(b)所示。

（2）建立力法方程。

根据基本结构在多余未知力 X_1 和支座移动共同作用下在 A 处的转角为 φ 的条件，建立力法方程：

$$\delta_{11}X_1+\Delta_{1C}=\varphi$$

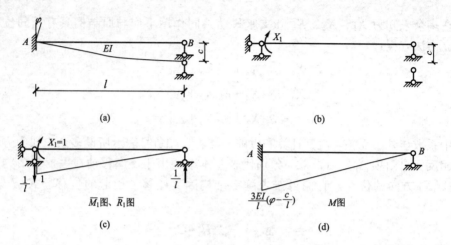

图 8.44

（3）计算系数与自由项。

根据单位弯矩图 $\overline{M}_1$ 与单位力引起的反力 $\overline{R}_1$ ［图 8.44(c)］计算系数与自由项：

$$\delta_{11} = \int \frac{\overline{M}_1^2}{EI} \mathrm{d}x = \frac{1}{EI}\left[\frac{1}{2} \times 1 \times l \times \frac{2}{3} \times 1\right] = \frac{l}{3EI}$$

$$\Delta_{1C} = -\sum \overline{R} \cdot c = -\left(-\frac{1}{l} \times c\right) = \frac{c}{l}$$

（4）解力法方程，求多余未知力。

$$\frac{l}{3EI}X_1 + \frac{c}{l} = \varphi$$

$$X_1 = \frac{3EI}{l}\left(\varphi - \frac{c}{l}\right)$$

（5）作 M 图。

按公式 $M = \overline{M}_1 X_1$ 计算，最后 M 图如图 8.44(d)所示。

现在就本例讨论两种特殊情形。

（1）当 $\varphi = 1$，$c = 0$ 时 ［图 8.45(a)］：

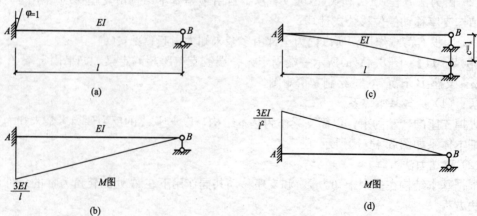

图 8.45

$$X_1 = \frac{3EI}{l} = 3i$$

式中，$i = \frac{EI}{l}$称为线刚度。

弯矩图如图 8.45(b)所示。

(2) 当 $\varphi = 0$，$c = 1$ 时 [图 8.45(c)]：

$$X_1 = -\frac{3EI}{l^2} = -\frac{3i}{l}$$

弯矩图如图 8.45(d)所示。

从以上计算结果可知，支座移动时超静定结构的内力也是与刚度的绝对值有关。这一点与温度改变时对超静定结构的影响相同，也是与荷载作用相比的又一个特点。

8.7 超静定结构的位移计算

为了校核超静定结构的刚度，就必须会计算超静定结构的位移。对于超静定结构位移计算，仍可采用第 7 章所述的单位荷载法和相关计算公式来进行计算。

以求图 8.46(a)所示超静定梁跨中 C 点的竖向位移 Δ_{CV} 为例，例 8-1 已用力法求出其 M 图 [图 8.46(b)]，以此作为结构实际状态。为求跨中 C 点的竖向位移，可在跨中 C 点加单位虚荷载 $P = 1$，构成虚拟状态，并作出其 $\overline{M}$ 图 [图 8.46(c)]，然后将 $\overline{M}$ 图与 M 图相乘即可求得 Δ_{CV}。但是，为了作出 $\overline{M}$ 图，又需要解算一个三次超静定问题，显然这样做是比较麻烦的。

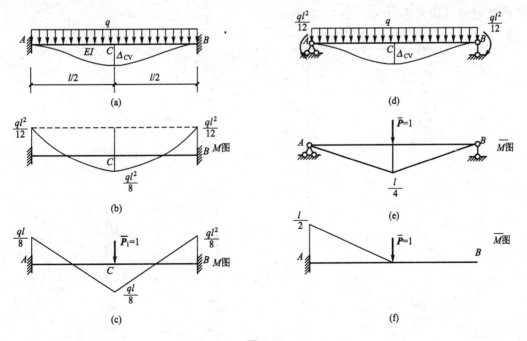

图 8.46

为了简化计算，位移计算也可同超静定梁内力计算一样，利用基本结构进行。因为基本结构在多余未知力和荷载共同作用下的内力和变形与原结构是完全一致的。即由力法求出原结构的多余未知力后，将所求出的多余未知力与原有荷载均视为主动力，共同作用于基本结构［图 8.46(d)］，此基本结构的位移即为原结构的位移。因此利用这一特点，求超静定结构的位移，完全可以用求基本结构的位移来代替。于是，虚拟状态的单位力就可以加在基本结构上，由于基本结构是静定的，故此时的内力图仅由平衡条件便可以求得。图 8.46(a)所示超静定梁跨中 C 点的竖向位移 Δ_{CV} 可由 M 图［图 8.46(b)］与 $\overline{M}$ 图［图 8.46(e)］图乘求得

$$\Delta_{CV}=\frac{1}{EI}\Big[-\Big(\frac{ql^2}{12}\Big)\times\frac{l}{2}\times\Big(\frac{1}{2}\times\frac{l}{4}\Big)+\frac{2}{3}\times\frac{ql^2}{8}\times\frac{l}{2}\times\Big(\frac{5}{8}\times\frac{l}{4}\Big)\Big]\times2=\frac{ql^4}{384EI}(\downarrow)$$

由于超静定结构的最后内力图并不因所取基本结构的不同而异，也就是说，其实际内力可以看作是选取任何一种基本结构求得的。因此，在求位移时，也可任选一种基本结构来求虚拟状态的内力，通常可选择虚拟内力图较简单的基本结构，以便进一步简化计算。

如采用图 8.46(f)所示的基本结构并用其 $\overline{M}$ 图与 M 图图乘，可求得同样的结果，即

$$\Delta_{CV}=\frac{1}{EI}\Big[\Big(\frac{ql^2}{12}\times\frac{l}{2}\Big)\times\frac{l}{4}-\frac{2}{3}\times\frac{ql^2}{8}\times\frac{l}{2}\times\Big(\frac{3}{8}\times\frac{l}{2}\Big)\Big]=\frac{ql^4}{384EI}$$

由计算可知，两端固定的超静定梁，在均布荷载作用下的最大竖向位移，仅是简支梁的最大竖向位移的 1/5。

综上所述，计算超静定结构的位移的步骤是：

(1) 计算超静定结构，求出最后的内力，以此为实际状态；

(2) 任选一种基本结构，沿所求位移方向加单位力，并求出虚拟状态的内力；

(3) 按位移计算公式或图乘法计算所求位移。

【例 8-12】 求图 8.47(a)所示超静定刚架 D 点的水平位移 Δ_{DH}，$EI=$常数。用力法已求出 M 图［图 8.47(b)］。

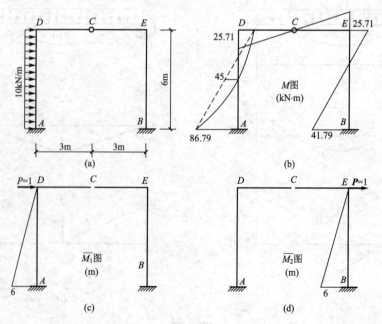

图 8.47

解：取基本结构如图 8.47(c)所示，在其 D 点作用单位水平力 $P=1$，求得 $\overline{M}_1$ 图。

由 M 图［图 8.47(b)］与 $\overline{M}$ 图［图 8.47(c)］图乘求得

$$\Delta_{DH}=\frac{1}{EI}\left[\frac{1}{2}\times86.79\times6\times\left(\frac{2}{3}\times6\right)-\frac{1}{2}\times25.71\times6\times\left(\frac{1}{3}\times6\right)-\frac{2}{3}\times45\times6\times3\right]=\frac{347.22}{EI}(\rightarrow)$$

上述位移计算尚可简化。忽略轴向变形，则 $\Delta_{DH}=\Delta_{EH}$，故若在 E 点加水平单位力 $P=1$［图 8.47(d)］，则由 M 图［图 8.47(b)］与 $\overline{M}_2$ 图［图 8.47(d)］图乘求得

$$\Delta_{EH}=\frac{1}{EI}\left[\frac{1}{2}\times41.96\times6\times\left(\frac{2}{3}\times6\right)-\frac{1}{2}\times25.71\times6\times\left(\frac{1}{3}\times6\right)\right]=\frac{347.22}{EI}(\rightarrow)$$

得同样结果，但计算更简单。

8.8 超静定结构计算的校核

在超静定结构的计算过程中，经过的计算步骤和数字运算较多，比较容易出现错误，而作为计算成果的最后内力图，是结构设计的依据，必须保证它的正确性。因此，在求得内力图后，应该进行校核。正确的内力图必须同时满足平衡条件和位移条件，因而校核也应从这两方面进行。

现举例说明校核方法。图 8.48(a)所示超静定刚架，内力图已作出，如图 8.48(b)、(c)、(d)所示。

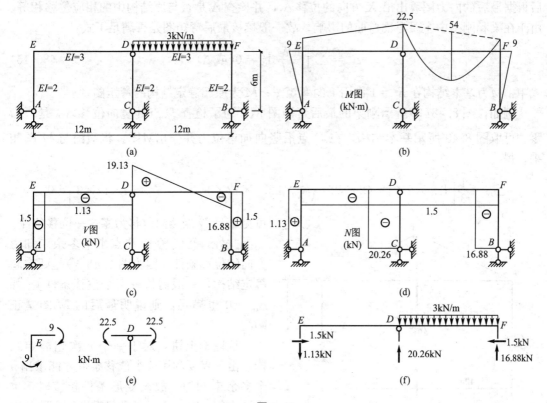

图 8.48

1. 平衡条件的校核

超静定结构的最后内力图应完全满足静力平衡条件，即取结构的整体或任何部分为隔离体，其受力均应满足平衡条件。常用的作法是截取结点或截取杆件，也可以截取结构的某一部分，检查它是否满足平衡条件。为了校核 M 图应取任一结点，看是否能满足力矩平衡条件 $\sum M=0$。为了校核 V、N 图，应截取某一杆件或任一结点，看是否能满足 $\sum X=0$，$\sum Y=0$。例如图 8.48(e)所示，取结点 E 与结点 D 为隔离体，有

$$\sum M_E=9-9=0$$
$$\sum M_D=22.5-22.5=0$$

可见满足平衡条件。

再如截取柱顶以上杆件部分 EDF [图 8.48(f)]，有

$$\sum X=1.5-1.5=0$$
$$\sum Y=16.88+20.26-3\times12-1.13=0$$

可见也满足平衡条件。

2. 变形条件的校核

仅有平衡条件的校核，还不能保证超静定结构的最后内力图是一定正确的。这是由于最后内力图是根据力法方程求得多余未知力后，在基本结构上按平衡条件作出的。而多余未知力是否正确，则不能由平衡条件反映出来，还应校核变形条件。

变形条件校核的一般做法是：任意选取基本结构，任意选取一个多余未知力 X_i，然后根据最后的内力图算出沿 X_i 方向的位移 Δ_i，并检查 Δ_i 是否与原结构中的相应位移相等。由于在梁和刚架中主要考虑弯曲的影响，故一般校核最后弯矩图是否满足下式：

$$\Delta_i = \sum \int \frac{\overline{M}M}{EI}\mathrm{d}s = 0(或 \Delta) \tag{8-15}$$

式中，$\overline{M}$ 为基本结构在 $X_i=1$ 作用下的弯矩图；M 为原超静定结构的弯矩图。

例如，图 8.48(b)所示刚架的最后弯矩图 M，为了检查 D 点处竖向位移 Δ_{DV} 是否为零，可取图 8.49 所示基本结构，在 D 点沿竖向加单位力并作出 $\overline{M}$ 图，将 $\overline{M}$ 图与 M 图相乘，得

$$\Delta_{DV}=\frac{1}{3}\left[\left(\frac{1}{2}\times9\times12\times2\right)\times2+\left(\frac{1}{2}\times22.5\times12\times4\right)\times2-\frac{2}{3}\times54\times12\times3\right]=0$$

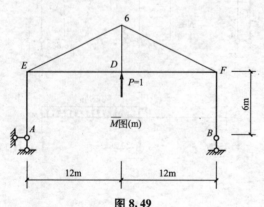

图 8.49

可见满足 D 点竖向位移为零这一位移条件。

此外，还需验算 B 点水平多余未知力方向的位移条件 [因为图 8.48(a)是两次超静定结构，一般需检查两个位移条件]。如 $\Delta_{BH}=0$ 也满足，则说明最后的 M 图是正确的。

从理论上讲，对于一个 n 次超静定结构，由于需要利用 n 个位移条件才能求出 n 个多余未知力，故做变形条件校核时，也应该进行 n 次。不过通常只需进行少数几次

校核即已足够。而且也不限于在原来计算时所用的基本体系上进行。

对于具有封闭无铰框格的刚架，可利用封闭框格上任一截面处的相对角位移等于零的条件来校核。例如，图 8.50(a)所示刚架为一封闭式刚架，其最后弯矩图如图 8.50(b) 所示。为了校核其相对角位移 Δ_i 是否为零的位移条件，可取图 8.50(c)所示基本结构并用单位弯矩图 $\overline{M}$ 图与 M 图相乘的结果进行校核。即

$$\sum \int \frac{\overline{M}M}{EI}\mathrm{d}x = \sum \int \frac{1 \cdot M}{EI}\mathrm{d}x = \sum \frac{A_M}{EI}$$

式中，A_M 为刚架某杆件最后弯矩图面积。代入数值进行计算，并规定在封闭框外侧的弯矩取正值，则有

$$\sum \frac{A_M}{EI} = \frac{1}{2EI}\left[\frac{1}{2}\times 12.09\times 6 - \frac{1}{2}\times 5.05 + \frac{1}{2}\times 10.76\times 6 - \frac{1}{2}\times 6.38\times 6\right] +$$

$$\frac{1}{3EI}\left[\frac{12.09+10.76}{2}\times 6 - \frac{1}{2}\times 40\times 6\right] = \frac{17.13}{EI} - \frac{17.15}{EI} \approx 0$$

可见最后弯矩图 8.50(b)是正确的。

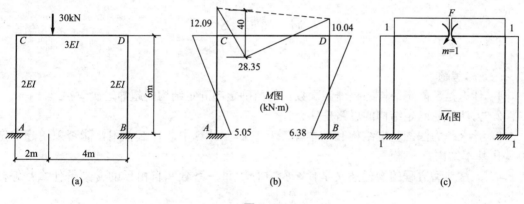

图 8.50

由上可知，对于具有封闭框格的刚架，校核其 M 图的正确性时，可按下述条件判别：任何封闭框格各杆的最后弯矩图的面积除以相应的刚度后的代数和应等于零。

本 章 小 结

本章首先介绍了力法的基本思想：以多余约束力为基本未知量，以去掉多余约束后得到的静定结构作为基本结构，利用基本体系在荷载和多余约束力共同作用下的变形条件建立力法方程，从而求解多余未知力。求得多余约束力后，超静定问题就转化为静定问题，可用平衡条件求解所有未知力。

用力法计算超静定结构的步骤（确定基本未知量，选择基本体系，建立力法方程，绘制内力图）是本章学习的重点。

对称性的利用可简化结构的计算。超静定结构的位移计算结果不仅可以直接用于刚度

的校核，还可以利用变形条件对内力计算结果进行校核。

通过力法的求解，可得出超静定结构具有以下特点：

（1）在荷载作用下，超静定结构的内力与各杆的相对刚度有关；

（2）超静定结构在温度改变、支座移动、制造误差等因素影响下，一般会产生内力和位移；

（3）因为超静定结构有多余约束，因此有较多的安全储备。

关 键 术 语

超静定结构（statically indeterminate structure）；超静定次数（degree of indeterminacy）；多余未知力（redundant unknown force）；基本结构（basic structure）；基本体系（basic system）；力法（force method）；力法的基本方程（basic equation of force method）；连续梁（continuous beam）；排架（bent）；两铰拱（two - hinged arch）；对称（symmetry）；反对称（antisymmetry）。

习 题 8

一、思考题

1. 什么是超静定结构的超静定次数？如何确定超静定结构的超静定次数？

2. 力法解超静定结构的思路是什么？

3. 什么是力法的基本结构和基本体系？它们在计算中起什么作用？能否采用超静定结构作基本结构？

4. 力法典型方程的物理意义是什么？方程中每一系数和自由顶的含义是什么？怎样求得？

5. 试从物理意义上说明，为什么力法方程中的主系数必为大于零的正值，而副系数可为正值或负值或为零。

6. 典型方程的右端是否一定为零？在什么情况下不为零？

7. 为什么静定结构的内力状态与 EI 无关，而超静定结构的内力状态与 EI 有关？

8. 为什么在荷载作用下超静定刚架的内力状态只与各杆 EI 的相对值有关，而与其绝对值（真值）无关？

9. 试比较在荷载作用下用力法计算刚架、桁架、排架、组合结构和拱的异同。

10. 何谓对称结构？为什么利用对称性可以使计算得到简化？

11. 利用对称性简化结构计算有哪几种做法？

12. 结构上没有荷载就没有内力，这个结论在什么情况下适用？在什么情况下不适用？

13. 用力法计算超静定结构时，考虑温度变化、支座移动等因素的影响与考虑荷载作用的影响，所建立的力法方程有何异同？

14. 计算超静定结构的位移时，为什么可以取不同的基本结构来绘出 $\bar{M}$ 图？

15. 计算超静定结构时，在什么情况下只需给出 EI 的相对值，在什么情况下需给出 EI 的绝对值？

二、填空题

1. 图 8.51 所示各结构的超静定次数分别是：(a)图为_____；(b)图为_____；(c)图为_____；(d)图为_____；(e)图为_____；(f)图为_____；(g)图为_____；(h)图为_____；(i)图为_____；(j)图为_____。

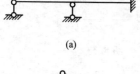

(a)

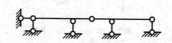

(b)

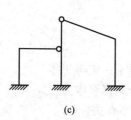

(c)

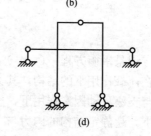

(d)

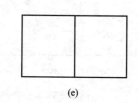

(e)

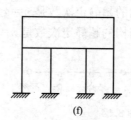

(f)

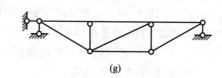

(g)

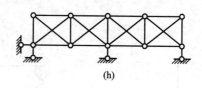

(h)

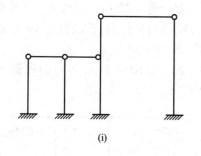

(i)

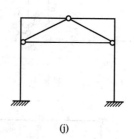

(j)

图 8.51

2. 力法方程中柔度系数 δ_{ij} 代表_____，自由项 Δ_{iP} 代表_____。

3. 力法方程中的主系数的符号必为_____，副系数和自由项的符号可能为_____。

4. 图 8.52 所示对称结构的杆端弯矩 $M_{BA}=$ _____, _____侧受拉。

5. 图 8.53 所示对称结构在水平荷载作用下, $M_{BC}=$ _____, _____侧受拉。

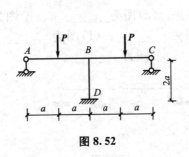

图 8.52

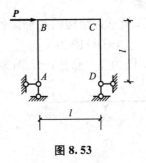

图 8.53

三、判断题

1. 力法的基本方程是平衡方程。( )

2. 用力法解仅在荷载作用下的结构, 其力法方程右端项不一定等于零。( )

3. 在温度变化与支座移动因素作用下, 静定与超静定结构都有内力。( )

4. 在荷载作用下, 超静定结构的内力与 EI 的绝对值大小有关。( )

5. n 次超静定结构, 任意去掉 n 个多余约束均可作为力法基本结构。( )

6. 图 8.54 所示梁的超静定次数是 $n=4$。( )

7. 图 8.55 所示结构的超静定次数是 $n=3$。( )

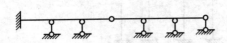

图 8.54

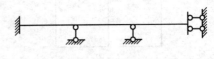

图 8.55

8. 图 8.56(b) 所示结构可作图 8.56(a) 所示结构的基本体系。( )

9. 在力法计算中, 校核最后内力图时只要满足平衡条件即可。( )

10. 图 8.57 所示结构用力法求解, 可取切断杆件 2、4 后的体系作为基本结构。( )

11. 图 8.58 所示结构的超静定次数为 4。( )

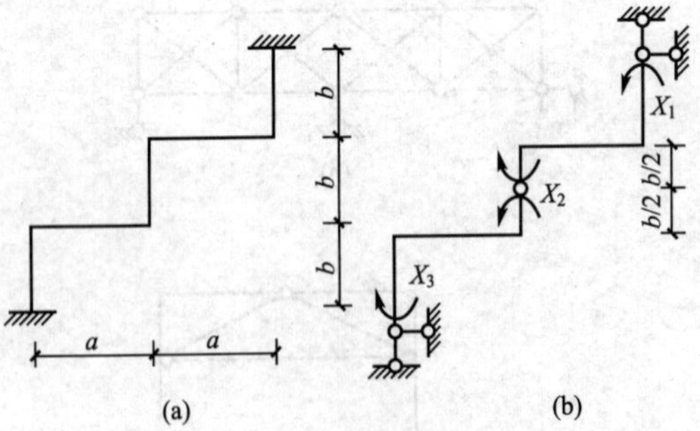

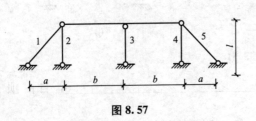

图 8.57

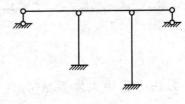

图 8.58

图 8.56

186

12. 图 8.59 所示桁架各杆 EA 相同,在所示荷载作用下,求得 BD 杆内力为零。(   )

13. 图 8.60(a)所示对称刚架,在对称荷载作用下可取图 8.60(b)所示半刚架来计算。(   )

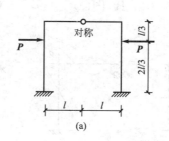

图 8.59

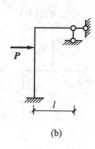

图 8.60

14. 图 8.61(a)所示梁的 M 图如图 8.61(b)所示。(   )

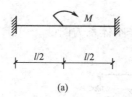

(a)

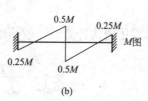

(b)

图 8.61

15. 图 8.62(a)所示结构的 M 图形状如图 8.62(b)所示。(   )

16. 图 8.63 所示桁架当下弦杆温度上升时,中段下弦杆受拉。(   )

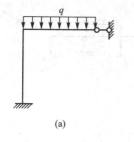

(a)

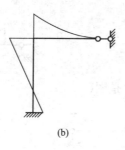

(b)

图 8.62

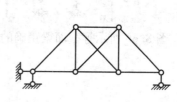

图 8.63

17. 设有静定与超静定两个杆件结构,二者除了支承情况不同外,其余情况完全相同,则在同样的荷载作用下超静定杆件的变形比静定的大。(   )

18. 如果要降低超静定结构中某些杆的弯矩,可把该杆的惯性矩增大。(   )

四、选择题

1. 力法方程是沿基本未知量方向的(   )。
   A. 力的平衡方程
   B. 位移为零方程
   C. 位移协调方程
   D. 力的平衡及位移为零方程

2. 超静定结构在荷载作用下的内力和位移计算中,各杆的刚度应为(   )。
   A. 均用相对值
   B. 均必须用绝对值

C. 内力计算用绝对值，位移计算用相对值

D. 内力计算可用相对值，位移计算须用绝对值

3. 图 8.64(a)结构最后弯矩图的形状为（　　）。

A. 图（b）　　　　B. 图（c）　　　　C. 图（d）　　　　D. 都不对

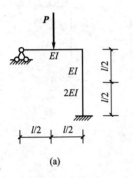 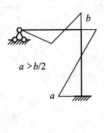 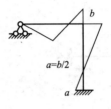 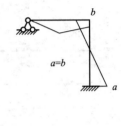

图 8.64

4. 图 8.65 所示梁用力法计算时，较简单的基本体系为图（　　）。

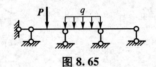

图 8.65

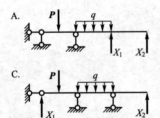

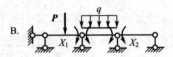

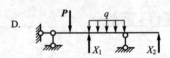

5. 图 8.66 所示等截面梁正确的 M 图是图（　　）。

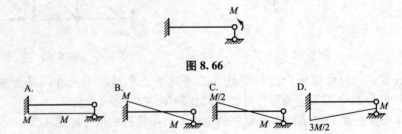

图 8.66

6. 图 8.67 所示等截面梁正确的 M 图是图（　　）。

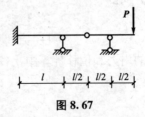

图 8.67

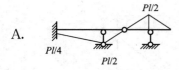 A.

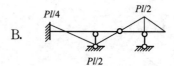 B.

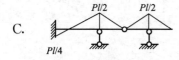 C.

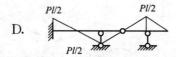 D.

7. 图 8.68 所示结构正确的 M 图（EI 为常数）为图（　　）。

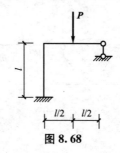

图 8.68

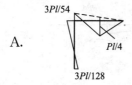 A.

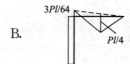 B.

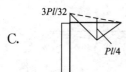 C.

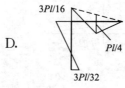 D.

8. 图 8.69 所示对称结构，其半边结构计算简图为图（　　）。

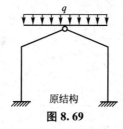

原结构

图 8.69

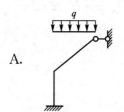 A.

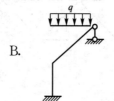 B.

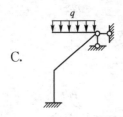

C.

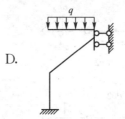

D.

9. 图 8.70 所示连续梁的正确 M 图为图（　　）。

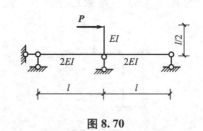

图 8.70

A.
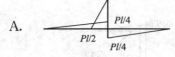

B.
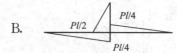

C.
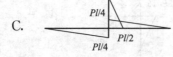

D.
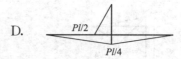

10. 图 8.71 所示结构各杆 EI、EA 值均相同，上横梁弯矩最大者为图（　　）。

A.
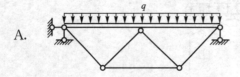

B.
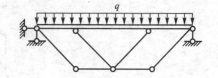

C.
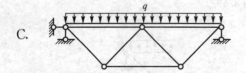

D.
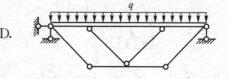

图 8.71

五、计算题

1. 用力法计算图 8.72 所示超静定梁，并作 M、V 图。

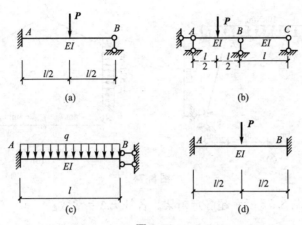

图 8.72

2. 用力法计算图 8.73 所示刚架，并作 M、V、N 图。

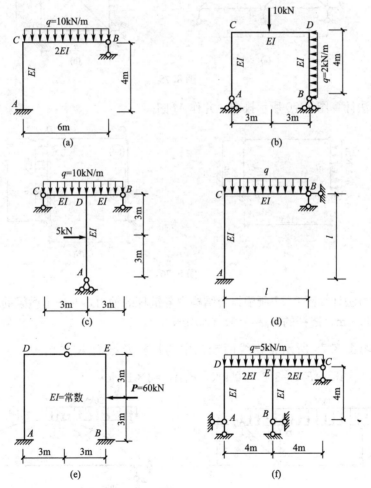

图 8.73

3. 用力法计算图 8.74 所示刚架，作 M 图。EI＝常数。

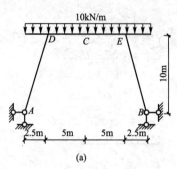

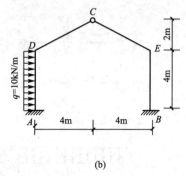

图 8.74

4. 用力法计算图 8.75 所示超静定桁架。各杆 $EA=$ 常数。

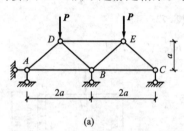

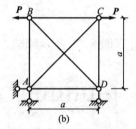

图 8.75

5. 用力法计算图 8.76 所示排架,并作 M 图。

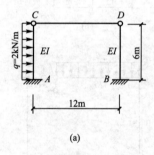

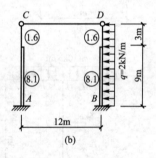

图 8.76

6. 试用力法计算图 8.77 所示组合结构中各链杆的轴力,并作出横梁的 M 图。已知横梁 $EI=10^4\,\text{kN} \cdot \text{m}$,链杆的 $E_1A_1=15\times10^4\,\text{kN}$。

7. 试计算图 8.78 所示抛物线两铰拱中的拉杆及截面 K 的内力。$y=\dfrac{4f}{l^2}x(l-x)$,$EI=5\times10^3\,\text{kN} \cdot \text{m}^2$,$EA=3.6\times10^6\,\text{kN}$,$E_1A_1=2\times10^5\,\text{kN}$。

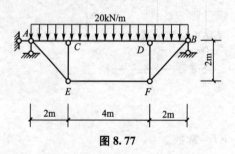

图 8.77

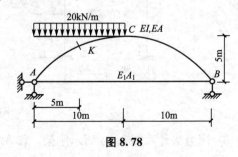

图 8.78

8. 求图 8.79 所示等截面半圆无铰拱在拱顶受集中荷载 P 时的内力。EI＝常数。

9. 利用对称性，计算图 8.80 所示刚架的 M 图。

10. 结构的温度改变如图 8.81 所示，EI＝常数，截面对称于形心轴，其高度 $h＝l/10$，材料的线膨胀系数为 α。试：(a)作 M 图；(b)求杆端 A 的角位移。

11. 图 8.82 所示单跨梁，温度改变如下：梁上边缘温度升高 t_1，下上边缘温度升高 t_2，$t_2＞t_1$，作 M 图。EI＝常数。线膨胀系数为 α，梁截面高度为 h。

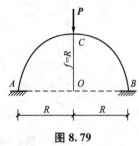

图 8.79

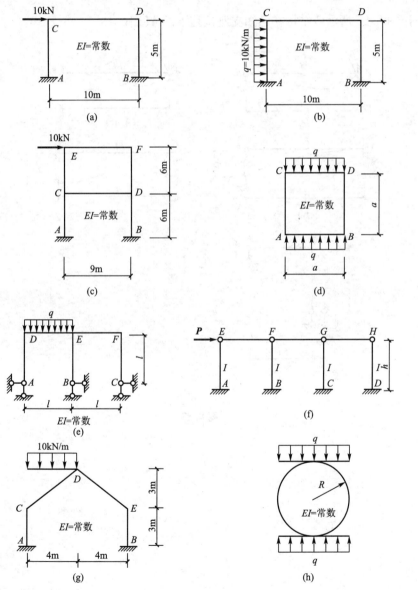

(a)

(b)

(c)

(d)

(e)

(f)

(g)

(h)

图 8.80

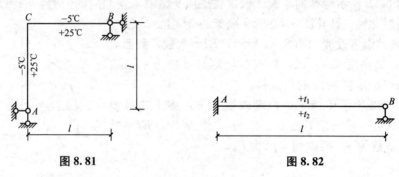

图 8.81 图 8.82

12. 作图 8.83 所示各结构在已知支座位移下的 M 图。

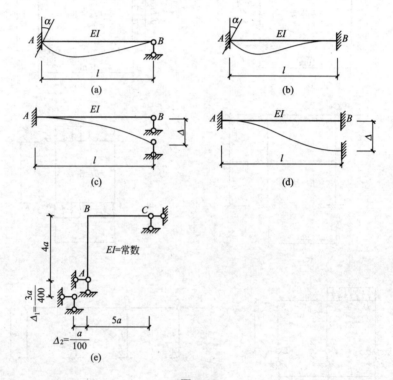

图 8.83

第9章
位 移 法

本章教学要点

知识模块	掌握程度	知识要点
位移法计算结构的内力、绘制内力图	掌握	等截面直杆的形常数和载常数
	掌握	位移法的基本未知量和基本结构
	掌握	位移法的典型方程
	熟悉	对称性的利用

本章技能要点

技能要点	掌握程度	应用方向
等截面直杆的形常数和载常数	掌握	位移法、力矩分配法的基础
位移法基本未知量	掌握	建立基本结构
位移法方程的应用	掌握	计算内力、绘制内力图
对称性的利用	熟悉	简化计算

 **导入案例**

不适宜用力法计算的超静定结构

19 世纪末，随着钢结构和钢筋混凝土结构的问世，出现了大量的高次超静定刚架，如果用力法计算将会非常麻烦。因为，力法典型方程中的未知量数目与超静定结构的超静定次数有关，若取静定结构为基本结构时，力法典型方程中的未知量数目就与结构的超静定次数相同。对于图 9.1 所示结构，其超静定次数为 10，其力法方程式中的未知量数目也是 10 个，显然，这将无法快速进行手工计算。所以，力法不适宜求解高次超静定结构。

因此，科学家们经过不断的努力，在已经有了用力法求解出的单跨超静定梁的基础上，建立了单个杆件（单跨超静定梁）与多个杆件组成的结构之间的关系。这就是本章要讨论的求解超静定结构的另一种主要的基本方法——位移法，从位移法出发，图 9.1 所示结构的基本未知量将只有一个。

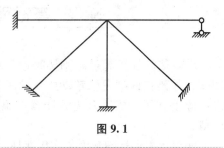

图 9.1

9.1 位移法的概念

结构在一定的外因作用下，其内力与位移之间具有确定的关系。先确定结点位移，再据此推求内力，便是位移法的基本思想。位移法是以某些结点位移作为基本未知量的。

现以图 9.2(a)所示刚架为例，分析说明位移法的基本概念。结构在荷载作用下将发生虚线所示的变形，在刚结点 B 处，两杆的杆端发生相同的转角 Z_1（为使表达式具有一般性，将角位移和线位移统一用 Z 表示），若略去轴向变形，则可认为两杆长度不变，因而结点 B 没有线位移。这样，对于 BC 杆，可以把它看作一端固定、一端铰支的单跨梁，内力和变形是两种作用的叠加，即均布荷载 q 的作用与固定端 B 发生转角 Z_1，如图 9.2(b)所示。而这两种情况下的内力通过力法都可以计算。同理，BA 杆看作两端固定的单跨梁，内力和变形由转角 Z_1 产生，如图 9.2(c)所示。问题的关键在于需首先确定转角 Z_1，可见此方法计算结构时，应以结点 B 的角位移 Z_1 为基本未知量，如果设法首先求出 Z_1，则各杆的内力随之均可确定。这就是位移法的基本思路。

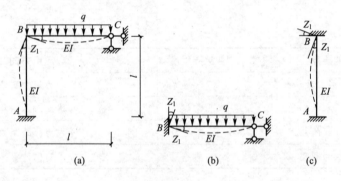

图 9.2

经过以上分析，在位移法中需要解决以下的问题。
(1) 用力法算出单跨超静定梁在杆端发生各种位移时以及荷载等因素作用下的内力。
(2) 确定以结构上的哪些位移作为基本未知量。
(3) 如何求出这些位移。
下面依次讨论这些问题。

9.2 等截面直杆的形常数和载常数

用位移法计算超静定刚架时，每根杆件均可看作单跨超静定梁。在计算过程中，要用到这种梁在杆端发生转动或移动时，以及荷载等外因作用下的杆端弯矩和剪力。为了以后应用方便，根据力法的计算结果给出等截面直杆单跨超静定梁的杆端弯矩和剪力的值。

杆端弯矩和杆端剪力是作用在杆端上的弯矩和剪力。为了应用方便，杆端弯矩和剪力

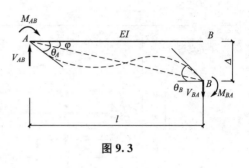

的正负号规定如下：杆端弯矩是以对杆端顺时针方向为正（对结点或支座则以反时针方向为正），反之为负；杆端剪力正负号的规定与通常规定相同，即以使杆端微段顺时针转动为正，反之为负。

杆端位移正负号规定如下：杆端转角以顺时针为正，反之为负；杆端线位移以使整个杆件顺时针转动为正，反之为负。图 9.3 中所示的杆端力及杆端位移均为正值。

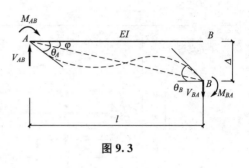

图 9.3

1. 荷载引起的载常数（固端弯矩和固端剪力）

单跨梁由荷载引起的杆端弯矩和杆端剪力称为载常数或固端弯矩和固端剪力，为了与实际杆端弯矩和剪力相区别，以符号 M_{ij}^F 和 V_{ij}^F 表示。固端弯矩和固端剪力均可用力法算得，对于通常的三种单跨超静定梁，即两端固定的梁、一端固定另一端铰支的梁、一端固定另一端定向滑动支座的梁，在常见荷载作用下的固端弯矩和固端剪力见表 9－1。

表 9－1 等截面直杆的载常数

编号	简图	弯矩		剪力	
		M_{AB}^F	M_{BA}^F	V_{AB}^F	V_{BA}^F
两端固定	1	$-\dfrac{Pl}{8}$	$+\dfrac{Pl}{8}$	$+\dfrac{P}{2}$	$-\dfrac{P}{2}$
	2	$-\dfrac{Pab^2}{l^2}$	$+\dfrac{Pa^2b}{l^2}$	$\dfrac{Pb^2}{l^2}\left(1+\dfrac{2a}{l}\right)$	$-\dfrac{Pa^2}{l^2}\left(1+\dfrac{2b}{l}\right)$
	3	$-\dfrac{1}{12}ql^2$	$+\dfrac{1}{12}ql^2$	$+\dfrac{ql}{2}$	$-\dfrac{ql}{2}$
	4	$-\dfrac{1}{30}ql^2$	$+\dfrac{1}{20}ql^2$	$+\dfrac{3}{20}ql$	$-\dfrac{7}{20}ql$
	5	$\dfrac{EI\alpha\Delta t}{h}$	$-\dfrac{EI\alpha\Delta t}{h}$	0	0

（续）

编号	简图	弯矩		剪力	
		M_{AB}^F	M_{BA}^F	V_{AB}^F	V_{BA}^F
6	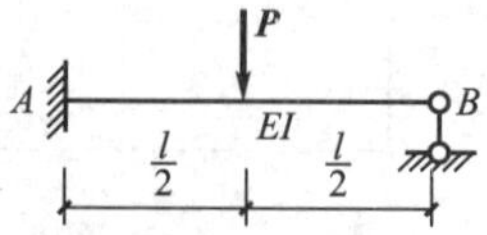	$-\dfrac{3}{16}Pl$	0	$+\dfrac{11}{16}P$	$-\dfrac{5}{16}P$
7	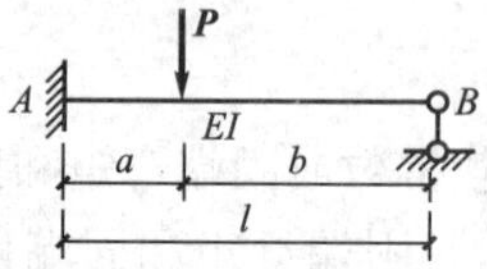	$-\dfrac{Pb(l^2-b^2)}{2l^2}$	0	$+\dfrac{Pb(3l^2-b^2)}{2l^3}$	$-\dfrac{Pa^2(3l-a)}{2l^3}$
8	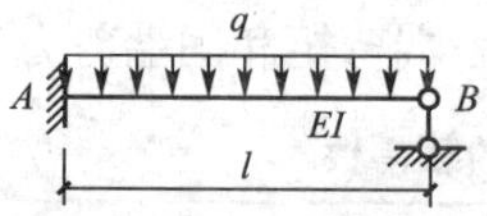	$-\dfrac{1}{8}ql^2$	0	$+\dfrac{5}{8}ql$	$-\dfrac{3}{8}ql$
9	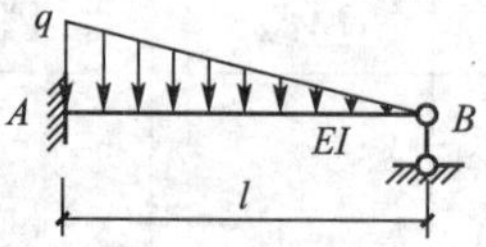	$-\dfrac{1}{15}ql^2$	0	$+\dfrac{2}{5}ql$	$-\dfrac{1}{10}ql$
10	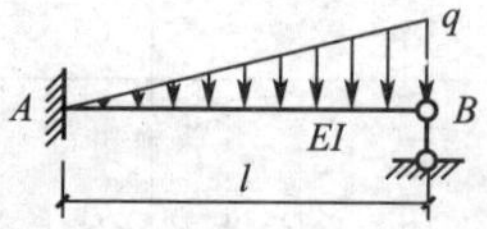	$-\dfrac{7}{120}ql^2$	0	$+\dfrac{9}{40}ql$	$-\dfrac{11}{40}ql$
11	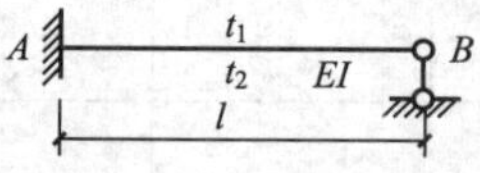 $\Delta t=t_1-t_2$	$\dfrac{3EI\alpha\Delta t}{2h}$	0	$-\dfrac{3EI\alpha\Delta t}{2hl}$	$-\dfrac{3EI\alpha\Delta t}{2hl}$
12	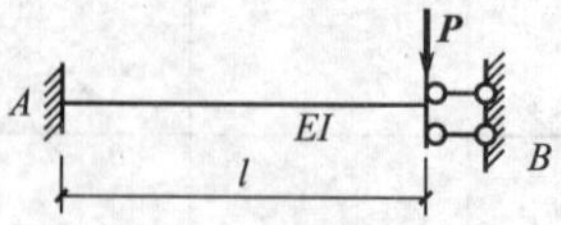	$-\dfrac{1}{2}ql$	$-\dfrac{1}{2}ql$	$+P$	$B_左=+P$ $B_右=0$
13	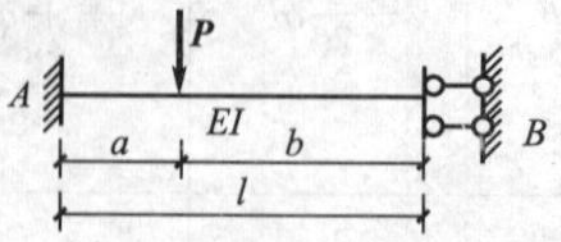	$-\dfrac{Pa}{2l}(2l-a)$	$-\dfrac{Pa^2}{2l}$	$+P$	0
14	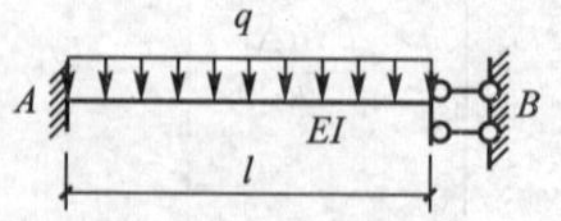	$-\dfrac{1}{3}ql^2$	$-\dfrac{1}{6}ql^2$	$+ql$	0

一端固定 一端铰支（6～11）

一端固定 一端滑动（12～14）

（续）

编号		简图	弯矩		剪力	
			M_{AB}^F	M_{BA}^F	V_{AB}^F	V_{BA}^F
一端固定一端滑动	15	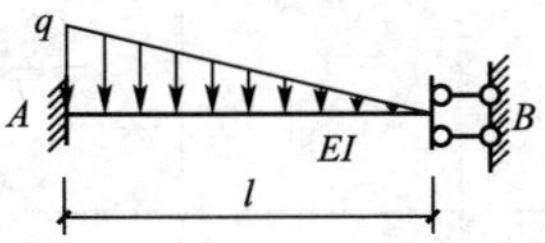	$-\dfrac{1}{8}ql^2$	$-\dfrac{1}{24}ql^2$	$+\dfrac{1}{2}ql$	0
	16	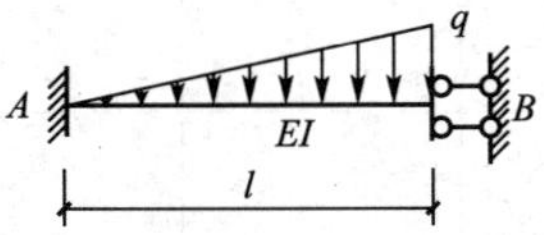	$-\dfrac{5}{24}ql^2$	$-\dfrac{1}{8}ql^2$	$+\dfrac{1}{2}ql$	0
	17	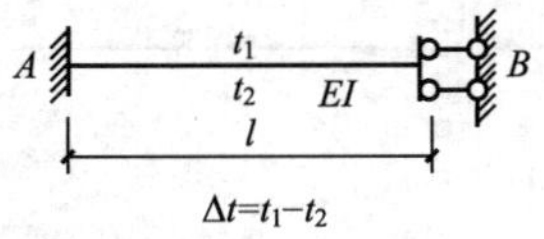	$\dfrac{EI\alpha\Delta t}{h}$	$-\dfrac{EI\alpha\Delta t}{h}$	0	0

表 9-1 中最常用到的是 1、3、6、8、12、14 等几种情况。建议读者将它们的弯矩图画出来，并能熟练应用。

2. 等截面直杆的形常数

常见单跨超静定梁由杆端发生单位转角或单位线位移时引起的杆端弯矩和杆端剪力称为形常数，也亦可用力法算得，见表 9-2，应熟练掌握并应用。

其中 $i=\dfrac{EI}{l}$，称为杆 AB 的线刚度。由形常数的数值可见杆件刚度越大，杆端位移时产生的杆端力就越大。

表 9-2 等截面直杆的形常数

编号		简图	弯矩		剪力	
			$\overline{M}_{AB}$	$\overline{M}_{BA}$	$\overline{V}_{AB}$	$\overline{V}_{BA}$
两端固定	1	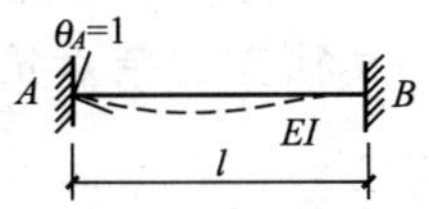	$4i$	$2i$	$-\dfrac{6i}{l}$	$-\dfrac{6i}{l}$
	2	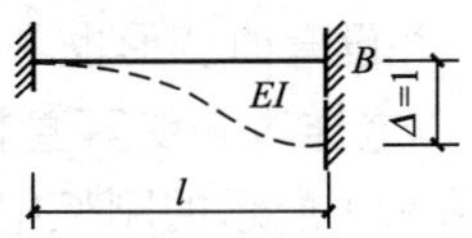	$-\dfrac{6i}{l}$	$-\dfrac{6i}{l}$	$\dfrac{12i}{l^2}$	$\dfrac{12i}{l^2}$

（续）

编号		简图	弯矩		剪力	
			$\overline{M}_{AB}$	$\overline{M}_{BA}$	$\overline{V}_{AB}$	$\overline{V}_{BA}$
一端固定一端铰支	3	$\theta_A=1$, A, EI, B, l	$3i$	0	$-\dfrac{3i}{l}$	$-\dfrac{3i}{l}$
	4	A, EI, B, $\Delta=1$, l	$-\dfrac{3i}{l}$	0	$\dfrac{3i}{l^2}$	$\dfrac{3i}{l^2}$
一端固定一端定向	5	$\theta_A=1$, A, EI, B, l	i	$-i$	0	0

9.3 位移法的基本未知量和基本结构

1. 位移法的基本未知量

在单跨梁形常数和载常数的基础上，如果结构上每根杆件两端的角位移和线位移都已求得，则全部杆件的内力均可通过叠加确定。因此，在位移法中，基本未知量应是各结点的角位移和线位移。在计算时，应首先确定独立的结点角位移和线位移的个数。

1）确定独立的结点角位移个数

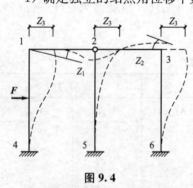

图 9.4

由于在同一刚结点处，各杆端的转角都是相等的，因此每一个刚结点具有一个独立的角位移未知量。在固定支座处，其转角等于零或是已知的支座位移值。至于铰结点或铰支座处各杆端的转角，由 9.2 节可知，它们不是独立的，确定杆件内力时可以不需要它们的数值，故可不作为基本未知量。这样，确定结构独立的结点角位移数时，只要看刚结点的数目即可。例如图 9.4 所示刚架，其独立的结点角位移数目为 2，即 Z_1、Z_2。

2）确定独立的结点线位移个数

在一般情况下，每个结点均可能有水平和竖向两个独立的线位移。但确定独立的结点线位移数时，通常对于受弯杆件略去其轴向变形，并设弯曲变形也是微小的，于是可以认为受弯直杆两端之间的距离在变形后仍保持不变，这样每一受弯直杆就相当于一个约束，从而减少了独立的结点线位移数目。例如，在图 9.4 所示的刚架中，4、5、6 三个固定端都是不动的点，三根柱子的长度又保持不变，因而结点 1、2、3 均无竖向位移。又由于两根横梁亦保持长度不变，故三个结点均有相同的水平位移。因此，在位移法计算时，只有一个独立的结点线位移，即 Z_3。

独立的结点线位移数目还可以用下述方法来确定：由于在刚架计算中，不考虑各杆长度的改变，因而结点独立线位移的数目可用几何组成分析的方法来判定。如果把所有的刚结点(包括固定支座)都改为铰结点，则此铰结体系的自由度个数就是原结构的独立结点线位移的数目。换句话说，为了使铰结体系成为几何不变体系而增加的链杆数就等于原结构的独立结点线位移的数目。

以图 9.5(a)所示刚架为例，为确定独立结点线位移的数目，可把所有刚结点(包括固定支座)都改为铰结点，得到图 9.5(b)实线所示的铰结杆件体系，该体系必须添加两根链杆(虚线所示)后，才能由几何可变体系成为几何不变体系。由此可知，原刚架用位移法计算时有两个独立结点线位移。

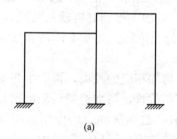 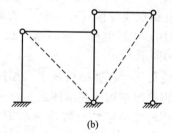

(a)   (b)

图 9.5

需要注意的是，上述确定独立的结点线位移数目的方法，是以受弯直杆变形后两端距离不变的假设为依据的。对于需要考虑轴向变形的链杆或对于受弯的曲杆，则其两端距离不能看作不变。因此，图 9.6(a)、(b)所示结构，其独立的结点线位移数目应是 2 而不是 1。

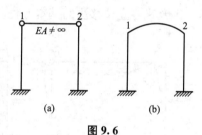

图 9.6

一般来说，用位移法计算刚架时，基本未知量包括结点角位移和独立结点线位移。结点角位移的数目等于结构刚结点的数目；独立结点线位移的数目等于将刚结点改为铰结点后得到的铰结体系的自由度数目。

在确定基本未知量时，由于既保证了刚结点各杆杆端转角彼此相等，又保证了各杆杆端距离保持不变，因此，将分解的杆件再综合为结构的过程能够保证各杆杆端位移彼此协调，能够满足变形连续条件。

2. 位移法的基本结构和基本体系

图 9.7(a)所示刚架中，只有一个刚结点 D，所以只有一个结点角位移 Z_1，没有结点线位移。在结点 D 处加一个控制结点 D 转动的约束，将其称作附加刚臂，用加斜线的三角符号表示(注意，这种约束不约束结点线位移)，这样得到的无结点位移的结构称为原结构的基本结构，如图 9.7(c)所示。把基本结构在荷载和基本未知位移共同作用下的体系称为原结构的基本体系，如图 9.7(b)所示。由此可知，位移法的基本体系是通过增加约束将基本未知量完全锁住后，在荷载和基本未知量位移的共同作用下的超静定杆的综合体。

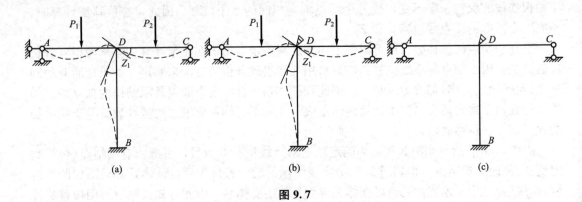

图 9.7

　　同理，图 9.8(a)所示结构，有两个基本未知量，结点 C 的角位移 Z_1、结点 C 和 D 的线位移 Z_2（独立结点线位移只有一个）。在结点 C 处加一控制其转动的约束，即附加刚臂，在结点 D 处附加一水平链杆，控制结点 C 和 D 的线位移。其基本体系和基本结构分别如图 9.8(b)、(c)所示。

　　由以上讨论可知，在原结构基本未知量处，增加相应的约束，再产生与原结构相同的结点位移，就得到原结构的基本体系。对于结点角位移，增加控制转动的附加刚臂；对于结点线位移，则增加控制结点线位移的附加链杆，这两种约束的作用是相互独立的。因此，基本体系与原结构的区别在于，增加了人为的约束，把原结构变为一个被约束的单杆综合体，分解成荷载和基本未知位移分别作用下的叠加，9.4 节将讨论如何利用基本体系这一工具来建立位移法的基本方程。

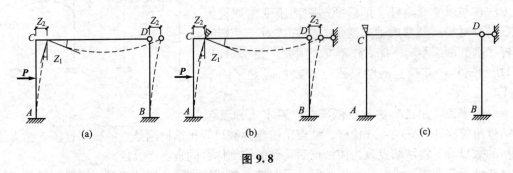

图 9.8

9.4 位移法方程及算例

　　根据位移法的基本体系在荷载与结点位移的共同作用下，与原结构等价的条件，列出的平衡方程称为位移法方程。

1. 位移法方程的建立

　　现以图 9.9(a)所示刚架说明位移法方程是如何建立的。该刚架只有一个刚结点 C，基本未知量即是 C 点的角位移 Z_1。在结点 C 处施加控制转动的约束附加刚臂，得到基本体系如图 9.9(b)所示。

基本体系转化为原结构的条件就是附加刚臂的约束力矩 R_1［图 9.9(b)］应等于零，即

$$R_1 = 0 \tag{a}$$

因为在原结构中结点 C 处没有约束，所以基本结构在荷载和 Z_1 共同作用下，在结点 C 处应与原结构完全相同，只有这样，图 9.9(b) 的内力和变形才能与原结构的内力和变形完全相同，这就是基本体系转化为原结构的条件。以此列出的方程是一个平衡方程，即为位移法方程。为方便起见，此处用符号 ⤻ 表示转角位移，以后以此沿用。

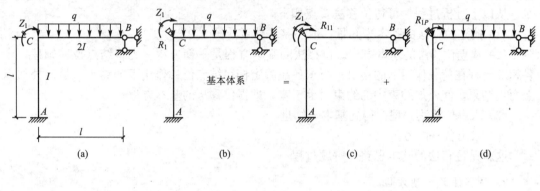

基本体系 = +

(a)　　　　　(b)　　　　　(c)　　　　　(d)

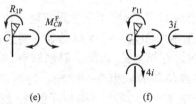

(e)　　　　　(f)

图 9.9

先分析基本结构在荷载作用下的计算 ［图 9.9(d)］。此时结点 C 处于锁住状态，由单跨梁载常数求 CB 杆的固端弯矩 M_{CB}^{F}，$M_{CB}^{\mathrm{F}} = -\dfrac{ql^2}{8}$。由结点平衡 ［图 9.9(e)］ 可计算出在附加刚臂中存在的约束力矩 R_{1P}，$R_{1P} = -\dfrac{ql^2}{8}$。

再来分析基本结构在基本未知量 Z_1 作用下的计算过程 ［图 9.9(c)］。此时基本结构中结点 C 发生角位移 Z_1，由单跨梁形常数分别求 CB 杆、AC 杆的杆端弯矩为 $M'_{CB} = 3iZ_1$、$M'_{CA} = 4iZ_1$，由结点平衡 ［图 9.9(f)］ 可计算在附加刚臂中存在的约束力矩 R_{11}，$R_{11} = 3iZ_1 + 4iZ_1 = 7iZ_1$。

将以上两种情形叠加，使基本体系恢复到原结构的状态，即使基本体系在荷载和 Z_1 作用下附加刚臂的约束力矩 R_1 消失。这时图 9.9(b) 中，虽然结点 C 在形式上还有附加转动约束，但实际上已不起作用，即结点 C 已处于放松状态。

根据以上分析，利用叠加原理，式(a)可写为

$$R_1 = R_{1P} + R_{11} = 0 \tag{b}$$

进一步将 R_{11} 表示为与 Z_1 有关的量，式(b)可写为

$$R_1 = r_{11}Z_1 + R_{1P} = 0 \tag{9-1}$$

式中，r_{11} 为基本结构在单位位移 $Z_1 = 1$ 单独作用时在附加刚臂中的约束力矩；R_{1P} 为基本结构在荷载单独作用下在附加刚臂中的约束力矩。

式(9-1)就是求解基本未知量 Z_1 的位移法方程，此方程是平衡方程。将 r_{11}、R_{1P} 的数值代入式(9-1)，便可计算出 $Z_1 = -\dfrac{R_{1P}}{r_{11}} = -\dfrac{-\dfrac{ql^2}{8}}{7i} = \dfrac{ql^2}{56i}$，将 Z_1 代回图 9.9(d)，所得的结果再叠加上图 9.9(d) 的结果，即得到图 9.9(a) 所示结构的解。

总之，对于一个刚结点，有一个基本未知量结点角位移，相应可以写出一个平衡方程——位移法的基本方程。一个基本方程正好解出一个基本未知量。

从以上分析过程，可得位移法要点如下。

(1) 确定位移法的基本未知量，取出基本体系 [图 9.9(b)]。

(2) 建立位移法的基本方程。位移法的基本方程是平衡方程：先将结点位移锁住，求各超静定杆在荷载作用下的结果；再求各超静定杆在结点位移作用下的结果。最后叠加以上两步结果，使外加约束中的约束力等于零，即得位移法的基本方程。

(3) 求解位移法方程，得到基本未知量。

(4) 求出各杆内力。

这就是位移法的基本思路和解题过程。

2. 位移法的典型方程

对于具有多个基本未知量的结构，仍然应用上述思路建立位移法的典型方程。

图 9.10(a) 所示刚架有两个基本未知量：结点 C 的独立转角位移 Z_1 和独立的结点线位移 Z_2。这种结构称为有侧移结构。在结点 C 处加一限制转动的约束——附加刚臂，为约束 1，在结点 D 处加一限制水平线位移的约束——链杆，为约束 2。令附加刚臂发生与原结构相同的转角 Z_1，同时令附加链杆发生与原结构相同的线位移 Z_2，便得基本体系，如图 9.10(b) 所示。下面利用叠加原理建立位移法方程。

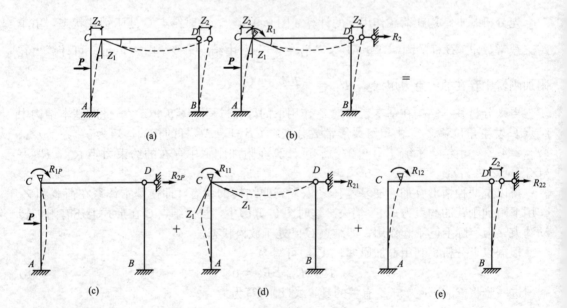

图 9.10

(1) 基本结构在荷载单独作用时的计算，如图 9.10(c)所示。先求出各杆的固端力，然后利用平衡条件计算附加刚臂与附加链杆中存在的约束力矩 R_{1P} 和水平约束力 R_{2P}。

(2) 基本结构在 Z_1 单独作用时的计算，如图 9.10(d)所示。使基本结构在结点 C 发生结点位移 Z_1，但结点 D 仍被锁住。先求出基本结构在杆件 AC 和 CD 的杆端力，再利用平衡条件计算在附加刚臂与附加链杆中分别存在的约束力矩 R_{11} 和水平约束力 R_{21}。

(3) 基本结构在 Z_2 单独作用时的计算，如图 9.10(e)所示。使基本结构在结点 D 发生结点位移 Z_2，但结点 C 仍被锁住。先求出基本结构在杆件 DB 和 CA 的杆端力，再利用平衡条件计算在附加刚臂与附加链杆中分别存在的约束力矩 R_{12} 和水平约束力 R_{22}。

将以上三个过程在附加约束中的力叠加，得基本体系在荷载和结点位移 Z_1、Z_2 共同作用下的结果。这时基本体系已转化为原结构，虽然在形式上还有约束，但实际上已不起作用，即附加约束中的总约束力应等于零，即：

$$\left.\begin{array}{l} R_1=0 \\ R_2=0 \end{array}\right\} \tag{a}$$

则

$$\left.\begin{array}{l} R_{11}+R_{12}+R_{1P}=0 \\ R_{21}+R_{22}+R_{2P}=0 \end{array}\right\} \tag{b}$$

式中，R_{1P}、R_{2P} 为基本结构在荷载单独作用时，在附加约束 1 和 2 中产生的约束力矩和约束力；R_{11}、R_{21} 为基本结构在结点位移 Z_1 单独作用（$Z_2=0$）时，在附加约束 1 和 2 中产生的约束力矩和约束力；R_{12}、R_{22} 为基本结构在结点位移 Z_2 单独作用（$Z_1=0$）时，在附加约束 1 和 2 中产生的约束力矩和约束力。

进一步将 R_{11}、R_{21}、R_{12}、R_{22} 表示为与 Z_1 和 Z_2 有关的量，式(b)可写为

$$\left.\begin{array}{l} r_{11}Z_1+r_{12}Z_2+R_{1P}=0 \\ r_{21}Z_1+r_{22}Z_2+R_{2P}=0 \end{array}\right\} \tag{9-2}$$

式中，r_{11}、r_{21} 为基本结构在结点位移 $Z_1=1$ 单独作用（$Z_2=0$）时，在附加约束 1 和 2 中产生的约束力矩和约束力；r_{12}、r_{22} 为基本结构在结点位移 $Z_2=1$ 单独作用（$Z_1=0$）时，在附加约束 1 和 2 中产生的约束力矩和约束力。

式(9-2)就是求解两个基本未知量 Z_1、Z_2 的位移法方程。

对于具有 n 个基本未知量的结构，其位移法方程的典型形式如下：

$$\left.\begin{array}{l} r_{11}Z_1+r_{12}Z_2+\cdots+r_{1n}Z_n+R_{1P}=0 \\ r_{21}Z_1+r_{22}Z_2+\cdots+r_{2n}Z_n+R_{2P}=0 \\ \cdots\cdots \\ r_{n1}Z_1+r_{n2}Z_2+\cdots+r_{nn}Z_n+R_{nP}=0 \end{array}\right\} \tag{9-3}$$

式中，r_{ii} 为基本结构在结点位移 $Z_i=1$ 单独作用（其他位移均为零）时，在附加约束 i 中产生的约束力（$i=1$、2、$\cdots$、n）；r_{ij} 为基本结构在结点位移 $Z_j=1$ 单独作用（其他位移均为零）时，在附加约束 i 中产生的约束力（$i=1$、2、$\cdots$、n，$j=1$、2、$\cdots$、n，$i\neq j$）；R_{iP} 为基本结构在荷载单独作用（所有基本未知量位移均为零）时，在附加约束 i 中产生的约束力

$(i=1、2、\cdots、n)$。

式(9-3)中的每一方程表示基本体系与每一未知量相应的附加约束处约束力等于零的平衡条件。具有 n 个基本未知量的结构，基本体系就有 n 个附加约束，也就有 n 个附加约束处的平衡条件，即 n 个平衡方程。显然，可由 n 个平衡方程解出 n 个基本未知量。

在建立位移法方程时，基本未知量 Z_1、Z_2、$\cdots$、Z_n 均假设为正号，即假设结点角位移为顺时针转向，结点线位移使杆产生顺时针转动。计算结果为正时，说明实际位移的方向与所设方向一致；计算结果为负时，说明实际位移的方向与所设方向相反。

式(9-3)中处于主对角线上的系数 r_{ii} 称为主系数，其值恒大于零；处于主对角线两侧的 k_{ij} 等称为副系数，其值可大于零，可小于零，或等于零。R_{iP} 称为自由项。由反力互等定理可知：

$$r_{ij}=r_{ji} \tag{9-4}$$

由此可减少副系数的计算工作量。

由于在位移法典型方程中，每个系数都是单位位移所引起的附加联系的反力（或反力矩）。显然，结构的刚度愈大，这些反力（或反力矩）的数值也愈大，故这些系数又称为结构的刚度系数，位移法典型方程又称为结构的刚度方程，位移法也称为刚度法。

3. 位移法算例

1) 位移法计算连续梁和无侧移刚架

现通过例题说明用位移法计算连续梁和无侧移刚架的过程。

【例 9-1】 用位移法计算图 9.11(a)所示连续梁的内力。$EI=$ 常数

解：(1) 确定位移法的基本未知量，$n=1$，为结点 B 的转角位移；形成基本体系，如图 9.11(b)所示。

(2) 建立位移法的基本方程。

$$r_{11}Z_1+R_{1P}=0$$

(3) 计算主系数 r_{11}、自由项 R_{1P}。r_{11} 是基本结构在 B 点转角 $Z_1=1$ 单独作用时，在附加刚臂中的约束力矩。设 $i=\dfrac{EI}{l}$，利用形常数计算各杆端弯矩，并作 $\overline{M}$ 图，如图 9.11(c)所示。

$$\overline{M}_{BC}=3i,\quad \overline{M}_{BA}=4i,\quad \overline{M}_{AB}=2i$$

由结点 B 的力矩平衡如图 9.11(d) 所示，可得

$$\sum M_B=0,\ r_{11}=7i$$

R_{1P} 为基本结构在荷载单独作用下在附加刚臂中的约束力矩。利用载常数计算各杆固端弯矩，并作 M_P 图，如图 9.11(e) 所示。

$$M_{BA}^{\mathrm{F}}=-M_{AB}^{\mathrm{F}}=\frac{ql^2}{12}=\frac{2\times6^2}{12}=6\mathrm{kN\cdot m}$$

$$M_{BC}^{\mathrm{F}}=-\frac{3Pl}{16}=\frac{3\times16\times6}{16}=-18\mathrm{kN\cdot m}$$

由结点 B 的力矩平衡如图 9.11(f) 所示，可得

$$\sum M_B=0,\quad R_{1P}=-18+6=-12\mathrm{kN\cdot m}$$

(4) 求解位移法方程，得到基本未知量 Z_1。

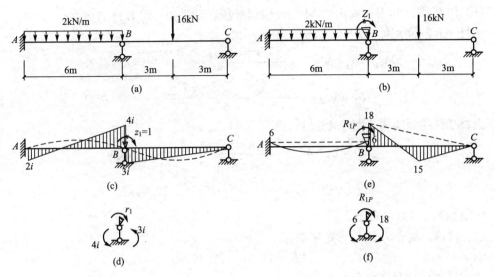

图 9.11

$$Z_1 = -\frac{R_{1P}}{r_{11}} = \frac{12}{7i} = 1.714\frac{1}{i}$$

（5）利用叠加原理作 M 图。$M = \bar{M}Z_1 + M_P$。

$$M_{AB} = 2iZ_1 + M_{AB}^F = 2i\left(1.714\frac{1}{i}\right) - 6 = -2.57\text{kN}\cdot\text{m}$$

$$M_{BA} = 4iZ_1 + M_{BA}^F = 4i\left(1.714\frac{1}{i}\right) + 6 = 12.86\text{kN}\cdot\text{m}$$

$$M_{BC} = 3iZ_1 + M_{BC}^F = 3i\left(1.714\frac{1}{i}\right) - 18 = -12.86\text{kN}\cdot\text{m}$$

杆端弯矩纵坐标仍画在受拉侧，根据杆端弯矩，利用区段叠加法，即可画出 M 图，如图 9.12(a)所示。

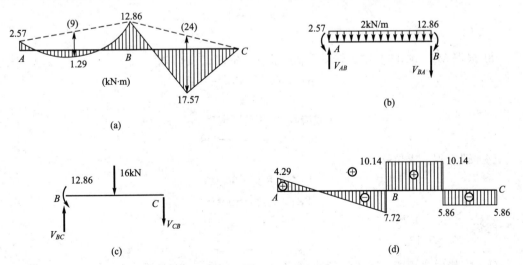

图 9.12

(6) 作 V 图。利用已画出的 M 图，根据杆段转动平衡，计算杆端剪力。

由杆 AB 的隔离体 [图 9.12(b)] 得

$$\sum M_B = 0, \quad V_{AB} = \frac{-12.86 + 2 \times 6 \times 3 + 2.57}{6} = 4.29 \text{kN}$$

$$\sum M_A = 0, \quad V_{BA} = \frac{-12.86 - 2 \times 6 \times 3 + 2.57}{6} = -7.72 \text{kN}$$

由杆 BC 的隔离体 [图 9.12(c)] 得

$$\sum M_B = 0, \quad V_{CB} = \frac{-16 \times 3 + 12.86}{6} = -5.86 \text{kN}$$

$$\sum M_C = 0, \quad V_{BC} = \frac{16 \times 3 + 12.86}{6} = 10.14 \text{kN}$$

V 图如图 9.12(d)所示。

(7) 校核。结点 B 满足力矩平衡：

$$\sum M_B = 12.86 - 12.86 = 0$$

连续梁整体满足竖向合外力为零：

$$\sum Y = 4.29 + 17.86 + 5.86 - 2 \times 6 - 16 \approx 0$$

【例 9-2】 试用位移法计算图 9.13(a)所示刚架，绘制其弯矩图。各杆相对线刚度 i 值如图所示。

解：(1) 确定位移法基本未知量，分别为 1、2 结点的角位移 Z_1、Z_2，$n=2$。形成基本体系，如图 9.13(b)所示。

(2) 建立位移法方程。

$$r_{11}Z_1 + r_{12}Z_2 + R_{1P} = 0$$
$$r_{21}Z_1 + r_{22}Z_2 + R_{2P} = 0$$

(3) 计算系数与自由项计算。

① 作基本结构荷载作用时的 M_P 图 [图 9.13(c)]、$Z_1=1$ 作用时(此时 $Z_2=0$)的 $\overline{M}_1$ [图 9.13(d)] 以及 $Z_2=1$ 作用时(此时 $Z_1=0$)的 $\overline{M}_2$ 图 [图 9.13(e)]。

② 根据 M_P 图及结点转动平衡 [图 9.13(c)] 得

$$R_{1P} = 30 \text{kN} \cdot \text{m}$$
$$R_{2P} = 0$$

③ 根据 $\overline{M}_1$、$\overline{M}_2$ 图及结点转动平衡 [图 9.13(d)、(e)] 得

$$r_{11} = 16 + 12 + 12 = 40$$
$$r_{21} = 8$$
$$r_{12} = 8(或应用反力互等定理 r_{12} = r_{21})$$
$$r_{22} = 16 + 12 + 8 = 36$$

(4) 解方程，求位移。

$$40Z_1 + 8Z_2 + 30 = 0$$
$$8Z_1 + 36Z_2 + 0 = 0$$

解得 $\begin{cases} Z_1 = -0.78 \\ Z_2 = 0.17 \end{cases}$

(5) 作最后弯矩图，$M = \overline{M}_1 Z_1 + \overline{M}_2 Z_1 + M_P$，如图 9.13(f)所示。

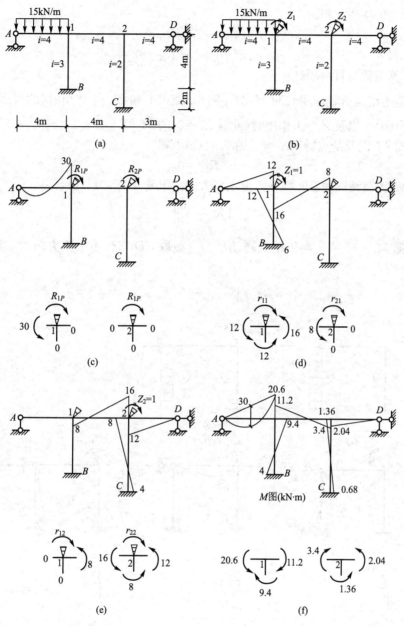

图 9.13

（6）校核。结点 1、2［图 9.13(f)］满足力矩平衡：

$$\sum M_1 = 20.6 - 11.2 - 9.4 = 0$$

$$\sum M_2 = 1.36 + 2.04 - 3.4 = 0$$

2）位移法计算有侧移刚架

【例 9 - 3】 试用位移法计算图 9.14(a)所示刚架，绘其弯矩图。各杆 EI =常数。

解：（1）确定位移法基本未知量，分别为 C 结点的角位移 Z_1 和 C、D 结点的线位移 Z_2，$n=2$。形成基本体系，如图 9.14(b)所示。为方便起见，此处亦用符号 ⊬► 表示线位移，以后以此沿用。

（2）建立位移法方程。

$$r_{11}Z_1+r_{12}Z_2+R_{1P}=0$$
$$r_{21}Z_1+r_{22}Z_2+R_{2P}=0$$

（3）计算系数与自由项计算。

① 作基本结构荷载作用时的 M_P 图 [图 9.14(c)] 和 $Z_1=1$ 作用时（此时 $Z_2=0$）的 $\overline{M}_1$ 图 [图 9.14(d)] 以及 $Z_2=1$ 作用时（此时 $Z_1=0$）的 $\overline{M}_2$ 图 [图 9.14(e)]。

② 根据 M_P 图及结点转动平衡 [图 9.14(c)] 得

$$R_{1P}=0$$

根据 M_P 图及截取的 CD 部分，由水平方向的平衡 [图 9.14(c)] 得

$$R_{2P}=\frac{3ql}{8}$$

③ 根据 $\overline{M}_1$、$\overline{M}_2$ 图，利用结点转动平衡、截取 CD 部分由水平方向的平衡 [图 9.14(d)、(e)] 得

$$r_{11}=3i+4i=7i,\quad r_{12}=r_{21}=-\frac{6i}{l},\quad r_{22}=\frac{3i}{l^2}+\frac{12i}{l^2}=\frac{15i}{l^2}$$

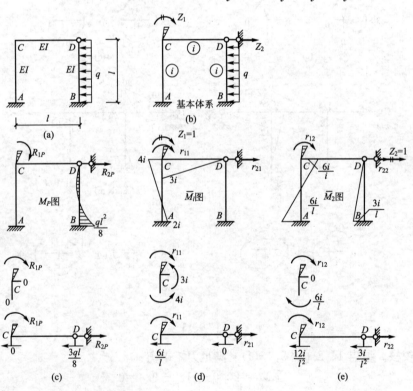

图 9.14

（4）解位移法方程，求基本未知量。

解方程，得 $\begin{cases} Z_1=\dfrac{-3ql^3}{92i} \\[2mm] Z_2=\dfrac{-7ql^4}{184i} \end{cases}$

所得结点位移为负值，说明实际位移与所设方向相反。

（5）计算杆端弯矩，作 M 图。各杆端弯矩可根据叠加公式 $M=\bar{M}_1Z_1+\bar{M}_2Z_2+M_P$ 计算。按平衡条件又可计算杆端剪力、轴力，并绘制剪力图与轴力图，读者可自己分析。

结合上述例题，可将位移法的计算步骤归纳如下。

（1）确定原结构的基本未知量即独立的结点角位移和线位移的数目，加入附加约束，令各附加约束发生与原结构相同的结点位移得到基本体系。

（2）根据基本结构在荷载等外因和各结点位移共同作用下，附加约束上的反力矩或反力均应等于零的条件，建立位移法的典型方程。

（3）绘出基本结构在各单位结点位移作用下的弯矩图和荷载作用下（或支座位移、温度变化等其他外因作用下）的弯矩图，由平衡条件求出各系数和自由项。

（4）求解典型方程，得到作为未知量的各结点位移。

（5）按叠加法绘制最后弯矩图。

【例 9 - 4】 图 9.15（a）所示刚架的支座 A 产生转角 φ，支座 B 产生竖向位移 $c=\dfrac{3}{4}l\varphi$。试用位移法绘制其弯矩图。

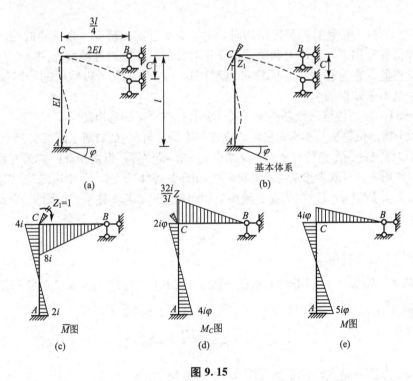

图 9.15

解：（1）确定位移法基本未知量，此刚架的基本未知量只有结点 C 的转角位移，$n=1$。在结点 C 处加一附加刚臂，形成基本体系，如图 9.15（b）所示。

（2）建立位移法方程：

$$r_{11}Z_1+R_{1c}=0$$

（3）计算系数与自由项。

① 作基本结构 $Z_1=1$ 作用时 $\overline{M}_1$ 图 [图 9.15(c)]、支座产生位移时 M_c 图 [图 9.15(d)]。

② 设 $i=\dfrac{EI}{l}$，根据 M_c 图及结点转动平衡 [图 9.15(d)] 得

$$R_{1c}=2i\varphi-\frac{32i}{3l}\Delta=-6i\varphi$$

根据 $\overline{M}_1$ 图及结点力矩平衡 [图 9.15(c)] 得

$$r_{11}=8i+4i=12i$$

（4）解位移法方程，求基本未知量。

$$Z_1=-\frac{R_{1c}}{r_{11}}=-\frac{-6i\varphi}{12i}=\frac{\varphi}{2}$$

（5）计算杆端弯矩，根据叠加公式 $M=\overline{M}_1 Z_1+M_c$ 作 M 图，如图 9.15(e)所示。

9.5 位移法计算对称结构

在第 8 章通过力法计算超静定结构时，对于对称性结构得到一个重要的结论：对称结构在正对称荷载作用下，其内力和位移都是正对称的；在反对称荷载作用下，其内力和位移都是反对称的。在位移法中，同样可以利用这一结论，取半边结构的计算简图进行计算，以减少基本未知量的个数。

【例 9-5】 试用位移法绘制图 9.16(a)所示对称刚架的弯矩图。

解：（1）确定位移法基本未知量，形成基本体系。图 9.16(a)所示刚架有三个结点位移，分别为 C、D 结点的两个角位移和 C、D 结点的一个线位移，但由于此结构为对称刚架，且在对称荷载作用下，可取半边结构的计算简图如图 9.16(b)所示。此半边结构只有一个 C 结点的角位移 Z_1，所以 $n=1$。在结点 C 施加附加刚臂，形成基本体系，如图 9.16(c)所示。

（2）建立位移法方程。

$$r_{11}Z_1+R_{1P}=0$$

（3）计算系数与自由项。

① 作基本结构 $Z_1=1$ 作用时的 $\overline{M}_1$ 图 [图 9.16(d)]、荷载作用时的 M_P 图 [图 9.16(e)]。

② 根据 $\overline{M}_1$ 图，利用结点转动平衡 [图 9.16(d)] 得（令 $EI=i$）

$$r_{11}=i_{CE}+4i_{CA}=\frac{3EI}{3}+\frac{4EI}{4}=2i$$

③ 根据 M_P 图及结点转动平衡 [图 9.16(e)] 得

$$R_{1P}=-18\text{kN}\cdot\text{m}$$

（4）解位移法方程，求基本未知量。

$$Z_1=\frac{9}{i}$$

（5）计算杆端弯矩，作 M 图，如图 9.16(f)所示。各杆端弯矩可根据叠加公式 $M=\overline{M}_1 Z_1+\overline{M}_2 Z_2+M_P$ 计算。

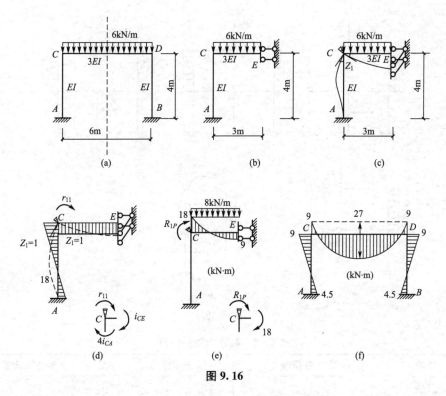

图 9.16

当对称结构承受一般非对称荷载作用时，可将荷载分解为正、反对称的两组，分别加于结构上求解，然后再将结果叠加。例如图 9.17(a)所示的对称刚架，在正对称荷载作用下只有正对称的基本未知量，即两结点的一对正对称的转角 Z_1 [图 9.17(b)]；同理，在反对称荷载作用下，将只有反对称的基本未知量 Z_2 和 Z_3 [图 9.17(c)]。在正、反对称荷载的作用下，均可只取结构的一半即半边结构来进行计算 [图 9.17(d)、(e)]。

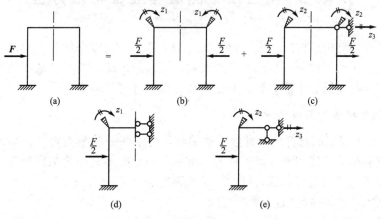

图 9.17

【例 9 - 6】 试选择图 9.18(a)所示对称刚架的计算方法。$EI=$常数。

解：此结构为对称结构在一般荷载作用下。可将荷载分解为对称和反对称两组，分别如图 9.18(b)、(c)所示。对称和反对称荷载作用下的半边结构分别如图 9.18(d)、(e)所示。两种情况下用力法和位移法计算时基本未知量数目见表 9 - 3。

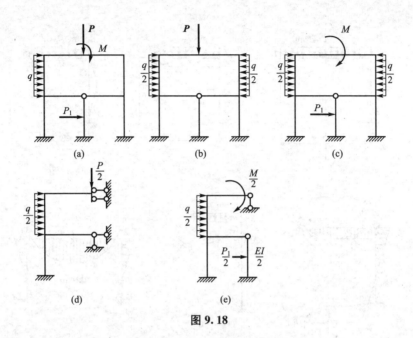

图 9.18

表 9-3　基本未知量数目

荷载	总荷载	对称荷载	反对称荷载
力法	7	4	3
位移法	6	2	4

由表 9-3 可以看出，对称荷载作用宜采用位移法，反对称荷载作用宜采用力法。

9.6 用直接平衡法建立位移法方程

位移法计算超静定结构时，也可以不通过基本体系，而以杆件为单元，利用杆件的形常数和载常数，叠加得到每一杆件的杆端弯矩和杆端角位移、相对杆端线位移、荷载的关系式，然后直接建立结点平衡方程、截面平衡方程，计算基本未知量。

1. 等截面直杆的转角位移方程

9.2 节给出了等截面直杆的形常数和载常数，对于任一等截面直杆，当杆两端同时有角位移、线位移和荷载作用时，即可根据形常数和载常数，利用叠加原理写出杆件杆端力的表达式，此表达式称为等截面直杆的转角位移方程。

1）两端刚结（包括固定）的等截面直杆

图 9.19 所示的两端固定的等截面直杆 AB，A 端有转角 θ_A，B 端有转角 θ_B，AB 两端有相对线位移 Δ，并有荷载作用，应用形常数和载常数的公式并叠加，可得

$$\left.\begin{aligned} M_{AB} &= 4i_{AB}\theta_A + 2i_{AB}\theta_B - 6i_{AB}\frac{\Delta}{l} + M_{AB}^{F} \\ M_{BA} &= 2i_{AB}\theta_A + 4i_{AB}\theta_B - 6i_{AB}\frac{\Delta}{l} + M_{BA}^{F} \end{aligned}\right\} \qquad (9-5)$$

2) 一端刚结（包括固定）、一端铰支的等截面直杆

图 9.20 所示一端固定、一端铰支的等截面直杆 AB，A 端有转角 θ_A，AB 两端有相对线位移 Δ，并有荷载作用，应用形常数和载常数的公式并叠加，可得

$$\left.\begin{array}{l} M_{AB}=3i_{AB}\theta_A-3i_{AB}\dfrac{\Delta}{l}+M_{AB}^{\mathrm{F}} \\ M_{BA}=0 \end{array}\right\} \tag{9-6}$$

3) 一端刚结（包括固定）、一端定向支座的等截面直杆

图 9.21 所示一端固定、一端定向支座的等截面直杆 AB，A 端有转角 θ_A，并有荷载作用，应用形常数和载常数的公式并叠加，可得

$$\left.\begin{array}{l} M_{AB}=i_{AB}\theta_A+M_{AB}^{\mathrm{F}} \\ M_{BA}=-\theta_A+M_{BA}^{\mathrm{F}} \end{array}\right\} \tag{9-7}$$

式（9-5）～式（9-7）即为等截面直杆的转角位移方程。式中各符号的意义及正负号规定同前。

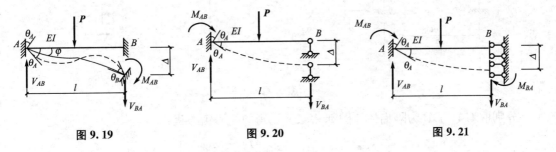

图 9.19　　　　　　图 9.20　　　　　　图 9.21

2. 用直接平衡法计算超静定结构

通过前面各节的分析，可以明确位移法的基本方程（即典型方程）的实质，就是反映原结构结点和截面的平衡条件。因此，也可以利用转角位移方程直接由原结构的平衡条件来建立位移法的基本方程。现以图 9.22(a)的刚架为例来说明这一方法和计算步骤。

【例 9-7】　用直接平衡法计算图 9.22(a)所示的刚架，绘出 M 图。

解：（1）确定基本未知量。此刚架用位移法求解时有两个基本未知量：刚结点 C 的转角 Δ_1，结点 C、D 的水平位移 Δ_2。

（2）列各杆端弯矩表达式。

根据等截面直杆的转角位移方程式（9-5）、式（9-6），令 $i_{CA}=i_{BD}=\dfrac{EI}{4}=i$，$i_{CD}=\dfrac{3EI}{6}=2i$，各杆杆端弯矩表达式为

$$\left.\begin{array}{l} M_{CA}=4i_{CA}\Delta_1-\dfrac{6i_{CA}}{l_{CA}}\Delta_2=4i\Delta_1-\dfrac{3i}{2}\Delta_2 \\[2mm] M_{AC}=2i_{CA}\Delta_1-\dfrac{6i_{CA}}{l_{CA}}\Delta_2=2i\Delta_1-\dfrac{3i}{2}\Delta_2 \\[2mm] M_{CD}=3i_{CD}\Delta_1=3(2i)\Delta_1=6i\Delta_1 \\[2mm] M_{BD}=-\dfrac{3i_{BD}}{l_{BD}}\Delta_2-\dfrac{10}{8}\times4^2=-\dfrac{3i}{4}\Delta_2-20 \end{array}\right\} \tag{a}$$

（3）建立位移法方程。相应于结点 C 的转角 Δ_1，取结点 C 为隔离体 ［图 9.22(b)］，建立力矩平衡方程：

$$\sum M_C=0, \quad M_{CD}+M_{CA}=0, \quad 即$$

$$10i\Delta_1-\frac{3}{2}i\Delta_2=0 \tag{b}$$

相应于结点 C、D 的水平位移 Δ_2，截取柱顶以上的横梁为隔离体 ［图 9.22(c)］，建立水平投影平衡方程：

$$\sum X=0, \quad V_{CA}+V_{DB}=0 \tag{c}$$

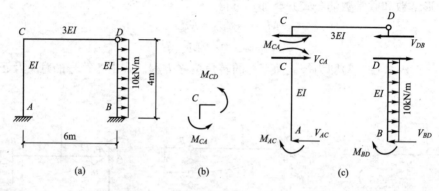

图 9.22

分别取 CA、DB 为隔离体 ［图 9.22(c)］，得力矩平衡方程：

$$\left.\begin{array}{l}\sum M_A=0, \quad V_{CA}=-\dfrac{M_{AC}+M_{CA}}{l_{AC}}\\[3mm]\sum M_D=0, \quad V_{DB}=-\dfrac{M_{BD}}{l_{BD}}-\dfrac{1}{2}ql_{BD}\end{array}\right\} \tag{d}$$

将式(d)代入式(b)得

$$M_{AC}+M_{CA}+M_{BD}+80=0 \tag{e}$$

再将式(a)代入式(e)得

$$6i\Delta_1-3.75\Delta_2+80=0 \tag{f}$$

（4）解联立方程组式(b)、式(f)，求解 Δ_1、Δ_2。

$$\left.\begin{array}{l}10i\Delta_1-\dfrac{3}{2}i\Delta_2=0\\[3mm]6i\Delta_1-3.75\Delta_2+80=0\end{array}\right\}$$

得 $\Delta_1=3.16\dfrac{1}{i}, \quad \Delta_2=21.05\dfrac{1}{i}$

（5）将 Δ_1、Δ_2 代入式(a)，得到各杆端实际弯矩：

$$M_{CA}=-18.95\text{kN}\cdot\text{m}, \quad M_{AC}=-25.26\text{kN}\cdot\text{m}$$

$$M_{CD}=18.95\text{kN}\cdot\text{m}, \quad M_{BD}=-35.79\text{kN}\cdot\text{m}$$

（6）作 M 图，如图 9.23 所示。

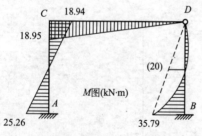

图 9.23

本 章 小 结

本章讨论了用位移法计算超静定结构问题。位移法是结构分析的另一种主要方法，它既可计算超静定结构内力，也可用于计算静定结构的内力（显然，其计算过程要比用静力平衡方程求解静定结构烦琐得多），而力法只能用于超静定结构的分析。

位移法的计算原理是以结点处的独立角位移和线位移为基本未知量，在相应的基本未知量处人为地附加约束而将原结构"离散"为若干个单跨超静定梁（由力法已求出单个杆件的杆端内力用杆端位移表达的关系式），取这些单跨梁（单元）作为计算的基本结构，这些杆端位移应与其所在结点的其他杆端位移相协调；然后利用原结构在荷载和结点位移的共同作用下，使每个附加约束中的反力（反力矩）都应等于零的平衡条件建立位移法的基本方程，求解此方程得结点位移。求得结点位移后，原结构的计算就转化为单个杆件的计算问题了。

由力法算出单跨超静定梁在杆端发生角位移、线位移以及在荷载作用下的杆端力，是位移法的基础。将单跨超静定梁（三种类型：两端固定梁、一端固定另一端链杆支座或固定铰支座梁、一端固定另一端滑动支座梁）在杆端发生角位移、线位移所引起的杆端力称为形常数；将单跨超静定梁在荷载作用下所引起的杆端力称为载常数。

形常数中应用到了线刚度 $i=EI/l$（单位长度的刚度）的概念。显然，当杆件的刚度不变，杆件越长其线刚度就越小，就越容易被弯曲。

用位移法计算结构时，确定基本未知量（角位移和线位移）是学习中重要的一步，应重点掌握。确定基本未知量的基本假设是：手算时弯曲直杆忽略轴力、剪力所产生的变形；直杆弯曲后，两端之间的距离保持不变。确定基本未知量的方法是：铰处弯矩为零，故铰处角位移不作为基本未知量；抗弯刚度无穷大（即 $EI=\infty$）的杆端结点处不产生转动；由于静定部分的内力可由平衡条件求出，故静定部分结点处的角位移和线位移不需作为基本未知量。

位移法的基本体系在荷载（或支座移动，或温度改变等）及结点位移作用下，每一个附加约束中的反力或反力矩都应等于零，据此列出位移法的基本方程。应充分理解位移法基本方程所代表的平衡条件的意义，以及方程中各项系数及自由项的物理意义。

充分利用结构的对称性质，选择对称的基本体系进行计算。在荷载对称或反对称作用时，可取半结构或 1/4 结构进行计算。

求解超静定结构的两大基本方法——位移法与力法有相似性，了解它们之间的对应关系可以有助于学习到科学的认知方法。表 9 - 4 是位移法与力法的比较。

表 9 - 4　位移法与力法的比较

项目	位移法	力法
基本未知量	独立的结点角位移和线位移，基本未知量数目与超静定结构次数无关	多余约束中的反力和反力矩，基本未知量数目等于超静定结构次数
基本结构	人为地增加附加约束，以"单个杆件"为位移法计算的基本结构	去掉多余约束，以"静定结构"为力法计算的基本结构

(续)

项目	位移法	力法
基本方程的物理意义	基本结构在原结构荷载及结点位移共同作用下，每一个附加约束中的附加反力都应等于零，实质上是静力平衡方程	基本结构中沿每一个多余未知力方向的位移与原结构中相应的位移相等，实质上是位移条件方程
系数的物理意义	刚度系数：产生单位位移时所需施加的力	柔度系数：单位力所产生的位移
自由项的物理意义	基本结构在附加约束中的力	基本结构沿基本未知量方向的位移
应用范围	任何结构	超静定结构

关 键 术 语

结点线位移(joint linear displacement)；结点角位移(joint angular displacement)；刚臂(rigid arm)；固端弯矩(fixed - end moment)；形常数(shape constant)；载常数(load constant)；线刚度(linear stiffness)；位移法(displacement method)；基本结构(basic structure)；基本体系(basic system)；位移法的基本未知量(primary unknowns in dis-placement method)；位移法典型方程(canonical equation of displacement method)；无侧移刚架(rigid frame without sideways)；有侧移刚架(rigid frame with sideways)；转角位移方程(slope - deflection equation)。

习 题 9

一、思考题

1. 位移法中的独立结点角位移和线位移是如何确定的？有哪些根据和假设？

2. 为什么铰支座和铰结点处的角位移可以不选作位移法的基本未知量？

3. 为什么计算内力时可采用刚度的相对值，而计算位移时则需采用刚度的真值？

4. 在力法和位移法中各以什么方式满足平衡条件和变形连续条件？

5. 为什么对称结构在对称荷载和反对称荷载作用时可以取半边结构计算？荷载不对称时还能不能取半边结构计算？

6. 对称结构如不取半边结构，而直接利用原结构用位移法计算，是否也能利用对称性简化计算？

二、填空题

1. 在确定位移法的基本未知量时，考虑了汇交于结点的各杆端间的_____。

2. 位移法可解超静定结构，_____解静定结构，位移法的典型方程体现了_____条件。

3. 杆件杆端转动刚度的大小取决于_____与_____。

4. 图 9.24 所示刚架各杆线刚度 i 相同，不计轴向变形，其 $M_{AD}=$ _____，$M_{BA}=$ _____。

5. 图 9.25 所示结构(不计轴向变形)的 $M_{AB}=$ _____。

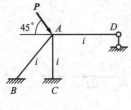 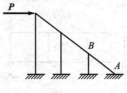

图 9.24   图 9.25

6. 位移法典型方程中各副系数是关于主对角线对称的，即 $k_{ij}=k_{ji}(i\neq j)$，它的理论依据是_____。

7. 校核位移法计算结果的依据是要满足_____条件。

8. 图 9.26 所示结构(除注明外，$EI=$常数)用位移法求解时的基本未知量数目：(a)_____；(b)_____；(c)_____；(d)_____；(e)_____；(f)_____；(g)_____；(h)_____。

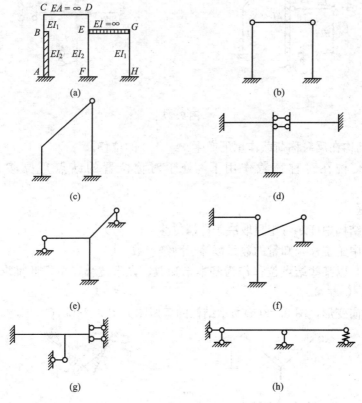

图 9.26

9. 图 9.27 所示结构(除注明外，$EI=$常数)用位移法求解时的基本未知量数目：(a)_____；(b)_____；(c)_____；(d)_____；(e)_____；(f)_____；

(g)_____；(h)_____。

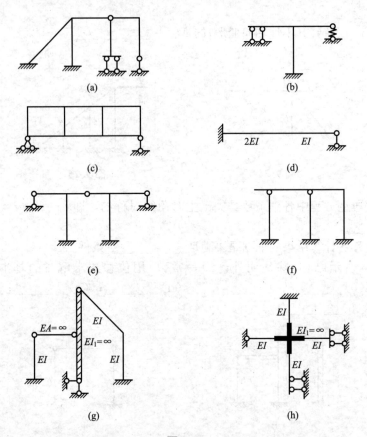

图 9.27

10. 对称结构在反对称荷载作用下产生_____的位移。

11. 对称结构在对称荷载作用下，处于对称位置的结点角位移大小相等，方向_____。

三、判断题

1. 超静定结构中杆端弯矩只取决于杆端位移。（　　）

2. 位移法中角位移未知量的数目恒等于刚结点数。（　　）

3. 位移法是以某些结点位移作为基本未知数，先求位移，再据此推求内力的一种结构分析的方法。（　　）

4. 忽略轴向变形，图 9.28(a)所示结构的弯矩图为图 9.28(b)（　　）。

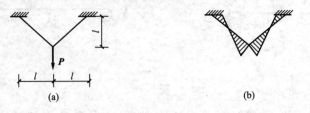

图 9.28

5. 图 9.29(b)是图 9.29(a)所示结构用位移法计算时的 $\overline{M_1}$ 图。（　　）
6. 图 9.30 所示结构在荷载作用下的弯矩图形状是正确的。（　　）

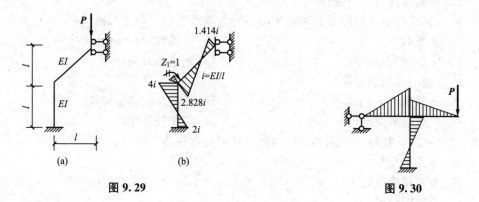

图 9.29　　　　　　　　　图 9.30

7. 图 9.31(a)为对称结构，用位移法求解时可取半边结构如图 9.31(b)所示。（　　）
8. 图 9.32(b)为图 9.32(a)的弯矩图。（　　）

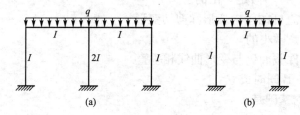

图 9.31

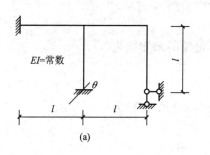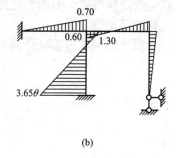

图 9.32

四、选择题

1. 位移法的基本未知量是（　　）。
　A. 结构上任一截面的角位移和线位移
　B. 结构上所有截面的角位移和线位移
　C. 结构上所有结点的角位移和线位移
　D. 结构上所有结点的独立角位移和独立线位移

2. 用位移法计算超静定结构时考虑了（　　）。
　A. 物理条件、几何条件和平衡条件

   B. 平衡条件

   C. 平衡条件与物理条件

   D. 平衡条件与几何条件

3. 在位移法典型方程的系数和自由项中，数值可为正、负实数的有（   ）。

   A. 主系数   B. 主系数和副系数

   C. 主系数和自由项   D. 副系数和自由项

4. 位移法的适用范围是（   ）。

   A. 不能解静定结构   B. 只能解超静定结构

   C. 只能解平面刚架   D. 可解任意结构

5. 用位移法计算静定、超静定结构时，每根杆都视为（   ）。

   A. 单跨静定梁

   B. 单跨超静定梁

   C. 两端固定梁

   D. 一端固定而另一端铰支的梁

6. 用位移法计算刚架，常引入轴向刚度条件，即"受弯直杆在变形后两端距离保持不变"。此结论是由（   ）假定导出的。

   A. 忽略受弯直杆的轴向变形和剪切变形

   B. 弯曲变形是微小的

   C. 变形后杆件截面仍与变形曲线相垂直

   D. 假定 A 与 B 同时成立

7. 位移法的理论基础是（   ）。

   A. 力法

   B. 胡克定律

   C. 确定的位移与确定的内力之间的对应关系

   D. 位移互等定理

8. 图 9.33 所示结构用位移法计算时，其最少的未知数为（   ）。

   A. 1   B. 2

   C. 3   D. 4

9. 图 9.34 所示结构用位移法计算时的基本未知量数目为（   ）。

   A. 8   B. 9

   C. 10   D. 7

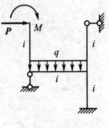

图 9.33

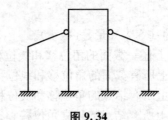

图 9.34

10. 图 9.35 所示结构 EI＝常数，截面 C、D 两处的弯矩值（单位：kN·m）M_C、M_D

分别为（　　）。

  A. 1.0,2.0   B. 2.0,1.0

  C. $-1.0,-2.0$ D. $-2.0,-1.0$

  11. 已知刚架的弯矩图如图9.36所示，AB杆的抗弯刚度为EI，BC杆的抗弯刚度为$2EI$，则结点B的角位移等于（　　）。

  A. $10/(3EI)$ B. $20/(EI)$

  C. $20/(3EI)$ D. 由于荷载未给出，无法求出

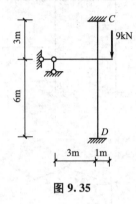 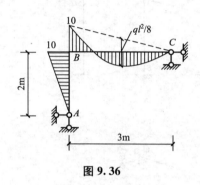

图 9.35   图 9.36

  12. 图9.37所示对称刚架，在反对称荷载作用下，正确的半结构为（　　）。

  A. 图(b)   B. 图(c)

  C. 图(d)   D. 图(e)

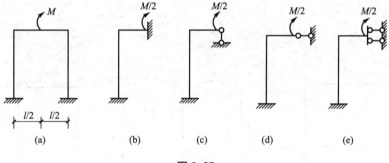

图 9.37

  13. 已知图9.38所示刚架EI＝常数，支座E下沉Δ，则M_{AD}为（　　）。

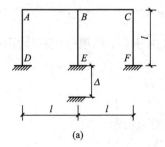 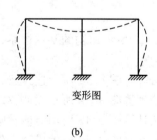

变形图

(a)   (b)

图 9.38

A. $\dfrac{3\Delta EI}{l^2}$ B. $-\dfrac{3\Delta EI}{l^2}$

C. $\dfrac{3\Delta EI}{l^3}$ D. $-\dfrac{3\Delta EI}{l^3}$

五、计算分析题

1. 试确定图 9.39 所示各图用位移法计算时的基本未知量，并画出基本结构。

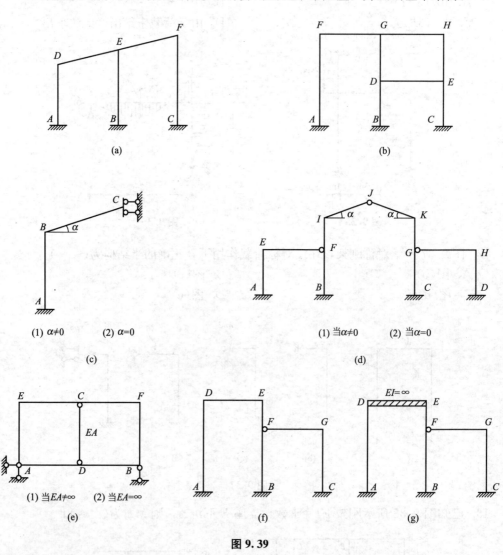

图 9.39

2. 画出图 9.40 所示结构的基本体系，并画出基本结构单位位移作用时的弯矩图和荷载作用时的弯矩图。

3. 用位移法计算图 9.41 所示连续梁，作 M 图。

4. 用位移法计算图 9.42 所示无侧移刚架，作 M 图。

5. 用位移法计算图 9.43 所示有侧移刚架，作 M 图。

6. 用位移法计算图 9.44 所示排架，作 M、V、N 图。

7. 利用对称性计算图 9.45 所示刚架，作 M 图。

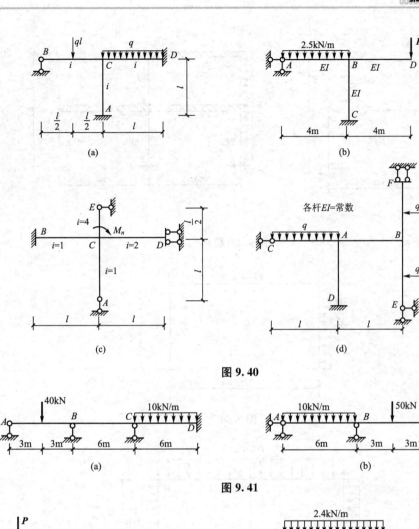

图 9. 40

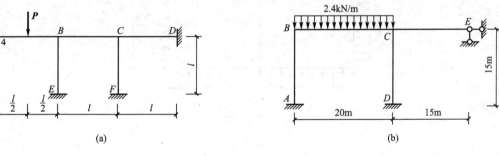

图 9. 41

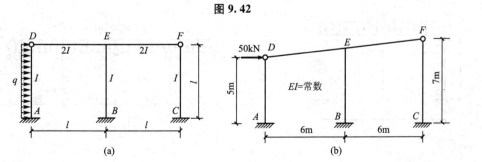

图 9. 42

图 9. 43

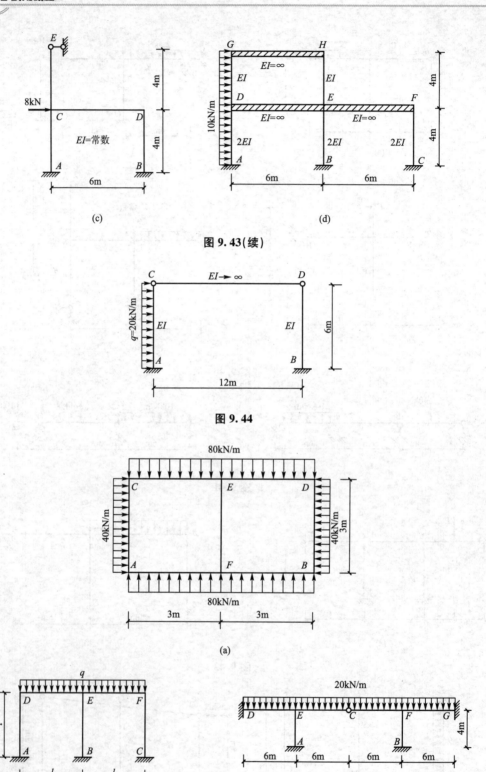

图 9.43(续)

图 9.44

图 9.45

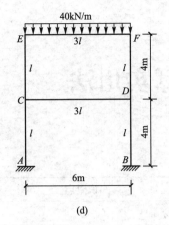

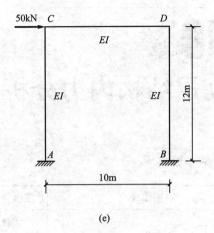

(d)   (e)

图 9.45(续)

第 **10** 章
多高层结构内力分析的手算实用法

本章教学要点

知识模块	掌握程度	知识要点
结构内力分析的手算实用法	掌握	力矩分配法
	熟悉	分层法
	熟悉	反弯点法
	理解	D 值法
	理解	剪力分配法
静定结构与超静定结构特性	熟悉	静定结构与超静定结构特性的比较

本章技能要点

技能要点	掌握程度	应用方向
力矩分配法	掌握	求解无侧移结构
分层法	熟悉	求解在竖向荷载作用下的结构
反弯点法	熟悉	求解在水平荷载作用下的结构（横梁刚度大）
D 值法	理解	求解在水平荷载作用下的结构（一般情况下）
剪力分配法	理解	求解排架等结构

 导入案例

一位被全世界土木工程领域称誉的中国人

林同炎，美国工程科学院院士。1912 年 11 月出生，福建省福州人。1931 年毕业于交通大学唐山工程学院。1933 年获美国加州大学硕士学位。1933—1946 年在成渝铁路、滇缅铁路任桥梁课、设计课课长。1946 年定居美国，任教于加利福尼亚大学伯克利分校。1953 年创建林同炎设计事务所。1972 年创建林同炎国际公司，任董事长。

林同炎是美国预应力混凝土学会创始人之一，被誉为预应力先生。他设计的代表性结构物有：旧金山莫斯科尼地下会议大厅、金门大学礼堂、跨度 396m 的拉克埃查基曲线型斜拉桥。设计的路桥遍布世界各地。

他曾获美国和国际多种奖赏和荣誉称号：惠灵顿奖状、贺瓦德金质奖章、弗雷西内奖、伯克利奖和名誉教授称号、四分之一世纪贡献奖等。

1931—1933 年在加州大学求学期间，他所写的第一篇论文《直接力矩分配法》，轰动了美国建筑界，他所阐述的方法被命名为"林氏法"而得到广泛应用。

1972 年 2 月 23 日，尼加拉瓜首都马拉瓜发生地震，市中心 511 个街区化成废墟，然而林同炎设计建造的位于地震震中的一座 60m 高、18 层的美洲银行大厦巍然屹立。就在它前面的街道上，地面上下错动了 1/2in(1in＝0.0254m)，但这座 18 层的大厦的损坏却"仅为电梯井壁联系梁开裂"。林同炎说，他在设计这座高楼时应用了中国哲学中"柔能克刚"的思想，采用了分阶段抗震设计，使建筑物具有柔性，以柔化强，故能在强震中不倒。美国同行高度赞扬林同炎在建筑中应用中国哲学"柔能克刚"的思想，并尊称他为"美国预应力学的功勋人"。各国媒体争相报道此事，世界建筑同行纷纷向林同炎祝贺，从此，林同炎声名大振。

本章学习的主要内容之一就是林同炎创建的力矩分配法，一个工程师可通过简单的手算方式求解超静定结构的渐近法。

在计算机出现以前，各种渐近法与近似法相继出现，其最主要的特点就是避免直接求解大量的线性方程组。渐近法一般不作力学上的简化，而仅是从数学求解上采用逐步逼近精确解的方法。近似法一般都对力学模型或结构变形特点作一定的简化处理，从而可以很快得到所需的内力，或经过求解较少的方程组而得到有用的结果，并且将这些结果制成表格以便设计人员直接使用。这些方法一般都具有物理概念明确，计算方法简单，便于上手操作等特点，直到电子计算机高度发展的今天，熟悉这些方法仍然是结构设计人员必须掌握的基本功。

多高层结构特别是框架体系，在竖向荷载(包括恒载与活载)作用下，由于水平侧移一般均较小，往往略去不计，这时采用力矩分配法作弯矩图是比较有效的。当活荷载较大时，可采用分层法计算。对于在风荷载与地震力(水平)作用下的内力计算，目前多采用 D 值法，更粗略的计算是反弯点法。框-剪结构的最基本手算方法是铰接体系链杆连续化的常微分方程解法。

本章将对上述几种基本方法进行介绍。

10.1 力矩分配法

力矩分配法是一种渐近法，它是由位移法引申出来的。当仅有一个未知量时，它与位移法的原理完全一致，但计算程序上要比位移法简单得多。当出现两个或两个以上未知量时，两种方法从概念上和做法上开始呈现不同，位移法是通过解联立方程组一次得到准确解。而力矩分配法是通过无穷多次逐步接近的方法达到准确解(理论上是无穷多次，但实际操作往往只要两次即可)。

1. 力矩分配法的基本概念

首先通过复习位移法来引申出力矩分配法的基本概念和专用符号(先给符号，最后说明)。图 10.1(a)所示结构采用位移法求解的主要结论如下。

基本未知量为转角 Z_1。

$$R_{1P} = M_{12}^F + M_{13}^F = \sum M_{1j}^F = \sum M_1^F$$

$$r_{11} = 4i_{12} + i_{13} + 3i_{14} = s_{12} + s_{13} + s_{14} = \sum s_{1j}$$

$$Z_1 = -\frac{R_{1P}}{r_{11}} = -\frac{M_1^F}{\sum s_{1j}}$$

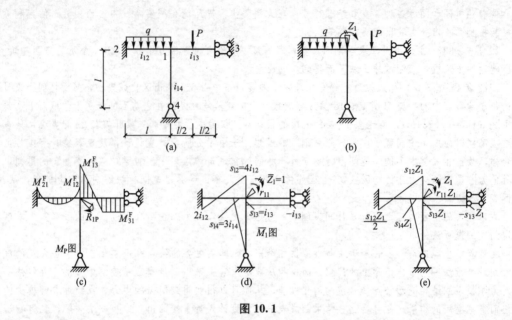

图 10.1

$M=M_P+Z_1\overline{M}_1$，对于 1 点相邻三个近端，有

$$M_{12}=M_{12}^F+Z_1 4i_{12}=M_{12}^F+\frac{s_{12}}{\sum s_{1j}}(-M_1^F)=M_{12}^F+\mu_{12}(-M_1^F)=M_{12}^F+M_{12}^\mu$$

$$M_{13}=M_{13}^F+Z_1 i_{13}=M_{13}^F+\frac{s_{13}}{\sum s_{1j}}(-M_1^F)=M_{13}^F+\mu_{13}(-M_1^F)=M_{13}^F+M_{13}^\mu$$

$$M_{14}=M_{14}^F+Z_1 3i_{14}=M_{14}^F+\frac{s_{14}}{\sum s_{1j}}(-M_1^F)=M_{14}^F+\mu_{14}(-M_1^F)=M_{14}^F+M_{14}^\mu$$

通式为：
$$M_{1k}=M_{1k}^F+\mu_{1k}(-M_1^F)=M_{1k}^F+M_{1k}^\mu \tag{10-1}$$
与 1 点相连的三个远端，有

$$M_{21}=M_{21}^F+\frac{s_{21}Z_1}{2}=M_{21}^F+\frac{1}{2}\frac{s_{12}}{\sum s_{1j}}(-M_1^F)=M_{21}^F+\frac{1}{2}M_{12}^\mu=M_{21}^F+M_{21}^c$$

$$M_{31}=M_{31}^F-s_{13}Z_1=M_{31}^F-\frac{s_{13}}{\sum s_{1j}}(-M_1^F)=M_{31}^F-M_{13}^\mu=M_{31}^F+M_{31}^c$$

$$M_{41}=0$$

通式：
$$M_{k1}=M_{k1}^F+CM_{1k}^\mu=M_{k1}^F+M_{k1}^c \tag{10-2}$$

$$C=\begin{cases}\dfrac{1}{2} & (\text{远端固定})\\[4pt] -1 & (\text{远端定向固定})\\[4pt] 0 & (\text{远端铰接})\end{cases} \tag{10-3}$$

现在将上述结果归纳如下：

由式(10-1)得到，与刚臂相连各杆近端弯矩 M_{1k} 等于该杆端的固端弯矩 M_{1k}^F 与分配弯矩 M_{1k}^μ 之和；而所谓分配弯矩 M_{1k}^μ 是分配系数 μ_{1k} 与不平衡弯矩 M_1^F 乘积，并加以负号（称为反号分配）。分配系数 μ_{1k} 为：

$$\mu_{1k}=\frac{s_{1k}}{\sum s_{1j}} \tag{10-4}$$

式中，s_{1k} 称为杆端的转动刚度，由式(10-5)看到，转动刚度视远端支承的不同而不一样，有

$$s_{1k} = \begin{cases} 4i_{1k} & \text{（远端固定）} \\ 3i_{1k} & \text{（远端简支）} \\ i_{1k} & \text{（远端定向）} \end{cases} \quad (10-5)$$

所谓不平衡弯矩 M_1^F，它实质就是 1 结点的固端弯矩总和，即

$$M_1^F = \sum M_{1j}^F$$

由式(10-2)可以得到，远端弯矩 M_{k1} 等于该端固端弯矩与传递弯矩 M_{k1}^c 之和，所谓传递弯矩即传递系数 C 与分配弯矩 M_{1k}^μ 的乘积，它体现了近端得到分配弯矩之后传到远端的一部分弯矩，传递系数 C 视远端支承情况的不同按式(10-3)选用。

一旦杆的近端弯矩与杆的远端弯矩得到以后，利用弯矩图的分段叠加原理，即可得到该杆件的弯矩图，每根杆件都如此处理，结构弯矩图便可得到。

从物理概念上讲，上述分析相当于两个过程，一闭与一松，闭相当于加上刚臂，此时各杆端出现固端弯矩，然后一松，相当于将刚臂转 Z_1 角，此时近端各得一分配弯矩，远端得以传递弯矩，固端弯矩与分配弯矩或传递弯矩之和即为杆端弯矩。

从计算程序上讲，可以抛弃位移法的整个过程，既不要绘图也不要求解方程，而是首先计算分配系数 μ 和固端弯矩 M^F，然后求不平衡弯矩并反号分配到各杆近端，将分配弯矩传递到各对应的远端，再将杆端前后所得到的弯矩取代数和即为该杆端的总弯矩，最后通过分段叠加得弯矩图。

力矩分配法是林同炎于 1933 年(21 岁)在美国攻读硕士学位时创造的计算方法，发表的硕士论文"A Direct Method of Moment Distribution"，轰动了美国建筑界，被命名为"林氏法"。

【例 10-1】 用力矩分配法作图 10.2(a)所示刚架的弯矩图。

解：(1) 计算分配系数。

$$\mu_{AB} = \frac{s_{AB}}{\sum s_{Aj}} = \frac{4i_{AB}}{4i_{AB} + 3i_{AC} + 4i_{AD}} = \frac{4 \times 2}{4 \times 2 + 3 \times 3 + 4 \times 1} = 0.38$$

$$\mu_{AC} = \frac{3 \times 3}{4 \times 2 + 3 \times 3 + 4 \times 1} = 0.43, \quad \mu_{AD} = \frac{4 \times 1}{4 \times 2 + 3 \times 3 + 4 \times 1} = 0.19$$

(2) 计算固端弯矩。

$$M_{AB}^F = \frac{pl}{8} = \frac{100 \times 6}{8} = 75 \text{kN} \cdot \text{m}, \quad M_{BA}^F = -75 \text{kN} \cdot \text{m}$$

$$M_{AC}^F = -\frac{ql^2}{8} = -\frac{30 \times 4^2}{8} = -60 \text{kN} \cdot \text{m}, \quad M_{CA}^F = 0$$

$$M_{AD}^F = M_{DA}^F = 0$$

(3) 将分配系数与固端弯矩分别填入图 10.2(c)中。

(4) 求 A 点的不平衡弯矩，并反号分配于各相邻杆端 [图 10.2(c)]。

$$M_A^F = \sum M_{Aj}^F = 75 - 60 = 15 \text{kN} \cdot \text{m}$$

$$M_{AB}^\mu = 0.38 \times (-15) = -5.7 \text{kN} \cdot \text{m}$$

$$M_{AC}^\mu = 0.43 \times (-15) = -6.4 \text{kN} \cdot \text{m}$$

$$M_{AD}^\mu = 0.19 \times (-15) = -2.9 \text{kN} \cdot \text{m}$$

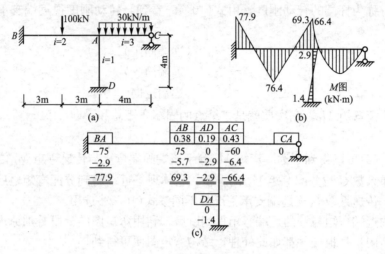

图 10.2

(5) 将分配弯矩传递到各自的远端 [图 10.2(c)]。

$$M_{BA}^{C}=\frac{1}{2}M_{AB}^{\mu}=-5.7/2=-2.9$$

$$M_{DA}^{C}=\frac{1}{2}M_{AD}^{\mu}=-2.9/2=-1.4$$

$$M_{CA}^{C}=0$$

(6) 将各杆端固端弯矩与分配弯矩或传递弯矩代数和，即为各杆端总弯矩。按位移法弯矩符号规定将所得杆端总弯矩绘于图 10.2(b) 中，并按分段叠加可得最后弯矩图。

上述全部过程完全可在图 10.2(c) 与(b)中进行，因此力矩分配法是一种很简捷的方法。

2. 力矩分配法解连续梁

【例 10-2】 用力矩分配法作图 10.3(a)所示连续梁的弯矩图，并求出各支座的反力。

解：本题有两个刚结点，按位移法计算时需加两个刚臂，用力矩分配法计算时就需要在 B 点、C 点两处进行分配，当 B 点刚臂松动时（B 点进行力矩分配）C 点刚臂必须起到阻止转动的作用，而 C 点松动时（C 点进行力矩分配）B 点又重新固定不动，只有这样力矩分配法的原则才能一直进行下去，正是由于遵循这一原则，传递弯矩将始终存在，从理论上讲这将是一个无限循环的过程，但从实用角度出发，各结点进行两轮分配后其结果基本上就可以满足工程需要，当最后一轮分配完毕后就不要再进行传递。

(1) 计算分配系数。

由于梁的 EI 相同，但各梁跨度不同，因此各梁线刚度不同，计算时可略去 EI。

$$\mu_{BA}=\frac{4\times\dfrac{1}{5}}{4\times\dfrac{1}{5}+4\times\dfrac{1}{6}}=0.545, \quad \mu_{BC}=\frac{4\times\dfrac{1}{6}}{4\times\dfrac{1}{5}+4\times\dfrac{1}{6}}=0.455$$

$$\mu_{CB}=\frac{4\times\dfrac{1}{6}}{4\times\dfrac{1}{6}+3\times\dfrac{1}{4}}=0.47, \quad \mu_{CD}=\frac{3\times\dfrac{1}{4}}{4\times\dfrac{1}{6}+3\times\dfrac{1}{4}}=0.53$$

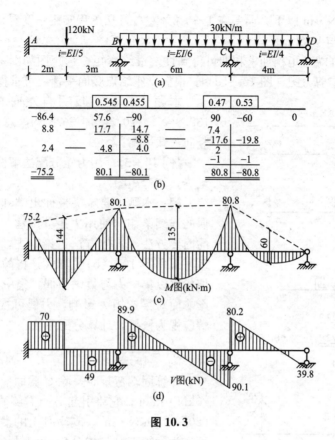

图 10.3

（2）计算固端弯矩。

$$M_{AB}^{F} = -\frac{Pab^2}{l^2} = -\frac{120 \times 2 \times 3^2}{5^2} = -86.4\text{kN} \cdot \text{m}$$

$$M_{BA}^{F} = \frac{Pa^2b}{l^2} = \frac{120 \times 2^2 \times 3}{5^2} = 57.6\text{kN} \cdot \text{m}$$

$$M_{BC}^{F} = -\frac{ql^2}{12} = -\frac{30 \times 6^2}{12} = -90\text{kN} \cdot \text{m}$$

$$M_{CB}^{F} = 90\text{kN} \cdot \text{m}$$

$$M_{CD}^{F} = -\frac{30 \times 4^2}{8} = -60\text{kN} \cdot \text{m}$$

$$M_{DC}^{F} = 0$$

（3）分配与传递。

B、C 点分配时由哪一点开始都可以，但为使收敛加快，一般由不平衡弯矩绝对值较大者开始，本例中可自 B 点开始，然后 C 点再分配，过程见图 10.3(b)。当 B 结点第一轮分配后，传给 C 点 7.4kN·m 的一个弯矩，此时 C 点的不平衡弯矩应为 $90-60+7.4=37.4$kN·m，然后再分配，当传给 B 点 -8.8kN·m 的力矩后，此值即为 B 点新的不平衡弯矩，需将它重新分配，到这时 B 点已分配两轮，传给 C 点 2kN·m 后，C 点做最后一次分配，至此分配传递工作即认为结束，不要再继续传给 B 点，从分配数据值的大小看到，此时已在 1kN·m 以下，误差在 1%～2% 左右，从工程实用角度看是可行的。

(4) 作 M 图与 V 图。

最后将每一杆端弯矩相加求和即可得到杆端最终弯矩，弯矩图如图 10.3(c) 所示，根据弯矩与荷载可作剪力图 [图 10.3(d)]。根据支座结点竖向平衡，可求得各支座反力。

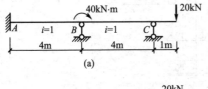

(a)

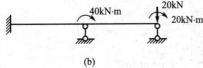

(b)

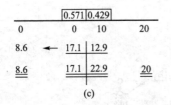

(c)

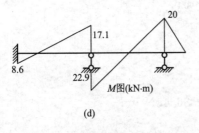

M 图(kN·m)

(d)

图 10.4

3. 力矩分配法解多层多跨刚架

多层多跨刚架在竖向荷载作用下用力矩分配法求解是比较有效的，但由于刚结点很多，分配传递的过程很容易混乱，为此一般常采用同时分配，同时传递的程序，即分配时每一结点都作分配，当所有结点分配完毕以后，再进行传递，各杆件又同时进行，全部传递结束后，再进行第二轮分配，并且到此为止，通过求和便可得到各杆端最后弯矩。

对于对称的多层多跨刚架在对称荷载作用下采用力矩分配法从理论上讲是正确的，但对于非对称荷载，这种计算只能是近似的。

【例 10-4】 用力矩分配法解图 10.5(a) 所示两层三跨刚架(圆圈中数字为相对线刚度)。

解：由于结构对称荷载对称，故取图 10.5(b) 所示半刚架进行计算，但中跨线刚度要乘 2 变为 0.64。

(1) 计算分配系数。

以顶层为例：

本题竖向支座反力自左向右分别为 71kN、138.9kN、170.3kN、39.8kN，总和为 420kN，与竖向荷载平衡。

【例 10-3】 用力矩分配法解图 10.4(a) 所示连续梁，作弯矩图。

解：本题主要解决带伸出端和结点含有集中力偶的连续梁如何使用力矩分配法。此处仅给出常用的简要方法，其他方法讨论略去，有关伸出端的处理可采用图 10.4(b) 的方式，将静定的伸出部分去掉代之以集中力与集中力偶，集中力仅对支座 C 有影响而对梁弯矩无影响，力偶可视为荷载，此时 C 端应视为铰接，计算分配系数：

$$\mu_{BA} = \frac{4i}{4i+3i} = 0.571, \quad \mu_{BC} = \frac{3i}{4i+3i} = 0.429$$

计算固端弯矩时，除 C 截面应有正的杆端弯矩 20kN·m 外，它将引起 B 点右侧截面正的固端弯矩 (20/2 = 10kN·m)。支座 B 上的集中力偶 40kN·m 可作为力矩直接参加分配(不变号)而不再记入固端弯矩内。本题计算 B 结点分配弯矩时，总和为 40 − 10 = 30kN·m，分到 B 点左侧截面 17.1kN·m，分到 B 点右侧截面 12.9kN·m，传递后即得到各杆端弯矩，弯矩图示于图 10.4(d) 中。

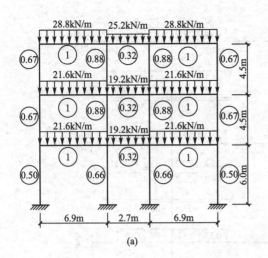

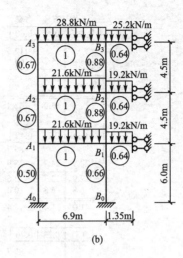

图 10.5

$$\mu_{A_3A_2}=\frac{4\times0.67}{4\times0.67+4\times1}=0.4,\quad\mu_{A_3B_3}=\frac{4\times1}{4\times0.67+4\times1}=0.6$$

$$\mu_{B_3A_3}=\frac{4\times1}{4\times1+4\times0.88+0.64}=0.49,\quad\mu_{B_3B_2}=\frac{4\times0.88}{4\times1+4\times0.88+0.64}=0.43$$

$$\mu_{B_3C_3}=\frac{0.64}{4\times1+4\times0.88+0.64}=0.08$$

其余结点同样计算，并将所得值标注于图 10.6(a) 的相应方格内。

（2）计算固端弯矩。

以 2 层为例：

$$M^{\mathrm{F}}_{A_2B_2}=-\frac{1}{12}\times21.6\times6.9^2=-85.7\mathrm{kN\cdot m},\quad M_{B_2A_2}=85.7\mathrm{kN\cdot m}$$

$$M^{\mathrm{F}}_{B_2C_2}=-\frac{1}{3}\times19.2\times1.35^2=-11.7\mathrm{kN\cdot m}$$

其余各层同样计算，并将所得值标注于分配系数的下方。

（3）各结点同时分配。

以 B_2 结点为例：

$$M^{u}_{B_2A_2}=0.34\times[-(85.7-11.7)]=-25.2\mathrm{kN\cdot m}$$

$$M^{u}_{B_2B_3}=M^{u}_{B_2B_1}=0.3\times[-(85.7-11.7)]=-22.2\mathrm{kN\cdot m}$$

$$M^{u}_{B_2C_2}=0.06\times[-(85.7-11.7)]=-4.4\mathrm{kN\cdot m}$$

（4）各杆同时传递。

以 A_3A_2 杆为例，A_3 端得到分配弯矩 45.7kN·m，传给 A_2 端 1/2 等于 22.9kN·m［见图 10.6(a) 中的对应连线］，同样 A_2 端得到分配弯矩 24.9kN·m 传给 A_3 端为 12.5kN·m。

（5）进行完第二次分配后将数值前后相加求和即可得到各杆端弯矩。

根据所得结果绘制弯矩图，见图 10.6(b)。

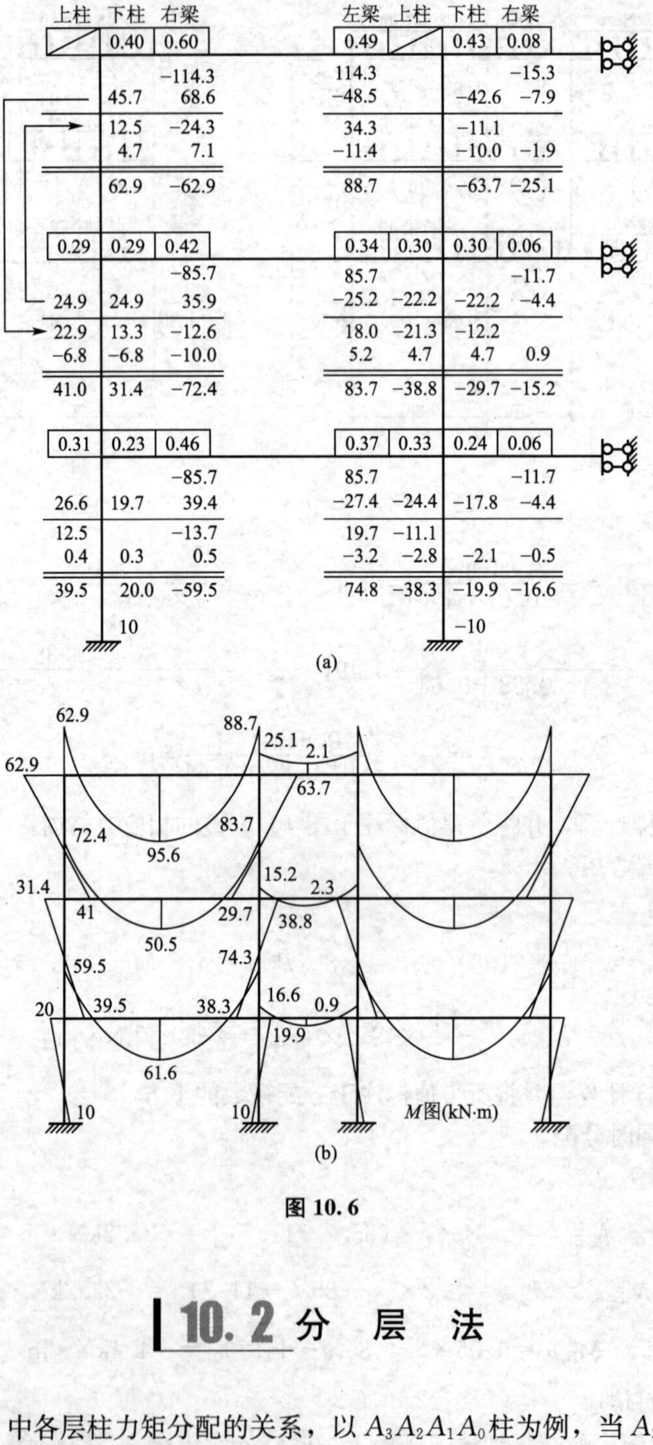
上柱 下柱 右梁
左梁 上柱 下柱 右梁
0.40 0.60
0.49 0.43 0.08
−114.3
114.3 −15.3
45.7 68.6
−48.5 −42.6 −7.9
12.5 −24.3
34.3 −11.1
4.7 7.1
−11.4 −10.0 −1.9
62.9 −62.9
88.7 −63.7 −25.1
0.29 0.29 0.42
0.34 0.30 0.30 0.06
−85.7
85.7 −11.7
24.9 24.9 35.9
−25.2 −22.2 −22.2 −4.4
22.9 13.3 −12.6
18.0 −21.3 −12.2
−6.8 −6.8 −10.0
5.2 4.7 4.7 0.9
41.0 31.4 −72.4
83.7 −38.8 −29.7 −15.2
0.31 0.23 0.46
0.37 0.33 0.24 0.06
−85.7
85.7 −11.7
26.6 19.7 39.4
−27.4 −24.4 −17.8 −4.4
12.5 −13.7
19.7 −11.1
0.4 0.3 0.5
−3.2 −2.8 −2.1 −0.5
39.5 20.0 −59.5
74.8 −38.3 −19.9 −16.6
10
−10
(a)
62.9
88.7
25.1
2.1
62.9
63.7
72.4
83.7
95.6
15.2
2.3
31.4
41
29.7
38.8
50.5
74.3
59.5
16.6
0.9
20
39.5
38.3
19.9
61.6
10
10
M图(kN·m)
(b)

图 10.6

10.2 分 层 法

考查例 10-4 中各层柱力矩分配的关系，以 $A_3A_2A_1A_0$ 柱为例，当 A_3 点得到一分配力矩 45.7kN·m 以后，传给 A_2 结点 22.9kN·m，该力矩在 A_2 再次分配后，传给下柱力矩为 22.9×0.29=6.6kN·m，此力矩传给 A_1 结点只有 3.3kN·m，然后继续在 A_1 点分配，给 A_1 下柱的分配力矩只有 3.3×0.23=0.76kN·m，再传到 A_0 点仅剩 0.38kN·m。这虽然是一个特例，但它具有普遍性。一般说来力矩隔层影响是很小的，基于这一点，分层法将原来多层刚架［图 10.7(a)］的每一层视为一个独立体系，如图 10.7(b)所示，顶层横梁只联系顶层柱，而其余横梁则只联系上下两层柱，柱端均取为固定支座形式。由于各柱端(除底层外)实际为弹性支承，因此采用固定端后等于加大了柱的刚度，为此分层法规定，凡弹性支承视为固定端的所有柱，均将其线刚度 i 乘以 0.9，变为 $0.9i$，与之相应的传递系数不能再取 $C=\frac{1}{2}$，而应取 $C=\frac{1}{3}$。其原理简述如下。

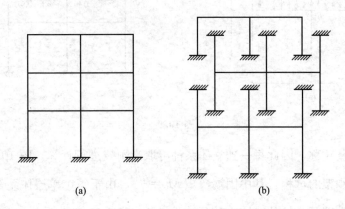

图 10.7

图 10.8(a)取成远端固定，柱为 $0.9i$，此时上部转动单位角时，其相应力矩为 $3.6i$，保持这一状态(单位角和 $3.6i$ 的力矩)，但远端实际为弹性支承(可以转动)，并且柱的实际线刚度应为 i［图 10.8(b)］，此时远端弯矩属于未知。现在取图 10.8(c)、(b)两图状态相加得到图 10.8(e)的状态，实质上图 10.8(e)就相当于图 10.8(b)(满足上部单位角和 $3.6i$ 力矩以及柱线刚度为 i 和远端弹性支承)，由图 10.8(e)中可得到远端弯矩与近端弯矩之比 $C=\dfrac{1.2i}{3.6i}=\dfrac{1}{3}$。

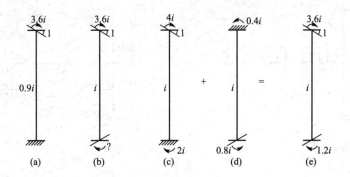

图 10.8

分层法中各独立结构一般可按力矩分配法去求解，解完后，各独立结构横梁的弯矩即为原结构该层梁的弯矩，但由于一层以上各柱均使用了两次，故柱的弯矩应为两者之和。这样做的结果一般都会使梁柱相交结点力矩不再平衡，如差值很大可再进行一次分配。

【例 10-5】 用分层法解图 10.9(a)所示刚架。取 $i_b=3i_z$。

解：按分层法将此结构分为三个独立体系，相应各层柱的线刚度要乘 0.9(底层除外)。

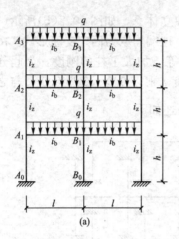

(a)

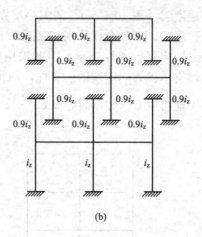

(b)

图 10.9

由于结构对称荷载对称，因此每一独立体系都可取半刚架进行计算。图 10.10 给出了用力矩分配法解各层刚架的过程，其中固端弯矩 $M_0 = \dfrac{ql^2}{12}$，由于每个单层体系都仅有一个刚结点，故只分配一次即可，柱的弯矩在传递中取 1/3，只有底层传递为 1/2。最后弯矩图示于图 10.11 中。不难看出左边柱各结点力矩不能满足平衡条件，这是由于柱两端弯矩两次累加的结果。就本题而言 A_2 结点差值较大，必要时可再分配一次。

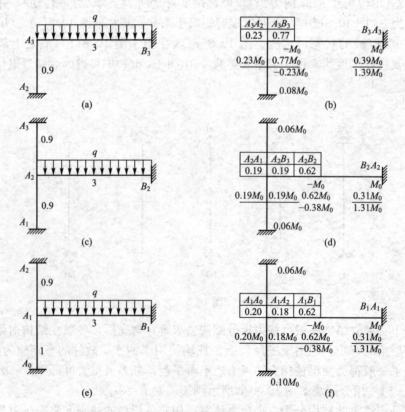

图 10.10

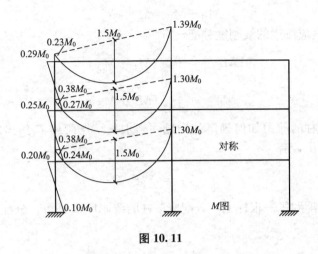

图 10.11

10.3 反弯点法

作多层多跨刚架在水平结点荷载(风载或地震力)作用下的弯矩图,最粗略的方法是反弯点法。这种方法虽然不够精确但作图十分简单,在进行结构的初步设计时是一种很有效的方法。该方法的最基本假设是认为所有横梁的刚度同柱相比可视作无限大。这一假设当梁的线刚度大于 3 倍柱的线刚度时比较准确。按照这一假设,刚架在发生侧移时,各个刚结点均不发生转动,故每一柱的反弯点(弯矩为零的点)均位于柱的中点 [图 10.12(a)]。将第 i 层第 j 根柱取出,并自反弯点处将柱截断 [图 10.12(b)],由于弯矩为零,因此只有剪力 V_{ij} 存在(轴力与弯矩无关),此时柱的弯矩就成为图 10.12(b)所示的斜直线,有

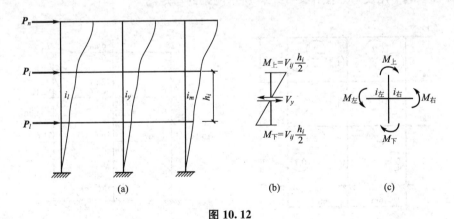

图 10.12

$$M_{上} = V_{ij} \times \frac{h_i}{2}, \quad M_{下} = V_{ij} \times \frac{h_i}{2}$$

式中,h_i 为第 i 层的层高。由此看出只要求出柱的剪力,则柱的弯矩立即可以得到。当所有柱的弯矩均为已知时,梁的弯矩可以通过结点平衡求出,如图 10.12(c)所示,当柱端弯矩求出后,根据结点力矩平衡,有

$$M_{左}+M_{右}=M_{上}+M_{下}$$

$M_{左}$ 与 $M_{右}$ 的值应按梁的线刚度分配，有

$$\left.\begin{aligned}M_{左}&=\frac{i_{左}}{i_{左}+i_{右}}(M_{上}+M_{下})\\M_{右}&=\frac{i_{右}}{i_{左}+i_{右}}(M_{上}+M_{下})\end{aligned}\right\}\qquad(10-6)$$

现在解决每根柱的剪力如何确定的问题。当水平结点荷载 P_i 给出后，各楼层的剪力 V_i 自上向下便可得出，有

$$V_i=\sum_i^n P_i \qquad (10-7)$$

楼层剪力应分配到每一根柱上，分配应按柱的线刚度值进行，分配给 i 层 j 根柱上的剪力应为：

$$V_{ij}=\frac{i_{ij}}{\sum i_{ij}}V_i \qquad (10-8)$$

式中，i_{ij} 为 i 层 j 根柱的线刚度，而 $\sum i_{ij}$ 为 i 层柱线刚度的总和。之所以能如此分配是由于 i 层各柱的相对侧移量 Δ 完全相同，根据结点无转角发生，每根柱端弯矩均为 $-\dfrac{6i_{ij}}{h_i}$，且上下两端相等，所以每根柱的剪力均为 $\dfrac{12i_{ij}}{h_i^2}$，因为 h_i^2 为常量，故各柱剪力均与其线刚度 i_{ij} 成正比，所以剪力应按线刚度分配。

最后尚需说明的是，首层柱的反弯点位置，由于支座为固定端，而一层横梁的刚度相对支座而言又只能视为有限值，如果横梁刚度非常小时，则柱的反弯点要趋向一层顶部，而横梁刚度非常大时，反弯点位置又趋向一层的中部，所以一层柱的反弯点位置应在 h_1 与 $0.5h_1$ 之间，通常取 $2/3h_1$ 作为近似值。

【例 10-6】 用反弯点法作图 10.13 所示刚架的弯矩图。

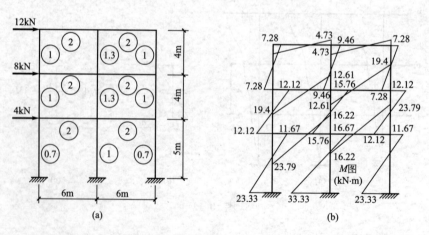

图 10.13

解：（1）求楼层剪力。

$$V_3=12\text{kN}, \quad V_2=12+8=20\text{kN}, \quad V_1=20+4=24\text{kN}$$

（2）求各层各柱剪力。

$$V_{3左}=V_{3右}=\frac{1}{1+1.3+1}\times 12=3.64\text{kN},\quad V_{3中}=\frac{1.3}{3.3}\times 12=4.73\text{kN}$$

$$V_{2左}=V_{2右}=\frac{1}{1+1.3+1}\times 20=6.06\text{kN},\quad V_{2中}=\frac{1.3}{3.3}\times 20=7.88\text{kN}$$

$$V_{1左}=V_{1右}=\frac{0.7}{0.7+1+0.7}\times 24=7\text{kN},\quad V_{1中}=\frac{1}{2.4}\times 24=10\text{kN}$$

（3）求各层各柱杆端弯矩。

$$M_{3左上}=M_{3左下}=M_{3右上}=M_{3右下}=3.64\times 2=7.28\text{kN}\cdot\text{m}$$
$$M_{3中上}=M_{3中下}=4.73\times 2=9.46\text{kN}\cdot\text{m}$$
$$M_{2左上}=M_{2左下}=M_{2右上}=M_{2右下}=6.06\times 2=12.12\text{kN}\cdot\text{m}$$
$$M_{2中上}=M_{2中下}=7.88\times 2=15.76\text{kN}\cdot\text{m}$$

$$M_{1左上}=M_{1右上}=7\times\frac{5}{3}=11.67\text{kN}\cdot\text{m},\quad M_{1左下}=M_{1右下}=7\times\frac{10}{3}=23.33\text{kN}\cdot\text{m}$$

$$M_{1中上}=10\times\frac{5}{3}=16.67\text{kN}\cdot\text{m},\quad M_{1中下}=10\times\frac{10}{3}=33.33\text{kN}\cdot\text{m}$$

柱的弯矩图如图 10.13(b)所示。

（4）根据结点平衡求横梁杆端弯矩。

以首层中部结点为例，梁端弯矩：

$$M_{1中左}=M_{1中右}=\frac{1}{2}\times(15.76+16.67)=16.22\text{kN}\cdot\text{m}$$

梁的弯矩图如图 10.13(b)所示。

10.4 D 值 法

反弯点法比较适合于强梁弱柱（梁线刚度远大于柱的线刚度）的情况，但从抗震角度出发，希望框架是强柱弱梁（梁柱线刚度相互接近，或柱的线刚度大于梁的线刚度），此时再应用反弯点法误差就会很大。D 值法也是用来计算多层多跨刚架在水平结点荷载作用下的内力的，但它抛弃了横梁刚度无限大的假设，认为每一刚结点都会发生转动和侧移。它所取的基本假设是，规则框架的所有刚结点均发生同一个转角 φ 和同一个相对水平侧移 Δ。所谓规则框架是指跨度相同，层高相等，所有梁的线刚度 i_b 全相等，所有柱的线刚度 i_z 全相等的刚架，以这种刚架为基础，D 值法给出了求每根柱剪力的方法，和确定每根柱反弯点（弯矩为零）位置的计算表格，从而使弯矩图的得出与反弯点法基本相同，但准确度却比反弯点法高得多。

D 值法的关键在于 D 值的概念，所谓某根柱的 D 值是指该柱上下端发生单位相对位移时的杆端剪力值，此值又称为柱的侧移刚度或抗推刚度。如果第 i 层第 j 根柱剪力为 V_{ij} 而柱发生的实际相对侧移为 Δ_i（图 10.14），该柱的 D 值用 D_{ij} 表示，则根据上述定义，有

$$D_{ij}=\frac{V_{ij}}{\Delta_i}\quad\text{或}\quad V_{ij}=D_{ij}\Delta_i \tag{a}$$

考虑到 i 层各柱剪力之和应等于该层总剪力，并且各柱侧移量应相等（横梁长不变），则有

$$V_i = \sum V_{ij} = \sum D_{ij}\Delta_i = \Delta_i \sum D_{ij}$$

可以得到

$$\Delta_i = \frac{V_i}{\sum D_{ij}} \tag{b}$$

将式(b)代回式(a)，有

$$V_{ij} = \frac{D_{ij}}{\sum D_{ij}} V_i \tag{10-9}$$

式(10-9)表明各柱剪力是按其 D 值的大小进行分配的，因此只要有了各柱的 D 值，各柱的剪力就可确定，同时还可通过式(a)或式(b)求得各楼层的相对侧移量。

i 层 j 根柱的侧移刚度 D_{ij} 可以参照图 10.14(b)所示结果，通过转角位移方程得到。由于规则框架各结点转角相同的假设，因此柱两端转角均应取 φ，将 φ 与 Δ_i 代入转角位移方程，得到

$$M_{上} = M_{下} = 6i_z\varphi - \frac{6i_z}{h_i}\Delta_i$$

$$V_{ij} = -\frac{M_{上}+M_{下}}{h_i} = \frac{12i_z}{h_i{}^2}(\Delta_i - \varphi h_i) \tag{c}$$

考虑式(a)，有

$$D_{ij} = \frac{V_{ij}}{\Delta_i} = \frac{12i_z}{h_i{}^2}\left(1 - \frac{\varphi h_i}{\Delta_i}\right) \tag{d}$$

为了得到 D_{ij} 尚需确定 $\dfrac{\varphi h_i}{\Delta_i}$ 的值。

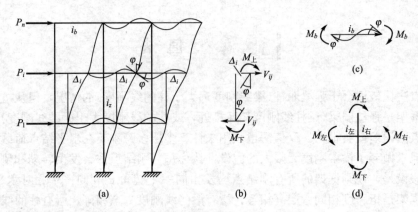

图 10.14

根据转角相等的假设，考虑图 10.14(c)有

$$M_b = 6i_b\varphi \tag{e}$$

利用结点平衡 [图 10.14(d)]，注意到规则框架的特点，不仅所有结点转角相同，而且各层相对侧移也相等，因此上层的 $M_{下}$ 与下层的 $M_{上}$ 具有相同的值。因此可得

$$2M_{上} + 2M_b = 12(i_z + i_b)\varphi - \frac{12i_z}{h_i}\Delta_i = 0$$

得到

$$\frac{\varphi h_i}{\Delta_i} = \frac{i_z}{i_z + i_b} \tag{f}$$

代入式(d)，求得

$$D_{ij}=\frac{12i_z}{h_i{}^2}\frac{i_b}{i_z+i_b}=\frac{12i_z}{h_i{}^2}\frac{2\frac{i_b}{i_z}}{2+2\frac{i_b}{i_z}}=\frac{\overline{K}}{2+\overline{K}}\frac{12i_z}{h_i{}^2}=\alpha\frac{12i_z}{h_i{}^2} \qquad (10-10)$$

式中

$$\alpha=\frac{\overline{K}}{2+\overline{K}} \qquad (10-11)$$

体现了结点转角对 D 值的影响，因为 $\alpha=1$ 时恰好相当于无转角(横梁刚度无限大)时的侧移刚度。式中

$$\overline{K}=2\frac{i_b}{i_z} \qquad (10-12)$$

体现了梁与柱线刚度之间的比值关系，但又不是纯比值。

在进行实际结构计算时，梁的线刚度可能不相等，此时一般取平均值，具体计算 α 值可遵照表 10-1 进行。还需说明的是，表 10-1 中首层公式与一般层有所不同，是由于首层支座处是没有转角发生的缘故。证明从略。

表 10-1 α 值计算公式表

层	边柱	中间柱	α
一般层	$\overline{K}=\dfrac{i_1+i_2}{2i_z}$	$\overline{K}=\dfrac{i_1+i_2+i_3+i_4}{2i_z}$	$\alpha=\dfrac{\overline{K}}{2+\overline{K}}$
首层	$\overline{K}=\dfrac{i_1}{i_z}$	$\overline{K}=\dfrac{i_1+i_2}{i_z}$	$\alpha=\dfrac{0.5+\overline{K}}{2+\overline{K}}$

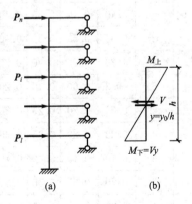

图 10.15

应用 D 值能够计算出每根柱的剪力值，但要得到弯矩图还必须给出柱的反弯点位置，D 值法从它的基本假设出发，通过对称性的利用可以把规则框架最后简化为如图 10.15 所示的刚架，然后采用力法可以得到准确的弯矩图，就不同层的柱而言，只要 $M_下$ 与剪力 V 为已知，则反弯点高度 y 就可反求出。

为了便于制表，可取反弯点高度比 $y_0=\dfrac{y}{h}$，其值为：

$$y_0=\frac{M_下}{Vh}$$

根据不同的结点水平荷载不同层数的框架和不同的

$\overline{K}$，通过计算后，制成一系列表格，计算时直接查表 10-2 或表 10-3 即可得到标准的反弯点高度比。表 10-2 对应于风荷载（均匀分布的水平结点力）；表 10-3 对应于地震作用（倒三角形分布的水平结点力）。由于实际结构与规则框架的差别，当上下梁的线刚度不同时或上层层高与下层层高同本层层高不同时，可按给出的表 10-4 和表 10-5 进行标准反弯点高度比的修正。以 y_1 表示梁线刚度不同引起的修正值，y_2、y_3 分别表示上层层高和下层层高与本层不同时引起的修正值，这样，总的反弯点高度比若用 $\overline{y}$ 表示，则有

$$\overline{y} = y_0 + y_1 + y_2 + y_3 \tag{10-13}$$

确定了柱的反弯点高度比后，通过式(10-14)

$$M_{\text{下}} = V\overline{y}h \ \text{和} \ M_{\text{上}} = V(1-\overline{y})h \tag{10-14}$$

便可求得柱杆端弯矩，其余弯矩图绘制方法和反弯点法相同。

表 10-2　均布水平荷载下各层柱标准反弯点高度比 y_0

m	$\overline{K}$ n	0.1	0.2	0.3	0.4	0.5	0.6	0.7	0.8	0.9	1.0	2.0	3.0	4.0	5.0
1	1	0.80	0.75	0.70	0.65	0.65	0.60	0.60	0.60	0.60	0.55	0.55	0.55	0.55	0.55
2	2	0.45	0.40	0.35	0.35	0.35	0.35	0.40	0.40	0.40	0.40	0.45	0.45	0.45	0.45
	1	0.95	0.80	0.75	0.70	0.65	0.65	0.65	0.60	0.60	0.60	0.55	0.55	0.55	0.50
3	3	0.15	0.20	0.20	0.25	0.30	0.30	0.30	0.35	0.35	0.35	0.40	0.45	0.45	0.45
	2	0.55	0.50	0.45	0.45	0.45	0.45	0.45	0.45	0.45	0.45	0.50	0.50	0.50	0.50
	1	1.00	0.85	0.80	0.75	0.70	0.70	0.65	0.65	0.65	0.60	0.55	0.55	0.55	0.55
4	4	-0.05	0.05	0.15	0.20	0.25	0.30	0.30	0.35	0.35	0.35	0.40	0.45	0.45	0.45
	3	0.25	0.30	0.30	0.35	0.35	0.40	0.40	0.40	0.40	0.45	0.45	0.50	0.50	0.50
	2	0.65	0.55	0.50	0.50	0.45	0.45	0.45	0.45	0.45	0.45	0.50	0.50	0.50	0.50
	1	1.10	0.90	0.80	0.75	0.70	0.70	0.55	0.65	0.65	0.60	0.55	0.55	0.55	0.55
5	5	-0.20	0.00	0.15	0.20	0.25	0.30	0.30	0.30	0.35	0.35	0.40	0.45	0.45	0.45
	4	0.10	0.20	0.25	0.30	0.35	0.35	0.40	0.40	0.40	0.40	0.45	0.45	0.50	0.50
	3	0.40	0.40	0.40	0.40	0.40	0.45	0.45	0.45	0.45	0.45	0.50	0.50	0.50	0.50
	2	0.65	0.55	0.50	0.50	0.50	0.50	0.50	0.50	0.50	0.50	0.50	0.50	0.50	0.50
	1	1.20	0.95	0.80	0.75	0.75	0.70	0.70	0.65	0.65	0.65	0.55	0.55	0.55	0.55
6	6	-0.30	0.00	0.10	0.20	0.25	0.25	0.30	0.30	0.35	0.35	0.40	0.45	0.45	0.45
	5	0.00	0.20	0.25	0.30	0.35	0.35	0.40	0.40	0.40	0.40	0.45	0.45	0.50	0.50
	4	0.20	0.30	0.35	0.35	0.40	0.40	0.40	0.45	0.45	0.45	0.50	0.50	0.50	0.50
	3	0.40	0.40	0.40	0.45	0.45	0.45	0.45	0.45	0.45	0.45	0.50	0.50	0.50	0.50
	2	0.70	0.60	0.55	0.50	0.50	0.50	0.50	0.50	0.50	0.50	0.50	0.50	0.50	0.50
	1	1.20	0.95	0.85	0.80	0.75	0.70	0.70	0.65	0.65	0.65	0.55	0.55	0.55	0.55

（续）

m	$\overline{K}$ / n	0.1	0.2	0.3	0.4	0.5	0.6	0.7	0.8	0.9	1.0	2.0	3.0	4.0	5.0
7	7	−0.35	−0.05	0.10	0.20	0.20	0.25	0.30	0.30	0.35	0.35	0.40	0.45	0.45	0.45
	6	−0.10	0.15	0.25	0.30	0.35	0.35	0.35	0.40	0.40	0.40	0.45	0.45	0.50	0.50
	5	0.10	0.25	0.30	0.35	0.40	0.40	0.40	0.45	0.45	0.45	0.50	0.50	0.50	0.50
	4	0.30	0.35	0.40	0.40	0.40	0.45	0.45	0.45	0.45	0.45	0.50	0.50	0.50	0.50
	3	0.50	0.45	0.45	0.45	0.45	0.45	0.45	0.45	0.45	0.45	0.50	0.50	0.50	0.50
	2	0.75	0.60	0.55	0.50	0.50	0.50	0.50	0.50	0.50	0.50	0.50	0.50	0.50	0.50
	1	1.20	0.95	0.85	0.80	0.75	0.70	0.70	0.65	0.65	0.65	0.55	0.55	0.55	0.55
8	8	−0.35	−0.15	0.10	0.10	0.25	0.25	0.30	0.30	0.35	0.35	0.40	0.45	0.45	0.45
	7	−0.10	0.15	0.25	0.30	0.35	0.35	0.40	0.40	0.40	0.40	0.45	0.45	0.50	0.50
	6	0.05	0.25	0.30	0.35	0.40	0.40	0.40	0.45	0.45	0.45	0.45	0.50	0.50	0.50
	5	0.20	0.30	0.35	0.40	0.40	0.45	0.45	0.45	0.45	0.45	0.50	0.50	0.50	0.50
	4	0.35	0.40	0.40	0.45	0.45	0.45	0.45	0.45	0.45	0.45	0.50	0.50	0.50	0.50
	3	0.50	0.45	0.45	0.45	0.45	0.45	0.45	0.45	0.50	0.50	0.50	0.50	0.50	0.50
	2	0.75	0.60	0.55	0.55	0.50	0.50	0.50	0.50	0.50	0.50	0.50	0.50	0.50	0.50
	1	1.20	1.00	0.85	0.80	0.75	0.70	0.70	0.65	0.65	0.65	0.55	0.55	0.55	0.55
9	9	−0.40	−0.05	0.10	0.20	0.25	0.25	0.30	0.30	0.35	0.35	0.45	0.45	0.45	0.45
	8	−0.15	0.15	0.25	0.30	0.35	0.35	0.35	0.40	0.40	0.40	0.45	0.45	0.50	0.50
	7	0.05	0.25	0.30	0.35	0.40	0.40	0.40	0.45	0.45	0.45	0.50	0.50	0.50	0.50
	6	0.15	0.30	0.35	0.40	0.40	0.45	0.45	0.45	0.45	0.45	0.50	0.50	0.50	0.50
	5	0.25	0.35	0.40	0.40	0.45	0.45	0.45	0.45	0.45	0.45	0.50	0.50	0.50	0.50
	4	0.40	0.40	0.40	0.45	0.45	0.45	0.45	0.45	0.45	0.45	0.50	0.50	0.50	0.50
	3	0.55	0.45	0.45	0.45	0.45	0.45	0.45	0.45	0.50	0.50	0.50	0.50	0.50	0.50
	2	0.80	0.65	0.55	0.55	0.50	0.50	0.50	0.50	0.50	0.50	0.50	0.50	0.50	0.50
	1	1.20	1.00	0.85	0.80	0.75	0.70	0.70	0.65	0.65	0.65	0.55	0.55	0.55	0.55
10	10	−0.40	−0.05	0.10	0.20	0.25	0.30	0.30	0.30	0.30	0.35	0.40	0.45	0.45	0.45
	9	−0.15	0.15	0.25	0.30	0.35	0.35	0.40	0.40	0.40	0.40	0.45	0.45	0.50	0.50
	8	0.00	0.25	0.30	0.35	0.40	0.40	0.40	0.45	0.45	0.45	0.45	0.40	0.50	0.50
	7	0.10	0.30	0.35	0.40	0.40	0.40	0.45	0.45	0.45	0.45	0.50	0.50	0.50	0.50
	6	0.20	0.35	0.40	0.40	0.45	0.45	0.45	0.45	0.45	0.45	0.50	0.50	0.50	0.50
	5	0.30	0.40	0.40	0.45	0.45	0.45	0.45	0.45	0.45	0.50	0.50	0.50	0.50	0.50
	4	0.40	0.40	0.45	0.45	0.45	0.45	0.45	0.45	0.45	0.50	0.50	0.50	0.50	0.50
	3	0.55	0.50	0.45	0.45	0.45	0.50	0.50	0.50	0.50	0.50	0.50	0.50	0.50	0.50
	2	0.80	0.65	0.55	0.55	0.55	0.50	0.50	0.50	0.50	0.50	0.50	0.50	0.50	0.50
	1	1.30	1.00	0.85	0.80	0.75	0.70	0.70	0.65	0.65	0.65	0.60	0.55	0.55	0.55

（续）

m	n＼K̄	0.1	0.2	0.3	0.4	0.5	0.6	0.7	0.8	0.9	1.0	2.0	3.0	4.0	5.0
11	11	−0.40	0.05	0.10	0.20	0.25	0.30	0.30	0.30	0.35	0.35	0.40	0.45	0.45	0.45
	10	−0.15	0.15	0.25	0.30	0.35	0.35	0.40	0.40	0.40	0.40	0.45	0.45	0.50	0.50
	9	0.00	0.25	0.30	0.35	0.40	0.40	0.40	0.45	0.45	0.45	0.45	0.50	0.50	0.50
	8	0.10	0.30	0.35	0.40	0.40	0.45	0.45	0.45	0.45	0.45	0.50	0.50	0.50	0.50
	7	0.20	0.35	0.40	0.45	0.45	0.45	0.45	0.45	0.45	0.45	0.50	0.50	0.50	0.50
	6	0.25	0.35	0.40	0.45	0.45	0.45	0.45	0.45	0.45	0.45	0.50	0.50	0.50	0.50
	5	0.35	0.40	0.40	0.45	0.45	0.45	0.45	0.45	0.45	0.50	0.50	0.50	0.50	0.50
	4	0.40	0.45	0.45	0.45	0.45	0.45	0.45	0.50	0.50	0.50	0.50	0.50	0.50	0.50
	3	0.55	0.50	0.50	0.50	0.50	0.50	0.50	0.50	0.50	0.50	0.50	0.50	0.50	0.50
	2	0.80	0.65	0.60	0.55	0.55	0.50	0.50	0.50	0.50	0.50	0.50	0.50	0.50	0.50
	1	1.30	1.00	0.85	0.80	0.75	0.70	0.70	0.65	0.65	0.65	0.60	0.55	0.55	0.55
12以上	自上1	−0.40	−0.05	0.10	0.20	0.25	0.30	0.30	0.30	0.35	0.35	0.40	0.45	0.45	0.45
	2	−0.15	0.15	0.25	0.30	0.35	0.35	0.40	0.40	0.40	0.40	0.45	0.45	0.50	0.50
	3	0.00	0.25	0.30	0.35	0.40	0.40	0.40	0.45	0.45	0.45	0.50	0.50	0.50	0.50
	4	0.10	0.30	0.35	0.40	0.40	0.45	0.45	0.45	0.45	0.45	0.50	0.50	0.50	0.50
	5	0.20	0.35	0.40	0.40	0.45	0.45	0.45	0.45	0.45	0.45	0.50	0.50	0.50	0.50
	6	0.25	0.35	0.40	0.45	0.45	0.45	0.45	0.45	0.45	0.45	0.50	0.50	0.50	0.50
	7	0.30	0.40	0.40	0.45	0.45	0.45	0.45	0.45	0.50	0.50	0.50	0.50	0.50	0.50
	8	0.35	0.40	0.45	0.45	0.45	0.45	0.50	0.50	0.50	0.50	0.50	0.50	0.50	0.50
	中间	0.40	0.40	0.45	0.45	0.45	0.45	0.50	0.50	0.50	0.50	0.50	0.50	0.50	0.50
	4	0.45	0.45	0.45	0.45	0.50	0.50	0.50	0.50	0.50	0.50	0.50	0.50	0.50	0.50
	3	0.60	0.50	0.50	0.50	0.50	0.50	0.50	0.50	0.50	0.50	0.50	0.50	0.50	0.50
	2	0.80	0.65	0.60	0.55	0.55	0.50	0.50	0.50	0.50	0.50	0.50	0.50	0.50	0.50
	自下1	1.30	1.00	0.85	0.80	0.75	0.70	0.70	0.65	0.65	0.55	0.55	0.55	0.55	0.55

表 10-3　倒三角形荷载下各层柱标准反弯点高度比 y_0

m	n＼K̄	0.1	0.2	0.3	0.4	0.5	0.6	0.7	0.8	0.9	1.0	2.0	3.0	4.0	5.0
1	1	0.80	0.75	0.70	0.65	0.65	0.60	0.60	0.60	0.60	0.55	0.55	0.55	0.55	0.55
2	2	0.50	0.45	0.40	0.40	0.40	0.40	0.40	0.40	0.40	0.45	0.45	0.45	0.45	0.50
	1	1.00	0.85	0.75	0.70	0.70	0.65	0.65	0.65	0.60	0.60	0.55	0.55	0.55	0.55

(续)

m	n	0.1	0.2	0.3	0.4	0.5	0.6	0.7	0.8	0.9	1.0	2.0	3.0	4.0	5.0
3	3	0.25	0.25	0.25	0.30	0.30	0.35	0.35	0.35	0.40	0.40	0.45	0.45	0.45	0.50
	2	0.60	0.50	0.50	0.50	0.50	0.45	0.45	0.45	0.45	0.45	0.50	0.50	0.50	0.50
	1	1.15	0.90	0.80	0.75	0.75	0.70	0.70	0.65	0.65	0.65	0.60	0.55	0.55	0.55
4	4	0.10	0.15	0.20	0.25	0.30	0.30	0.35	0.35	0.35	0.40	0.45	0.45	0.45	0.45
	3	0.35	0.35	0.35	0.40	0.40	0.40	0.40	0.45	0.45	0.45	0.45	0.50	0.50	0.50
	2	0.70	0.60	0.55	0.50	0.50	0.50	0.50	0.50	0.50	0.50	0.50	0.50	0.50	0.50
	1	1.20	0.95	0.85	0.80	0.75	0.70	0.70	0.70	0.65	0.65	0.55	0.55	0.55	0.50
5	5	−0.05	0.10	0.20	0.25	0.30	0.30	0.35	0.35	0.35	0.35	0.40	0.45	0.45	0.45
	4	0.20	0.25	0.35	0.35	0.40	0.40	0.40	0.40	0.40	0.45	0.45	0.50	0.50	0.50
	3	0.45	0.40	0.45	0.45	0.45	0.45	0.45	0.45	0.45	0.45	0.50	0.50	0.50	0.50
	2	0.75	0.60	0.55	0.55	0.50	0.50	0.50	0.50	0.50	0.50	0.50	0.50	0.50	0.50
	1	1.30	1.00	0.85	0.80	0.75	0.70	0.70	0.65	0.65	0.65	0.55	0.55	0.55
6	6	−0.15	0.05	0.15	0.20	0.25	0.30	0.30	0.35	0.35	0.35	0.40	0.45	0.45	0.45
	5	0.10	0.25	0.30	0.35	0.35	0.40	0.40	0.40	0.45	0.45	0.45	0.50	0.50	0.50
	4	0.30	0.35	0.40	0.40	0.45	0.45	0.45	0.45	0.45	0.45	0.50	0.50	0.50	0.50
	3	0.50	0.45	0.45	0.45	0.45	0.45	0.45	0.45	0.45	0.50	0.50	0.50	0.50	0.50
	2	0.80	0.65	0.55	0.55	0.55	0.55	0.50	0.50	0.50	0.50	0.50	0.50	0.50
	1	1.30	1.00	0.85	0.80	0.75	0.70	0.70	0.65	0.65	0.65	0.60	0.55	0.55	0.55
7	7	−0.20	0.05	0.15	0.20	0.25	0.30	0.30	0.35	0.35	0.45	0.45	0.45	0.45	0.45
	6	0.05	0.20	0.30	0.35	0.35	0.40	0.40	0.40	0.40	0.45	0.45	0.50	0.50	0.50
	5	0.20	0.30	0.35	0.40	0.40	0.45	0.45	0.45	0.45	0.45	0.50	0.50	0.50	0.50
	4	0.35	0.40	0.40	0.45	0.45	0.45	0.45	0.45	0.45	0.45	0.50	0.50	0.50	0.50
	3	0.55	0.50	0.50	0.50	0.50	0.50	0.50	0.50	0.50	0.50	0.50	0.50	0.50	0.50
	2	0.80	0.65	0.60	0.55	0.55	0.55	0.50	0.50	0.50	0.50	0.50	0.50	0.50	0.50
	1	1.30	1.00	0.90	0.80	0.75	0.70	0.70	0.70	0.65	0.65	0.60	0.55	0.55	0.55
8	8	−0.20	0.05	0.15	0.20	0.25	0.30	0.30	0.35	0.35	0.35	0.45	0.45	0.45	0.45
	7	0.00	0.20	0.30	0.35	0.35	0.40	0.40	0.40	0.40	0.45	0.45	0.50	0.50	0.50
	6	0.15	0.30	0.35	0.40	0.40	0.45	0.45	0.45	0.45	0.45	0.50	0.50	0.50	0.50
	5	0.30	0.45	0.40	0.45	0.45	0.45	0.45	0.45	0.45	0.45	0.50	0.50	0.50	0.50
	4	0.40	0.45	0.45	0.45	0.45	0.45	0.45	0.50	0.50	0.50	0.50	0.50	0.50	0.50
	3	0.60	0.50	0.50	0.50	0.50	0.50	0.50	0.50	0.50	0.50	0.50	0.50	0.50	0.50
	2	0.85	0.65	0.60	0.55	0.55	0.55	0.50	0.50	0.50	0.50	0.50	0.50	0.50	0.50
	1	1.30	1.00	0.90	0.80	0.75	0.70	0.70	0.70	0.65	0.65	0.60	0.55	0.55	0.55

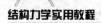

（续）

m	n	0.1	0.2	0.3	0.4	0.5	0.6	0.7	0.8	0.9	1.0	2.0	3.0	4.0	5.0
9	9	−0.25	0.00	0.15	0.20	0.25	0.30	0.30	0.35	0.35	0.40	0.45	0.45	0.45	0.45
	8	0.00	0.20	0.30	0.35	0.35	0.40	0.40	0.40	0.40	0.45	0.45	0.50	0.50	0.50
	7	0.15	0.30	0.35	0.40	0.40	0.45	0.45	0.45	0.45	0.45	0.50	0.50	0.50	0.50
	6	0.25	0.35	0.40	0.40	0.45	0.45	0.45	0.45	0.45	0.50	0.50	0.50	0.50	0.50
	5	0.35	0.40	0.45	0.45	0.45	0.45	0.45	0.45	0.50	0.50	0.50	0.50	0.50	0.50
	4	0.45	0.45	0.05	0.45	0.45	0.50	0.50	0.50	0.50	0.50	0.50	0.50	0.50	0.50
	3	0.65	0.50	0.50	0.50	0.50	0.50	0.50	0.50	0.50	0.50	0.50	0.50	0.50	0.50
	2	0.80	0.65	0.65	0.55	0.55	0.55	0.55	0.50	0.50	0.50	0.50	0.50	0.50	0.50
	1	1.35	1.00	1.00	0.80	0.75	0.75	0.70	0.70	0.65	0.65	0.60	0.55	0.55	0.55
10	10	−0.25	0.00	0.15	0.20	0.25	0.30	0.30	0.35	0.35	0.40	0.45	0.45	0.45	0.45
	9	−0.05	0.20	0.30	0.35	0.35	0.40	0.40	0.40	0.40	0.45	0.45	0.50	0.50	0.50
	8	0.10	0.30	0.35	0.40	0.40	0.40	0.45	0.45	0.45	0.45	0.50	0.50	0.50	0.50
	7	0.20	0.35	0.40	0.40	0.45	0.45	0.45	0.45	0.45	0.50	0.50	0.50	0.50	0.50
	6	0.30	0.40	0.40	0.45	0.45	0.45	0.45	0.45	0.45	0.50	0.50	0.50	0.50	0.50
	5	0.40	0.45	0.45	0.45	0.45	0.45	0.50	0.50	0.50	0.50	0.50	0.50	0.50	0.50
	4	0.50	0.45	0.45	0.45	0.50	0.50	0.50	0.50	0.50	0.50	0.50	0.50	0.50	0.50
	3	0.60	0.55	0.50	0.50	0.50	0.50	0.50	0.50	0.50	0.50	0.50	0.50	0.50	0.50
	2	0.85	0.65	0.60	0.55	0.55	0.55	0.55	0.50	0.50	0.50	0.50	0.50	0.50	0.50
	1	1.35	1.00	0.90	0.80	0.75	0.75	0.70	0.70	0.65	0.65	0.60	0.55	0.55	0.55
11	11	−0.25	0.00	0.15	0.20	0.25	0.30	0.30	0.30	0.35	0.35	0.45	0.45	0.45	0.45
	10	−0.05	0.20	0.25	0.30	0.35	0.40	0.40	0.40	0.40	0.45	0.45	0.50	0.50	0.50
	9	0.10	0.30	0.35	0.40	0.40	0.40	0.45	0.45	0.45	0.45	0.50	0.50	0.50	0.50
	8	0.20	0.35	0.40	0.40	0.45	0.45	0.45	0.45	0.45	0.45	0.50	0.50	0.50	0.50
	7	0.25	0.40	0.40	0.45	0.45	0.45	0.45	0.45	0.45	0.50	0.50	0.50	0.50	0.50
	6	0.35	0.40	0.45	0.45	0.45	0.45	0.45	0.45	0.50	0.50	0.50	0.50	0.50	0.50
	5	0.40	0.44	0.45	0.45	0.45	0.50	0.50	0.50	0.50	0.50	0.50	0.50	0.50	0.50
	4	0.50	0.50	0.50	0.50	0.50	0.50	0.50	0.50	0.50	0.50	0.50	0.50	0.50	0.50
	3	0.65	0.55	0.50	0.50	0.50	0.50	0.50	0.50	0.50	0.50	0.50	0.50	0.50	0.50
	2	0.85	0.65	0.60	0.55	0.55	0.55	0.55	0.50	0.50	0.50	0.50	0.50	0.50	0.50
	1	1.35	1.50	0.90	0.80	0.75	0.75	0.70	0.70	0.65	0.65	0.60	0.55	0.55	0.55

（续）

m	$\overline{K}$ n	0.1	0.2	0.3	0.4	0.5	0.6	0.7	0.8	0.9	1.0	2.0	3.0	4.0	5.0
12 以 上	自上 1	−0.30	0.00	0.15	0.20	0.25	0.30	0.30	0.30	0.35	0.35	0.40	0.45	0.45	0.45
	2	−0.10	0.20	0.25	0.30	0.35	0.40	0.40	0.40	0.40	0.45	0.45	0.45	0.45	0.50
	3	0.05	0.25	0.35	0.40	0.40	0.40	0.45	0.45	0.45	0.45	0.45	0.50	0.50	0.50
	4	0.15	0.30	0.40	0.40	0.45	0.45	0.45	0.45	0.45	0.45	0.45	0.50	0.50	0.50
	5	0.25	0.30	0.40	0.45	0.45	0.45	0.45	0.45	0.45	0.50	0.50	0.50	0.50	0.50
	6	0.30	0.40	0.40	0.45	0.45	0.45	0.45	0.50	0.50	0.50	0.50	0.50	0.50	0.50
	7	0.35	0.40	0.40	0.45	0.45	0.45	0.50	0.50	0.50	0.50	0.50	0.50	0.50	0.50
	8	0.35	0.45	0.45	0.50	0.50	0.50	0.50	0.50	0.50	0.50	0.50	0.50	0.50	0.50
	中间	0.45	0.45	0.45	0.45	0.50	0.50	0.50	0.50	0.50	0.50	0.50	0.50	0.50	0.50
	4	0.55	0.50	0.50	0.50	0.50	0.50	0.50	0.50	0.50	0.50	0.50	0.50	0.50	0.50
	3	0.65	0.55	0.50	0.50	0.50	0.50	0.50	0.50	0.50	0.50	0.50	0.50	0.50	0.50
	2	0.70	0.70	0.60	0.55	0.55	0.55	0.55	0.50	0.50	0.50	0.50	0.50	0.50	0.50
	自下 1	1.35	1.05	0.70	0.80	0.75	0.70	0.70	0.70	0.65	0.65	0.60	0.55	0.55	0.55

表 10 - 4 上下梁相对刚度变化时的修正值 y_1

α_1 \ $\overline{K}$	0.1	0.2	0.3	0.4	0.5	0.6	0.7	0.8	0.9	1.0	2.0	3.0	4.0	5.0
0.4	0.55	0.40	0.30	0.25	0.20	0.20	0.20	0.15	0.15	0.15	0.05	0.05	0.05	0.05
0.5	0.45	0.30	0.20	0.20	0.15	0.15	0.15	0.10	0.10	0.10	0.05	0.05	0.05	0.05
0.6	0.30	0.20	0.15	0.15	0.10	0.10	0.10	0.10	0.10	0.05	0.05	0.05	0.05	0.00
0.7	0.20	0.15	0.10	0.10	0.10	0.05	0.05	0.05	0.05	0.05	0.05	0.05	0.00	0.00
0.8	0.15	0.10	0.05	0.05	0.05	0.05	0.05	0.05	0.05	0.00	0.00	0.00	0.00	0.00
0.9	0.05	0.05	0.05	0.05	0.00	0.00	0.00	0.00	0.00	0.00	0.00	0.00	0.00	0.00

注：对于底层柱不考虑 α_1 值，所以不作此项修正。

表 10 - 5 上下柱高度变化时的修正值 y_2 和 y_3

α_2	α_3	$\overline{K}$ 0.1	0.2	0.3	0.4	0.5	0.6	0.7	0.8	0.9	1.0	2.0	3.0	4.0	5.0
2.0		0.25	0.15	0.15	0.10	0.10	0.10	0.10	0.10	0.05	0.05	0.05	0.05	0.0	0.0
1.8		0.20	0.15	0.10	0.10	0.10	0.05	0.05	0.05	0.05	0.05	0.05	0.05	0.0	0.0
1.6	0.4	0.15	0.10	0.10	0.05	0.05	0.05	0.05	0.05	0.05	0.05	0.05	0.0	0.0	0.0
1.4	0.6	0.10	0.05	0.05	0.05	0.05	0.05	0.05	0.05	0.05	0.05	0.0	0.0	0.0	0.0

（续）

α_2 α_3	$\overline{K}$	0.1	0.2	0.3	0.4	0.5	0.6	0.7	0.8	0.9	1.0	2.0	3.0	4.0	5.0
1.2	0.8	0.05	0.05	0.05	0.0	0.0	0.0	0.0	0.0	0.0	0.0	0.0	0.0	0.0	0.0
1.0	1.0	0.0	0.0	0.0	0.0	0.0	0.0	0.0	0.0	0.0	0.0	0.0	0.0	0.0	0.0
0.8	1.2	−0.05	−0.05	−0.05	0.0	0.0	0.0	0.0	0.0	0.0	0.0	0.0	0.0	0.0	0.0
0.6	1.4	−0.10	−0.05	−0.05	−0.05	−0.05	−0.05	−0.05	−0.05	−0.05	−0.05	0.0	0.0	0.0	0.0
0.4	1.6	−0.15	−0.10	−0.10	−0.05	−0.05	−0.05	−0.05	−0.05	−0.05	−0.05	0.0	0.0	0.0	0.0
	1.8	−0.20	−0.15	−0.10	−0.10	−0.10	−0.05	−0.05	−0.05	−0.05	−0.05	0.0	0.0	0.0	0.0
	2.0	−0.25	−0.15	−0.15	−0.10	−0.10	−0.10	−0.10	−0.05	−0.05	−0.05	−0.05	−0.05	0.0	0.0

注：y_2 按 α_2 查表求得，上层较高时为正值。但对于最上层，不考虑 y_2 修正值。y_3 按 α_3 查表求得，对于最下层，不考虑 y_3 修正值。

【例 10-7】 用 D 值法解例 10-6 所示刚架（图 10.16），并作弯矩图。

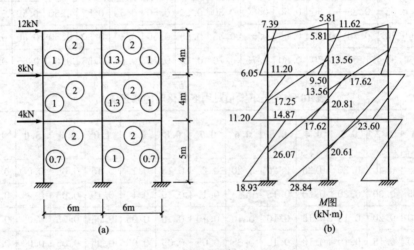

图 10.16

解：（1）各层柱 D 值的计算（见表格 10-6 与表 10-7）

表 10-6　2～3 层 D 值计算

柱	$\overline{K}=\dfrac{\sum i_b}{2 i_z}$	$\alpha=\dfrac{\overline{K}}{2+\overline{K}}$	$D=\alpha i_z \dfrac{12}{h^2}$
边柱	$\dfrac{2+2}{2\times 1}=2$	$\dfrac{2}{2+2}=0.5$	$0.5\times 1\times\dfrac{12}{4^2}=0.375$
中间柱	$\dfrac{2\times 4}{2\times 1.3}=3.08$	$\dfrac{3.08}{2+3.08}=0.606$	$0.606\times 1.3\times\dfrac{12}{4^2}=0.591$

2～3 层总 D 值为：

$$\sum D=2\times 0.375+0.591=1.341$$

表 10-7 首层 D 值计算

柱	$\overline{K}=\dfrac{\sum i_b}{i_z}$	$\alpha=\dfrac{0.5+\overline{K}}{2+\overline{K}}$	$D=\alpha i_z \dfrac{12}{h^2}$
边柱	$\dfrac{2}{0.7}=2.86$	$\dfrac{0.5+2.86}{2+2.86}=0.691$	$0.691\times0.7\times\dfrac{12}{5^2}=0.232$
中间柱	$\dfrac{2+2}{1}=4$	$\dfrac{0.5+4}{2+4}=0.75$	$0.75\times1\times\dfrac{12}{5^2}=0.36$

首层总 D 值为：

$$\sum D = 2\times0.232 + 0.36 = 0.824$$

（2）各柱弯矩的计算见表 10-8。

表 10-8 柱弯矩计算表

层	柱	V_i	$\sum D_{ij}$	D_{ij}	$V_{ij}=\dfrac{D_{ij}}{\sum D_{ij}}V_i$	$\overline{K}$	$\overline{y}$	$M_{上}$	$M_{下}$
3 层	边柱	12	1.341	0.375	3.36	2	0.45	7.39	6.05
	中柱			0.591	5.28	3.08	0.45	11.62	9.50
2 层	边柱	20	1.341	0.375	5.60	2	0.50	11.20	11.20
	中间柱			0.591	8.81	3.08	0.50	17.62	17.62
首层	边柱	24	0.824	0.232	6.76	2.86	0.56	14.87	18.93
	中柱			0.36	10.49	4	0.55	23.60	28.84

以 3 层边柱为例，该层总剪力 $V_3=12\text{kN}$，总 D 值为 1.341，边柱 D 值为 0.375，因此

$$V_{3边}=\frac{0.375}{1.341}\times12=3.36\text{kN}$$

由 D 值计算表中查得 3 层边柱 $\overline{K}=2$，利用表 10-3（倒三角形荷载作用下的标准反弯点高度比）查出 3 层框架第 3 层的 y_0 值为 0.45，这根柱的 y_0 值按所给条件可不进行修正，故 $\overline{y}=y_0=0.45$，最后得到这根柱的下、上端弯矩：

$$M_{下}=3.36\times0.45\times4=6.05\text{kN}\cdot\text{m}$$
$$M_{上}=3.36\times0.55\times4=7.39\text{kN}\cdot\text{m}$$

（3）柱的弯矩得出后，梁的弯矩与反弯点法相同，可由结点平衡求出。最后弯矩图示于图 10.17(b)。

将 D 值法所得结果［图 10.16(b)］与反弯点法所得结果［图 10.13(b)］对比，可以看出，2 层弯矩值较为接近，但首层与 3 层差别较大，这正是反弯点法不足之处。

10.5 剪力分配法

等高多跨的单层工业厂房排架［图 10.17(a)］虽然属于多次超静定结构，但应用位移

法，则只要解一个未知量便可得到内力，而且可以将其结果转化成剪力分配的形式，这是单层厂房手算中经常采用的方法。图 10.17(b) 为用位移法解等高排架的基本结构，当顶部有水平集中力 P 作用时，则

$$R_{1P} = -P$$

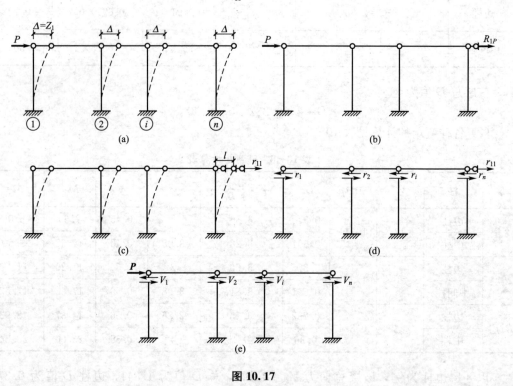

图 10.17

此时各柱均无剪力，图 10.17(c) 为求 r_{11} 的位移图，如果第 i 根柱顶部发生单位位移所需的剪力为 r_i [图 10.17(d)]，则

$$r_{11} = \sum_{i=1}^{n} r_i \tag{10-15}$$

代入位移法方程

$$Z_1 = -\frac{-P}{\sum\limits_{i=1}^{n} r_i} = \frac{P}{\sum\limits_{i=1}^{n} r_i}$$

第 i 根柱在 P 力作用下最后得剪力应为：

$$V_i = r_i Z_1, \quad V_i = r_i Z_1 = \frac{r_i}{\sum\limits_{i=1}^{n} r_i} P = \eta_i P$$

式中

$$\eta_i = \frac{r_i}{\sum\limits_{i=1}^{n} r_i} \tag{10-16}$$

称为剪力分配系数，r_i 称为柱的侧移刚度，因此在等高排架计算中，各柱剪力是按侧移刚度分配的 [图 10.17(e)]。侧移刚度 r_i 可以通过力法中的柔度 δ_i 求出。

图 10.18(a)表示出了刚度系数的概念，而图 10.18(b) 表示出了柔度系数的概念，它们之间存在着互为倒数的关系。将此关系代入式(10－16)，有

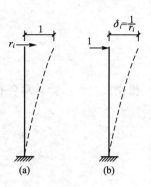

$$\eta_i = \frac{\dfrac{1}{\delta_i}}{\displaystyle\sum_{i=1}^{n} \dfrac{1}{\delta_i}} \qquad (10-17)$$

当单层厂房各柱剪力得到后，柱的弯矩图便可很快作出。

图 10.18

【例 10－8】 用剪力分配法计算图 10.19 所示铰接排架各柱的剪力，已知 $P = 5.75\text{kN}$，$I_1 = 2.13 \times 10^{-3} \text{m}^4$，$I_2 = 12.31 \times 10^{-3} \text{m}^4$，$I_3 = 7.2 \times 10^{-3} \text{m}^4$。

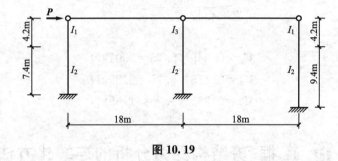

图 10.19

解： 首先根据力法解排架中所提供的有关公式计算各柱顶的柔度系数，有

$$\delta_{aa} = k_3 \frac{H^3}{EI_2} = \frac{1}{3}(1+\mu\lambda^3)\frac{H^3}{EI_2}$$

$$\mu = \frac{1}{n}-1, \quad n = \frac{I_1}{I_2}, \quad \lambda = \frac{H_1}{H}$$

左柱(柱 1)的柔度：

$$\lambda = \frac{4.2}{11.6} = 0.362, \quad n = \frac{2.13 \times 10^{-3}}{12.31 \times 10^{-3}} = 0.173, \quad \mu = \frac{1}{0.173}-1 = 4.78$$

$$k_3 = \frac{1}{3}(1+4.78 \times 0.362^3) = 0.409$$

$$\delta_1 = 0.409 \times \frac{11.6^3}{EI_2} = \frac{638}{EI_2}$$

中柱(柱 2)的柔度：

$$\lambda = 0.362, \quad n = \frac{7.2 \times 10^{-3}}{12.3 \times 10^{-3}} = 0.585, \quad \mu = \frac{1}{0.585}-1 = 0.709$$

$$k_3 = \frac{1}{3}(1+0.709 \times 0.362^3) = 0.345$$

$$\delta_2 = 0.345 \times \frac{11.6^3}{EI_2} = \frac{538}{EI_2}$$

右柱(柱 3)的柔度：

$$\lambda = \frac{4.2}{13.6} = 0.309, \quad n = \frac{2.13 \times 10^{-3}}{12.31 \times 10^{-3}} = 0.173, \quad \mu = \frac{1}{0.173}-1 = 4.78$$

$$k_3 = \frac{1}{3}(1+4.78\times0.309^3) = 0.380$$

$$\delta_3 = 0.380\times\frac{13.6^3}{EI_2} = 956/EI_2$$

根据式(10-17)计算各柱剪力分配系数,有

$$\eta_1 = \frac{\dfrac{1}{638}}{\dfrac{1}{638}+\dfrac{1}{538}+\dfrac{1}{956}} = \frac{1.56\times10^{-3}}{4.47\times10^{-3}} = 0.349$$

$$\eta_2 = \frac{\dfrac{1}{538}}{4.47\times10^{-3}} = 0.416$$

$$\eta_2 = \frac{\dfrac{1}{956}}{4.47\times10^{-3}} = 0.235$$

各柱分配剪力:

$$V_1 = 0.349\times5.75 = 2.01\text{kN}$$

$$V_2 = 0.416\times5.75 = 2.39\text{kN}$$

$$V_3 = 0.235\times5.75 = 1.35\text{kN}$$

10.6 框-剪结构受力分析的连续化方法

图 10.20(a)为框-剪(或框-墙)结构的一种计算简图,它是将某方向所有剪力墙合为一道剪力墙,以 EI_w 代表各剪力墙刚度的总和,将该方向所有框架,合并为一个框架,各层楼板视为刚性板,它的作用是将框架与剪力墙在楼板处相连使其发生相同的水平侧移,这里采用铰接杆代替楼板作用,这种体系称为铰接体系(还有刚结体系)。这种计算简图属于高次超静定结构,除采用电算外,手算方法多采用"连续化"方法,以避免复杂的运算。这是一种建立和求解微分方程的方法,当所需的位移与内力函数求得后可以制成通用表格以备设计人员使用。本节仅介绍"连续化"的基本概念及其求解方法,具体计算由于涉及因素太多,此处从略,读者可以参看有关高层建筑结构计算和建筑物抗震设计等方面的书籍。

所谓"连续化"假设,就是将图 10.20(a)所示计算简图改变成图 10.20(b)所示的形式,或者说,假设链杆是连续分布在整个框架与剪力墙中间,这种假设对整体受力影响不大,这样假设后,剪力墙在荷载作用下的位移曲线与框架柱的位移曲线将完全相同。如图 10.20(c)所示,在水平荷载 $q(x)$ 作用下,将所有链杆截断,并以未知的连续分布力 $p(x)$ 代替链杆的作用,则框-剪体系可以视为两个单独受力部分。左边部分剪力墙在 $q(x)$ 与 $p(x)$ 作用下产生弯曲变形,可由悬臂构件计算。根据变形协调条件,剪力墙与框架在相连接的部位沿 y 方向应产生相同的水平位移,即两者的弹性曲线要相同。将梁的近似弹性曲线微分方程 $EI_w y'' = -M(x)$ 求二阶导数,并注意到 $M''(x) = -q(x)+p(x)$,可建立起

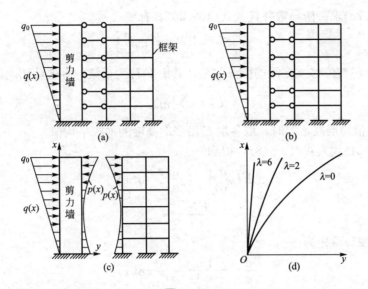

图 10.20

$$EI_w \frac{d^4 y}{dx^4} = q(x) - p(x) \tag{10-18}$$

式中，$y = f(x)$ 为剪力墙的弹性曲线方程。如果此微分方程能够解出，则剪力墙的内力可由下列各式得出：

$$\left. \begin{array}{l} M_w = -EI_w \dfrac{d^2 y}{dx^2} \\[2mm] V_w = -EI_w \dfrac{d^3 y}{dx^3} \end{array} \right\} \tag{10-19}$$

式中，M_w 与 V_w 为剪力墙的弯矩方程与剪力方程。不过方程(10-19)中尚含有未知力 $p(x)$，它与剪力墙位移的关系尚不清楚，因此方程(10-19)暂时还不能求解。$p(x)$ 不仅和剪力墙受力有关，同时也与框架受力有关。按 D 值法解框架时，由于 $p(x)$ 相对水平荷载，因此它必与层间剪力 V_i 有关，而 V_i 又与层间相对位移 Δu_i 有关，相对位移与层高之比从几何上考虑又是框架弹性曲线的层间转角，即 $\theta_i = \Delta u_i / h_i$。当引入连续化假设后，此式即变为 $\theta = \dfrac{dy}{dx}$。由于这里的位移 y 既是框架的又是属于剪力墙的。

这样便可找到 $p(x)$ 与 y 的又一关系，根据剪力与荷载集度间的微分关系，有式(10-20)成立：

$$p(x) = -\frac{dV_f}{dx} \tag{10-20}$$

式中，V_f 为框架剪力。D 值法中曾提供了楼层剪力与位移的关系：

$$V_i = \Delta u_i \left(\sum D_{ij} \right) \tag{10-21}$$

将 $\Delta u_i = \theta_i h_i$ 代入式(10-21)，得到

$$V_i = \left(\sum h_i D_{ij} \right) \theta_i \tag{10-22}$$

引入连续化假设后，式(10-22)化为：

$$V_f = \left(\sum h D_j \right) \theta = C_f \frac{dy}{dx} \tag{10-23}$$

对式(10-23)求一阶导数并代入式(10-20)，有

$$p(x) = -\frac{\mathrm{d}V_\mathrm{f}}{\mathrm{d}x} = -C_\mathrm{f}\frac{\mathrm{d}^2 y}{\mathrm{d}x^2} \qquad (10-24)$$

这就是 $p(x)$ 与位移 y 之间的微分关系。其中 C_f 称为框架的等效剪切刚度，有

$$C_\mathrm{f} = \sum_{j=1}^n hD_j$$

当各层 D 值与层高不等时，取各层 C_f 沿竖向高度的加权平均值。

将式(10-24)代入式(10-18)，得到

$$EI_\mathrm{w}\frac{\mathrm{d}^4 y}{\mathrm{d}x^4} - C_\mathrm{f}\frac{\mathrm{d}^2 y}{\mathrm{d}x^2} = q(x) \qquad (10-25)$$

令

$$\frac{EI_\mathrm{w}}{C_\mathrm{f}} = s^2 \qquad (10-26)$$

则式(10-25)可化为：

$$\frac{\mathrm{d}^4 y}{\mathrm{d}x^4} - \frac{1}{s}\frac{\mathrm{d}^2 y}{\mathrm{d}x^2} = \frac{1}{C_\mathrm{f}s^2}q(x) \qquad (10-27)$$

方程(10-27)即为框-剪结构协同工作的基本方程。由于框架与剪力墙间用铰接链杆连接，且基本方程中以线位移 y 为未知函数，因此又称方程(10-27)为"铰接体系线变方程"。解此方程求得位移函数 y 后，即可由式(10-21)和式(10-22)求得剪力墙与框架的内力。

在框-剪结构的抗震设计中，地震作用一般均按倒三角形荷载处理，此时方程(10-27)右端 $q(x) = q_0\dfrac{x}{H}$，此处 q_0 为顶点集度，H 为剪力墙总高。代入方程(10-27)，有

$$\frac{\mathrm{d}^4 y}{\mathrm{d}x^4} - \frac{1}{s}\frac{\mathrm{d}^2 y}{\mathrm{d}x^2} = \frac{1}{C_\mathrm{f}s^2}q_0\frac{x}{H} \qquad (10-28)$$

此方程属于四阶线性常系数非齐次常微分方程，其通解取如下形式：

$$y = A\,\mathrm{sh}\lambda\varepsilon + B\,\mathrm{ch}\lambda\varepsilon + C + Dx - \frac{q_0 x^3}{6HC_\mathrm{f}} \qquad (10-29)$$

$$\lambda = \frac{H}{s} = H\sqrt{\frac{C_\mathrm{f}}{EI_\mathrm{w}}}$$

$$\varepsilon = x/H$$

式中，λ 为结构体系的刚度特征系数；ε 为相对高度。

利用边界条件确定常数 A，B，C，D 后，得到位移函数

$$y = \frac{11q_0 H^4}{120EI_\mathrm{w}}k_1 \qquad (10-30)$$

$$k_1 = \frac{120}{11}\frac{1}{\lambda^2}\left[\left(\frac{\mathrm{sh}\lambda}{2\lambda} - \frac{\mathrm{sh}\lambda}{\lambda^3} + \frac{1}{\lambda^2}\right)\left(\frac{\mathrm{ch}\lambda\varepsilon - 1}{\mathrm{ch}\lambda}\right) + \left(\varepsilon - \frac{\mathrm{sh}\lambda\varepsilon}{\lambda}\right)\left(\frac{1}{2} - \frac{1}{\lambda^2}\right) - \frac{\varepsilon^3}{6}\right]$$

位移函数获得后，剪力墙与框架内力可分别求出：

$$M_\mathrm{w} = -EI_\mathrm{w}\frac{\mathrm{d}^2 y}{\mathrm{d}x^2} = \frac{q_0 H^2}{3}k_2$$

$$k_2 = \frac{3}{\lambda^3}\left[\left(\frac{\lambda^2\,\mathrm{sh}\lambda}{2} - \mathrm{sh}\lambda + \lambda\right)\frac{\mathrm{ch}\lambda\varepsilon}{\mathrm{ch}\lambda} - \left(\frac{\lambda^2}{2} - 1\right)\mathrm{sh}\lambda\varepsilon - \lambda\varepsilon\right]$$

$$V_\mathrm{w} = -EI_\mathrm{w}\frac{\mathrm{d}^3 y}{\mathrm{d}x^3} = \frac{1}{2}q_0 Hk_3$$

$$k_3 = -\frac{2}{\lambda^2}\left[\left(\frac{\lambda^2 \operatorname{sh}\lambda}{2} - \operatorname{sh}\lambda + \lambda\right)\frac{\operatorname{sh}\lambda\varepsilon}{\operatorname{ch}\lambda} - \left(\frac{\lambda^2}{2} - 1\right)\operatorname{ch}\lambda\varepsilon - 1\right]$$

$$V_f = C_f \frac{\mathrm{d}y}{\mathrm{d}x} = \frac{1}{2}q_0 H\left[(1-\varepsilon^2) - k_3\right]$$

k_1、k_2、k_3 三个函数均已制成表格，以便设计人员直接查用(本书表格从略)。

在结束本节内容时，我们再对结构刚度特征系数 λ 的概念及其对整个结构位移的影响加以说明。λ 的计算式为：

$$\lambda = H\sqrt{\frac{C_f}{EI_w}} \tag{10-31}$$

式中，EI_w 为剪力墙的总刚度；C_f 为框架的总刚度(它与框架 D 值成正比)。

从式(10-31)可以看出 λ 的值体现了两者刚度的关系，λ 越大表示框架部分起主要作用，而 λ 等于零则表示只有剪力墙而无框架。图 10.20(d) 给出了在倒三角形荷载作用下，$\lambda=0$、$\lambda=2$、$\lambda=6$ 三种情况下挠度曲线的对比图。$\lambda=0$ 代表了只有剪力墙而无框架时的挠曲线，此时与悬臂梁受倒三角形荷载作用所产生的挠曲线相同，属弯曲型；而 $\lambda=6$ 相当于框架部分占有相当大的比重，其挠曲线属于剪切型；而 $\lambda=2$ 介于两者之间，既有弯曲型又有剪切型属于剪弯型。

本节所述仅仅是"连续化"方法在框-剪结构受力分析中的一种最基本应用。这种"连续化"方法目前已有广泛的应用，它已在解决各种联肢墙、筒体结构以至网架结构等的受力分析中得到应用，并已扩展到结构动力特性的分析上。

10.7 静定结构与超静定结构特性的比较

在结构力学课程的学习中，至此已将静力的计算方法(除电算外)介绍完毕。整个课程中我们接触到两类结构的受力与变形分析问题，一类是静定结构，另一类是超静定结构。它们之间有着很多共同的特点，但两者又有一定区别，这些不同点在学习特别是使用结构力学知识时是应当加以注意的。

从几何组成角度考虑，静定结构是无多余联系的几何不变体系，而超静定结构是有多余联系的几何不变体系。就这点而言，静定结构一旦有一根杆件失去承载能力(或破坏，或失稳)将使整个体系成为几何可变体系，这意味着整体结构随之破坏。例如屋架，由于它基本上属于静定体系，因此只要一根拉(压)杆发生破坏，则往往会引起整个屋架的塌落。超静定结构由于有多余联系的存在，特别是多次超静定结构，即使发生几处局部破坏，只要整体还属于几何不变体系，就不会发生全面的破坏，例如多层框架结构在地震中哪怕有数根梁产生了屈服破坏，只要柱子大体能保证完好，大楼就绝不会倒塌。

有无多余联系是静定结构与超静定结构的根本区别，正是由于这一点，在结构的内力计算上产生了本质的区别。静定结构内力(不包括应力)分析之所以简单，就在于它只需考虑静力平衡条件而无需考虑结构的变形与位移。因此静定结构的内力分布与结构的材料性质和截面的几何性质是无关的。例如一根简支梁，不论它是钢梁、钢筋混凝土梁或是木梁，只要跨度给出，荷载给定，它的弯矩图和剪力图便可完全确定，而且结果是唯一的。超静定结构，由于多余约束的存在，使未知量的数目大于静力学所能提供的平衡方程个数，因此仅就满足平衡方程而言，解答是无穷多的，这时附加的变形协调方程成为使解答唯一的不可缺少的条件。由于变形条件的引入，就使得超静定结构的内力分布与材料性质和截面几何性质有关。但是必须指出，在荷载作用下，超静定结构的内力一般只与相对刚度有关，而与绝对刚度无关，如果为同一种材料，只有一个弹性模量 E，则超静定内力计算结果中并不含有 E（相互消去）。例如等截面单跨超静定梁在荷载作用下，其固端弯矩只与荷载、荷载位置以及跨度有关，而与截面尺寸无关。就内力分布是否均匀这一点而言，超静定结构相对静定结构要优越一些，例如单跨简支梁受均布荷载作用，其最大弯矩为 $\frac{1}{8}ql^2$，而两端固定的单跨梁在同样荷载作用下，支座最大负弯矩为 $\frac{1}{12}ql^2$，跨中正弯矩只有 $\frac{1}{24}ql^2$，这实质是由于两端约束将负弯矩增大的缘故。超静定结构中一般说来哪根构件相对刚度大，它吸收的分配内力也往往较大，这点还可用来人为地调整刚度比值而使内力分布均匀。在稳定问题中，约束增多承载力增大这也是一个重要规律，相同的柱采用两端固定比采用一端固定一端自由时稳定承载能力大 3 倍这就是一个很好的说明。

静定结构的某一几何不变部分作用有平衡力系时，仅在该部分引起内力，而对其他部分的内力包括反力没有影响。同理，静定结构的某一几何不变部分的力系用等效合力代替时，仅影响该部分的内力，而对其他部分的内力包括反力没有影响。同样，静定结构的某一几何不变部分用另一几何不变体系代替时，仅影响该部分的内力，而不影响结构其他部分的内力及反力。静定结构的刚性支座改为弹性支座及各杆件截面发生变化仅对结构的位移有影响而对结构的内力和反力没有影响。超静定结构在这几种情况下，除了对结构的位移有影响并且对结构的内力和反力也会有影响。

结构在非荷载因素影响下的效应，静定与超静定的差别就更加明显。温度改变、支座沉陷、制作误差等对静定结构而言是不产生内力的，其原因就在于静定结构无多余约束来限制这些位移与变形，使得这些变化完全是自由的。但超静定结构则恰好相反，多余约束的存在阻止了这些变形，因此使结构中产生了荷载以外引起的附加内力，支座的不均匀沉陷一般说来会使超静定结构产生相当大的内力与变形，严重时还会引起整个房屋倒塌。温度变化有时也会使房屋的墙体产生很大的裂缝，冻胀的结果有时会使地面甚至柱子抬起。所以在设计超静定结构时，这些因素都应充分考虑，给予妥善处理。

▌10.8 结构内力计算结果的简单判定

在掌握结构力学的多种计算方法和近似算法并能灵活运用的基础之上，对计算结果进行校核和定性判断，看其是否在合理范围之内，这是学习结构力学的较高层次，也是优秀工程师所应具有的能力。下面就以常见的结构弯矩图为例，叙述其判定方法。

对于图 10.21 所示对称结构，根据对称可绘出 M 图，A、B 端的 M 值可根据图 10.22 (a) 和 (b) 判定其合理范围：当两立柱的线刚度较横梁的线刚度趋于无限小时，两立柱对于横梁端处的转动约束趋于零，则弯矩图同图 10.22(a) 所示，即等同于简支梁的弯矩图。当两立柱的线刚度较横梁的线刚度趋于无限大时，两立柱对于横梁端处的转动约束相当于固定端，则弯矩图同图 10.22(b)所示，即等同于两端固定梁的弯矩图。而图 10.21 所示结构的两立柱的刚度既不是无限小也不是无限大，因此，A、B 端 M 值的合理范围应是在 0 和 $\frac{1}{12}ql^2$ 之间。

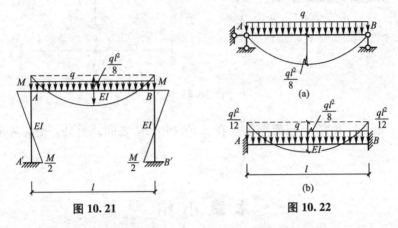

图 10.21　　　　　　　　图 10.22

图 10.23 所示排架结构，根据变形趋势可绘出 M 图，A 端的 M 值可根据图 10.24(a)和(b)判定其合理范围：当 CD、EF 柱的抗弯刚度较 AB 柱的抗弯刚度趋于无限小时，CD、EF 柱对于 AB 柱的帮助趋于零，则 AB 柱的弯矩图同图 10.24(a)所示，即等同于悬臂梁的弯矩图。当 CD、EF 柱的抗弯刚度较 AB 柱的抗弯刚度趋于无限大时，CD、EF 柱对于 AB 柱的帮助趋于固定铰支座，则 AB 柱的弯矩图同图 10.24(b)所示，即等同于一端固定、一端铰支的单跨超静定梁的弯矩图。而图 10.23 所示排架结构的 CD、EF 柱的抗弯刚度既不是无限小也不是无限大，因此，A 端 M 值的合理范围应是在 $\frac{1}{2}ql^2$ 和 $\frac{1}{8}ql^2$ 之间。

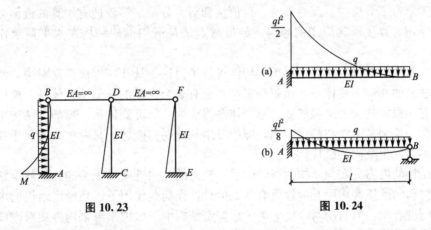

图 10.23　　　　　　　　图 10.24

图 10.25(a)所示连续梁 B 截面处的 M 值可根据表 9-1 中编号 6 的载常数来确定：由于梁 AB 段的线刚度是在无限小和无限大之间，因此，B 截面处的 M 值的合理范围应是在 0 和 $\frac{3}{16}Fl$ 之间。

图 10.25(b)所示刚架 D 结点处的 M_{DC} 值可根据表 9-1 中编号 1 的载常数来确定：由于梁 AD 和柱 BD 的线刚度是在无限小和无限大之间，因此，M_{DC} 值的合理范围应是在 0

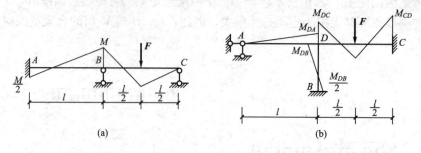

图 10.25

和 $\frac{1}{8}Fl$ 之间,而 M_{CD} 值的合理范围应是在 $\frac{3}{16}Fl$ 和 $\frac{1}{8}Fl$ 之间。另外,M_{DA} 与 M_{DB} 之和为 M_{DC} 值。

本 章 小 结

为避免直接求解大量的线性方程组,科学家创建了一些对结构进行简单计算的近似法或渐近法。对于多高层结构特别是框架体系,在竖向荷载作用下,一般可采用力矩分配法作弯矩图。当活荷载较大时,可采用分层法计算。对于在风荷载与地震力(水平)作用下的内力计算,可采用 D 值法,或更简单的但是较粗略的反弯点法。

本章主要讲述了力矩分配法,其中应用到了几个重要的概念:分配系数 μ、杆端的转动刚度 s、不平衡弯矩 M^F 和传递系数 C,这也是力矩分配法的解题过程。计算出了各杆端的总弯矩后,即可通过区段叠加得到最终弯矩图。

本章还学习了分层法、反弯点法、D 值法和剪力分配法等较适宜手算的近似方法,这些方法在应用时要注意其应用的条件,如反弯点法是适用框架结构在水平荷载作用时的情况。

最后,对静定结构与超静定结构的特性进行了讨论。从几何组成角度考虑,静定结构是无多余联系的几何不变体系,而超静定结构是有多余联系的几何不变体系。所以,静定结构一旦有一根杆件失去承载能力,整个体系将成为几何可变体系。超静定结构由于多余联系的存在,特别是多次超静定结构,即使发生几处局部破坏,只要整体还属于几何不变体系,就不会发生全面的破坏。

静定结构的内力分布与结构的材料性质、截面的几何性质是无关的。超静定结构的内力分布与材料的性质和截面几何性质有关。但是,在荷载作用下,超静定结构的内力一般只与相对刚度有关,而与绝对刚度无关。超静定结构中一般说来哪根构件相对刚度大,它吸收分配的内力往往也较大,利用这个特点,可以人为地调整刚度比值而使内力分布均匀。

结构在非荷载因素(温度改变、支座沉陷、制作误差等)的影响下,静定结构由于无多余约束来限制这些位移与变形,这些变化完全是自由的。所以,静定结构是不产生内力的。而超静定结构存在多余的约束,阻止了这些变形,因此使结构中产生了内力。工程中,支座的不均匀沉陷会使超静定结构产生相当大的内力与变形,温度变化有时也会使房屋的墙体产生很大的裂缝,在设计超静定结构时应充分考虑这些因素并进行相应的处理。

关 键 术 语

力矩分配法(moment distribution method);刚臂(rigid arm);转动刚度(rotation stiffness);不平衡弯矩(out of balance moment);分配弯矩(distrbution bending moment);分配系数(distrbution factor);传递弯矩(carry‑over bending moment);传递系数(carry‑over coefficient);分层法(sub‑story computing method);反弯点法(method of inflection point)。

习 题 10

一、思考题

1. 力矩分配法与位移法对于具有两个结点转角的刚架(无侧移)解题思路的区别何在?

2. 力矩分配法中为什么要反号分配?它的力学意义是什么?

3. 在连续梁中竖向荷载引起的固端弯矩,其符号是否有什么规律可循?

4. 力矩分配法在解多层多跨刚架时其分配与传递最好如何进行?

5. 分层法中传递系数为什么要取 1/3?

6. 反弯点法中各柱剪力为什么要按线刚度大小分配?

7. D 值法中的基本假设是什么?

8. 计算 D 值公式中的 α 其力学意义何在?

9. D 值法中首层计算公式与一般层公式差别何在?为什么会有此差别?

10. 剪力分配法计算排架,是根据什么物理量进行分配的?顶点不等高的排架能否应用剪力分配法?

11. 框-剪结构分析中连续化假设的结果是什么?推导公式过程中引入的 C_f,其力学意义何在?

12. 静定结构与超静定结构的主要区别是什么?

二、填空题

1. 力矩分配法的要点是:先_____结点,求得荷载作用下的各杆的_____,然后_____结点,将结点上的_____弯矩分配于各杆近端,同时求出远端传递弯矩。叠加各杆端的_____、_____、_____,即得到实际的杆端弯矩。

2. 力矩分配法中,杆端的转动刚度不仅与该杆的_____有关,而且与杆的远端_____有关。

3. 力矩分配法适用于求解连续梁和_____刚架的内力。

4. 在力矩分配法中,传递系数 C 等于_____,对于远端固定杆,C 等于_____,对于远端滑动杆,C 等于_____。

5. 图 10.26 所示结构用力矩分配法计算的分配系数 $\mu_{AB} = $_____,$\mu_{AC} = $_____,$\mu_{AE} = $_____。

6. 图 10.27 所示刚架用力矩分配法求解时，结点 C 的力矩分配系数之和等于_____，杆 CB 的分配系数 $\mu_{CB} =$ _____。

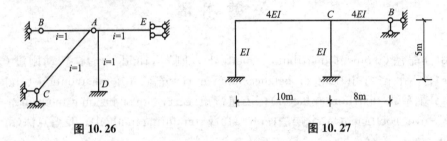

图 10. 26   图 10. 27

三、判断题

1. 力矩分配法是以位移法为基础的渐近法。（　　）

2. 力矩分配法可以用来计算任何超静定刚架。（　　）

3. 在力矩分配法中，同一刚结点处各杆端的分配系数之和等于1。（　　）

4. 具有一个刚结点角位移的结构，用力矩分配法计算的结果与用位移法得到的精确解是一致的。（　　）

5. 图 10.28 所示结构中各杆的 i 相同，欲使 A 结点产生 $\theta_A = 1$ 的单位转角，需在 A 结点施加的外力偶为 $8i$。（　　）

6. 图 10.29(a)与(b)的 A 端转动刚度相同。（　　）

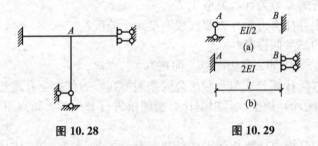

图 10. 28   图 10. 29

7. 在任何情况下，力矩分配法的计算结果都是近似的。（　　）

8. 图 10.30 所示结构，结点 A 上作用有外力偶矩 M，则 $M_{AB} = 0 \times M = 0$。（　　）

9. 用力矩分配法计算图 10.31 所示结构时，杆 AC 的分配系数 $\mu_{AC} = 18/29$。（　　）

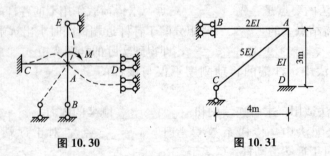

图 10. 30   图 10. 31

10. 有多个刚结点角位移的结构，用力矩分配法计算时，各结点轮换放松，每放松一次结点角位移有一新的增量，经过无限次轮换放松后所得到的结点角位移收敛于其真实角

位移。（　　）

11. 多结点力矩分配的计算中，每次只有一个结点被放松，其余刚结点仍被锁住，对于结点甚多的结构，也可采用隔点放松的方法，这样可提高计算效率。（　　）

四、选择题

1. 在力矩分配法中，转动刚度（劲度系数）表示杆端对下列作用的抵抗能力（　　）。

　　A. 变形　　　　　B. 移动　　　　　C. 转动　　　　D. 荷载

2. 在力矩分配法中反复进行力矩分配及传递，结点的不平衡力矩（约束力矩）愈来愈小，主要是因为（　　）。

　　A. 分配系数及传递系数<1　　　　B. 分配系数<1

　　C. 传递系数=1/2　　　　　　　　D. 传递系数<1

3. 图 10.32 所示连续梁，EI=常数。用力矩分配法求得结点 B 的不平衡力矩为（　　）。

　　A. -20kN·m　　B. 15kN·m　　C. -5kN·m　D. 5kN·m

4. 在图 10.33 所示连续梁中，力矩分配系数 μ_{BC} 与 μ_{CB} 分别等于（　　）。

　　A. 0.429，0.571　　B. 0.5，0.5　　C. 0.571，0.5　D. 0.6，0.4

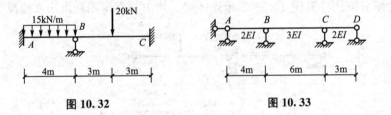

图 10.32　　　　　　　　　　　图 10.33

5. 图 10.34 所示刚架，结点 A 承受力偶作用，EI=常数。用力矩分配法求得 AB 杆 B 端的弯矩是（　　）。

　　A. 2kN·m

　　C. 8kN·m

　　B. -2kN·m

　　D. -8kN·m

6. 图 10.35 所示各结构可直接用力矩分配法计算的为（　　）。

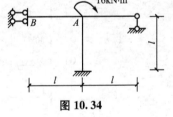

图 10.34

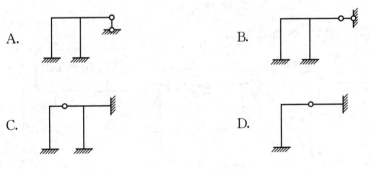

图 10.35

7. 图 10.36 所示结构 EI=常数，力矩分配系数为 $\mu_{BA}=\mu_{BC}=0.5$，经计算最终杆端弯矩为（　　）。

A. $M_{AB}=-14\text{kN}\cdot\text{m}$ B. $M_{BA}=-1\text{kN}\cdot\text{m}$

C. $M_{BC}=-19\text{kN}\cdot\text{m}$ D. $M_{CB}=0$

8. 图 10.37 所示结构用力矩分配法计算时，结点 A 的不平衡力矩（约束力矩）为（   ）。

A. $Pl/6$ B. $2Pl/3$ C. $17Pl/24$ D. $-4Pl/3$

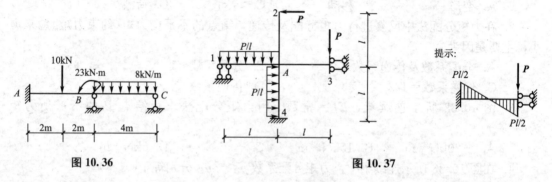

图 10.36   图 10.37

五、计算题

1. 用力矩分配法计算图 10.38 所示连续梁。绘出其弯矩图和求出支座反力。

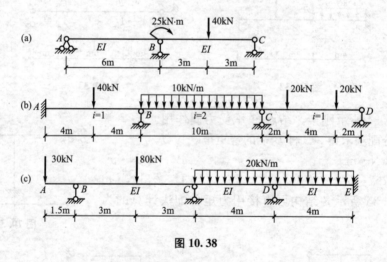

图 10.38

2. 用力矩分配法计算图 10.39 所示刚架。

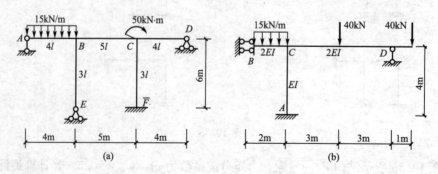

图 10.39

3. 图 10.40 所示为某商场框架计算简图,用力矩二次分配法计算并画出其弯矩图(利用对称性简化后再算)。已知横梁为矩形截面 $b \times h = 250\text{mm} \times 550\text{mm}$,柱截面为 $500\text{mm} \times 50\text{mm}$,采用 C20 混凝土,弹性模量 $E = 25.5 \times 10^6 \text{kN/m}^2$。

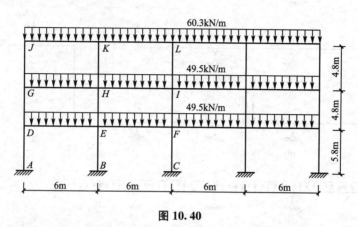

图 10.40

4. 用分层法计算图 10.41 所示二跨三层刚架,作出 M 图。圆圈内的数字表示梁柱相对线刚度 i 值。

5. 用反弯点法计算图 10.42 所示刚架,并画出弯矩图。圆圈内数字为各杆的相对线刚度。

6. 用 D 值法计算图 10.42 所示刚架,并画出弯矩图。

7. 用剪力分配法计算图 10.43 所示排架各柱的剪力,并画出柱的弯矩图。

8. 用较简捷的方法绘制图 10.44 所示各结构的弯矩图。除注明者外,各杆的 EI、l 均相同,未注明位置的集中力均作用在该杆段的中央处。

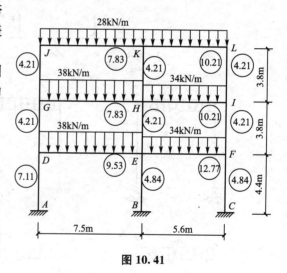

图 10.41

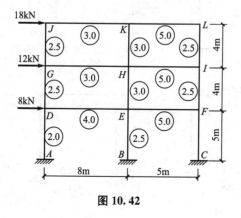

图 10.42

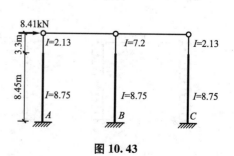

图 10.43

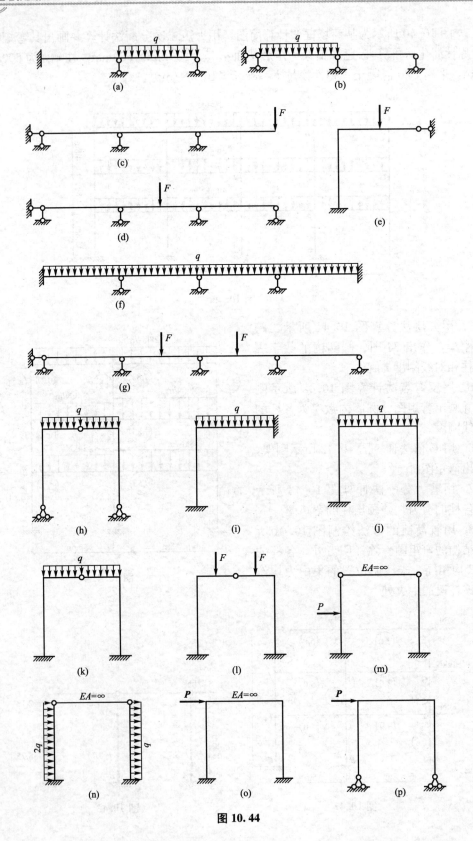

图 10.44

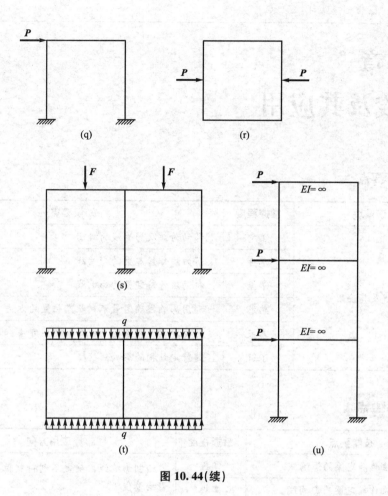

图 10.44(续)

第11章
影响线及其应用

知识模块	掌握程度	知识要点
影响线及其应用	熟悉	移动荷载及影响线的概念
	掌握	静力法作静定梁的影响线
	掌握	机动法作静定梁的影响线
	熟悉	利用影响线确定最不利状态位置的方法
	掌握	简支梁内力包络图的概念和作图方法
	了解	超静定结构的影响线

本章技能要点

技能要点	掌握程度	应用方向
静力法作静定梁的影响线	掌握	绘制影响线，确定不利荷载位置，计算最大影响量值
机动法作静定梁的影响线	掌握	
利用影响线确定最不利状态位置的方法	熟悉	进行结构设计
简支梁内力包络图的概念和作图方法	掌握	
超静定结构的影响线	了解	不利荷载的布置，最大内力的计算

 导入案例

卡车行驶在桥梁的什么位置时，会对桥梁产生最大的影响？

当一个竖向集中力 P 在图 11.1 所示梁上左右移动时，由静力分析，不难看出只有该集中力移动到梁的跨中时，才会产生全梁的最大弯矩值。集中力移动到梁上其他位置时，所产生的最大弯矩值均小于该值。结构工程师按此设计桥梁、配置钢筋，就能保证全梁的安全。但是，如果是一辆卡车在该桥梁上行驶(图 11.2)，由于卡车有前后两处的轮压荷载(若有拖车，或是一个车队，则还会有更多的荷载)，行驶过程中，前后轮压的间距不变，那么，卡车行驶到什么位置时，会对桥梁产生全梁的最大弯矩值呢？显然，这是工程师需要关心和解决的问题。本章将对确定一组移动荷载作用在结构上什么位置时，会产生结构最大影响量值及该量值的大小等问题进行讨论和研究。

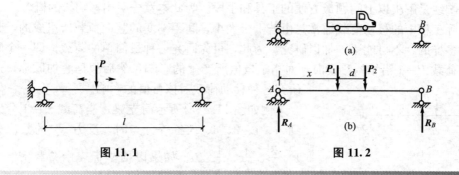

图 11.1   图 11.2

11.1 影响线的概念

前面几章主要讨论了在固定荷载作用下各种结构的静力计算问题。这类荷载的大小、方向和作用点的位置在结构上是固定不变的，因此结构的支座反力和各截面上的内力与位移也是不变的。实际工程结构除受到固定荷载作用外，还要受到移动荷载作用，这类荷载的大小、方向不变，但作用位置可在结构上移动。如工业厂房中吊车梁上行驶的吊车轮压〔图 11.3(a)〕，桥梁上行驶的汽车、火车的轮压都是移动荷载。显然，当作用于结构上的移动荷载改变其作用位置时，支座反力和截面内力以及位移(统称为量值)都将随着改变。如吊车轮压在吊车梁 AB 上自 A 向 B 移动时〔图 11.3(b)、(c)〕，吊车梁 AB 的支座反力 R_A 将逐渐减小，而支座反力 R_B 将逐渐增大。相应梁各截面的弯矩和剪力也将随荷载位置的移动而变化。因此，当结构上有移动荷载作用时，在结构分析和设计中，必须解决以下问题：

(1) 确定某量值的变化范围和变化规律；

(2) 计算某量值的最大值，以作为设计的依据。这就需要首先确定最不利荷载位置——使结构某量值达到最大值的荷载位置。

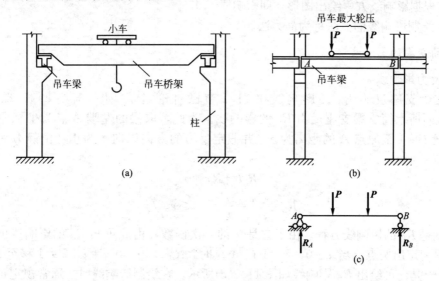

图 11.3

影响线是解决以上问题最方便的工具和手段。为此本章先引出影响线的概念。

实际工程中的移动荷载通常是由若干个大小、间距不变的竖向荷载所组成的，其类型是多种多样的，不可能逐一加以研究。为此，可先研究一种最简单的荷载，即一个竖向单位集中荷载 $P=1$ 沿结构移动时，对指定量值所产生的影响，然后根据叠加原理，进一步研究各种移动荷载对该量值的影响。

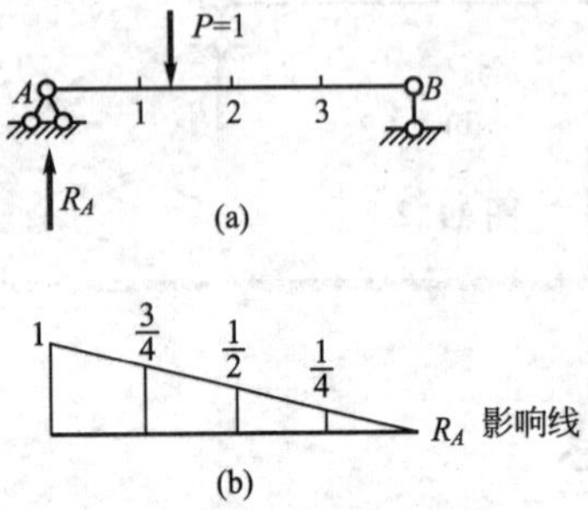

例如图 11.4(a)所示简支梁，当荷载 $P=1$ 分别移动到 A、1、2、3、B 各等分点时，反力 R_A 的数值分别为 1、$\frac{3}{4}$、$\frac{1}{2}$、$\frac{1}{4}$、0。如果以横坐标表示荷载 $P=1$ 的位置，以纵坐标表示反力 R_A 的数值，并将所得各数值在水平的基线上用竖标绘出，再将各竖标顶点连接起来，这样所得的图形 [图 11.4(b)] 就表示了 $P=1$ 在梁上移动时反力 R_A 的变化规律。这一图形就称为反力 R_A 的影响线。

图 11.4

由此，可引出影响线的定义如下：当一个指向不变的单位集中荷载(通常是竖直向下的)沿结构移动时，表示某一指定量值变化规律的图形，称为该量值的影响线。

11.2 用静力法作单跨静定梁的影响线

绘制影响线的基本方法有两种，即静力法和机动法。首先介绍静力法。

用静力法作影响线的过程如下。

(1) 选取坐标原点，将荷载 $P=1$ 放在任意位置，以自变量 x 表示单位荷载作用点的位置。

(2) 依据静力平衡条件求出某量值与 x 之间的函数关系，即影响线方程。

(3) 根据影响线方程绘出图形，即影响线。

这种绘制影响线的方法称为静力法。

1. 简支梁的影响线

1) 反力影响线

简支梁支座反力 R_A 的影响线在 11.1 节已讨论过了 [图 11.4(b)]，现在讨论图 11.5(a)所示简支梁支座反力 R_B 的影响线。为此，取梁的左端 A 点为坐标原点，令单位荷载 $P=1$ 至原点 A 的距离为 x，并假定反力的方向以向上为正，由静力平衡条件 $\sum M_A=0$ ，得

$$R_B l - Px = 0$$

$$R_B = \frac{Px}{l} = \frac{x}{l} \quad (0 \leqslant x \leqslant l)$$

这就是 R_B 的影响线方程。由于它是 x 的一次函数，由此可知 R_B 的影响线也是一条直线。只需定出两点：当 $x=0$，$P=1$ 在 A 点时，$R_B=0$；当 $x=l$，$P=1$ 移至 B 点时，$R_B=1$。于是，可绘出 R_B 影响线如图 11.5(c)所示。在绘制影响线时，通常规定正值的竖标画在基线上方，负值的竖标画在基线下方，并要求注明正负号。由于 $P=1$ 是不带任何

单位的，即为无量纲量，所以反力影响线的纵标也是无量纲量。以后利用影响线研究实际荷载的影响时，再乘以实际荷载相应的单位。

绘制反力影响线的规律：简支梁某支座反力影响线为一条斜直线，在该支座处向上取纵标1，在另一支座处取零。

2）弯矩影响线

绘制弯矩影响线时，需先明确截面位置。设绘制截面 C 的弯矩 M_C 的影响线，可设坐标原点于 A［图 11.6(a)］，由于荷载 $P=1$ 在截面 C 以左和以右移动时，截面 C 的弯矩具有不同的表达式，所以 M_C 影响线方程有两种情况。

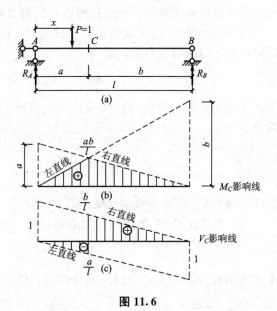

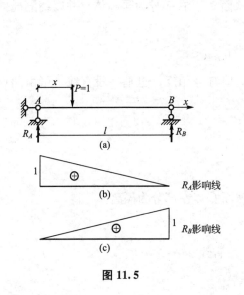

图 11.5

图 11.6

（1）当荷载 $P=1$ 在截面 C 以左移动时，为了计算简便，取截面 C 以右部分为隔离体，并以使梁下面纤维受拉的弯矩为正，则有

$$M_C=R_B b=\frac{x}{l}b \quad (0\leqslant x\leqslant a)$$

上式表明 M_C 影响线与 R_B 的影响线成正比，是 R_B 的 b 倍，与 R_B 同符号，在截面 C 以左是一段直线。

当 $x=0$ 时，$\qquad\qquad\qquad\qquad M_C=0$

当 $x=a$ 时，$\qquad\qquad\qquad\qquad M_C=\dfrac{ab}{l}$

由此可画出 M_C 影响线的左直线［图 11.6(b)］，左直线仅在截面 C 左侧适用。

（2）当荷载 $P=1$ 在截面 C 以右移动时，取截面 C 以左部分为隔离体，得

$$M_C=R_A a=\frac{(l-x)}{l}a \quad (a\leqslant x\leqslant l)$$

可见 M_C 影响线与 R_A 的影响线成正比，是 R_A 的 a 倍，与 R_A 同符号，在截面 C 以右是一段直线。

当 $x=a$ 时，$\qquad\qquad\qquad\qquad M_C=\dfrac{ab}{l}$

当 $x=l$ 时，$\qquad\qquad\qquad\qquad\qquad\qquad M_C=0$

据此可画出 M_C 影响线的右直线［图 11.6(b)］，右直线仅在截面 C 右侧适用。

绘制简支梁任意截面弯矩影响线规律：先在左支座 A 处取纵标 a 与右支座 B 处的零点用直线相连得右直线，然后在右支座 B 处取纵标 b 与左支座 A 处的零点相连得左直线或从截面 C 引下竖线与右直线相交，再与左支座 A 处的零点相连得左直线。M_C 影响线是由左、右直线与基线组成的一个三角形［图 11.6(b)］。

由于荷载 $P=1$ 是无量纲量，故弯矩影响线的单位应为长度单位。

3）剪力影响线

与弯矩影响线类似，若绘制截面 C 的剪力影响线，仍按两种情况分别考虑。

（1）当荷载 $P=1$ 在截面 C 以左移动时，取截面 C 以右部分为隔离体，并以绕隔离体顺时针方向转的剪力为正，则有

$$V_C=-R_B=-\frac{x}{l} \quad (0\leqslant x<a)$$

上式表明剪力影响线 V_C 与 R_B 影响线数值相同，但符号相反，也是一段直线，可由两点确定：

当 $x=0$ 时，$\qquad\qquad\qquad\qquad\qquad V_C=0$

当 $x=a$ 时，$\qquad\qquad\qquad\qquad V_C=-\dfrac{a}{l}$

据此可画出 V_C 影响线的左直线［图 11.6(c)］。

（2）当荷载 $P=1$ 在截面 C 以右移动时，取截面 C 以左部分为隔离体，得

$$V_C=R_A=\frac{l-x}{l} \quad (a<x\leqslant l)$$

上式表明剪力影响线 V_C 与 R_A 完全相同，仍为一段直线。

当 $x=a$ 时，$\qquad\qquad\qquad V_C=\dfrac{l-a}{l}=\dfrac{b}{l}$

当 $x=l$ 时，$\qquad\qquad\qquad\qquad\qquad V_C=0$

从而画得右直线。左、右直线与基线共同组成剪力 V_C 影响线，如图 11.6(c)所示。剪力影响线与反力影响线一样，纵标也是无量纲量。

绘制简支梁任意截面剪力影响线的规律：先在左支座 A 处取纵标 1，以直线与右支座 B 处的零点相连得右直线，再于右支座 B 处取纵标 (-1) 与左支座 A 处的零点相连得左直线，然后由截面 C 引下竖线与左、右直线相交。基线上面纵标取正号，下面纵标取负号。

2. 伸臂梁的影响线

1）反力影响线

图 11.7(a)所示为两端伸臂梁，坐标原点设在 A 支座处，x 以向右为正，向左为负。利用整体平衡条件条件，可分别求得支座反力 R_A、R_B 的影响线方程：

$$\left.\begin{array}{l} R_A=\dfrac{l-x}{l} \\[2mm] R_B=\dfrac{x}{l} \end{array}\right\} \quad (-d_1\leqslant x\leqslant l+d_2)$$

注意当荷载 $P=1$ 位于 A 点以左时 x 为负值，故以上两方程在梁的全长范围内都是适用

的。由于上面两式与简支梁的反力影响线方程完全相同，因此只需将简支梁的反力影响线向两个伸臂部分延长，即得伸臂梁的反力 R_A 和 R_B 的影响线，如图 11.7(b)、(c)所示。

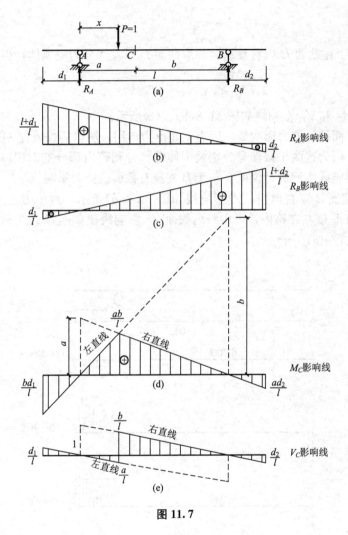

图 11.7

2) 跨内部分截面内力影响线

设求两支座间的任一指定截面 C 的弯矩和剪力影响线。

当荷载 $P=1$ 在截面 C 以左移动时，取截面 C 以右部分为隔离体，得影响线方程：

$$\left.\begin{array}{l} M_C=R_B b \\ V_C=-R_B \end{array}\right\} \quad (0 \leqslant x < a)$$

当荷载 $P=1$ 在截面 C 以右移动时，取截面 C 以左部分为隔离体，得影响线方程：

$$\left.\begin{array}{l} M_C=R_A a \\ V_C=R_A \end{array}\right\} \quad (a < x \leqslant l)$$

由此可知，M_C 与 V_C 的影响线方程也与简支梁的完全相同的。因而与作反力影响线一样，只需将相应简支梁上截面 C 的弯矩和剪力影响线向两伸臂部分延长，即可得到伸臂梁 M_C 和 V_C 的影响线，如图 11.7(d)、(e)所示。

3）伸臂部分截面内力影响线

设求伸臂部分上任一指定截面 D 的弯矩和剪力影响线 [图 11.8(a)]。

当荷载 $P=1$ 在截面 D 以左移动时，取截面 D 以右部分为隔离体，得

$$\left.\begin{array}{l} M_D=0 \\ V_D=0 \end{array}\right\}$$

当荷载 $P=1$ 在截面 D 以右移动时，取截面 D 以左部分为隔离体，得

$$\left.\begin{array}{l} M_D=-x \\ V_D=+1 \end{array}\right\} \quad (0<x\leqslant c)$$

由此，可作出 M_D 和 V_D 影响线如图 11.8(b)、(c)所示。

对于支座截面处的剪力影响线，因有支座反力作用，所以需按支座左、右两侧的两个截面分别考虑，因为这两个截面是分别属于伸臂部分和跨内部分的。现以作 B 支座处左、右截面的剪力影响线为例进行说明。对于 B 支座右截面的剪力影响线 V_B^R，可由 V_D 影响线使截面 D 趋于截面 B 以右得到，V_B^R 影响线如图 11.8(d)所示。对于 B 支座左截面的剪力影响线，因截面 B 以左在跨内，可由跨内截面 V_C 影响线使截面 C 趋于截面 B 以左得到，V_B^L 影响线如图 11.8(e)所示。

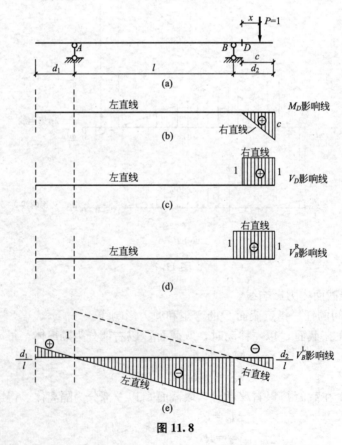

图 11.8

3. 影响线与内力图的区别

影响线和内力图的图形有时虽然相似，但它们有着本质区别。

（1）内力图的作图范围是整个结构，其基线就表示该结构；而影响线的作图范围是荷载移动的范围，其基线表示的是单位荷载的移动路线，荷载不经过的位置，不绘制影响线。

（2）内力图表示的是当外荷载不动时，各个截面的内力值；而影响线表示的是当外载移动时，某指定截面的内力值，显然各图竖标代表的含义不同。例如，图 11.9(a) 所示为简支梁的弯矩 M_C 的影响线，其上每一竖标都表示单位荷载移动到该位置时指定截面 C 的弯矩值；图 11.9(b) 所示为简支梁的弯矩图，其上每一竖标表示固定荷载 $P=1$ 作用于 C 点时不同截面的弯矩值。两图中只有一根竖标不仅值相等，而且力学概念相同，这就是 C 截面下两图的竖标。

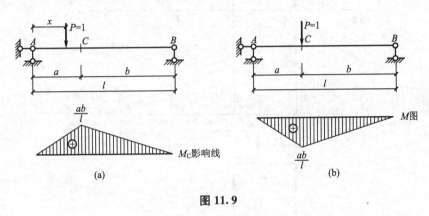

图 11.9

11.3 静力法作间接荷载作用下静定梁的影响线

前面所讨论的影响线是移动荷载直接作用在梁上的情形，故称为直接荷载作用下的影响线。而在实际工程中荷载有时不是直接作用而是通过纵横梁系间接地作用于结构的，如图 11.10(a) 所示的桥梁结构体系。计算主梁时通常可假定纵梁简支在横梁上，横梁简支在主梁上。荷载直接作用在纵梁上，再通过横梁传到主梁，主梁上的这些荷载传递点称为主梁的结点。这样一来，不论荷载作用在纵梁的什么位置，其作用都是通过这些结点传递到主梁上的，因而主梁总是在其结点处受集中力的作用。对主梁来说，这种荷载称为间接荷载或结点荷载。本节就是讨论主梁在间接荷载作用下，某些量值的影响线的作法。

现以主梁上截面 C 的弯矩影响线为例，来说明间接荷载作用下影响线的绘制方法。

首先，考虑荷载 $P=1$ 移动到各结点 A、D、E、F、B 处时的情况。显然此时与荷载直接作用在主梁上的情况完全相同。因此，可先作出荷载直接作用在主梁上时 M_C 的影响线 [图 11.10(b)]，在此影响线中，各结点处的竖标 y_D、y_E、y_F 对于间接荷载来说都是正确的。

其次，考虑荷载 $P=1$ 在任意两相邻结点 D、E 之间的纵梁上移动时的情况。由图 11.10(c) 可见，由于纵梁简支在横梁上，因而可利用纵梁的平衡条件 $\sum m_D = 0$ 和 $\sum m_E = 0$，分别求得横梁的反力 $R_E = \dfrac{x}{d}$ 和 $R_D = \dfrac{d-x}{d}$。这组支座反力通过横梁传给主梁，

即主梁在结点 D、E 处分别受到结点荷载 $\dfrac{d-x}{d}$ 和 $\dfrac{x}{d}$ 的作用。由影响线的定义可知：当荷载 $P=1$ 作用在主梁的结点 D 时，$M_C=y_D$；当荷载 $P=1$ 作用在主梁结点 E 时，$M_C=y_E$，如图 11.10(b) 所示。则当 $P=\dfrac{d-x}{d}$ 作用于主梁的结点 D 时，$M_C=\dfrac{d-x}{d}\cdot y_D$；当 $P=\dfrac{x}{d}$ 作用于主梁的结点 E 时，$M_C=\dfrac{x}{d}\cdot y_E$。两者共同作用时，根据叠加原理有

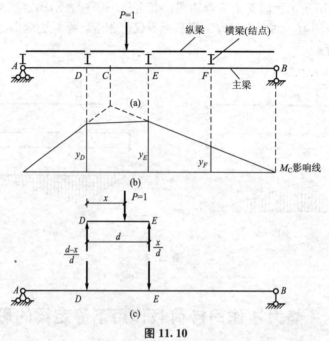

图 11.10

$$M_C=\frac{d-x}{d}\cdot y_D+\frac{x}{d}\cdot y_E$$

这就是荷载 $P=1$ 作用在纵梁的 D、E 结点之间时，主梁 DE 段的影响线方程。方程式是 x 的一次式，说明在 DE 段 M_C 的影响线是一条直线。且由

当 $x=0$ 时，$\qquad\qquad\qquad\qquad M_C=y_D$

当 $x=d$ 时，$\qquad\qquad\qquad\qquad M_C=y_E$

可知，此直线就是连接竖标 y_D 和 y_E 的直线〔图 11.10(b)〕。

同理，当荷载 $P=1$ 作用在 AD、EF、FB 各段纵梁上时，各段影响线也应该是各段两结点处影响线竖标的顶点连一直线。结果主梁的影响线与荷载直接作用在主梁上时完全一致。因此，在间接荷载作用下，主梁 M_C 的影响线如图 11.10(b) 所示。

上面的结论，实际上适用于间接荷载作用下任何量值的影响线。由此，可将绘制间接荷载作用下影响线的一般方法归纳如下。

（1）先假定没有纵梁，作出直接荷载作用下所求量值的影响线，以虚线表示。

（2）从各结点引竖标与直接荷载作用下的影响线相交，得出结点竖标。

（3）根据间接荷载作用下，结构任何影响线在相邻两结点间为直线的规律，以直线连接各结点纵标的顶点。

11.4 静力法作静定桁架的影响线

为了作静定平面桁架的影响线，先要分析静定平面桁架的受力特点。具体要注意以下几点。

（1）作用于桁架上的移动荷载，或上行或下行都通过纵梁和横梁传递到桁架结点上。因此，绘制桁架在结点荷载作用下的影响线时，11.3 节讨论的关于间接荷载作用下影响线的性质都适用。

（2）单跨静定梁式桁架支座反力的计算与相应单跨梁相同，所以两者的支座反力影响线也完全相同。因此，本节只讨论桁架杆件内力影响线的作法。

（3）在固定荷载作用下，计算桁架内力的方法通常有结点法和截面法，而截面法又可分为力矩法和投影法。用静力法作桁架内力的影响线时，同样是用这些方法，只不过所作用的荷载是一个移动的单位荷载。因此，只需考虑 $P=1$ 在不同部分移动时，分别写出所求杆件内力的影响线方程，即可根据方程作出影响线。

（4）对于斜杆，为计算方便，可先绘出其水平或竖向分力的影响线，然后按比例关系求得其内力影响线。

下面以图 11.11(a)所示简支桁架为例，来说明桁架内力影响线的绘制方法。设单位荷载沿桁架下弦 AG 移动，荷载的传递方式与图 11.11(b)所示的梁相同。

1. 截面法

1) 上弦杆轴力 N_{bc} 的影响线

作截面 I—I，以结点 C 为矩心，根据力矩方程 $\sum M_C=0$，求 N_{bc}。

（1）当荷载 $P=1$ 在结点 C 以右移动时，取截面 I—I 以左部分为隔离体，由 $\sum M_C=0$，得

$$-R_A \times 2d - N_{bc}h = 0$$

$$N_{bc} = -\frac{2d}{h}R_A$$

由此可知，将反力 R_A 的影响线竖标乘 $\left(-\dfrac{2d}{h}\right)$，得到 N_{bc} 的影响线的右直线。

（2）当荷载 $P=1$ 在结点 B 以左移动时，取截面 I—I 以右部分为隔离体，由 $\sum M_C=0$，得

$$R_G \times 4d + N_{bc}h = 0$$

$$N_{bc} = -\frac{4d}{h}R_G$$

由此可知，将反力 R_G 影响线竖标乘 $\left(-\dfrac{4d}{h}\right)$，得到 N_{bc} 的影响线的左直线。

（3）当荷载 $P=1$ 在 B、C 之间移动时，由间接荷载作用下影响线的性质可知，N_{bc} 影响线在此段应为一直线，即将结点 B、C 处的竖标用直线相连。于是可绘出 N_{bc} 的影响线如图 11.11(c)所示。

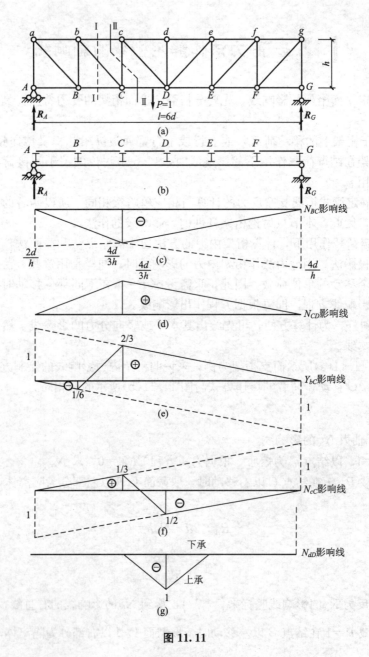

图 11.11

实际上，上述 N_{bc} 的影响线的左、右直线的两个方程也可以合并写为一个式子，即

$$N_{bc} = -\frac{M_C^0}{h}$$

即可由相应简支梁上矩心 C 处的弯矩影响线除以力臂 h，并反号便得到 N_{bc} 的影响线，如图 11.11(c)所示。N_{bc} 的影响线为一三角形，顶点的竖标为

$$-\frac{ab}{lh} = -\frac{2d \times 4d}{6dh} = -\frac{4d}{3h}$$

从几何关系不难得知，N_{bc} 的影响线的左、右直线的交点恰好在矩心 C 的下面。

2）下弦杆轴力 N_{CD} 的影响线

作截面 Ⅱ—Ⅱ，以结点 c 为矩心，由力矩方程 $\sum M_c = 0$，得

$$N_{CD} = \frac{M_C^0}{h}$$

即可由相应简支梁上矩心 c 处的弯矩影响线除以力臂 h，便得到 N_{CD} 的影响线，如图 11.11（d）所示。

3）斜杆 bC 轴力的竖向分力 Y_{bC} 的影响线

仍用截面 Ⅰ—Ⅰ，根据投影方程 $\sum Y = 0$，求 Y_{bC}。

（1）当荷载 $P = 1$ 在结点 C 以右移动时，取截面 Ⅰ—Ⅰ 以左部分为隔离体，由 $\sum Y = 0$，得

$$Y_{bC} = +R_A$$

（2）当荷载 $P = 1$ 在结点 B 以左移动时，取截面 Ⅰ—Ⅰ 以右部分为隔离体，由 $\sum Y = 0$，得

$$Y_{bC} = -R_G$$

根据以上两式可作出左、右直线，并在结点 B、C 间连直线，即得 Y_{bC} 的影响线如图 11.11（e）所示。

Y_{bC} 的影响线的左、右直线的两个方程也可以合并写为一个式子，即

$$Y_{bC} = V_{BC}^0$$

式中，V_{BC}^0 为相应于简支梁节间 B—C 中的任一截面的剪力影响线。

N_{bC} 的影响线可将 Y_{bC} 的影响线乘以比例系数 $\sqrt{d^2 + h^2}/h$ 而得。

4）竖杆轴力 N_{cC} 的影响线

仍用截面 Ⅱ—Ⅱ，根据投影方程 $\sum Y = 0$，求 N_{cC}。

可利用相应简支梁节间剪力 V_{CD}^0 列出下列表示式：

$$N_{cC} = -V_{CD}^0$$

根据节间剪力 V_{CD}^0 的影响线，符号相反，作出 N_{cC} 影响线，如图 11.11（f）所示。

2. 结点法

1）当荷载 $P = 1$ 在下弦移动时，竖杆轴力 N_{dD} 的影响线

因为桁架下弦结点承受荷载（下承桁架）作用，由上弦结点 d 的平衡，可得

$$N_{dD} = 0$$

因此，N_{dD} 的影响线与基线重合 ［图 11.11（g）］，不管单位荷载在什么位置，dD 永远是零杆。

2）荷载 $P = 1$ 在上弦移动时，竖杆轴力 N_{dD} 的影响线

（1）当荷载 $P = 1$ 在结点 D 时，由结点 d 的平衡，可得

$$N_{dD} = -1$$

（2）当荷载 $P = 1$ 在其他结点时，由结点 d 的平衡，可得

$$N_{dD} = 0$$

结点间用直线连接，得到 N_{dD} 的影响线如图 11.11（g）所示，是一个三角形。

由此可知，作桁架的影响线时，要注意区分桁架是下弦承载，还是上弦承载。在本例中，如果桁架改为上承，则 N_{bc}、N_{CD}、Y_{bC} 的影响线仍如图 11.11（c）、（d）、（e）所示，但图 11.11（f）中的 N_{cC} 影响线需要修改，因为在上承桁架中，$N_{cC} = -V_{BC}^0$，而 N_{cC} 影响线应按节间剪力 V_{BC}^0 的影响线作出，但正负号相反。

11.5 机动法作静定梁的影响线

作静定结构支座反力和内力的影响线，除可采用静力法外，还可采用机动法。机动法作影响线是基于刚体体系的虚功原理，通过虚功方程把作影响线的静定问题转化为作刚体位移图的几何问题。

1. 机动法作单跨静定梁的影响线

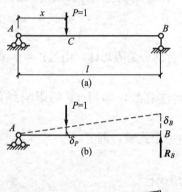

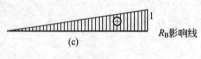

图 11.12

现以图 11.12(a)所示的简支梁为例，运用虚功原理说明机动法作影响线的原理和步骤。

1) 反力影响线

若求 R_B 影响线，可去掉与它相应的约束即 B 处的支座链杆，同时用正向的支座反力 R_B 代替 [图 11.12(b)]。这样原结构便成为具有一个自由度的机构。此机构在荷载和反力作用下处于平衡状态。令机构沿 R_B 正向发生任意虚位移 δ_B [图 11.12(b)]，沿 R_B 方向的位移 δ_B 是确定值，单位移动荷载 $P=1$ 作用点处的位移 δ_P 是可变值，现规定 δ_B、δ_P 均以向上为正，向下为负。根据虚功方程，有

$$R_B\delta_B - P\delta_P = 0$$

因 $P=1$，故得

$$R_B = \frac{\delta_P}{\delta_B}$$

可见，R_B 与 δ_P 成正比。若令 $\delta_B=1$，则有

$$R_B = \delta_P$$

此式表明 δ_P 的值恰好就是单位力在 x 处时 B 点的反力 R_B 值，与影响线定义相同，即 $\delta_B=1$ 时的虚位移图 δ_P 就是 R_B 的影响线 [图 11.12(c)]。

2) 弯矩影响线

用机动法作图 11.13(a)所示简支梁任意指定截面 C 的弯矩影响线，可先在 C 处去掉与 M_C 相应的内约束，即在截面 C 处安置一个铰，并代之以一对正向弯矩 M_C [图 11.13(b)]，使梁变成机构，然后使铰 C 左右两刚片沿 M_C 的正方向发生相对转动的虚位移 [图 11.13(b)]，相对转角为 $\alpha+\beta$。根据虚功方程，有

$$M_C \cdot \alpha + M_C \cdot \beta - P \cdot \delta_P = 0$$

因 $P=1$，故得

$$M_C = \frac{\delta_P}{\alpha+\beta}$$

若令 $\alpha+\beta=1$，则

$$M_C = \delta_P$$

同理，上式表明，在 $\alpha+\beta=1$ 的条件下，δ_P 虚位移图即 M_C 的影响线 [图 11.13(c)]。影响

线顶点坐标 y 可通过如下关系求得：

$$\alpha = \frac{y}{a}, \quad \beta = \frac{y}{b}$$

$$\alpha + \beta = \frac{b+a}{ab}y = 1$$

$$y = \frac{ab}{a+b} = \frac{ab}{l}$$

可见，影响线顶点坐标 y 与静力法所得结果一致。

3）剪力影响线

用机动法作图 11.14(a)所示简支梁任意指定截面 C 的剪力影响线，可先在截面 C 处撤除与 V_C 相应的内约束，即将截面 C 处改为用两根水平链杆相连——定向滑动约束（这样，此处不能抵抗剪力但仍能承受弯矩和轴力），并代之以一对正向剪力 V_C。若令机构沿 V_C 正向发生虚位移 [图 11.14(b)]，则根据虚功方程，有

$$V_C \cdot y_左 + V_C \cdot y_右 - P \cdot \delta_P = 0$$

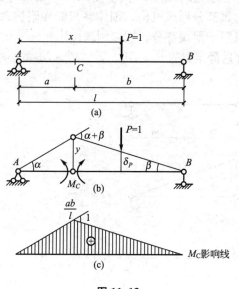

图 11.13

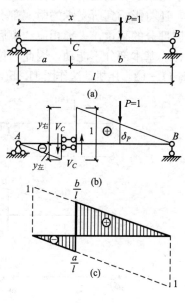

图 11.14

因 $P=1$，故得

$$V_C = \frac{\delta_P}{y_左 + y_右}$$

若令 $y_左 + y_右 = 1$，则

$$V_C = \delta_P$$

上式表明，在 $y_左 + y_右 = 1$ 的条件下，δ_P 虚位移图即 V_C 的影响线 [图 11.14(c)]。$y_左$、$y_右$ 的求法：

$$\frac{y_左}{a} = \frac{y_右}{b} = \frac{y_左 + y_右}{a+b} = \frac{1}{l}$$

$$y_左 = \frac{a}{l}, \quad y_右 = \frac{b}{l}$$

此结果与前面静力法结果相同。

归结起来，用机动法作反力或内力影响线的步骤如下。

（1）去掉与所求量值相应的约束，并代之以正向约束力。

（2）使机构沿约束力正向发生单位虚位移，得到的荷载作用点的竖向虚位移图（δ_P图），即为所求影响线。

（3）在横坐标以上的图形，影响线取正号；在横坐标以下的图形，影响线取负号。

机动法作影响线不仅适合简支梁，同样也适合外伸梁与悬臂梁。对于多跨静定梁也完全可以采用。

2. 机动法作多跨静定梁的影响线

用机动法作多跨静定梁的支座反力和内力的影响线十分简便。原理与步骤同单跨静定梁，只需注意去掉约束后虚位移图形的特点。多跨静定梁是由基本部分和附属部分组成的，去掉约束后给虚位移时，应搞清哪些部分可以发生虚位移，哪些部分不能发生虚位移。属于基本部分的某量，去掉相应约束后在基本部分形成机构，则除在基本部分引起虚位移外，还将影响到所支承的附属部分，位移图在基本部分和其所支承的附属部分都有。属于附属部分的某量，去掉相应约束后仅在附属部分形成机构，则体系只能在附属部分发生虚位移，基本部分不能动，因此，位移图只限于附属部分。现以例题说明。

【例 11-1】 用机动法作图 11.15(a)所示多跨静定梁的 R_B、M_B、V_B^L、V_B^R、M_K 的影响线。

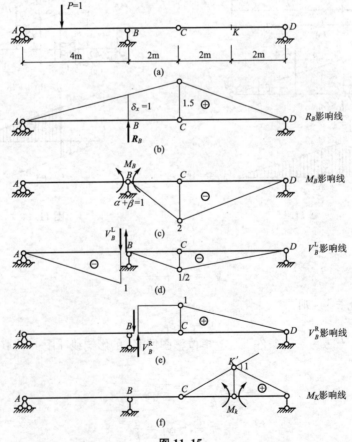

图 11.15

解：（1）R_B的影响线。在多跨静定梁中去掉 B 支座，并代之以正方向的 R_B，于是 ACD 形成有一个自由度的机构。使其沿 R_B 正方向发生单位虚位移 $\delta_B=1$，所得到的虚位移 δ_P 图即是 R_B 的影响线。由比例关系，可得各点竖标。R_B 的影响线如图 11.15（b）所示。

（2）M_B 的影响线。在 B 支座处加入全铰，并代之以一对正向的弯矩 M_B，使铰 B 两侧其沿 M_B 正方向发生相对单位虚位移 $\alpha+\beta=1$，由于 AB 部分几何不变，不能发生虚位移，BCD 部分的虚位移 δ_P 图即是 M_B 的影响线。由比例关系，可得 C 点竖标。M_B 的影响线如图 11.15（c）所示。

（3）V_B^L 的影响线。在 B 左加入定向约束，并代之以一对正向剪力 V_B^L，使 B 左两侧截面发生与剪力正向一致的单位相对竖向虚位移，由于定向约束两侧截面必须保持平行，而 AB 部分为几何不变体系，故 BC 杆只能平动，得到的虚位移 δ_P 图即是 V_B^L 的影响线。由比例关系，可得 B、C 点竖标。V_B^L 的影响线如图 11.15（d）所示。

（4）V_B^R 的影响线。在 B 右加入定向约束，并代之以一对正向剪力 V_B^R，使 B 右两侧截面发生与剪力正向一致的单位相对竖向线位移，AB 部分几何不变，不能发生虚位移，BCD 部分的虚位移 δ_P 图，即是 V_B^R 的影响线。V_B^R 的影响线如图 11.15（e）所示。

（5）M_K 影响线。在 K 截面加入铰，并代之以一对正向的弯矩 M_K，使铰 K 两侧截面沿 M_K 正方向发生相对单位虚位移 $\alpha+\beta=1$，由于 AC 部分几何不变，不能发生虚位移，CD 部分的虚位移 δ_P 图即是 M_K 的影响线。由比例关系，可得 K 点竖标。M_K 的影响线如图 11.15（f）所示。

11.6 影响线的应用

前面讨论了影响线的绘制方法，绘制影响线的目的主要是利用它来解决两方面的问题：一是当实际的移动荷载在结构上的位置已知时，如何利用某量值的影响线求出该量值的数值；二是如何利用某量值的影响线确定实际移动荷载对该量值的最不利荷载位置。下面分别加以讨论。

1. 利用影响线计算影响量

1）集中荷载作用

图 11.16（a）所示简支梁受到一组平行集中荷载 P_1、P_2、P_3 的作用，现要利用图 11.16（b）所示 V_C 的影响线，求 P_1、P_2、P_3 作用下 V_C 的数值。

在 V_C 影响线中，相应于各荷载作用点的竖标为 y_1、y_2、y_3，它们分别是 $P=1$ 在相应位置产生的 V_C，因此，由 P_1 产生的 V_C 等于 P_1y_1，P_2 产生的 V_C 等于 P_2y_2，P_3 产生的 V_C 等于 P_3y_3，根据叠加原理可知，在这组荷载作用下的 V_C 的数值为

$$V_C=P_1y_1+P_2y_2+P_3y_3$$

一般说来，设有一组集中荷载 P_1、P_2、$\cdots$、P_n 作用于结构上，而结构某量值 Z 的影响线在各荷载作用点的竖标分别为 y_1、y_2、$\cdots$、y_n，则有

$$Z=P_1y_1+P_2y_2+\cdots+P_ny_n=\sum_{i=1}^{n}P_iy_i \tag{11-1}$$

应用式(11-1)时，P_i 以向下为正，y_i 的正负号由影响线确定。

2) 均布荷载作用

图 11.17(a)所示简支梁，其上有长度一定的均布移动荷载作用，现在要利用图 11.17(b)所示 V_C 影响线，求在给定均布荷载 q 作用下 V_C 的数值。

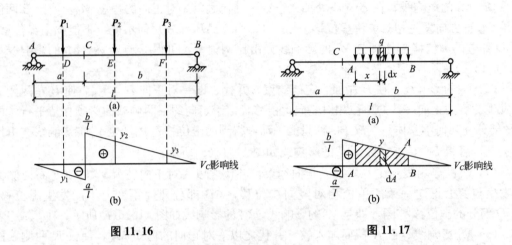

图 11.16　　　　　　　　　　　图 11.17

以集中荷载的计算为依据，就不难求出均布荷载作用下的影响量。可将均布荷载分成无限多个微段，每个微段上的荷载 $q\,\mathrm{d}x$ 可看作一个集中荷载 [图 11.17(a)]，它引起的 V_C 的量值为 $q\,\mathrm{d}x \cdot y$，则在 AB 区段内的均布荷载产生的 V_C 值为

$$Z = \int_A^B qy\,\mathrm{d}x = q\int_A^B y\,\mathrm{d}x = qA \tag{11-2}$$

式中，A 为影响线在均布荷载作用范围内的面积。

就是说，在均布荷载作用下，量值 Z 的数值等于荷载集度 q 与该量值影响线在荷载作用范围内的面积 A 的乘积。应用式(11-2)时，q 以向下为正，同时要注意面积 A 的正负号。

3) 集中荷载和均布荷载共同作用

当集中荷载和均布荷载共同作用于梁上时，先分别计算各自影响量，然后再相加。

$$Z = \sum P_i y_i + qA \tag{11-3}$$

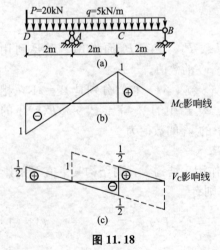

图 11.18

【例 11-2】 图 11.18(a)所示的伸臂梁，作用荷载与尺寸如图所示，利用影响线求 M_C、V_C 的值。

解：(1) 作出 M_C、V_C 影响线，并计算出各控制点的纵坐标值，如图 11.18(b)、(c)所示。

(2) 计算 M_C、V_C 值。

$$M_C = \sum P_i y_i + qA$$

$$= 20 \times (-1) + 5\left(\frac{1}{2} \times 1 \times 4 - \frac{1}{2} \times 1 \times 2\right)$$

$$= -15\,\mathrm{kN} \cdot \mathrm{m}$$

$$V_C = \sum P_i y_i + qA$$
$$= 20 \times \frac{1}{2} + 5\left(\frac{1}{2} \times \frac{1}{2} \times 2 - \frac{1}{2} \times \frac{1}{2} \times 2 + \frac{1}{2} \times \frac{1}{2} \times 2\right)$$
$$= 12.5\text{kN}$$

2. 利用影响线求最不利荷载的位置

在移动荷载作用下，结构上的各种量值均将随着荷载位置的不同而变化，而设计时必须求出各种量值的最大值(包括最大正值 Z_{max} 和最大负值，最大负值也称最小值 Z_{min})，作为设计的依据。为此，必须先确定使某一量值发生最大(或最小)值的荷载位置，即最不利荷载位置。只要所求量值的最不利荷载位置一经确定，则其最大值即不难求得。影响线的最重要作用就是判定最不利荷载位置。

1) 可动均布荷载的最不利布置

可动均布荷载的最不利位置是指荷载可按任意位置分布时，使某量值 Z 达到最大值的荷载分布位置。

对于可动均布荷载，由式(11-2)即 $Z=qA$ 可知，当荷载布满对应于影响线正号面积的部分时，则量值 Z 将产生最大值 Z_{max}；反之，当荷载布满对应于影响线负号面积的部分时，则量值 Z 将产生最小值 Z_{min}。例如，图 11.19(a)所示外伸梁，C 截面的弯矩影响线如图 11.19(b)所示，欲求截面 C 的最大正弯矩 M_{Cmax} 或最大负弯矩 M_{Cmin}，则它们相应的最不利荷载位置分别如图 11.19(c)、(d)所示。

2) 移动集中荷载的最不利位置

移动荷载移到某个位置，使某量 Z 达到最大值时，则此荷载位置称为最不利位置。

(1) 单个集中荷载。

由式(11-1)即 $Z=Py$ 可知，当这个集中荷载作用在影响线的最大竖标处时，量值 Z 将产生最大值 Z_{max}；当这个集中荷载作用在影响线的最小竖标处时，量值 Z 将产生最小值 Z_{min}。例如，某量值的影响线如图 11.20(a)所示，则与该量值相应的最不利荷载位置分别如图 11.20(b)、(c)所示。

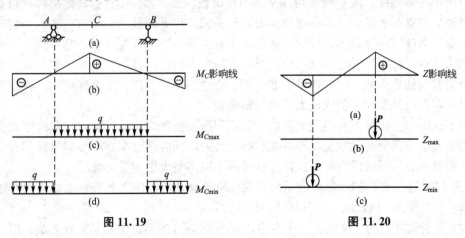

图 11.19   图 11.20

由此可知，当只有一个移动集中荷载时，荷载移到影响线顶点时才会产生量值最大值。

(2) 一组集中荷载。

对于一组集中荷载(指一组互相平行而且间距保持不变的荷载)，其最不利荷载位置的确定一般要困难些。下面以工程中常遇到的影响线为三角形，移动集中荷载为两个的情况为例［图 11.21(a)］，来说明确定其最不利荷载位置的方法——试算法。

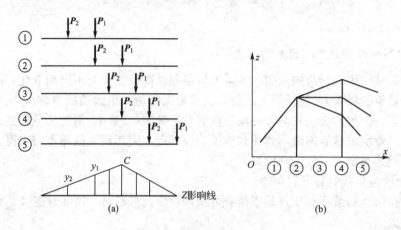

图 11.21

根据式(11-1)即 $Z = P_1 y_1 + P_2 y_2$ 来分析荷载的位置与量值之间的关系。

图 11.21(a)图中的状态①（两力均在 C 点左侧），由于量值 Z 随荷载向右而增加，因此到状态②（第一力到达 C 点）前量值 Z 是不会有极值的。当 P_1 到达 C 点时情况开始发生变化，因为再向右移（状态③），P_1 下的影响线竖标开始减少，但 P_2 下的影响线竖标还在增加，所以量值 Z 有三种可能，如图 11.21(b)所示；一种是量值 Z 开始减少，如果出现这个结果，则状态②便是最不利荷载位置；另一种是量值 Z 继续增加（但增加缓慢），这时量值 Z 不会出现极值；第三种是量值 Z 不增不减，这时量值 Z 也不会出现极值。当 P_2 到达 C 点时（状态④）情况又开始发生变化，因为再向右移（状态⑤），P_1、P_2 下的影响线竖标都减小，如图 11.21(b)所示，则④状态也是最不利荷载位置。

通过以上分析可知，只有状态②和状态④才可能使量值 Z 有极值，也就是说只有一个集中力作用在影响线顶点 C 时才可能是最不利荷载位置。推广上述分析结果可以得到一个简单但又非常重要的结论，即一组集中力移动荷载作用下的最不利荷载位置，一定发生在某一个集中力（临界荷载）到达影响线顶点时才有可能，至于究竟哪个是临界荷载，尚须研究判别法（可参考一般结构力学教材）。当梁上的集中荷载数目不多时，一些荷载直观判别就可否定其为临界荷载，因此这里不准备再去讲述判别法，顶多试算两次或三次就可以确定临界荷载并得到最大正值或最大负值的影响量。

为了减少试算次数，宜事先大致估计最不利荷载位置。为此，应将荷载组中数值较大且较为密集的这部分荷载放置在影响线竖标较大处，同时注意在影响线同号区尽量多排列荷载，而避免在异号区段布载，这样比较接近于取得最大影响量的情况。

【例 11-3】 求图 11.22(a)所示简支梁在所给移动荷载作用下 C 截面的最大弯矩。

解：(1) 作 M_C 的影响线，如图 11.22(b)所示。

(2) 分析临界力的可能性。三个力中，大小为 4kN 的力肯定不是临界荷载，因为它位于 C 点时，前两力均已移出梁处。因此只有两种可能性，即大小为 6kN 或 8kN 的力。

(3) 计算最大弯矩 $M_{C\max}$。

当 $P_{cr} = 6kN$ 时［图 11.22(c)］，有

$$M_C = 6 \times \frac{4}{3} + 8 \times \frac{11}{15} = 13.87 \text{kN} \cdot \text{m}$$

当 $P_{cr} = 8\text{kN}$ 时 [图 11.22(d)]，有

$$M_C = 6 \times \frac{2}{15} + 8 \times \frac{4}{3} + 4 \times \frac{8}{15} = 13.6 \text{kN} \cdot \text{m}$$

通过对比计算发现，大小为 6kN 的力确系临界力，而 C 载面最大弯矩 $M_{C\max} = 13.87\text{kN} \cdot \text{m}$。

【例 11-4】 求图 11.23(a)所示简支梁在所给移动荷载作用下 C 截面的最大正剪力。

解：(1) 作 V_C 的影响线，如图 11.23(b)所示。

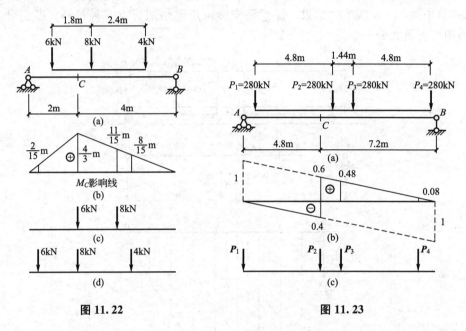

图 11.22   图 11.23

(2) 分析临界力的可能性。为了得到最大正剪力，四个集中力必有一个位于竖标为 0.6 的值上，当 P_4 作用于其上时，前三个力已移到梁外，此种情况不会是最不利的；P_1 作用于其上时，P_2、P_3 已移近靠 B 支座处，此时影响线正值已很小，故此种情况也不是最不利的，而只有当 P_2 作用在其上时才是最不利荷载位置 [图 11.23(c)]，此时有

$$V_{C\max} = 280 \times (0.6 + 0.48 + 0.08) = 324.8 \text{kN}$$

P_2 作用在 0.6 上时，读者可自行验证。

11.7 简支梁的内力包络图和绝对最大弯矩

1. 简支梁的内力包络图

在设计吊车梁等承受移动荷载的结构时，必须求出各截面上内力的最大值（最大正值和最大负值）。用 11.6 节介绍的确定最不利荷载位置进而求某量值最大值的方法，可以求出简支梁任一截面的最大内力值。如果把梁上各截面内力的最大值按同一比例标在图上，连成曲线，这一曲线即称为内力包络图。各截面最大弯矩值的连线图称为弯矩包络图，各

截面最大剪力值的连线图称为剪力包络图。内力包络图表明了在给定移动荷载作用下，梁上各截面可能产生的内力值的极限范围，它是设计吊车梁和桥梁等结构的重要资料。现以吊车梁的内力包络图为例，说明简支梁内力包络图的作法。

图 11.24(b)所示一简支梁，跨度为 12m，承受图 11.24(a)所示两台吊车荷载作用，现要绘制其弯矩图包络图。一般将梁分成若干等份（通常为 10 等份），按 11.6 节介绍的方法求出各等分点的最大弯矩、最大正剪力与最大负剪力，以截面位置作为横坐标，求得的值作为纵坐标，用光滑曲线连接各点即可得到该梁的弯矩包络图与剪力包络图，如图 11.24(c)、(d)所示。其中距梁左端为 4.8m 处截面上的最大正剪力 324.8kN 的来源，即 11.6 节中例 11-4 所求的结果。注意简支梁弯矩包络图只有一种符号，即正号，但剪力包络图有正负之分。

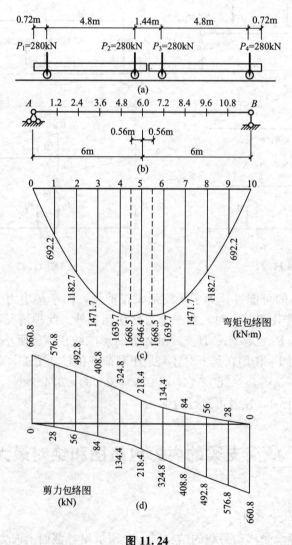

图 11.24

2. 简支梁的绝对最大弯矩

包络图表示各截面内力变化的极限情况。弯矩包络图中各竖标表示在给定的移动荷载作用下相应截面的最大弯矩，但各截面最大弯矩值还要出现最大值（即包络图中的最大竖标），这种最大弯矩中的最大值，称为绝对最大弯矩。由图 11.24（c）中可以发现，绝对最大弯矩产生的截面并不是梁的中点，而是在梁的中点附近的某个截面。因此，它的确定与两个可变的条件有关，即截面位置的变化和荷载位置的变化。也就是说，若求绝对最大弯矩，不仅要知道产生绝对最大弯矩的所在截面，而且要知道相应于此截面的最不利荷载位置。

由于绝对最大弯矩也是某一截面的弯矩最大值，因此在解决上述问题时，自然地会想到，按照求弯矩最大值的方法，把各个截面的最大弯矩求出来，然后再加以比较。但实际上梁上截面有无限多个，不可能把梁上各个截面的最大弯矩都求出来一一加以比较。因此，这个方法是行不通的，必须寻求其他可行的途径。

根据 11.6 节所述可知，当梁上作用一组移动集中荷载时，对任一已知截面 C，其弯矩为最大时，必有一临界荷载 P_{cr} 位于它的影响线的顶点（即该弯矩所在截面处），故知截面 C 的最大弯矩必将发生于某一临界荷载 P_{cr} 之下。这一结论自然也适合于绝对最大弯矩，只不过此时它的截面位置和临界荷载 P_{cr} 都是待求的。要把临界荷载和截面位置同时求出是不方便的。为此，可采用试算的办法，即先假定某一荷载 P_i 为临界荷载 P_{cr}，然后研究它作用在何处可使其所在截面的弯矩达到最大值。这样，将各个荷载分别作为临界荷载，求出其相应的最大弯矩，再加以比较，即可得出绝对最大弯矩。

图 11.25 所示为一简支梁，移动荷载 P_1、P_2、…、P_n 的数值和间距都不变。当荷载在梁上移动时，求梁内可能发生的最大弯矩（即绝对最大弯矩）。

设任一集中荷载为 P_{cr}，现研究其所在截面弯矩发生最大值的条件。以 x 表示 P_{cr} 到左支座 A 的距离，R 表示梁上所有荷载的合力，a 表示 P_{cr} 与 R 作用线间的距离；设 P_{cr} 在 R 的左边，由 $\sum m_B = 0$，得

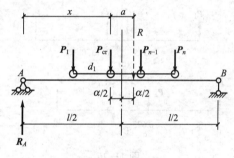

图 11.25

$$R_A = \frac{R}{l}(l-x-a)$$

则 P_{cr} 所在截面的弯矩为

$$M_x = R_A x - P_1 d_1 = \frac{R}{l}(l-x-a)x - M_{cr}$$

式中，M_{cr} 为 P_{cr} 左面的荷载对 P_{cr} 作用点的力矩之和。

M_{cr} 是与 x 无关的常数，当 M_x 为极大时，应满足

$$\frac{\mathrm{d}M_x}{\mathrm{d}x}=0$$

得

$$\frac{R}{l}(l-2x-a)=0$$

即

$$x=\frac{l}{2}-\frac{a}{2} \tag{11-4}$$

式(11-4)表明,当 P_{cr} 所在截面的弯矩最大时,梁的中线正好平分 P_{cr} 与 R 之间距离。此时最大弯矩为

$$M_{max} = \frac{R}{l}\left(\frac{l}{2} - \frac{a}{2}\right)^2 - M_{cr} \qquad (11-5)$$

应用式(11-4)和式(11-5)时,由于 R 是梁上实有荷载的合力,安排 P_{cr} 与 R 对称于梁中央的位置时,有些荷载可能来到梁上或者离开梁上,这时应重新计算合力 R 的数值和位置。另外,P_{cr} 在 R 以左时 a 取正号,在 R 以右时 a 取负号。

比较各个荷载作用截面的最大弯矩,其中最大的一个就是绝对最大弯矩。实际计算中,常常可以估计出哪个荷载或哪几个荷载需要考虑。

【例 11-5】 求图 11.26(a)所示吊车梁的绝对最大弯矩。

解: (1) 四个力全在梁上。

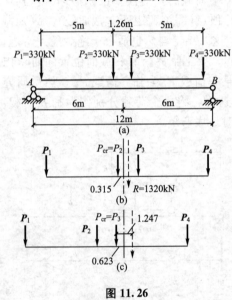

① 求使梁跨中截面 C 产生最大弯矩的临界荷载。

根据 M_C 影响线可知 P_{cr} 只可能是 P_2、P_3 中的一个。

② 求绝对最大弯矩。

当 $P_2 = P_{cr}$ 时,得

$$R = 4 \times 330 = 1320 \text{kN}$$

位于 P_2、P_3 的中点 [图 11.26(b)],则

$$a = \frac{1.26}{2} = 0.63 \text{m}$$

$$M_{max} = \frac{R}{l}\left(\frac{l}{2} - \frac{a}{2}\right)^2 - M_{cr}$$

$$= \frac{1320}{12}\left(\frac{12}{2} - \frac{0.63}{2}\right)^2 - 330 \times 5$$

$$= 1905 \text{kN} \cdot \text{m}$$

(2) 三个力作用在梁上 [图 11.26(c)]。

图 11.26

① 求使梁跨中截面 C 产生最大弯矩的临界荷载。根据 M_C 影响线可知 P_{cr} 只可能是 P_3。

② 求绝对最大弯矩

当 $P_3 = P_{cr}$ 时,得

$$R = 3 \times 330 = 990 \text{kN}$$

利用合力矩定理,得

$$-990a = 330 \times 1.26 - 330 \times 5$$

$$a = 1.247 \text{m}$$

$$M_{max} = \frac{R}{l}\left(\frac{l}{2} - \frac{a}{2}\right)^2 - M_{cr}$$

$$= \frac{990}{12}\left(\frac{12}{2} - \frac{1.247}{2}\right)^2 - 330 \times 1.26$$

$$= 1969 \text{kN} \cdot \text{m}$$

对比两个结果,得梁的绝对最大弯矩为 1969kN·m,它产生在梁上只有 P_2、P_3、P_4 时 P_3 位于距梁跨中左方 0.623m 的截面上。

11.8 超静定梁的影响线及连续梁的包络图

在进行钢筋混凝土主梁设计过程中，需要对连续梁进行活荷载的最不利组合，从而得到内力的包络图。然而荷载的最不利组合与梁的影响线有密切关系，因此先由超静定梁的影响线开始叙述。

现在研究当单位移动荷载作用于超静定梁上时影响线的绘制方法。

图 11.27(a)给出一端固定一端铰支的单跨超静定梁，当单位力 $P=1$ 作用在 x 截面时，若作 R_A 的影响线，需先求出 R_A 与 x 函数关系，这恰好相当于解一次超静定。将 R_A 设为 X_1（多余未知力），作 M_P 图与 $\overline{M}_1$ 图 [图 11.27(b)、(c)]，计算 Δ_{1P} 与 δ_{11}，有

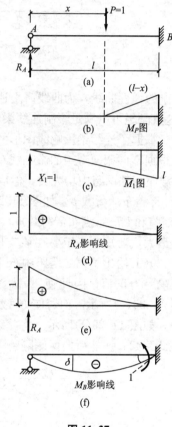

$$\Delta_{1P}=-\frac{1}{2}(l-x)(l-x)\frac{(2l+x)}{3EI}=-\frac{1}{6EI}(l-x)^2(2l+x)$$

和

$$\delta_{11}=\frac{1}{2}l\times l\times\frac{2}{3}l/EI=\frac{l^3}{3EI}$$

代入力法方程，得到

$$X_1=R_A=-\frac{-\dfrac{1}{6EI}(l-x)^2(2l+x)}{\dfrac{l^3}{3EI}}$$

$$=\frac{1}{2}\left(\frac{x}{l}\right)^3-\frac{3x}{2l}+1 \qquad (11-6)$$

式(11-6)表明超静定梁影响线是曲线而不是直线。将此函数图像绘于图 11.27(d)，即为 R_A 的影响线。实际绘制超静定梁影响线时可以采用机动法，例如，本例题中为了得到 R_A 的影响线，可将 A 支座向上移动一单位距离；梁的弹性曲线即为所求影响线[图 11.27(e)]。此结论可通过梁的挠曲线加以证明。

此结论说明，弹性曲线纵坐标 y 就是反力 R_A，因此整个弹性曲线就是 R_A 影响线。

图 11.27

为了得到超静定梁 B 支座弯矩的影响线，可将 B 支座加一全铰，然后按正弯矩方向转一单位角，得到如图 11.27(f)所示的弹性曲线，即为所求的影响线。

下面按机动法给出多跨连续梁弯矩与剪力影响线的图形。图 11.28(a)为 M_C 影响线，它是支座 C 加铰后产生正单位相对转角时梁的弹性曲线；图 11.28(b)为 M_K 的影响线，它是 K 截面加铰后产生正单位相对转角时梁的弹性曲线；图 11.28(c)为 V_N 的影响线，它是 N 截面变为定向约束后产生正单位相对竖向位移时梁的弹性曲线；图 11.28(d)为 $V_{C右}$ 的影响线，它是 C 右截面变为定向约束后产生正单位相对竖向位移时梁的弹性曲线。

这里讲述的连续梁影响线的机动法与多跨静定梁影响线所应用的机动法有类似之处（指作法），但静定梁影响线是几何可变体系梁轴的位移图，为斜直线，而连续梁的影响线

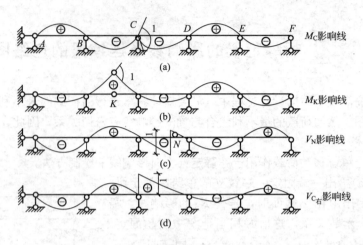

图 11.28

是梁的弹性曲线，为曲线。上述连续梁的影响线仅给出图形的形状而没给出具体坐标数值（这点已经可以满足绘制连续梁包络图的需要）。

掌握了连续梁影响线图形的绘制方法就可以进行活荷载的最不利组合布置，图 11.29 是根据不同截面弯矩的影响线布置的相应最不利活载 p 的位置。由于 C 截面弯矩影响线在 C 截面相邻两跨中均为负，然后隔一跨为负，故应使 C 支座产生最大负弯矩在 BC、CD 与 EF 跨满布活荷载 p，如图 11.29(a) 和 (b) 所示；而要使 C 支座产生最大正弯矩，就应在 AB 跨和 DE 跨满布活荷载 p，如图 11.29(c) 所示。不难推论，若想使连续梁中间支座产生最大负弯矩，一定要在该支座的相邻两跨满布活荷载，此外还要隔跨满布活荷载。图 11.29(d) 给出了第二跨跨中 K 截面的弯矩影响线，由于 K 截面所在跨影响线为正值，然后隔跨为正值，因此使 K 截面产生最大正弯矩时活荷载 p 应满布在 BC、DE 跨，如图 11.29(e) 所示。而若使 K 截面产生最大负弯矩，显然应在 AB、CD 和 EF 跨满布活荷载，如图 11.29(f) 所示。将此结论推广，若想使连续梁某跨中有最大正弯矩，则活荷载应在此跨满布，然后向两侧隔跨满布。

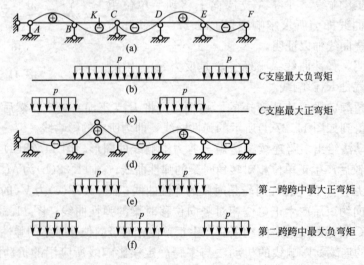

图 11.29

根据跨中弯矩与支座弯矩活荷载最不利位置的布置，可以绘制连续梁弯矩包络图。下面通过一具体例题说明连续梁包络图的作法。

【例 11-6】 图 11.30(a)为一钢筋混凝土两跨连续主梁，梁上的恒载设计值 $G=$ 51.6kN，活荷载设计值 $P=100$kN(此处活载为次梁传来的集中力，为方便计算，将主梁的恒载也化为相应集中力)，梁跨 $l=6.64$m，两跨刚度相同。试考虑跨中与支座弯矩的最不利状况绘制该梁的弯矩包络图。

解： 由于恒载是固定不变的，无论何时都存在于梁上，所以先将其弯矩图作出。

根据对称条件，中点支座处截面转角显然为零，因此可以取图 11.30(b)所示的结构代替原梁的左部。图 11.30(b)虽然属于一次超静定梁，但其内力图的绘制可以引用刚刚讲述的超静定梁反力影响线的结果，而不必再解超静定梁。按迭加原理，图 11.30(b)所示结构 A 支座反力：

$$R_A=\left[\frac{1}{2}\left(\frac{1}{3}\right)^3-\frac{3}{2}\left(\frac{1}{3}\right)+1+\frac{1}{2}\left(\frac{2}{3}\right)^3-\frac{3}{2}\left(\frac{2}{3}\right)+1\right]G=\frac{2}{3}G$$

相应地，

$$M_1=\frac{2}{3}G\times\frac{1}{3}l=\frac{2}{9}Gl=51.6\times6.64\times\frac{2}{9}=76.1\text{kN}\cdot\text{m}$$

$$M_2=\frac{2}{3}G\times\frac{2}{3}l-G\times\frac{1}{3}l=\frac{1}{9}Gl=38\text{kN}\cdot\text{m}$$

$$M_B=\frac{2}{3}G\times l-G\times\frac{2}{3}l-G\times\frac{1}{3}l=-\frac{1}{3}Gl=-114.2\text{kN}\cdot\text{m}$$

图 11.30(a)梁的弯矩图示于图 11.30(c)。

活荷载 P 仅作用在左跨时，可将图 11.30(d)所示梁按对称性分解为图 11.30(e)与(g)两梁。图 11.30(e)梁的弯矩图 [图 11.30(f)] 利用刚刚得出的静载弯矩结果，有

$$M_1=\frac{2}{9}\left(\frac{P}{2}\right)l=\frac{1}{9}\times100\times6.64=73.8\text{kN}\cdot\text{m}=M_4$$

$$M_2=\frac{1}{9}\left(\frac{P}{2}\right)l=36.9\text{kN}\cdot\text{m}=M_3$$

$$M_B=-\frac{1}{3}\left(\frac{P}{2}\right)l=-110.7\text{kN}\cdot\text{m}$$

图 11.30(g)所示梁为反对称荷载，根据对称性讨论 B 支座处弯矩，此时该梁变为两跨简支梁(属于静定结构)，其弯矩图 [图 11.30(h)] 中数值为

$$M_1=\frac{P}{2}\times\frac{l}{3}=\frac{1}{6}\times100\times6.64=110.7\text{kN}\cdot\text{m}=M_2=-M_3=-M_4$$

叠加图 11.30(f)与图 11.30(h)所示弯矩纵坐标，最终得到图 11.30(d)所示梁的 M 图 [图 11.30(i)]，其值为

$$M_1=73.8+110.7=184.5\text{kN}\cdot\text{m}$$
$$M_2=36.9+110.7=147.6\text{kN}\cdot\text{m}$$
$$M_B=110.7\text{kN}\cdot\text{m}$$
$$M_3=36.9-110.7=-73.8\text{kN}\cdot\text{m}$$
$$M_4=73.8-110.7=-36.9\text{kN}\cdot\text{m}$$

右跨满布活荷载的弯矩图也可利用此图结果，但需翻转 180°，而两跨同时满布活荷载时的弯矩图采用上两图的叠加即可(图中未画出)。

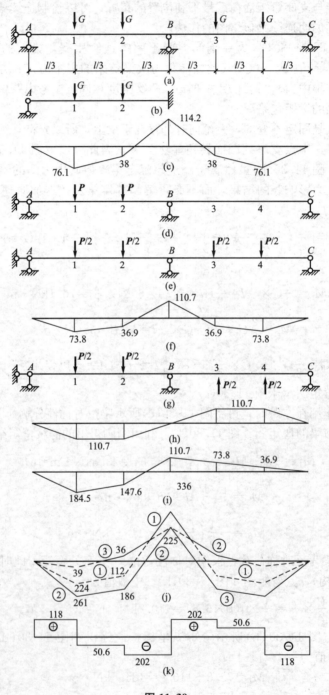

图 11.30

现在绘制此梁的弯矩包络图。

活荷载使 B 支座产生最大负弯矩时，其值应两跨均布置，加上恒载弯矩得图 11.30(j) 中的曲线①，弯矩值为

$$M_B^1 = -(2 \times 110.7 + 114.2) = -336 \text{kN} \cdot \text{m}$$

$$M_1^1 = 184.5 - 36.9 + 76.1 = 224 \text{kN} \cdot \text{m} = M_4^1$$

$$M_2^1 = 147.6 - 73.8 + 38 = 112 \text{kN} \cdot \text{m} = M_3^1$$

活荷载使左跨跨中产生最大正弯矩时，其值应仅布置于左跨，加上恒荷载弯矩图得图 11.30(j)的曲线②，弯矩值为

$$M_1^2 = 184.5 + 76.1 = 261 \text{kN} \cdot \text{m}$$

$$M_2^2 = 147.6 + 38 = 186 \text{kN} \cdot \text{m}$$

$$M_B^2 = -(110.7 + 114.2) = -225 \text{kN} \cdot \text{m}$$

活荷载使右跨跨中有最大正弯矩时，其值应仅布置于右跨，加上恒荷载弯矩图得图 11.30(j)中的曲线③，弯矩值为

$$M_1^3 = -36.9 + 76.1 = 39 \text{kN} \cdot \text{m}$$

$$M_2^3 = -73.8 + 38 = -36 \text{kN} \cdot \text{m}$$

$$M_B^3 = -(110.7 + 114.2) = -225 \text{kN} \cdot \text{m}$$

上述 3 条曲线中曲线②不仅代表活荷载使左跨跨中产生最大正弯矩，同时也代表使右跨跨中产生最大负弯矩；而曲线③线不仅代表活荷载使右跨跨中产生最大正弯矩，同时也代表使左跨跨中产生最大负弯矩。图 11.30 中尚缺少活荷载使 B 支座产生最大正弯矩的相应曲线，根据影响线的概念，对于两跨连续梁，这种情况相当于不布置活荷载，因此也就是恒载引起的弯矩图，如果支座 B 的最小负弯矩以零为限，则该弯矩图要落到弯矩包络图内部（此处未绘出）。将所得各曲线的最外线相连，并考虑到跨中最小正弯矩以零为限，则最终得到弯矩包络图为图 11.30(j)中的实线所组成的图形。

对于剪力，实际应用中主要是求出支座左右的最危险剪力值，就本例题而言，是要求出 $A_{右}$ 截面的最大正剪力和 $B_{左}$ 截面的最大负剪力，根据连续梁剪力影响线，使 $A_{右}$ 产生最大正剪力时活荷载应仅在左跨布置，此时恒载和活载同时考虑，剪力值为

$$V_{A右} = 51.6 + 100 - 225/6.64 = 118 \text{kN}$$

根据影响线，使 $B_{左}$ 截面产生最大负剪力应在两跨同时满布活载，加上恒载剪力，其总值为

$$V_{B左} = -51.6 - 100 - 336/6.64 = -202 \text{kN}$$

右跨剪力与上述两值形成反对称图形 [图 11.30(k)]。

本 章 小 结

本章讨论了如何利用影响线，求解梁在移动荷载作用下的支座反力、内力的计算问题；介绍了移动荷载、影响线的概念，特别强调了弯矩的影响线与弯矩图的区别，见表 11-1。

表 11-1 弯矩的影响线与弯矩图的区别

线型	荷载	截面	横坐标	纵坐标
M 影响线	$P=1$ 的移动荷载	某个指定截面	$P=1$ 的位置	$P=1$ 移到该位置时，指定截面的弯矩值
M 图	大小、位置固定的荷载	各个截面	截面的位置	固定荷载作用下，该截面的弯矩值

绘制影响线有静力法和机动法。静力法是绘制影响线的基础，机动法是绘制影响线的重点。机动法绘制静定梁影响线具有如下规律：去掉所求影响量值的联系，梁成为可变体；一个刚片，其上的影响线为一段直线；竖向支座处，影响线必为零点；滑动约束两侧的影响线是平行线。

利用影响线可求指定影响量值。

当有一组集中荷载 P_1，P_2，$\cdots$，P_n 作用于梁上，而梁的某一量值 Z 的影响线在各荷载作用处的纵坐标为 y_1，y_2，$\cdots$，y_n 时，则该量值为

$$Z = P_1 \cdot y_1 + P_2 \cdot y_2 + \cdots + P_n \cdot y_n = \sum_{i=1}^{n} P_i \cdot y_i$$

当梁受到均布荷载 q 作用时，若 y 为该梁某种量值 Z 的影响线，则对 AB 段上的整个均布荷载而言，它使梁产生的 Z 值应为

$$Z = \int_A^B q\mathrm{d}x \cdot y = q \cdot \int_A^B y\mathrm{d}x = q \cdot \int_A^B \mathrm{d}A = q \cdot A$$

利用影响线可确定最不利荷载位置、计算反力或内力值、绘制简支梁的包络图、推导出简支梁在移动荷载作用下的绝对最大弯矩计算公式。

本章还介绍了超静定梁的影响线和连续梁的包络图及连续梁的不利荷载布置，其结果将直接用于结构设计中。

关 键 术 语

移动荷载(movable load)；影响线(influence line)；静力法(static method)；机动法(kinematical method)；临界荷载(critical load)；临界位置(critical position)；最不利荷载位置(the most unfavorable load position)；绝对最大弯矩(absolute maximum bending moment)；包络图(envelope diagram)。

习 题 11

一、思考题

1. 影响线的定义是什么？有无均布荷载的影响线？
2. 影响线的横坐标 x 和竖坐标 y 各代表什么物理意义？
3. 用静力法作某内力影响线与在固定荷载作用下求该内力有何异同？
4. 某截面的剪力影响线在该截面处是否一定有突变？突变处左右两竖标各代表什么意义？突变处两侧的线段为何必定平行？
5. 间接荷载作用时，影响线的特点是什么？
6. 桁架影响线为何要区分上弦承载还是下弦承载？在什么情况下两种承载方式的影响线是相同的？
7. 恒载作用下的内力为何可以利用影响线求解？
8. 何谓最不利荷载位置？何谓临界荷载？

9. 简支梁的绝对最大弯矩与跨中截面最大弯矩是否相等？什么情况下两者会相等？

10. 何谓内力包络图？它与内力图、影响线有何区别？三者各有何用途？

11. 为何静定梁的影响线一定是直线，超静定梁的影响线一定是曲线？

二、填空题

1. 用影响线求多个集中荷载作用下的影响量的公式是_____。

2. 用静力法作影响线时，其影响线方程是_____；用机动法作影响线时，其形状为某机构的_____。

3. 简支梁的绝对最大弯矩发生在_____附近，其具体位置可用公式 $x=$ _____ 确定。

4. 绘制影响线的基本方法可分为_____和_____。

5. 多跨静定梁附属部分某量值影响线，在_____范围内必为零，在_____范围内为直线或折线。

6. 图 11.31(b) 是图 11.31(a) 的_____的影响线，竖标 y_C 表示 $P=1$ 作用在_____截面时_____的数值。

7. 图 11.32(b) 是图 11.32(a) 结构_____截面的_____影响线。

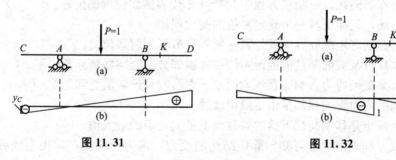

图 11.31   图 11.32

8. 图 11.33(b) 是图 11.33(a) 的_____的影响线，竖标 y_D 表示 $P=1$ 作用在_____截面时_____的数值。

9. 图 11.34 所示静定梁 M_C 影响线在 C 点的竖标 $y_C=$ _____。

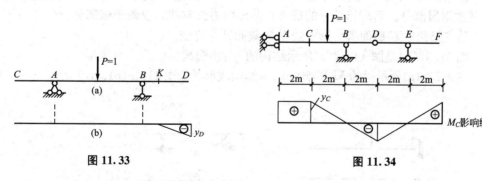

图 11.33   图 11.34

10. 简支梁的绝对最大弯矩是在_____荷载作用下简支梁内各截面的最大弯矩中的_____值。

11. 机动法画影响线，主要应用_____原理。

12. 图 11.35 所示跨度为 10m 的简支梁，受均布恒载 $q=60\text{kN/m}$ 和均布活载 $P=$

100kN/m(长度大于跨度)的作用。截面 C 可能达到的最大剪力为_____ kN；可能达到的最小剪力为_____ kN。

13. 图 11.36 所示结构的绝对最大弯矩发生在离 A 点_____ m 处。

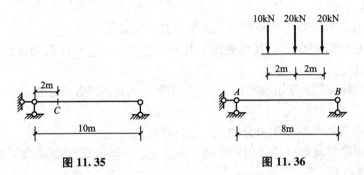

图 11.35   图 11.36

三、判断题

1. 影响线用于解决活载作用下结构的计算问题，它不能用于恒载作用下的计算。（   ）

2. 用静力法作影响线，影响线方程中的变量 x 代表截面位置的坐标。（   ）

3. 某一影响线，只能反映一个既定量值的变化规律。（   ）

4. 静定梁某截面弯矩的临界荷载位置一般就是最不利荷载位置。（   ）

5. 结构基本部分某截面某量值的影响线在附属部分的影响线竖标值为零。（   ）

6. 水平梁上某截面剪力影响线在该截面左、右影响量绝对值之和为1。（   ）

7. 静定结构的内力影响线都是由直线组成的。（   ）

8. 绝对最大弯矩是移动荷载下梁的各截面上最大弯矩的最大值。（   ）

9. 由影响线方程或机动法可知，静定结构的反力、内力影响线一定由直线或折线构成。（   ）

10. 影响线不仅可以用来计算移动荷载作用下的内力值，而且同样也可以用来计算固定荷载作用下的内力值。（   ）

11. 根据多跨静定梁的受力特性可知，基本部分截面上内力、反力的影响线遍及该部分以及其他附属部分。而附属部分的反力、截面内力影响线，仅限于该部分。（   ）

12. 简支梁跨中 C 截面剪力影响线在 C 截面处有突变。（   ）

13. 图 11.37(b)是图 11.37(a)所示结构的 M_A 影响线。（   ）

14. 图 11.38(a)所示梁的 M_C 影响线、M_B 影响线形状如图 11.38(b)、(c)所示。（   ）

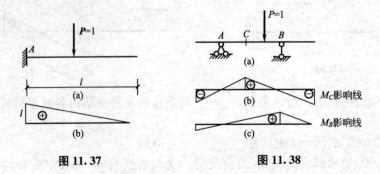

图 11.37   图 11.38

15. 图 11.39 所示梁的绝对最大弯矩发生在距支座 A 为 6.625m 处。（   ）

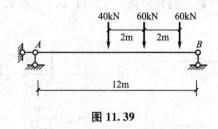

图 11.39

16. 梁 AB 在图 11.40 所示移动荷载作用下，截面 K 的弯矩最大值为 209.4kN·m。
（   ）

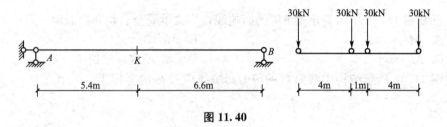

图 11.40

四、选择题

1. 绘制任一量值的影响线时，假定荷载是（   ）。
   A. 一个方向不变的单位移动荷载　　B. 移动荷载
   C. 动力荷载　　　　　　　　　　　D. 可动荷载

2. 机动法作静定梁影响线应用的原理为（   ）。
   A. 变形条件　　　　　　　　　　　B. 平衡条件
   C. 虚功原理　　　　　　　　　　　D. 叠加原理

3. 移动荷载的定义是（   ）。
   A. 大小、方向、作用位置随时间改变的荷载
   B. 大小不变，方向及作用位置随时间改变的荷载
   C. 方向不变，大小及作用位置随时间改变的荷载
   D. 大小、方向不变，作用位置随时间改变的荷载

4. 绘制图 11.41 所示结构 V_C 的影响线时，其中 ACD 部分为（   ）。
   A. AC 不为零，CD 为斜线
   C. AC 为零，CD 为斜线
   B. AC 为零，CD 为水平线
   D. AC 为零，CD 为零

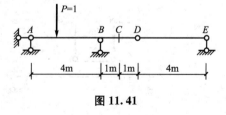

图 11.41

5. 图 11.42（a）所示结构 M_E 的影响线如图 11.42(b)所示，其中竖标 y_c 表示（   ）。
   A. $P=1$ 在 E 时，C 截面的弯矩值　　B. $P=1$ 在 C 时，A 截面的弯矩值
   C. $P=1$ 在 C 时，E 截面的弯矩值　　D. $P=1$ 在 C 时，D 截面的弯矩值

6. 图 11.43(a)所示结构 M_C 影响线如图 11.43(b)所示，其中竖标 y_E 是（   ）。

A. $P=1$ 在 E 时，D 截面的弯矩值 　　B. $P=1$ 在 C 时，E 截面的弯矩值

C. $P=1$ 在 E 时，B 截面的弯矩值 　　D. $P=1$ 在 E 时，C 截面的弯矩值

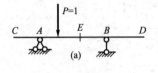
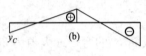

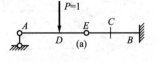
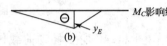

图 11.42　　　　　　　　　　　　图 11.43

7. 已知图 11.44 所示静定梁 M_C 的影响线，当梁承受全长均布荷载时，则（　　）。

A. $M_C>0$ 　　　　　　　　　　B. $M_C<0$

C. $M_C=0$ 　　　　　　　　　　D. M_C 不定，取决于 a 值

8. 图 11.45 所示结构中截面 C 的剪力影响线在 D 处的竖标为（　　）。

A. 0 　　　　B. $\dfrac{a}{l}$ 　　　　C. $\dfrac{c}{l}$ 　　　　D. l

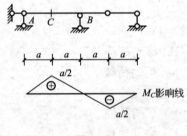
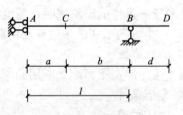

图 11.44　　　　　　　　　　　　图 11.45

9. 图 11.46 所示梁发生绝对最大弯矩的截面位置距支座 A 为（　　）。

A. 5.34m 　　　B. 6m 　　　C. 6.67m 　　　D. 4.87m

10. 图 11.47 所示梁在移动荷载作用下支座 B 的反力最大值为（　　）。

A. 110kN 　　　B. 100kN 　　　C. 120kN 　　　D. 160kN

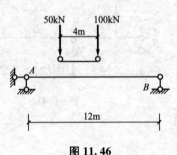
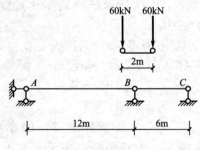

图 11.46　　　　　　　　　　　　图 11.47

11. 图 11.48 所示梁在移动荷载作用下，使截面 C 的弯矩达到最大值的临界荷载为（　　）。

A. 50kN 　　　　B. 40kN 　　　　C. 60kN 　　　　D. 80kN

12. 图 11.49 所示简支梁在移动荷载作用下截面 K 的最大弯矩值是（　　）。

    A. 140kN·m   B. 90kN·m   C. 160kN·m   D. 150kN·m

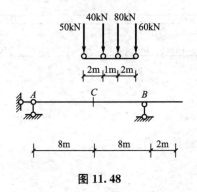
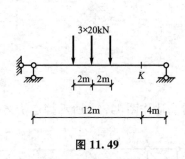

图 11.48   图 11.49

13. 图 11.50 所示简支梁在移动荷载作用下，使截面 C 产生最大弯矩时的临界荷载是

（　　）。

    A. 7kN   B. 3kN   C. 10kN   D. 5kN

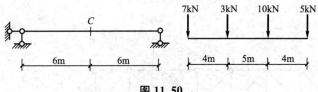

图 11.50

五、计算题

1. 试用静力法作图 11.51 所示结构中指定量值的影响线。

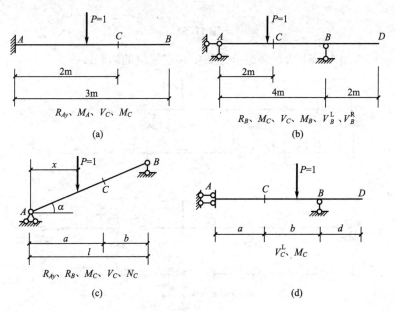

图 11.51

2. 用静力法作图 11.52 所示静定梁在间接荷载作用下指定量的影响线。

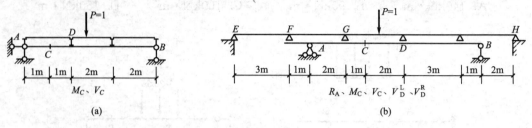

图 11.52

3. 用静力法作图 11.53 所示静定桁架指定杆件轴力的影响线。

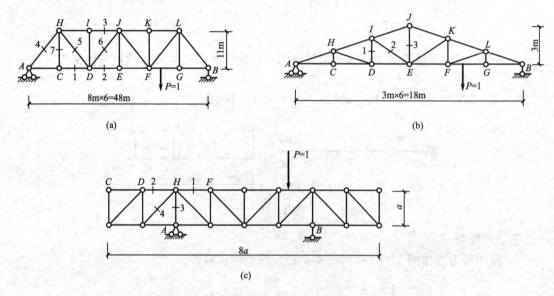

图 11.53

4. 用机动法作图 11.54 所示多跨静定梁中指定量值的影响线。

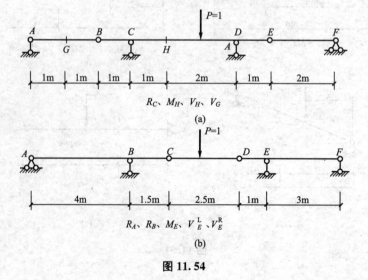

图 11.54

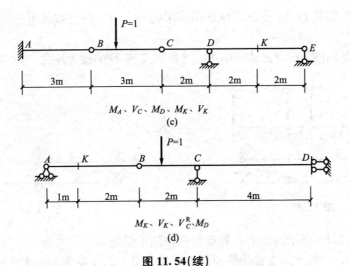

M_A、V_C、M_D、M_K、V_K

(c)

M_K、V_K、V_C^R、M_D

(d)

图 11.54(续)

5. 试利用影响线求下列结构在图 11.55 所示固定荷载作用下指定量值的大小。

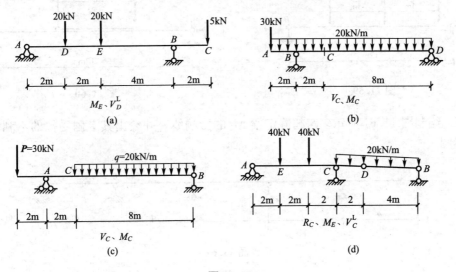

M_E、V_D^L

(a)

V_C、M_C

(b)

V_C、M_C

(c)

R_C、M_E、V_C^L

(d)

图 11.55

6. 试求图 11.56 所示简支梁在移动荷载作用下截面 C 的最大弯矩、最大正剪力和最大负剪力。

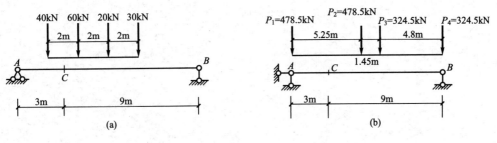

(a)

(b)

图 11.56

7. 两台吊车如图 11.57 所示，试求吊车梁的 M_C、V_C 的荷载最不利位置，并计算其最大值(和最小值)。

8. 两台吊车同图 11.57，试求图 11.58 所示支座 B 的最大反力。

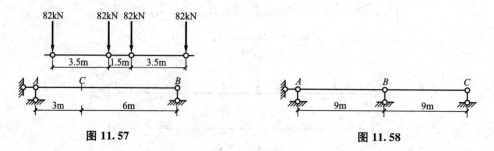

图 11.57　　　　　　　　　　　图 11.58

9. 试求图 11.59 所示简支梁在移动荷载作用下的绝对最大弯矩。

10. 求图 11.60 所示简支梁的绝对最大弯矩，并与跨中截面的最大弯矩相比较。

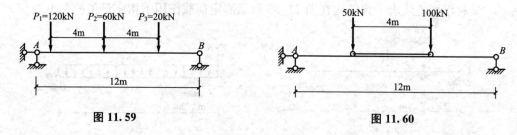

图 11.59　　　　　　　　　　　图 11.60

11. 绘制图 11.61 所示多跨超静定梁 M_C 的影响线，并绘出其上侧受拉的不利均布荷载布置图。

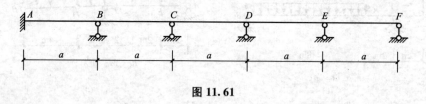

图 11.61

第 **12** 章
结构动力学

 本章教学要点

知识模块	掌握程度	知识要点
结构动力学基本原理和方法	熟悉	动力荷载的分类、动力自由度的确定方法
	掌握	单自由度体系的振动方程、自由振动和强迫振动
	熟悉	共振和阻尼
	理解	两个自由度体系的振动

本章技能要点

技能要点	掌握程度	应用方向
振动方程	掌握	建筑抗震设计
共振和阻尼	熟悉	结构参数的计算

导入案例

通行三天就关闭了的"千禧桥"

　　"千禧桥"是英国伦敦泰晤士河上近 100 年来新建的一座北接圣保罗大教堂、南连伦敦泰特现代艺术馆和伦敦环球剧院的步行桥(图 12.1),这座专供行人步行的"千禧桥"是英国为迎接新千年的到来而特意建造的,由英国著名建筑家福斯特爵士和雕塑家卡罗设计。大桥长 320m,由 1090 块闪闪发光的钢铁连接而成,耗资 1820 万英镑,于 2000 年 6 月 10 日首次对公众开放。然而,不知道是上面行人的重力太大还是由于夏季缓缓微风的吹拂,这座新桥开始摇晃起来,而且摇晃得很厉害。人们因此叫它"跳动的桥"。在开放的头 3 天里,大约有 18 万人排起了长队,争相过桥。像所有的悬吊大桥一样,人们也曾想到过这座千禧大桥有可能会轻微摆动。但是,当桥出现这种轻微摆动时,过桥的人群也采取了相应的举动。当晃动渐渐增强到明显时,所有的人又一起试图放慢他们的脚步,于是又引起了一个干扰波动影响。这种运动使得桥身晃动并且与人们的步调一致,而且晃动也越来越大。千禧桥管理委员会的一名发言人表示,建筑物摇晃本来是正常的事,但是这座桥的摇晃程度超出了它应该摇晃的程度。3 天后,有关部门就不得不下令关闭这座桥,以便让工程师们对它进行一次彻底的研究调查。

图 12.1

工程师们认为过桥人数太多,大家"步伐一致"的共振效应是导致桥身严重摇晃的主要原因。工程师们非常清楚这一点并曾建议当局在桥上挂上一块警告牌,就像阿尔伯特大桥上的那块一样。在那座建于 1873 年维克多利亚时期的大桥有一个金属牌警告标志,至今仍不厌其烦地告诉人们:所有过桥部队到此必须打乱脚步。

"千禧桥"基金会在对桥身摇晃问题进行调查研究后,决定筹资 500 万英镑,用来改进桥体结构。2001 年 5 月开始,设计师 Foster、Partners、Anthony Caro 和工程团队便开始替千禧桥安装避振装置。施工部门在这座 320m 长的步行桥上加装了 91 个类似汽车用的弹性减振器来吸收振动力的装置。2002 年 1 月 30 日,2000 名主要由建筑师、工程师和其他专业人士组成的"过桥人"傍晚走上千禧大桥漫步时,它一点也没有摇晃。2002 年 2 月 22 日"千禧桥"又重新向公众开放。

英国伦敦新建的千禧大桥因为工程学上的神秘现象而关闭,并不是新奇事,其实早在 1940 年 11 月 7 日,美国著名的塔科马大桥就在时速为 40mile(1mile=1609.344m)的风力扰动下发生了坍塌事件,当时震惊了整个工程界。2010 年 5 月 19 日晚,俄罗斯的伏尔加河大桥也发生了离奇晃动,桥面呈浪型翻滚,正在桥上行驶的车辆也跟着翻滚。俄专家表示,大桥共振现象是因风波动和负载而引起的。这些都是需要我们在结构动力学里面对其进行研究的内容。

12.1 概　　述

1. 结构动力计算的特点和目的

前面各章讨论了在静荷载作用下的结构计算问题。所谓静荷载是指大小、方向和作用位置都不随时间变化的荷载。建筑结构,除承受静荷载作用外,还会经常遇到动荷载的作用。比如,机械转动对结构的作用;桩机对基础的作用;快速行驶的车辆对桥梁的作用;地震对建筑物的作用等。动荷载是指大小、方向和作用位置随时间迅速改变的荷载。在动荷载作用下,结构将产生振动和加速度,为此动力计算时必须考虑惯性力的影响。区分静荷载与动荷载,不能单纯从荷载本身的性质来确定,更主要是看其对结构的影响。严格说来,结构上所受的荷载都是随时间变化的。若荷载随时间变化缓慢,引起结构质量的加速度很小,由此所产生的惯性力与荷载相比可以忽略不计,则可将其作为静荷载处理。只有当荷载随时间变化较快,并且所产生的惯性力不容忽视时,才将其视为动荷载进行分析计算。

在动荷载作用下,结构产生的内力和位移不仅是位置的函数,也是时间的函数。它们统称为动力响应。结构动力学就是研究在动荷载作用下结构动力响应规律的学科,其任务是求出它们的最大值作为结构设计的依据。

2. 动荷载的分类

根据动荷载随时间变化的规律，工程中常见的动荷载可分为如下几种。

1）周期荷载

这类荷载随时间作 t 周期性的变化，如图 12.2(a)所示。周期荷载中最简单也是最重要的一种荷载称为简谐荷载，即荷载随时间按正弦(或余弦)规律变化，如图 12.2(b)所示。

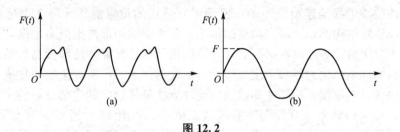

图 12.2

2）冲击荷载

这类荷载短时间内，荷载急剧增大［图 12.3(a)］或减小［图 12.3(b)］。各类爆炸荷载属这一类。

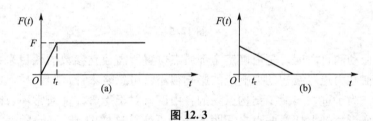

图 12.3

3）突加荷载

这是在瞬间突然施加在结构上且保持一段较长时间的荷载，如图 12.4 所示。如吊车的制动力对结构的作用；在结构上突然放置一重物对结构的作用均属这一类。

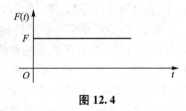

图 12.4

4）随机荷载

前面提到的荷载都属于确定性的荷载，即荷载的变化是时间的确定性函数。如果荷载事先不可预知，在任一时刻其数值是随机量，其变化规律不能用确定的函数关系进行表示，则这种荷载称为随机荷载。如脉动风和地震对结构的作用等。

随机荷载对结构的动力分析要用到数理统计的方法，将其称为结构的随机振动分析。本章只涉及确定性荷载的作用。

12.2 结构振动的自由度

动力计算时除考虑直接作用在结构上的动荷载之外，还必须考虑结构的惯性力的影响，为此，在选定动力计算简图时，必须考虑质量分布情况及其在振动过程中质量位置的确定问题。通常动力计算是以质量的位移作为基本未知量，由于结构上各质点之间存在一定约束，也就是质点的位移不一定相互独立，因而动力计算的基本未知量应为独立的质点位移。这个问题可通过分析结构振动的自由度来解决。

在结构振动时，结构将发生弹性变形，其上的质点将随结构的变形而振动。确定结构的全部质点在任一时刻的位置所需要的独立几何参数的数目，称为结构的振动自由度。由此可知，结构振动自由度等于结构全部质点的独立位移的个数。

实际结构的质量都是连续分布的，要确定其质量的位置需要无限多个独立的几何参数，也就是说实际结构都是无限自由度的体系。若所有结构都按无限自由度体系进行动力计算，不仅十分困难，而且没有必要。在计算结果可靠、计算方法简便易行的前提下，通常将无限自由度体系简化为单自由度或多个自由度的体系。将实际结构简化成有限自由度体系的方法很多，本章仅介绍集中质量法。这种方法是将结构的连续分布的质量集中在结构的若干点，即结构动力计算简图为有限质点体系。如图 12.5 所示的简支梁，简化时，可将梁部分质量集中在梁的一点 [图 12.5(a)] 或若干点 [图 12.5(b)]。显然，集中质点越多越接近原结构。

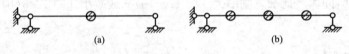

图 12.5

计算结构振动的自由度，是由确定全部质点位置所需独立参数的数目来判定的。对于杆系结构质点惯性力矩对结构动力响应的影响很小，可忽略不计，因而质点的角位移不作为基本未知量。为了进一步减少结构振动的自由度，对于受弯杆件通常还忽略轴向变形的影响，即假定变形后杆上任意两点之间距离保持不变。这样图 12.5(a)所示为一个自由度体系(单自由度体系)，图 12.5(b)所示为三个自由度体系。

图 12.6(a)所示为一铰结排架，当计算水平力作用下的水平振动时，因厂房的屋盖和屋架的质量较大，当柱的质量相对较小时，可将柱的质量集中于柱两端。这时排架的质量都集中于柱的顶部，且在水平振动时，忽略屋架的轴向变形，可认为排架两柱的柱顶水平位移相同，因此，体系简化为一个自由度，计算简图示于排架旁。图 12.6(b)所示两层刚架，计算侧向振动时，则可简化为质量集中于楼层的两个自由度体系，计算简图示于刚架旁。

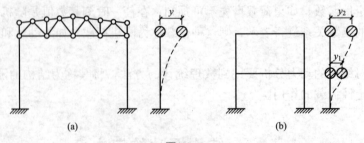

图 12.6

图 12.7(a)所示的静定刚架上只有一个质量，但为两个自由度体系，图 12.7(b)所示的超静定刚架柱顶上有两个质量，但却为一个自由度体系。

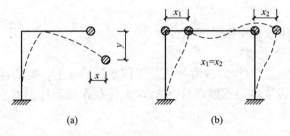

图 12.7

由以上几个例子可知，体系的振动自由度与确定质量位置所需独立几何参数的数目有关，与质量的数目并无直接关系，与体系的静定或超静定也无关。

12.3 单自由度体系的自由振动

结构在没有动力荷载作用时，由初始干扰(如初位移或初速度)的影响所引起的振动称为自由振动。由于单自由度体系具有一般振动体系的一些共同特性，对其的研究是分析其他振动的基础，同时，许多实际结构可简化成单自由度体系进行分析，因此单自由度体系的动力分析是非常重要的。

1. 不考虑阻尼时的自由振动

1) 振动微分方程的建立

在结构动力计算中，一般取结构质点的位移为基本未知量，为求解它们，应建立体系的振动方程。在此介绍以达朗贝尔原理为依据的动静法。这种方法是将惯性力加于质点上作为平衡问题来建立运动方程。利用动静法建立自由振动微分方程有两种方法：柔度法和刚度法。现结合图 12.8 讨论单自由度体系的自由振动微分方程的建立。

图 12.8(a)所示的悬臂立柱在顶部有一重物，质量为 m，设柱本身质量比 m 小得多，可忽略不计，因此，体系为单自由度体系。

在建立自由振动微分方程之前，先把图 12.8(a)中的体系用图 12.8(b)所示的弹簧模型来表示。原来由立柱对质量 m 所提供的弹性力用弹簧来提供。因此，弹簧的刚度系数 k(使弹簧发生单位位移时所需施加的力)应与立柱的刚度系数(使柱顶发生单位水平位移时在柱顶所需施加的水平力)相等。

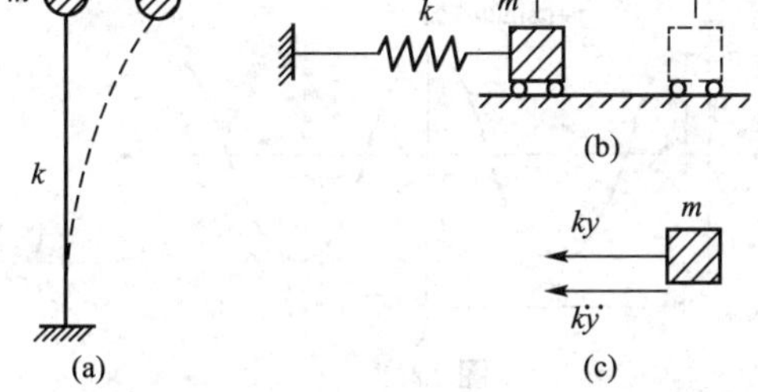

(1) 刚度法(列动平衡方程)。

设质点 m 在振动中任一时刻的位移为 $y(t)$。取质点 m 为隔离体 [图 12.8(c)]，并分析其受力情况：弹性恢复力 ky，其中 k 为刚度系数，与质点位移的方向相反；惯性力 $-m\ddot{y}(t)$，它与质点加速度的方向相反。

由达朗贝尔原理，可列出隔离体的动平衡方程：

图 12.8

$$m\ddot{y} + ky = 0 \qquad (12-1)$$

这就是单自由度体系自由振动的微分方程。

(2) 柔度法(列位移方程)。

将惯性力 $F_1 = -m\ddot{y}(t)$ 作为静力荷载加于体系的质点上,则惯性力 F_1 引起的位移等于质点的位移 $y(t)$。设立柱的柔度系数为 δ(单位荷载作用下柱顶的水平位移),其值与刚度系数互为倒数:

$$\delta = \frac{1}{k} \qquad (a)$$

则质量 m 的位移为:

$$y(t) = F_1\delta = -m\ddot{y}(t)\delta \qquad (12-2)$$

将式(a)代入式(12-2)可知式(12-2)和式(12-1)是相同的。

2) 自由振动微分方程的解答

单自由度体系自由振动微分方程(12-1)还可写为:

$$\ddot{y} + \omega^2 y = 0 \qquad (12-3)$$

其中

$$\omega^2 = \frac{k}{m}, \quad \omega = \sqrt{\frac{k}{m}} \qquad (12-4)$$

式(12-3)是一个二阶常系数微分方程,其通解为:

$$y(t) = C_1\sin\omega t + C_2\cos\omega t \qquad (b)$$

由初始条件 $\quad y(0) = y_0, \quad \dot{y}(0) = v_0$

得

$$C_1 = \frac{v_0}{\omega}, \quad C_2 = y_0$$

代入式(b)得

$$y(t) = y_0\cos\omega t + \frac{v_0}{\omega}\sin\omega t \qquad (12-5)$$

由此可见,振动是由两部分组成的,一部分由初位移 y_0 引起的;另一部分由初速度 v_0 引起。

式(12-5)还可改写为:

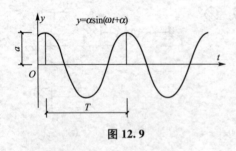

图 12.9

$$y(t) = a\sin(\omega t + \alpha) \qquad (12-6)$$

其图形如图 12.9 所示。

其中 $a = \sqrt{y_0^2 + \left(\dfrac{v_0}{\omega}\right)^2}$, $\alpha = \tan^{-1}\dfrac{y_0\omega}{v_0}$ $\quad (12-7)$

式中,a 为振幅,最大位移;α 为初相位。

3) 结构的自振周期和自振频率

式(12-6)右边周期函数的周期为:

$$T = \frac{2\pi}{\omega} \qquad (12-8)$$

可以验证式(12-6)中的位移 y 确实满足周期运动的下列条件:

$$y(t+T) = y(t)$$

自振周期的倒数称为频率 f,其计算式如下:

$$f = \frac{1}{T} = \frac{\omega}{2\pi} \qquad (12-9)$$

式中，频率 f 表示单位时间内的振动次数，Hz。

由式(12-8)得

$$\omega = \frac{2\pi}{T} = 2\pi f \tag{12-10}$$

式中，ω 称为圆频率。

下面给出自振周期的几种形式：

(1) 将式(12-4)代入式(12-8)，得

$$T = 2\pi\sqrt{\frac{m}{k}} \tag{12-11a}$$

(2) 将 $\delta = \frac{1}{k}$ 代入式(12-11b)，得

$$T = 2\pi\sqrt{m\delta} \tag{12-11b}$$

(3) 将 $m = \frac{W}{g}$ 代入式(12-11b)，得

$$T = 2\pi\sqrt{\frac{W\delta}{g}} \tag{12-11c}$$

(4) 令 $\Delta_{st} = W\delta$，代入式(12-11c)，得

$$T = 2\pi\sqrt{\frac{\Delta_{st}}{g}} \tag{12-11d}$$

$\Delta_{st} = W\delta$ 表示在质点上沿振动方向施加数值为 W 的荷载时质点沿振动方向所产的静位移。

同样利用式(12-10)和式(12-11)可得圆频率 ω 的计算公式：

$$\omega = \sqrt{\frac{k}{m}} = \sqrt{\frac{1}{m\delta}} = \sqrt{\frac{g}{W\delta}} = \sqrt{\frac{g}{\Delta_{st}}} \tag{12-12}$$

结构自振周期和自振频率的性质如下。

(1) 自振周期与自振频率只与结构的刚度和质量有关，与外界的干扰因素无关。因此，自振周期和自振频率是反映结构的固有性质，也称固有周期和固有频率。

(2) 质量越大，周期越大，频率越小；刚度越大，周期越小，频率越大。也就是说，要调整体系的自振频率，可从改变体系的刚度和质量入手。

【例12-1】 图12.10所示三种支承情况的梁，其跨度均为 l，且 EI 都相等，在中点有一集中质量 m。当不考虑梁的自重时，试比较这三者的自振频率。

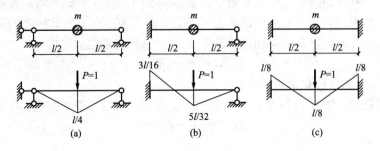

图 12.10

解：质量 m 沿梁竖向振动，为计算柔度系数 δ，在梁跨中质量 m 处，加一竖向单位力 $P=1$，作出单位力作用下的弯矩图，由图乘法可得

$$\delta_1=\frac{l^3}{48EI}, \quad \delta_2=\frac{7l^3}{768EI}, \quad \delta_3=\frac{l^3}{192EI}$$

代入式(12-12)即可求出三种情况的自振频率分别为：

$$\omega_1=\sqrt{\frac{48EI}{ml^3}}, \quad \omega_2=\sqrt{\frac{768EI}{7ml^3}}, \quad \omega_3=\sqrt{\frac{192EI}{ml^3}}$$

据此可得

$$\omega_1:\omega_2:\omega_3=1:1.51:2$$

此例说明随着结构刚度的加大，其自振频率也相应地增大。

【例 12-2】 如图 12.11 所示为一单层刚架，横梁的总质量为 m，柱的质量可以忽略不计。求刚架的水平自振频率。

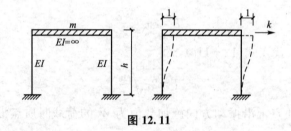

图 12.11

解：(1) 求刚架的水平侧移刚度系数 k。

$$k=2\times\frac{12EI}{h^3}=24\frac{EI}{h^3}$$

(2) 自振频率。

$$\omega=\sqrt{\frac{k}{m}}=\sqrt{\frac{24EI}{mh^3}}$$

2. 阻尼对单自由度体系自由振动的影响

以上所讨论的是在忽略阻尼影响的条件下单自由度体系的自由振动。实际结构在振动过程中总是存在阻尼的。所谓阻尼，就是结构在振动时来自外部和内部使其能量损耗的作用。例如，外部介质的阻力、构件连接处及材料内部微粒之间的摩擦等。由于确切估计阻尼的作用是一个复杂的问题，根据对阻尼力的描述不同，存在不同的阻尼理论。为使计算简单，通常在结构动力分析中采用粘滞阻尼理论，即认为振动中物体所受的阻尼力与其运动速度成正比，方向与速度方向相反。若用 $R(t)$ 表示粘滞阻尼力，则

$$R(t)=-c\dot{y} \tag{12-13}$$

c 称为阻尼常数，由试验可确定。

当考虑阻尼时，质点 m 所受的力如图 12.12 所示。列动力平衡方程，则有

$$m\ddot{y}+c\dot{y}+ky=0 \tag{12-14}$$

设

$$\omega=\sqrt{\frac{k}{m}}$$

并令

$$\xi = \frac{c}{2m\omega} \qquad (12-15)$$

式中，ξ 为阻尼比。

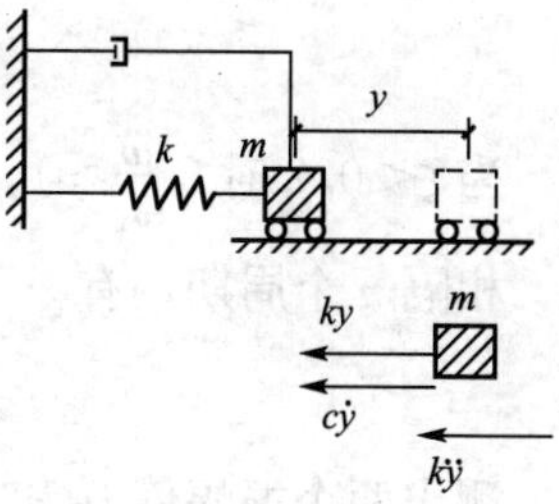

则有阻尼的单自由度体系自由振动微分方程可写为：

$$\ddot{y} + 2\xi\omega\dot{y} + \omega^2 y = 0 \qquad (12-16)$$

式（12-16）为线性常系数齐次微分方程。

特征方程为：

$$\lambda^2 + 2\xi\omega\lambda + \omega^2 = 0$$

图 12.12

特征方程的根为：

$$\lambda = \omega(-\xi \pm \sqrt{\xi^2 - 1})$$

根据阻尼的大小，即 ξ 取值不同，可得出三种不同的运动状态，分述如下。

（1）$\xi < 1$ 的情况（低阻尼情况）。

令

$$\omega_r = \omega\sqrt{1-\xi^2} \quad （低阻尼体系的自振圆频率） \qquad (12-17)$$

则

$$\lambda = -\xi\omega + \omega_r i$$

此时，微分方程式（12-16）的解为：

$$y = e^{-\xi\omega t}(C_1\cos\omega_r t + C_2\sin\omega_r t)$$

由初始条件 $y(0) = y_0$，$\dot{y}(0) = v_0$

得

$$C_1 = y_0, \quad C_2 = \frac{v_0 + \xi\omega y_0}{\omega_r}$$

于是得

$$y = e^{-\xi\omega t}\left(y_0\cos\omega_r t + \frac{v_0 + \xi\omega y_0}{\omega_r}\sin\omega_r t\right) \qquad (12-18)$$

式（12-18）也可写成

$$y = e^{-\xi\omega t}a\sin(\omega_r t + \alpha) \qquad (12-19)$$

其中

$$a = \sqrt{y_0^2 + \left(\frac{v_0 + \xi\omega y_0}{\omega_r}\right)^2}, \quad \alpha = \tan^{-1}\frac{y_0\omega_r}{v_0 + \xi\omega y_0}$$

讨论：

① 低阻尼的振动是一衰减运动，衰减曲线如图 12.13 所示。

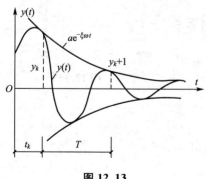

图 12.13

② 低阻尼对自振频率的影响。

因 $\xi < 1$，$\omega_r < \omega$。一般建筑物 ξ 在 $0.01 \sim 0.1$ 之间。当 $\xi < 0.2$ 时，ω_r/ω 在 $0.96 \sim 1.0$ 之间，ω_r 与 ω 很接近。因此，在 $\xi < 0.2$ 时，阻尼对自振频率的影响不大，可以忽略。

③ 阻尼对振幅的影响。

振幅为 $ae^{-\xi\omega t}$，振幅随时间按对数规律衰减。经过一个周期后，相邻两个振幅之比为：

$$\frac{y_{k+1}}{y_k} = \frac{ae^{-\xi\omega(t_k+T)}}{ae^{-\xi\omega t_k}} = e^{-\xi\omega T}$$

ξ 值越大，振幅衰减越快。

④ 阻尼比的确定。

$$\ln\frac{y_k}{y_{k+1}}=\xi\omega T=\xi\omega\frac{2\pi}{\omega_r}$$

当 $\xi<0.2$ 时，$\frac{\omega}{\omega_r}\approx1$，有 $\ln\frac{y_k}{y_{k+1}}=2\pi\xi$，称为振幅的对数衰减率。

相隔 n 个周期，有

$$\xi=\frac{1}{2\pi n}\ln\frac{y_k}{y_{k+n}} \qquad (12-20)$$

测出两个振幅值 y_k 和 y_{k+1} 及相隔周期数 n 后，即可推算出 ξ 值。

（2）$\xi=1$ 的情况（临界阻尼情况）。

$$\lambda=\omega(-\xi\pm\sqrt{\xi^2-1})=-\omega$$

则
$$y=(C_1+C_2t)e^{-\omega t}$$

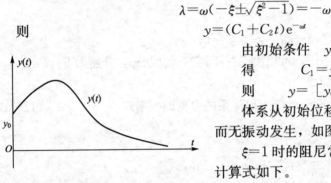

由初始条件 $y(0)=y_0$，$\dot{y}(0)=v_0$

得 $\quad C_1=y_0$，$\quad C_2=v_0+y_0\omega$

则 $\quad y=[y_0(1+\omega t)+v_0 t]e^{-\omega t} \quad (12-21)$

体系从初始位移 y_0 出发，逐渐回到静平衡位置而无振动发生，如图 12.14 所示。

$\xi=1$ 时的阻尼常数 c 称为临界阻尼常数 c_r，其计算式如下。

$$c_r=2m\omega \qquad (12-22)$$

图 12.14

临界阻尼比为：

$$\xi=\frac{c}{c_r} \qquad (12-23)$$

（3）$\xi>1$ 的情况（强阻尼情况）。

体系不出现振动现象，这种情况实际问题中很少遇到，不予讨论。

【例 12-3】 图 12.15 所示排架，横梁 $EA=\infty$，横梁及柱的部分质量集中在横梁处，结构为单自由度体系。为进行振动试验，在横梁处加一水平力 P，柱顶产生侧移 $y_0=0.6$cm，这时突然卸除荷载 P，排架作自由振动。振动一周后，柱侧移为 0.45cm。试求排架的阻尼比 ξ 及振动 10 周后柱顶的振幅 y_{10}。

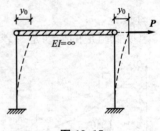

图 12.15

解：（1）求 ξ。

假设阻尼比 $\xi<0.2$，$\omega_r\approx\omega$，因此，可用式（12-20）计算 ξ。

$$\xi=\frac{1}{2\pi}\ln\frac{y_k}{y_{k}+1}=\frac{1}{2\pi}\ln\frac{0.6}{0.54}=0.0186$$

（2）求振动 10 周后的振幅。

$$\xi=\frac{1}{2\pi n}\ln\frac{y_0}{y_{10}}$$

$$\ln\frac{y_0}{y_{10}}=2\pi n\xi=2\pi\times10\times0.0168=1.056$$

$$\frac{y_0}{y_{10}}=e^{1.056}=2.875$$

则 $y_{10}=\dfrac{0.6}{2.875}=0.21$ cm

12.4 单自由度体系在简谐荷载作用下的受迫振动

结构在动荷载即外来干扰力的作用下产生的振动称为受迫振动或强迫振动。研究受迫振动的目的是确定结构的最大动位移和最大动内力。本节讨论动荷载为简谐荷载时的情况。

1. 不考虑阻尼时的受迫振动

1) 振动微分方程的建立及解答

如图 12.16 所示体系受简谐荷载的作用，即

$$P(t) = F\sin\theta t$$

式中，F 为简谐荷载的荷载幅值（或振幅）；θ 为荷载的频率。

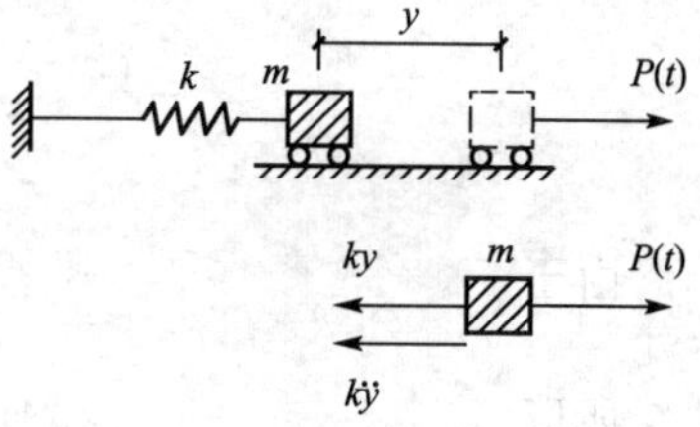

由动力平衡条件，得

$$m\ddot{y} + ky = P(t)$$

令

$$\omega^2 = \frac{k}{m}$$

则

图 12.16

$$\ddot{y} + \omega^2 y = \frac{F}{m}\sin\theta t \tag{12-24}$$

式(12-24)为二阶线性常系数非齐次微分方程，其通解为：

$$y = \bar{y} + y^*$$

式中，$\bar{y}$ 为齐次方程的通解；y^* 为非齐次方程的一个特解。

设齐次方程的通解为：

$$\bar{y} = C_1\sin\omega t + C_2\cos\omega t$$

设特解为

$$y^* = A\sin\theta t \tag{a}$$

式中，A 为待定系数，将式(a)代入式(12-24)，得

$$-A\theta^2\sin\theta t + \omega^2 A\sin\theta t = \frac{F}{m}\sin\theta t$$

由此得

$$A = \frac{F}{m(\omega^2 - \theta^2)}$$

因此，特解

$$y^* = \frac{F}{m(\omega^2 - \theta^2)}\sin\theta t$$

于是方程的通解

$$y(t) = C_1\sin\omega t + C_2\cos\omega t + \frac{F}{m(\omega^2 - \theta^2)}\sin\theta t$$

设初始条件

$$y(0) = 0, \quad \dot{y}(0) = 0$$

则得：$C_1 = -\dfrac{F\theta}{m\omega(\omega^2-\theta^2)}$，$C_2 = 0$

于是得

$$y(t) = -\frac{F\theta}{m\omega(\omega^2-\theta^2)}\sin\omega t + \frac{F}{m(\omega^2-\theta^2)}\sin\theta t \qquad (12-25)$$

振动是由两部分组成，第一部分是按自振频率 ω 的振动，第二部分是按荷载频率 θ 的振动，称为纯强迫振动或稳态强迫振动。由于振动过程中存在阻尼力，按自振频率 ω 的振动将会逐渐消失，最后只剩下按荷载频率 θ 的振动。我们把两部分同时存在的阶段称为"过渡阶段"，而把后来只按荷载频率振动的阶段称为"平稳阶段"。在实际问题中平稳阶段动力分析更为重要。

2）纯强迫振动分析

由式(12-25)可知纯强迫振动的质点位移为：

$$y(t) = \frac{F}{m(\omega^2-\theta^2)}\sin\theta t = \frac{F}{m\omega^2\left(1-\dfrac{\theta^2}{\omega^2}\right)}\sin\theta t \qquad (12-26)$$

由于

$$\omega^2 = \frac{k}{m} = \frac{1}{m\delta}$$

所以

$$\frac{F}{m\omega^2} = F\delta$$

令

$$y_{\text{st}} = F\delta$$

式中，y_{st} 为将动荷载的幅值 F 作为静荷载作用于结构时所引起的位移，称为静位移。

则得

$$y(t) = y_{\text{st}}\frac{1}{\left(1-\dfrac{\theta^2}{\omega^2}\right)}\sin\theta t$$

最大动位移（即振幅）为：

$$[y(t)]_{\max} = y_{\text{st}}\frac{1}{\left(1-\dfrac{\theta^2}{\omega^2}\right)}$$

质点的最大动位移与静位移的比值称为动力系数，用 β 表示，则

$$\beta = \frac{[y(t)]_{\max}}{y_{\text{st}}} = \frac{1}{1-\dfrac{\theta^2}{\omega^2}} \qquad (12-27)$$

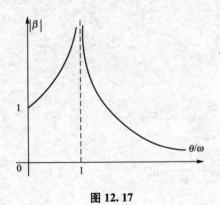

动力系数 β 与频率比值 $\dfrac{\theta}{\omega}$ 有关，如图 12.17 所示。

由式(12-27)可以看出，β 随 $\dfrac{\theta}{\omega}$ 变化的特点如下。

(1) $\dfrac{\theta}{\omega}\ll 1\left(\dfrac{\theta}{\omega}\to 0\right)$ 时，$\beta\to 1$。

这时简谐荷载的数值变化很缓慢，动力作用不明显，接近于静力作用，可当作静荷载处理。

(2) $0<\dfrac{\theta}{\omega}<1$ 时，β 随 $\dfrac{\theta}{\omega}$ 的增大而增大，$\beta>1$。

图 12.17

（3）$\dfrac{\theta}{\omega}\to 1$ 时，动力系数 $\beta\to\infty$，会产生共振。

（4）$\dfrac{\theta}{\omega}>1$ 时，动力系数的绝对值随 $\dfrac{\theta}{\omega}$ 的增大而减小。

当 $\dfrac{\theta}{\omega}\gg 1$ 时，$|\beta|\to 0$。

对于单自由度体系，若荷载作用在质点上，其作用线与质点的位移一致时，结构的动内力与动位移成比例，则动内力和动位移有相同的动力系数。最大动内力按与最大动位移相同方法进行计算。例如，结构的最大动弯矩：

$$M_{\mathrm{d}}=\beta M_{\mathrm{st}}^{\mathrm{F}} \tag{12-28}$$

式中，$M_{\mathrm{st}}^{\mathrm{F}}$ 为荷载幅值作为静荷载时所产生的弯矩。

【例 12-4】 如图 12.18 所示简支梁，惯性矩 $I=8.8\times10^{-5}\,\mathrm{m^4}$，弹性模量 $E=210\mathrm{GPa}$。在梁跨中间处有自重为 $Q=35\mathrm{kN}$ 的电动机，电动机转动时离心力的竖向分量为 $F\sin\theta t$，且 $F=10\mathrm{kN}$。若不计梁的自重和阻尼，求当电动机的速度为 $n=500\mathrm{r/min}$ 时，梁的最大弯矩和最大挠度。

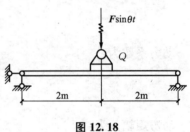

图 12.18

解： 显然，最大弯矩和最大挠度发生在梁的中点，它们是在电机重力 Q 和动荷载 $F\sin\theta$ 共同作用下引起的。

（1）计算电机重力作用下跨中弯矩和挠度。

$$M_Q=\frac{1}{4}Ql=\frac{1}{4}\times35\times4=35\mathrm{kN\cdot m}$$

$$y_Q=Q\delta_{11}=Q\frac{l^3}{48EI}=\frac{35\times10^3\times4^3}{48\times210\times10^9\times8.8\times10^{-5}}=2.53\times10^{-3}\mathrm{m}$$

（2）计算动弯矩和动位移幅值。

将荷载幅值 F 作用在结构上，其跨中弯矩和位移为：

$$M_{\mathrm{st}}^{\mathrm{F}}=\frac{1}{4}Fl=\frac{1}{4}\times10\times4=10\mathrm{kN\cdot m}$$

$$y_{\mathrm{st}}^{\mathrm{F}}=F\delta_{11}=\frac{10\times10^3\times4^3}{48\times210\times10^9\times8.8\times10^{-5}}=0.722\times10^{-3}\mathrm{m}$$

结构的自振频率为：

$$\omega=\sqrt{\frac{1}{m\delta_{11}}}=\sqrt{\frac{g}{mg\delta_{11}}}=\sqrt{\frac{g}{y_Q}}$$

$$=\sqrt{\frac{9.8}{2.53\times10^{-3}}}=62.3\mathrm{s^{-1}}$$

动荷载的频率为：

$$\theta=\frac{2\pi n}{60}=\frac{2\times3.14\times500}{60}=52.3\mathrm{s^{-1}}$$

由式（12-27）求得动力系数为：

$$\beta=\frac{1}{1-\dfrac{\theta^2}{\omega^2}}=\frac{1}{1-\dfrac{52.3^2}{62.3^2}}=3.4$$

梁跨中截面动弯矩幅值和动位移幅值为：

$$M_d = \beta M_{st}^F = 10 \times 3.4 = 34 \text{kN} \cdot \text{m}$$

$$A = \beta y_{st}^F = 3.4 \times 0.772 \times 10^{-3} = 2.45 \times 10^{-3} \text{m}$$

(3) 计算跨中截面的最大弯矩和最大位移。

$$M_{max} = M_Q + M_d = 35 + 34 = 69 \text{kN} \cdot \text{m}$$

$$y_{max} = y_Q + A = 2.53 \times 10^{-3} + 2.45 \times 10^{-3} = 4.98 \times 10^{-3} \text{m}$$

【例 12 - 5】 如图 12.19(a)所示刚架受简谐荷载作用。已知 $\theta = \sqrt{\dfrac{18EI}{ml^3}}$，横梁为刚性杆，柱抗弯刚度均为 EI，不计阻尼，求横梁水平位移幅值和动弯矩图。

解： 由图 12.19(b)可知 $k_{11} = 3 \times \dfrac{12EI}{l^3} = \dfrac{36EI}{l^3}$

则自振频率为：

$$\omega = \sqrt{\frac{k_{11}}{m}} = \sqrt{\frac{36EI}{ml^3}}$$

动力系数为：

$$\beta = \frac{1}{1 - \dfrac{\theta^2}{\omega^2}} = 2$$

动弯矩幅值为：

$$M_d = \beta M_{st}^F = \beta F \bar{M}$$

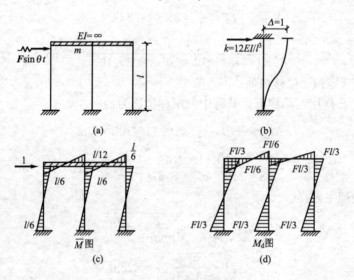

图 12.19

这里，$\bar{M}$ 图为结构在单位水平力作用下的弯矩图，如图 12.19(c)所示。由上式就可求得动弯矩幅值图 [图 12.19(d)]。

荷载幅值 F 引起的位移为：

$$y_{st}^F = \frac{F}{k_{11}} = \frac{Fl^3}{36EI}$$

则横梁水平位移幅值为：

$$y_{\max}=\beta y_{\mathrm{st}}^{\mathrm{F}}=\frac{Fl^3}{18EI}$$

2. 阻尼对单自由度体系受迫振动的影响

在简谐荷载作用下有阻尼的单自由度体系的受迫振动的模型如图12.20所示。

在任一时刻，质量 m 的运动微分方程为：

$$m\ddot{y}+c\dot{y}+ky=P(t) \tag{12-29}$$

将 $P(t)=F\sin\theta t$ 代入式(12-29)得

$$\ddot{y}+2\xi\omega\dot{y}+\omega^2 y=\frac{F}{m}\sin\theta t \tag{12-30}$$

这里，$\xi=\dfrac{c}{2m\omega}$，$\omega=\sqrt{\dfrac{k}{m}}$

式(12-29)为二阶非齐次常微分方程，其解由齐次方程的通解和特解两部分组成。阻尼使齐次方程的通解部分趋于零，在振动的平稳阶段只剩下特解部分。

设特解为：

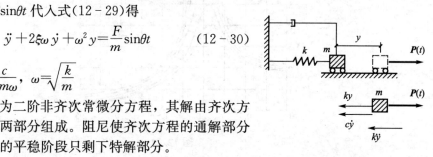

图 12.20

$$y(t)=a\sin(\theta t-\alpha) \tag{12-31}$$

将式(12-31)代入式(12-30)，经过计算可求得

$$a=\frac{F}{m\omega^2}\sqrt{\frac{1}{\left(1-\frac{\theta^2}{\omega^2}\right)^2+4\xi^2\frac{\theta^2}{\omega^2}}}=y_{\mathrm{st}}\sqrt{\frac{1}{\left(1-\frac{\theta^2}{\omega^2}\right)^2+4\xi^2\frac{\theta^2}{\omega^2}}} \tag{12-32}$$

$$\alpha=-\tan^{-1}\frac{B}{A}=-\tan^{-1}\frac{-2\xi\omega\theta}{\omega^2-\theta^2}=\tan^{-1}\frac{2\xi\left(\frac{\theta}{\omega}\right)}{1-\left(\frac{\theta}{\omega}\right)^2} \tag{12-33}$$

由式(12-32)可得动力系数如下。

$$\beta=\frac{a}{y_{\mathrm{st}}}=\sqrt{\frac{1}{\left(1-\frac{\theta^2}{\omega^2}\right)^2+4\xi^2\frac{\theta^2}{\omega^2}}} \tag{12-34}$$

(1) 由式(12-34)可知，动力系数 β 不仅与频率比 $\dfrac{\theta}{\omega}$ 有关，而且还与阻尼比 ξ 有关。

现将讨论阻尼对动力系数 β 的影响。对于不同的阻尼比 ξ，根据式(12-34)，可绘出 β 与 $\dfrac{\theta}{\omega}$ 的关系曲线，如图12.21所示。

① 在 $\dfrac{\theta}{\omega}$ 很小$\left(即\dfrac{\theta}{\omega}\ll1\right)$和 $\dfrac{\theta}{\omega}$ 很大$\left(即\dfrac{\theta}{\omega}\gg1\right)$时，$\xi$ 对 β 的影响不大，可以不考虑 ξ 的影响。

$\dfrac{\theta}{\omega}\ll1$ 时，可认为 $\beta\to1$，$P(t)$ 可作为静力荷载处理。

$\dfrac{\theta}{\omega}\gg1$ 时，可认为 $\beta\to0$，可认为质点接近于没有振动位移。

② 在 $\dfrac{\theta}{\omega}\to1$，即在 $\dfrac{\theta}{\omega}=1$ 附近，这时 ξ 对 β 的数值有很大的影响，由于阻尼的存在，

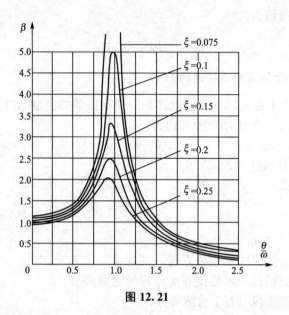

图 12.21

使 β 峰值下降。

在 $\dfrac{\theta}{\omega}=1$ 时，即共振的情形，动力系数可由下式计算：

$$\beta_{\frac{\theta}{\omega}=1}=\dfrac{1}{2\xi} \tag{12-35}$$

如果忽略阻尼的影响，即在上式中令 $\xi\rightarrow0$，则得出无阻尼体系共振时动力系数趋于无穷大的结论。如果考虑阻尼的影响，则式(12-35)中的 ξ 不为零，因此得出共振时动力系数是一个有限值的结论。

一般在 $0.75<\dfrac{\theta}{\omega}<1.3$（习惯上称此区域为共振区）的范围内，阻尼力大大减少受迫振动的位移，应考虑阻尼的影响。而在此范围以外，认为阻尼对 β 的影响很小，可按无阻尼的情形来计算。

（2）阻尼比 ξ 对任一时刻的位移与动载 P 的相位差 α 的影响与频率比值 $\dfrac{\theta}{\omega}$ 有关。

阻尼体系的位移比荷载 P 滞后一个相位角 α。

当 $0<\dfrac{\theta}{\omega}\leqslant1$ 时，$0<\alpha<\pi/2$；当 $\dfrac{\theta}{\omega}>1$ 时，$\pi/2<\alpha<\pi$。

① $\dfrac{\theta}{\omega}\rightarrow0$（即 $\dfrac{\theta}{\omega}\ll1$）时，$y$ 与 P 同步。

此时体系振动很慢，惯性力、阻尼力都很小，动载和弹性力平衡，弹性力和 y 方向相反，所以动载和 y 同步。

② 当 $\dfrac{\theta}{\omega}\rightarrow1$（即 $\theta\approx\omega$）时，$\alpha\rightarrow90°$，y 与 P 相差接近 $90°$。

③ 当 $\dfrac{\theta}{\omega}\rightarrow\infty$（即 $\dfrac{\theta}{\omega}\gg1$）时，$\alpha\rightarrow180°$，$y$ 与 P 方向相反。

此时体系振动很快，惯性很大、弹性力和相对比较小，动载主要与惯性力平衡。而惯性力与位移是同相位的，因此荷载与位移的相位角相等。

【例 12-6】 如图 12.22(a)所示梁承受简谐荷载 $F\sin\theta t$ 作用。已知：$F=30\text{kN}$，$\theta=80\text{s}^{-1}$，$m=300\text{kg}$，$EI=90\times10^5\text{N}\cdot\text{m}^3$，支座 B 的弹簧刚度 $K=\dfrac{48EI}{l^3}$。试求当阻尼比 $\xi=0.05$ 时，梁中点的位移幅值及最大动弯矩。

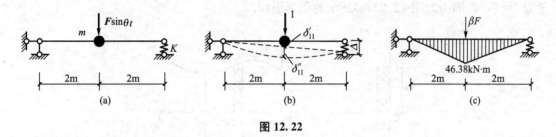

图 12.22

解： 此梁运动为单自由度体系在简谐荷载作用下的强迫振动。

梁的柔度系数 $\delta_{11}=\delta'_{11}+\delta''_{11}$，如图 12.22(b)所示。

其中

$$\delta'_{11}=\frac{1}{2}\Delta=\frac{1}{2}\cdot\frac{1}{2K}=\frac{1}{192EI}$$

$$\delta''_{11}=\frac{l^3}{48EI}$$

$$\delta_{11}=\delta'_{11}+\delta''_{11}=\frac{5l^3}{192EI}$$

故自振频率为

$$\omega=\sqrt{\frac{1}{m\delta_{11}}}=\sqrt{\frac{192\times90\times10^5}{300\times5\times4}}=134.16\text{s}^{-1}$$

动力系数为：

$$\beta=\sqrt{\frac{1}{(1-\frac{\theta^2}{\omega^2})^2+4\xi^2\frac{\theta^2}{\omega^2}}}=\sqrt{\frac{1}{\left(1-\frac{\theta^2}{\omega^2}\right)^2+4\xi^2\frac{\theta^2}{\omega^2}}}=1.546$$

跨中位移幅值为：

$$A=\beta y_{\text{st}}^{\text{F}}=\beta F\delta_{11}=1.546\times30\times10^3\times\frac{5\times4^2}{192\times90\times10^5}=8.594\times10^{-3}\text{m}$$

由于动荷载作用在质点上，故位移动力系数与内力动力系数相同。

跨中最大弯矩为：

$$M_{\text{dmax}}=\beta\times\frac{Fl}{4}=1.546\times\frac{1}{4}\times30\times4=46.38\text{kN}\cdot\text{m}$$

动弯矩图如图 12.22(c)所示。

12.5 单自由度体系在任意荷载作用下的强迫振动

单自由度体系在任意荷载 $F(t)$ 作用下质点的运动方程为：

$$\ddot{y}+2\xi\omega\dot{y}+\omega^2y=\frac{F(t)}{m}$$

此方程为二阶线性非齐次微分方程。对于给定荷载 $F(t)$，通过解微分方程能够求出在

$F(t)$ 作用下的位移。为使计算更为简便和直观，这里将从冲量角度来讨论在任意荷载作用下的位移计算问题。

先来讨论瞬时冲量所引起的质点位移。瞬时冲量是指荷载 $F(t)$ 在极短的时间 Δt 内给予振动体系的冲量。若 $t=0$ 时，作用于质点的荷载大小为 F，作用时间为 Δt，则瞬时冲量为 $I=F\mathrm{d}t$，即为如图 12.23(a)所示的阴影面积。

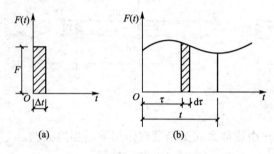

图 12.23

设静止的单自由度体系在 $t=0$ 时刻受冲量 I 的作用，则其作用的质点 m 获得的动量为 $m\dot{y}$。由于瞬时冲量 I 全部传给质点，故有 $I=m\dot{y}$，即

$$\dot{y}=\frac{I}{m}$$

当质点获得初速度 $\dot{y}$ 后还未产生位移时，冲量即消失，因此质点在瞬时冲量作用后产生自由振动。由式(12-19)可知质点 m 的位移方程为：

$$y=\frac{I}{m\omega_{\mathrm{r}}}\mathrm{e}^{-\xi\omega t}\sin\omega_{\mathrm{r}}t \tag{12-36}$$

若瞬时冲量在 $t=\tau$ 时作用在质点上，则质点位移在 $t<\tau$ 时为零，在 $t>\tau$ 时有

$$y=\frac{I}{m\omega_{\mathrm{r}}}\mathrm{e}^{-\xi\omega(t-\tau)}\sin\omega_{\mathrm{r}}(t-\tau) \tag{12-37}$$

对于图 12.23(b)所示一般荷载 $F(t)$ 可看成一系列瞬时冲量 $F(\tau)\mathrm{d}\tau$ 连续作用，即把每个瞬时冲量所引起的位移叠加，故可得到 $F(t)$ 作用下质点的位移为：

$$y=\frac{1}{m\omega_{\mathrm{r}}}\int_{0}^{t}F(\tau)\mathrm{e}^{-\xi\omega(t-\tau)}\sin\omega_{\mathrm{r}}(t-\tau)\mathrm{d}\tau \tag{12-38}$$

这就是单自由度体系当原来的初位移和初速度均为零时，在任意动力荷载作用下的质点位移公式。

若不计阻尼，则有 $\xi=0$，$\omega_{\mathrm{r}}=\omega$，于是

$$y(t)=\frac{1}{m\omega}\int_{0}^{t}F(\tau)\sin\omega(t-\tau)\mathrm{d}\tau \tag{12-39}$$

式(12-38)及式(12-39)称为杜哈梅(Duhamel)积分。

若在 $t=0$ 时，体系还具有初始位移 y_0 和初始速度 v_0，则质点的位移为：

$$y(t)=\mathrm{e}^{-\xi\omega t}\left(y_0\cos\omega_{\mathrm{r}}t+\frac{v_0+\xi\omega y_0}{\omega_{\mathrm{r}}}\sin\omega_{\mathrm{r}}t\right)+\frac{1}{m\omega_{\mathrm{r}}}\int_{0}^{t}F(\tau)\mathrm{e}^{-\xi\omega(t-\tau)}\sin\omega_{\mathrm{r}}(t-\tau)\mathrm{d}\tau \tag{12-40}$$

若不计阻尼，则有

$$y(t)=y_0\cos\omega t+\frac{v_0}{\omega}\sin\omega t+\frac{1}{m\omega}\int_{0}^{t}F(\tau)\sin\omega(t-\tau)\mathrm{d}\tau \tag{12-41}$$

有了式(12-38)～式(12-41)，只需把已知的干扰力 $F(\tau)$ 代入进行积分运算，便可求解此种干扰力作用下的受迫振动。下面研究两种特殊荷载作用下的解答。

(1) 突加荷载。

突加荷载是指突然施加于结构上，并保持数值不变且长期作用的荷载。设体系加载前处于静止状态，其随时间变化的规律为：

$$F(t)=\begin{cases}0 & \text{当 } t<0 \\ F_0 & \text{当 } t\geqslant 0\end{cases} \tag{12-42}$$

其函数曲线如图 12.24(a)所示。

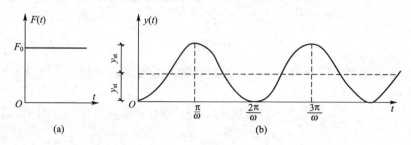

图 12.24

将式(12-41)中的荷载表达式代入式(12-38)，得到动位移：

$$y(t)=\frac{1}{m\omega}\int_0^t F_0\sin\omega(t-\tau)\mathrm{d}\tau=\frac{F_0}{m\omega^2}(1-\cos\omega t)=y_{\text{st}}(1-\cos\omega t) \tag{12-43}$$

质点位移与时间关系曲线如图 12.24(b)所示。由此可知：突加荷载引起质点的最大动位移 $y_{\text{d}}=2y_{\text{st}}^{\text{F}}$，动力系数为 2。

(2) 线性渐增荷载。

在一定时间内($0\leqslant t\leqslant t_{\text{r}}$)，荷载由 0 增至 F_0，然后荷载值保持不变，如图 12.25 所示。

荷载表达式为：

$$F(t)=\begin{cases}\dfrac{F_0}{t_{\text{r}}}t & \text{当 } 0\leqslant t<t_{\text{r}} \\ F_0 & \text{当 } t\geqslant t_{\text{r}}\end{cases}$$

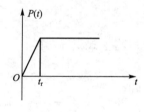

图 12.25

杜哈梅积分：

$$\left.\begin{aligned}
y(t)&=\frac{F_0}{m\omega t_{\text{r}}}\int_0^t \tau\sin\omega(t-\tau)\mathrm{d}\tau=y_{\text{st}}\frac{1}{t_{\text{r}}}\left(t-\frac{\sin\omega t}{\omega}\right) && \text{当 } t\leqslant t_{\text{r}} \\
y(t)&=\frac{F_0}{m\omega t_{\text{r}}}\int_0^t \tau\sin\omega(t-\tau)\mathrm{d}\tau+\frac{F_0}{m\omega}\int_0^t\sin\omega(t-\tau)\mathrm{d}\tau \\
&=y_{\text{st}}\left\{1-\frac{1}{\omega t_{\text{r}}}\left[\sin\omega t-\sin\omega(t-t_{\text{r}})\right]\right\} && \text{当 } t\geqslant t_{\text{r}}
\end{aligned}\right\} \tag{12-44}$$

对于这种线性渐增荷载，动力反应与升载时间 t_{r} 的长短有关。图 12.26 所示曲线表示动力系数 β 随升载时间比值 $\dfrac{t_{\text{r}}}{T}$ 而变化的情况，这种关系曲线称为动力系数的反应谱曲线。

由图 12.26 看出，动力系数 β 介于 1 与 2 之间。如果升载时间很短，例如 $t_{\text{r}}<\dfrac{T}{4}$，则动力系数 β 接近 2，即相当于突加荷载的情况。如果升载时间很长，例如 $t_{\text{r}}>4T$，则动力

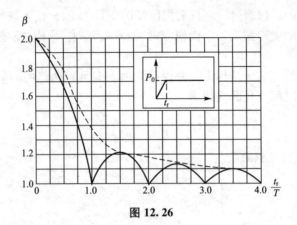

图 12.26

系数 β 接近 1，即相当于静荷载的情况。这里说的升载时间的长短，不仅是 t_r 的长短，而且是与周期 T 密切相关的。

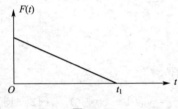

图 12.27

【例 12-7】 爆炸荷载可近似用如图 12.27 所示规律表示，即

$$F(t)=\begin{cases} F\left(1-\dfrac{t}{t_1}\right) & (t\leqslant t_1) \\ 0 & (t\geqslant t_1) \end{cases}$$

若不考虑阻尼，试求单自由度结构在此荷载作用下的动位移分式。设体系原来处于静止状态。

解：（1）$t\leqslant t_1$ 时，结构的运动为初始条件均为零的强迫振动。

将 $F(t)$ 代入式（12-41），得

$$y(t)=\frac{F}{m\omega}\int_0^t\left(1-\frac{\tau}{t_1}\right)\sin\omega(t-\tau)\mathrm{d}\tau$$

将上式积分，得

$$y(t)=\frac{F}{m\omega^2}\left(1-\cos\omega t+\frac{1}{\omega t_1}\sin\omega t-\frac{t}{t_1}\right)$$

设 $y_{st}^{F}=\dfrac{F}{k_{11}}=\dfrac{F}{m\omega^2}$，则

$$y(t)=y_{st}^{F}\left(1-\cos\omega t+\frac{1}{\omega t_1}\sin\omega t-\frac{t}{t_1}\right) \tag{a}$$

（2）在 $t\geqslant t_1$ 时，结构的运动为初始条件为 $y_0=y(t_1)$，$\dot{y}_0=\dot{y}(t_1)$ 的自由振动。由式 (a) 求得：

$$y_0=y(t_1)=y_{st}^{F}\left(\frac{1}{\omega t_1}-\cos\omega t_1\right)$$

$$\dot{y}_0=\dot{y}(t_1)=y_{st}^{F}\omega\left(\sin\omega t_1-\frac{1}{\omega t_1}+\frac{1}{\omega t_1}\cos\omega t_1\right)$$

将 y_0、$\dot{y}_0$ 代入无阻尼自由振动位移式（12-7），并将时间变量改为 $t-t_1$，即得 $t>t_1$ 时结构的位移，即

$$y=\frac{\dot{y}(t_1)}{\omega}\sin\omega(t-t_1)+y(t_1)\cos\omega(t-t_1) \quad (t\geqslant t_1)$$

$$y=y_{st}^{F}\left[-\cos\omega t+\frac{\sin\omega t-\sin\omega(t-t_1)}{\omega t_1}\right]$$

12.6 两个自由度体系的自由振动

在结构的动力分析中，为了保证分析结果的精度，有些结构需要简化为多自由度体系进行计算。多自由度体系自由振动分析的主要目的在于确定体系的自振频率和振型，为其强迫振动分析做准备。在单自由度体系的分析中，阻尼对体系自振频率等影响很小，对于多自由度体系也有类似情况，因此在其自由振动分析中不考虑阻尼的影响。两个自由度体系是多自由度体系的最简单情况，能清楚地反映多自由度体系的特征。

1. 两个自由度体系自由振动微分方程的建立

与单自由度体系一样，两个自由度体系建立振动方程也有两种方法：一种是柔度法，一种是刚度法。

1) 柔度法

设两个自由度体系如图12.28(a)所示，集中质量分别为 m_1 和 m_2，不计梁的自重。在自由振动的任一时刻质量 m_1 和 m_2 的位移分别为 $y_1(t)$ 和 $y_2(t)$。

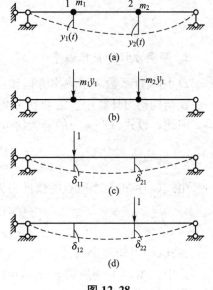

图 12.28

将惯性力 $-m_1\ddot{y}_1$ 和 $-m_2\ddot{y}_2$ 作为静荷载分别作用于质点1、2处［图12.28(b)］。由于为自由振动，梁无动荷载作用。在各惯性力作用下，各质点的位移为：

$$\left.\begin{array}{l}y_1(t)=-m_1\ddot{y}_1(t)\delta_{11}-m_2\ddot{y}_2(t)\delta_{12}\\y_2(t)=-m_1\ddot{y}_1(t)\delta_{21}-m_2\ddot{y}_2(t)\delta_{22}\end{array}\right\}$$

$$(12-45)$$

式中，δ_{ij} 称为柔度系数，它表示沿 y_j 方向施加单位力时，在 y_i 方向所产生的位移［图12.28(c)、(d)］。

2) 刚度法

列动力平衡方程时，可采取类似位移法的步骤来处理。首先在质点1、2处沿位移方向加入附加链杆［图12.29(a)］，则在各惯性力 $-m_i\ddot{y}_i(i=1,2)$ 作用下，各链杆的反力等于 $m_i\ddot{y}_i(i=1,2)$。然后令各链杆发生与各质点实际情况相同的位移［图12.29(b)］。此时，体系恢复原自然状态，则附加链杆的反力 $R_1(t)$、$R_2(t)$ 也等于零。由此可列出各质点的动力平衡方程，有

$$\left.\begin{array}{l}R_1(t)=K_{11}y_1+K_{12}y_2+R_{1I}=0\\R_2(t)=K_{21}y_1+K_{22}y_2+R_{2I}=0\end{array}\right\}$$

式中，各 K_{ij} 称为刚度系数，它表示由于链杆 j 发生单位位移(其余各链杆的位移为零)时

在链杆 i 处引起的反力。R_{1I}、R_{2I} 为在质点惯性力作用下各链杆反力〔图 12.29(e)〕。将 $R_{1I}(t)=m_1\ddot{y}_1(t)$，$R_{2I}(t)=m_2\ddot{y}_2(t)$ 代入上述方程，则运动方程为：

$$m_1\ddot{y}_1(t)+k_{11}y_1(t)+k_{12}y_2(t)=0$$
$$m_2\ddot{y}_2(t)+k_{21}y_1(t)+k_{22}y_2(t)=0 \tag{12-46}$$

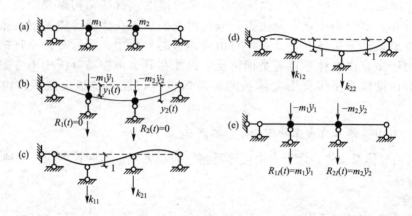

图 12.29

2. 频率方程和自振频率

1) 用柔度系数表示频率方程和自振频率

在结构动力计算中，需要研究各质点按相同频率和相位角作简谐振动的自由振动解答。因此，设式(12-45)的解为简谐振动的解，即

$$y_1(t)=A_1\sin(\omega t+\alpha)$$
$$y_2(t)=A_2\sin(\omega t+\alpha) \tag{a}$$

由式(a)可得两个质点的惯性力为：

$$-m_1\ddot{y}_1(t)=m_1A_1\omega^2\sin(\omega t+\alpha)$$
$$-m_2\ddot{y}_2(t)=m_2A_2\omega^2\sin(\omega t+\alpha) \tag{b}$$

由式(b)可知两个质量的惯性力幅值分别为 $m_1A_1\omega^2$、$m_2A_2\omega^2$。

式中，A_1、A_2 为质量 m_1、m_2 的位移幅值；ω 为体系的自振圆频率；α 为相位角。

将式(a)代入运动方程(12-45)，并消去公因子 $\sin(\omega t+\alpha)$，得到位移振幅的方程组：

$$A_1=(\omega^2 m_1A_1)\delta_{11}+(\omega^2 m_2A_2)\delta_{12}$$
$$A_2=(\omega^2 m_1A_1)\delta_{21}+(\omega^2 m_2A_2)\delta_{22} \tag{12-47a}$$

上式说明位移幅值是惯性力幅值作用下所产生的静力位移。

式(12-47a)还可写成：

$$\left(\delta_{11}m_1-\frac{1}{\omega^2}\right)A_1+\delta_{12}m_2A_2=0$$
$$\delta_{21}m_1A_1+\left(\delta_{22}m_2-\frac{1}{\omega^2}\right)A_2=0 \tag{12-47b}$$

显然 $A_1=A_2=0$ 是方程组的解答，但它代表的是没有发生振动的静止状态。为了求得不全为零的解，令系数行列式等于零。

$$D=\begin{vmatrix} \delta_{11}m_1-\dfrac{1}{\omega^2} & \delta_{12}m_2 \\ \delta_{21}m_1 & \delta_{22}m_2-\dfrac{1}{\omega^2} \end{vmatrix}=0 \qquad (12-48a)$$

式(12-48a)称为频率方程，由它可求出 ω 如下。

令 $\lambda=\dfrac{1}{\omega^2}$，则有

$$\lambda^2-(\delta_{11}m_1+\delta_{22}m_2)\lambda+(\delta_{11}\delta_{22}m_1m_2-\delta_{12}\delta_{21}m_1m_2)=0 \qquad (12-48b)$$

由此可解出 λ 的两个根：

$$\lambda_{1,2}=\frac{1}{2}\left[(\delta_{11}m_1+\delta_{22}m_2)\pm\sqrt{(\delta_{11}m_1+\delta_{22}m_2)^2-4(\delta_{11}\delta_{22}-\delta_{12}\delta_{21})m_1m_2}\right] \qquad (12-49)$$

这两个根都是正的实根，于是，可求得圆频率的两个值为：

$$\omega_1=\frac{1}{\sqrt{\lambda_1}} \qquad \omega_2=\frac{1}{\sqrt{\lambda_2}}$$

较小的圆频率用 ω_1 表示，称为第一圆频率，另一个圆频率 ω_2 称为第二圆频率。

2) 用刚度系数表示频率方程和自振频率

仍设解的形式为：

$$\left.\begin{array}{l} y_1(t)=A_1\sin(\omega t+\alpha) \\ y_2(t)=A_2\sin(\omega t+\alpha) \end{array}\right\} \qquad (a)$$

将式(a)代入运动方程(12-46)，并消去公因子 $\sin(\omega t+\alpha)$，得到位移振幅的方程组：

$$\left.\begin{array}{l} (k_{11}-\omega^2m_1)A_1+k_{12}A_2=0 \\ k_{21}A_1+(k_{22}-\omega^2m_2)A_2=0 \end{array}\right\} \qquad (b)$$

为了求得不全为零的解，令系数行列式等于零。

$$D=\begin{vmatrix} (k_{11}-\omega^2m_1) & k_{12} \\ k_{21} & (k_{22}-\omega^2m_2) \end{vmatrix}=0 \qquad (12-50a)$$

式(12-50a)称为频率方程，由它可求出 ω 如下。

$$\omega^2=\frac{1}{2}\left[\left(\frac{k_{11}}{m_1}+\frac{k_{22}}{m_2}\right)\pm\sqrt{\left(\frac{k_{11}}{m_1}+\frac{k_{22}}{m_2}\right)^2-\frac{4(k_{11}k_{22}-k_{12}k_{21})}{m_1m_2}}\right] \qquad (12-50b)$$

较小的圆频率用 ω_1 表示，称为第一圆频率，另一个圆频率 ω_2 称为第二圆频率。

3) 主振型及主振型的正交性

(1) 主振型。

由式(12-47b)可得到质点1和质点2位移振幅的比值：

$$\frac{A_1}{A_2}=-\frac{\delta_{12}m_2}{\delta_{11}m_1-\dfrac{1}{\omega^2}} \qquad (12-51)$$

式(12-51)表明比值 $\dfrac{A_1}{A_2}$ 与频率 ω 有关，当频率 ω 确定后，比值 $\dfrac{A_1}{A_2}$ 是一个常数，称为主振型或振型。

与 ω_1 相应的振型，称为第一振型：

$$\frac{A_1^{(1)}}{A_2^{(1)}}=-\frac{\delta_{12}m_2}{\delta_{11}m_1-\dfrac{1}{\omega_1^2}} \qquad (12-52a)$$

与 ω_2 相应的振型，称为第二振型：

$$\frac{A_1^{(2)}}{A_2^{(2)}} = -\frac{\delta_{12}m_2}{\delta_{11}m_1 - \dfrac{1}{\omega_2^2}} \tag{12-52b}$$

同理，可得到在刚度法中用刚度系数表示的两个主振型为：

$$\frac{A_1^{(1)}}{A_2^{(1)}} = -\frac{k_{12}}{k_{11}-\omega_1^2 m_1} \tag{12-53a}$$

$$\frac{A_1^{(2)}}{A_2^{(2)}} = -\frac{k_{12}}{k_{11}-\omega_2^2 m_1} \tag{12-53b}$$

（2）主振型的正交性。

如图 12.30 所示，由功的互等定理：

$$(m_1\omega_1^2 A_1^{(1)})A_1^{(2)} + (m_2\omega_1^2 A_2^{(1)})A_2^{(2)} = (m_1\omega_2^2 A_1^{(2)})A_1^{(1)} + (m_2\omega_2^2 A_2^{(2)})A_2^{(1)}$$

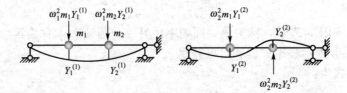

图 12.30

整理得：

$$(\omega_1^2 - \omega_2^2)(m_1 A_1^{(1)} A_1^{(2)} + m_2 A_2^{(1)} A_2^{(2)}) = 0$$

因 $\omega_1 \neq \omega_2$，则有：

$$m_1 A_1^{(1)} A_1^{(2)} + m_2 A_2^{(1)} A_2^{(2)} = 0 \tag{12-54}$$

两个主振型相互正交，因与质量有关，又称为第一正交关系。

【**例 12-8**】 试求如图 12.31 (a) 所示结构的自振频率、主振型，并验证主振型的正交性。已知：$m_1 = m_2 = m$，EI=常数。

解：（1）求自振频率。

由图 12.31(b)、(c) 所示，用图乘法求出柔度系数为：

$$\delta_{11} = \delta_{22} = \frac{4l^3}{243EI}, \qquad \delta_{12} = \delta_{21} = \frac{7l^3}{486EI}$$

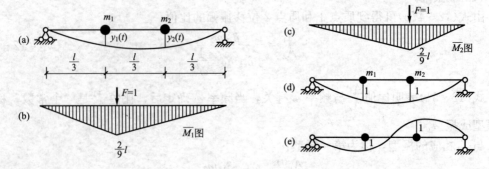

图 12.31

将柔度系数和质量代入式(12-49)，得

$$\lambda_1 = \frac{15ml^3}{486EI}, \quad \lambda_2 = \frac{ml^3}{486}$$

则自振频率为：

$$\omega_1 = \sqrt{\frac{1}{\lambda_1}} = 5.692\sqrt{\frac{EI}{ml^3}}, \quad \omega_2 = \sqrt{\frac{1}{\lambda_2}} = 22.045\sqrt{\frac{EI}{ml^3}}$$

（2）求主振型。

当 $\omega = \omega_1$ 时，主振型为：

$$\frac{A_1^{(1)}}{A_2^{(1)}} = -\frac{\delta_{12}m_2}{\delta_{11}m_1 - \frac{1}{\omega_1^2}} = \frac{1}{1}$$

当 $\omega = \omega_2$ 时，主振型为：

$$\frac{A_1^{(2)}}{A_2^{(2)}} = -\frac{\delta_{12}m_2}{\delta_{11}m_1 - \frac{1}{\omega_2^2}} = -\frac{1}{1}$$

两个主振型的形状如图 12.31(d)、(e)所示。

（3）验证主振型的正交性。

$$m_1 A_1^{(1)} A_1^{(2)} + m_2 A_2^{(1)} A_2^{(2)} = m \times 1 \times 1 + m \times 1 \times (-1) = 0$$

【例 12-9】 试求如图 12.32(a)所示刚架的自振频率和振型，并验证正交性。已知：横梁刚度 EI=∞；质量 $m_1 = m_2 = m$；层间侧移刚度为 $K_1 = K_2 = K$。

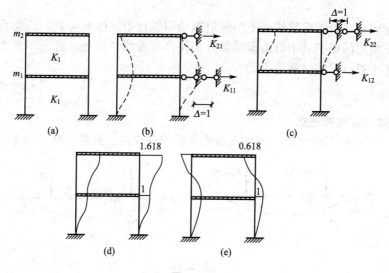

图 12.32

解：（1）求刚架自振频率。

由图 12.32(b)、(c)可求刚架的刚度系数为：

$$K_{11} = K_1 + K_2 = 2K, \quad K_{12} = K_{21} = -K, \quad K_{22} = K$$

将刚度系数和质量代入式(12-50b)，则有

$$(2K - \omega^2 m)(K - \omega^2 m) - K^2 = 0$$

解频率方程，则得

$$\omega_1^2 = \frac{1}{2}(3-\sqrt{5})\frac{K}{m} = 0.38197\frac{K}{m}$$

$$\omega_2^2 = \frac{1}{2}(3+\sqrt{5})\frac{K}{m} = 2.61803\frac{K}{m}$$

两个自振频率为：

$$\omega_1 = 0.618\sqrt{\frac{K}{m}} \quad \omega_2 = 1.618\sqrt{\frac{K}{8}}$$

（2）求振型。

当 $\omega = \omega_1$ 时，主振型为：

$$\frac{A_1^{(1)}}{A_2^{(1)}} = -\frac{k_{12}}{k_{11}-\omega_1^2 m_1} = -\frac{-K}{2K-0.382K} = \frac{1}{1.618}$$

当 $\omega = \omega_2$ 时，主振型为：

$$\frac{A_1^{(2)}}{A_2^{(2)}} = -\frac{k_{12}}{k_{11}-\omega_2^2 m_1} = -\frac{-K}{2K-2.618K} = -\frac{1}{0.618}$$

两个主振型的形状如图 12.32(d)、(e)所示。

（3）验证主振型的正交性。

$$m_1 A_1^{(1)} A_1^{(2)} + m_2 A_2^{(1)} A_2^{(2)} = m\times 1\times 1 + m\times 1.618\times(-0.618) = 0$$

12.7 两个自由度体系在简谐荷载下的受迫振动

多自由度体系在简谐荷载作用下的强迫振动与单自由度体系类似，开始也存在一个过渡阶段，由于阻尼的影响其中自由振动部分很快会衰减掉，因此，对于多自由度体系的强迫振动只讨论平稳阶段的纯强迫振动。

1. 柔度法

1）振动微分方程的建立

如图 12.33(a)所示两个自由度体系承受简谐荷载作用，且各荷载的频率和相位相同。

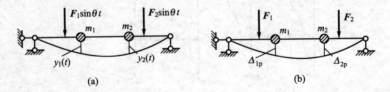

图 12.33

用柔度法建立运动方程，有

$$y_1(t) = \delta_{11}[-m_1\ddot{y}_1(t)] + \delta_{12}[-m_2\ddot{y}_2(t)] + \Delta_{1P}\sin\theta t \Big\}$$
$$y_2(t) = \delta_{21}[-m_1\ddot{y}_1(t)] + \delta_{22}[-m_2\ddot{y}_2(t)] + \Delta_{2P}\sin\theta t$$

或

$$y_1(t) + \delta_{11}m_1\ddot{y}_1(t) + \delta_{12}m_2\ddot{y}_2(t) = \Delta_{1P}\sin\theta t \Big\}$$
$$y_2(t) + \delta_{21}m_1\ddot{y}_1(t) + \delta_{22}m_2\ddot{y}_2(t) = \Delta_{2P}\sin\theta t$$

(12-55)

式中，Δ_{1P}、Δ_{2P} 为荷载幅值作为静荷载所引起的质点位移，如图 12.33(b)所示。

2）动位移的解答

由于在平稳阶段各质点与荷载同频同步振动，则设方程(12-55)强迫振动的解为：

$$\left.\begin{aligned} y_1(t)&=A_1\sin\theta t \\ y_2(t)&=A_2\sin\theta t \end{aligned}\right\} \tag{a}$$

由此可得，质点的惯性力为：

$$\left.\begin{aligned} F_{I1}(t)&=-m_1\ddot{y}_1(t)=m_1\theta^2 A_1\sin\theta t \\ F_{I2}(t)&=-m_2\ddot{y}_2(t)=m_2\theta^2 A_2\sin\theta t \end{aligned}\right\} \tag{b}$$

将式(a)和式(b)代入方程(12-55)，整理得位移幅值方程为：

$$\left.\begin{aligned} (m_1\theta^2\delta_{11}-1)A_1+m_2\theta^2\delta_{12}A_2+\Delta_{1P}&=0 \\ m_1\theta^2\delta_{21}A_1+(m_2\theta^2\delta_{22}-1)A_2+\Delta_{2P}&=0 \end{aligned}\right\} \tag{12-56}$$

解方程，可得位移幅值

$$A_1=\frac{D_1}{D_0}, \quad A_2=\frac{D_2}{D_0} \tag{12-57}$$

其中

$$D_0=\begin{vmatrix} (m_1\theta^2\delta_{11}-1) & m_2\theta^2\delta_{12} \\ m_1\theta^2\delta_{21} & (m_2\theta^2\delta_{22}-1) \end{vmatrix}$$

$$D_1=\begin{vmatrix} -\Delta_{1P} & m_2\theta^2\delta_{12} \\ -\Delta_{2P} & (m_2\theta^2\delta_{22}-1) \end{vmatrix}, \quad D_2=\begin{vmatrix} (m_1\theta^2\delta_{11}-1) & -\Delta_{1P} \\ m_1\theta^2\delta_{21} & -\Delta_{2P} \end{vmatrix} \tag{12-58}$$

由此得质点惯性力幅值 I_1 和 I_2 为：

$$I_1=m_1\theta^2 A_1, \quad I_2=m_2\theta^2 A_2 \tag{12-59}$$

由式(a)、式(b)和动荷载的表达式可知，在纯强迫振动时，质点的位移、惯性力及动荷载将同时达到最大值，因此，在计算最大动位移和动内力时，可将动荷载和惯性力的幅值作为静荷载作用于结构，用静力方法进行计算。

【例 12-10】 求如图 12.34(a)所示体系质点 1 和 2 的动位移幅值和动弯矩幅值图。已知：$m_1=m_2=m$，$\theta=0.6\omega_1$，$EI=$常数。

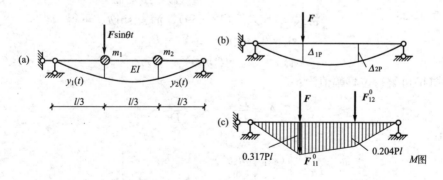

图 12.34

解：（1）计算结构的柔度系数。

$$\delta_{11}=\delta_{22}=\frac{4l^3}{243EI} \qquad \delta_{12}=\delta_{21}=\frac{7l^3}{486EI}$$

（2）计算荷载幅值引起的位移［图 12.34(b)］。

$$\Delta_{1P}=\delta_{11}F=\frac{4Fl^3}{243EI} \quad \Delta_{2P}=\delta_{21}F=\frac{7Fl^3}{486EI}$$

（3）计算位移幅值 A_1 和 A_2。

将相关数值代入式(12-58)和式(12-57)中，求出质点的位移幅值。

$$A_1=2.55\times10^{-2}\frac{Fl^3}{EI}, \quad A_2=2.31\times10^{-2}\frac{Fl^3}{EI}$$

（4）计算惯性力幅值 I_1 和 I_2。

$$I_1=m_1\theta^2 A_1=\frac{11.65EI}{l^3}\times2.31\times10^{-2}\frac{Fl^3}{EI}=0.271F$$

$$I_2=m_1\theta^2 A_2=\frac{11.65EI}{l^3}\times2.55\times10^{-2}\frac{Fl^3}{EI}=0.297F$$

（5）绘制动弯矩幅值图。

将惯性力幅值和荷载幅值作用于结构，用静力法求出弯矩图，如图 12.34(c)所示，这个弯矩图即为动弯矩幅值图。

2. 刚度法

1）振动微分方程的建立

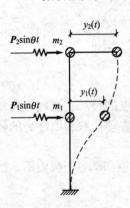

图 12.35

图 12.35 所示为两个自由度体系，作用在质点 1、2 上的简谐荷载分别为 $P_1\sin\theta t$、$P_2\sin\theta t$。将质点作为隔离体，可写出两个自由度体系在简谐荷载作用下的动力平衡方程如下：

$$\left.\begin{array}{l}m_1\ddot{y}_1+k_{11}y_1+k_{12}y_2=P_1\sin\theta t\\m_2\ddot{y}_2+k_{21}y_1+k_{22}y_2=P_2\sin\theta t\end{array}\right\} \quad (12-60)$$

2）动位移的解答

由于在平稳阶段各质点与荷载同频同步振动，则设方程(12-57)强迫振动的解为：

$$\left.\begin{array}{l}y_1(t)=A_1\sin\theta t\\y_2(t)=A_2\sin\theta t\end{array}\right\} \quad (a)$$

将式(a)代入式(12-59)，消去 $\sin\theta t$，可得

$$\left.\begin{array}{l}(k_{11}-\theta^2 m_1)Y_1+k_{12}Y_2=P_1\\k_{21}Y_1+(k_{22}-\theta^2 m_2)Y_2=P_2\end{array}\right\} \quad (b)$$

由式(b)可解得位移幅值为：

$$A_1=\frac{D_1}{D_0}, \quad A_2=\frac{D_2}{D_0} \quad (12-61)$$

式中

$$D_0=\begin{vmatrix}(k_{11}-m_1\theta^2) & k_{12}\\k_{21} & (k_{22}-m_2\theta^2)\end{vmatrix}$$

$$D_1=\begin{vmatrix}P_1 & k_{12}\\P_2 & (k_{22}-m_2\theta^2)\end{vmatrix}, \quad D_2=\begin{vmatrix}(k_{11}-m_1\theta^2) & P_1\\k_{21} & P_2\end{vmatrix} \quad (12-62)$$

求得位移幅值 A_1、A_2 后，仍可按式(12-59)计算惯性力 I_1、I_2。将 I_1、I_2 连同荷载幅值 P 加在体系上，按静力计算方法可求得动内力幅值。

【例 12 - 11】 求如图 12.36(a)所示刚架在二层楼面有荷载 $P\sin\theta t$，$m_1 = m_2 = m$，$\theta = 4\sqrt{\dfrac{EI}{mh^3}}$，计算第一、第二层楼面处侧移幅值、惯性力幅值及柱底端截面弯矩幅值。

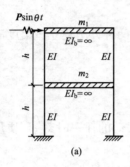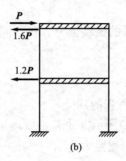

图 12.36

解：（1）计算结构的刚度系数。

$$k_{11} = 48\frac{EI}{h^3}, \quad k_{12} = k_{21} = -24\frac{EI}{h^3}, \quad k_{22} = 24\frac{EI}{h^3}$$

（2）计算 D_0、D_1、D_2。

$$m_1\theta^2 = m_2\theta^2 = m\left(4\sqrt{\frac{EI}{mh}}\right)^2 = 16\frac{EI}{h^3}$$

由式(12 - 62)，得

$$D_0 = \begin{vmatrix} (k_{11} - m_1\theta^2) & k_{12} \\ k_{21} & (k_{22} - m_2\theta^2) \end{vmatrix} = -320\left(\frac{EI}{h^3}\right)^2$$

$$D_1 = \begin{vmatrix} P_1 & k_{12} \\ P_2 & (k_{22} - m_2\theta^2) \end{vmatrix} = 24P\frac{EI}{h^3}, \quad D_2 = \begin{vmatrix} (k_{11} - m_1\theta^2) & P_1 \\ k_{21} & P_2 \end{vmatrix} = 32P\frac{EI}{h^3}$$

（3）计算 A_1、A_2。

由式(12 - 61)，得

$$A_1 = \frac{D_1}{D_0} = -\frac{24}{320}P\frac{h^3}{EI} = -0.075P\frac{h^3}{EI}$$

$$A_2 = \frac{D_2}{D_0} = -\frac{32}{320}P\frac{h^3}{EI} = -0.1P\frac{h^3}{EI}$$

（4）计算 I_1、I_2。

由式(12 - 59)，得

$$I_1 = m_1\theta^2 A_1 = 16\frac{EI}{h^3} \times (-0.075)\frac{Ph^3}{EI} = -1.2P$$

$$I_2 = m_2\theta^2 A_2 = 16\frac{EI}{h^3} \times (-0.1)\frac{Ph^3}{EI} = -1.6P$$

（5）计算内力。

刚架受力如图 12.36(b)所示，可用剪力分配法求解，也可用叠加公式求解。如柱底 A 截面的弯矩幅值为：

$$M_A = \overline{M}_1 I_1 + \overline{M}_2 I_2 + M_P = -1.2P\left(\frac{h}{4}\right) - 1.6P\left(\frac{h}{4}\right) + \frac{Ph}{4} = -0.45Ph$$

12.8 多自由度体系的自由振动

多自由度体系的振动微分方程，同样可以采用两种方法建立：柔度法和刚度法，并采用矩阵形式表示。

1. 柔度法

1) 振动微分方程的建立

如图 12.37(a)所示 n 个自由度体系，在自由振动的任一时刻 t，质量 m_i 的位移为 y_i，作用在该质量上的惯性力为 $I_i=-m_i\ddot{y}_i$，则有：

$$y_i=\delta_{i1}(-m_1\ddot{y}_1)+\delta_{i2}(-m_2\ddot{y}_2)+\cdots+\delta_{ii}(-m_i\ddot{y}_i)+\cdots+\delta_{ij}(-m_j\ddot{y}_j)+\cdots+\delta_{in}(-m_n\ddot{y}_n)$$

可建立 n 个上述类似的位移方程：

$$\left.\begin{aligned}
y_1+m_1\ddot{y}_1\delta_{11}+m_2\ddot{y}_2\delta_{12}+\cdots+m_n\ddot{y}_n\delta_{1n}=0\\
y_2+m_1\ddot{y}_1\delta_{21}+m_2\ddot{y}_2\delta_{22}+\cdots+m_n\ddot{y}_n\delta_{2n}=0\\
\cdots\cdots\\
y_n+m_1\ddot{y}_1\delta_{n1}+m_2\ddot{y}_2\delta_{n2}+\cdots+m_n\ddot{y}_n\delta_{nn}=0
\end{aligned}\right\}
\qquad(a)$$

这里 δ_{ij} 是结构的柔度系数，即单位力 $I_j=1$ 作用时质点 i 的位移 [图 12.37(b)]。

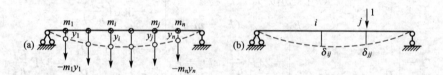

图 12.37

式(a)写成矩阵形式为：

$$\begin{Bmatrix}y_1\\y_2\\\vdots\\y_n\end{Bmatrix}+\begin{bmatrix}\delta_{11}&\delta_{12}&\cdots&\delta_{1n}\\\delta_{21}&\delta_{22}&\cdots&\delta_{2n}\\\vdots&\vdots&&\vdots\\\delta_{n1}&\delta_{n2}&\cdots&\delta_{nn}\end{bmatrix}\begin{bmatrix}m_1&&&\\&m_2&&\\&&\ddots&\\&&&m_n\end{bmatrix}\begin{Bmatrix}\ddot{y}_1\\\ddot{y}_2\\\vdots\\\ddot{y}_n\end{Bmatrix}=\begin{Bmatrix}0\\0\\\vdots\\0\end{Bmatrix}\qquad(12-63a)$$

可简写为：

$$\{y\}+[\delta][M]\{\ddot{y}\}=\{0\}\qquad(12-63b)$$

式中，$[\delta]$ 为结构的柔度矩阵，它为对称方阵；$[M]$ 为质量矩阵，在集中质量的体系中是对角阵；$\{y\}$ 为质点位移向量；$\{\ddot{y}\}$ 为质点加速度向量。

2) 微分方程的解及基本频率

设解答的形式为：

$$\{y\} = \{A\} \sin(\omega t + \alpha) \tag{b}$$

式中，$\{A\} = \{A_1 A_2 \cdots A_n\}^T$ 称为质点位移幅值向量。它是体系按某一频率 ω 作简谐振动时，各质点的位移幅值依次排列的一个列向量。由于 $\{A\}$ 不随时间而变化，体现了体系按频率 ω 作简谐振动时的振动形态，故称为主振型或简称振型。

将上式代入运动方程(12-63b)，并消去公因子 $\sin(\omega t + \varphi)$，则得到

$$\left([\delta][M] - \frac{1}{\omega^2}[I]\right)\{A\} = 0 \tag{12-64a}$$

式中，$[I]$ 为单位矩阵。

其展开式为：

$$\left.
\begin{aligned}
\left(\delta_{11} m_1 - \frac{1}{\omega^2}\right) A_1 + \delta_{12} m_2 A_2 + \cdots + \delta_{1n} m_n A_n &= 0 \\
\delta_{21} m_1 A_1 + \left(\delta_{22} m_2 - \frac{1}{\omega^2}\right) A^2 + \cdots + \delta_{2n} m_n A_n &= 0 \\
\cdots\cdots\cdots\cdots\cdots\cdots\cdots\cdots\cdots\cdots\cdots\cdots\cdots \\
\delta_{n1} m_1 A_1 + \delta_{n2} m_2 A_2 + \cdots + \left(\delta_{nn} m_n - \frac{1}{\omega^2}\right) A_n &= 0
\end{aligned}
\right\} \tag{12-64b}$$

式(12-64)为位移幅值 A_1，A_2，$\cdots$，A_n 的齐次方程。由于体系发生振动，A_1，A_2，$\cdots$，A_n 不全为零，则方程(12-64)有非零解的充分必要条件是其系数行列式为零，即

$$\left| [\delta][M] - \frac{1}{\omega^2}[I] \right| = 0 \tag{12-65a}$$

其展开式为：

$$\begin{vmatrix}
\left(\delta_{11} m_1 - \dfrac{1}{\omega^2}\right) & \delta_{12} m_2 \cdots \delta_{1n} m_n \\
\delta_{21} m_1 & \left(\delta_{22} m_2 - \dfrac{1}{\omega^2}\right) \cdots \delta_{2n} m_n \\
\vdots & \vdots \\
\delta_{n1} m_1 & \delta_{n2} m_2 \cdots \left(\delta_{nn} m_n - \dfrac{1}{\omega^2}\right)
\end{vmatrix} = 0 \tag{12-65b}$$

式(12-65)即为 n 个自由度体系的频率方程。将行列式展开可以得到一个关于 ω^2 或 $\dfrac{1}{\omega^2}$ 的 n 次代数方程。解此方程，可得到 ω^2 或 $\dfrac{1}{\omega^2}$ 的 n 个非负实根，即得由小到大排列的 n 个自振频率 ω_1，ω_2，$\cdots$，ω_n。其中最小的频率 ω_1 称为第一频率或基本频率。

将求得的频率 $\omega_K (K=1, 2, \cdots, n)$ 分别代入振型方程(12-64a)，即

$$\left([\delta][M] - \frac{1}{\omega_K^2}[I]\right)\{A\}^{(K)} = \{0\} \tag{12-66}$$

由式(12-66)可确定与 ω_K 对应的主振型 $\{A\}^{(K)} = \{A_1^{(K)} A_2^{(K)} \cdots A_n^{(K)}\}^T$。由于振型方程的系数行列式为零，因而不能唯一确定 $A_1^{(K)}$，$A_2^{(K)}$，$\cdots$，$A_n^{(K)}$ 的值，但可确定它们之间的相对值，即确定了振型。要想主振型 $\{A\}^{(K)}$ 中各元素的大小能够全部确定，还需要补充条件。常用的办法是：任取 $\{A\}^{(K)}$ 中的一个元素(通常取第一个或最后一个元素)作为标准，取基值为1，根据振型方程可求出其余元素的数值。

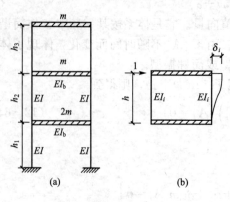

图 12.38

【例 12-12】 试求图 12.38 所示刚架的自振频率和主振型。横梁刚度 $EI_b = \infty$；刚架的质量都集中在楼层上，第一、二、三层楼板处的质量分别为 $2m$、m、m；层高相等，即 $h_1 = h_2 = h_3$；各柱刚度分别为：EI_1，$EI_2 = \dfrac{EI_1}{3}$，$EI_3 = \dfrac{EI_1}{5}$。

解：(1) 求自振频率。

刚架的层柔度系数 δ_i，即层间作用单位水平力时产生的层间位移 [图 12.38(b)]，可求得

$$\delta_i = \frac{h_i^3}{24EI_i}$$

即 $\delta_1 = \dfrac{h_1^3}{24EI_1}$，$\delta_2 = \dfrac{h_2^3}{24EI_2} = 3\delta_1$，$\delta_3 = \dfrac{h_3^3}{24EI_3} = 5\delta_1$

柔度矩阵

$$[\delta] = \begin{bmatrix} \delta_{11} & \delta_{12} & \delta_{13} \\ \delta_{21} & \delta_{22} & \delta_{23} \\ \delta_{31} & \delta_{32} & \delta_{33} \end{bmatrix} = \delta_1 \begin{bmatrix} 1 & 1 & 1 \\ 1 & 4 & 4 \\ 1 & 4 & 9 \end{bmatrix}$$

质量矩阵

$$[M] = m \begin{bmatrix} 2 & 0 & 0 \\ 0 & 1 & 0 \\ 0 & 0 & 1 \end{bmatrix}$$

$$\left| [\delta][M] - \lambda[I] \right| = \delta_1 m \begin{vmatrix} 2-\xi & 1 & 1 \\ 2 & 4-\xi & 4 \\ 2 & 4 & 9-\xi \end{vmatrix} = 0, \quad \xi = \frac{\lambda}{\delta_1 m} = \frac{1}{\delta_1 m \omega^2}$$

展开得：

$$\xi^3 - 15\xi^2 + 42\xi - 30 = 0$$

解之得： $\xi_1 = 11.601$，$\xi_2 = 2.246$，$\xi_3 = 1.151$

三个频率为：

$$\omega_1 = 0.2936 \sqrt{\frac{1}{m\delta_1}}, \quad \omega_2 = 0.6673 \sqrt{\frac{1}{m\delta_1}}, \quad \omega_3 = 0.9319 \sqrt{\frac{1}{m\delta_1}}$$

(2) 求主振型。

主振型 $\{A\}^{\langle K \rangle}$ 由式(12-66)来求。另有 $A_3^{\langle K \rangle} = 1$。

首先求第一主振型。将 λ_1 和 ξ_1 代入下式：

$$[\delta][M] - \lambda[I] = \delta_1 m \begin{bmatrix} 2-\xi & 1 & 1 \\ 2 & 4-\xi & 4 \\ 2 & 4 & 9-\xi \end{bmatrix} = \delta_1 m \begin{bmatrix} -9.601 & 1 & 1 \\ 2 & -7.601 & 4 \\ 2 & 4 & -2.601 \end{bmatrix}$$

取 $A_3^{(1)} = 1$，则

$$-9.60A_1^{(1)}+A_2^{(1)}+1=0 \left.\right\}$$
$$2A_1^{(1)}-7.60A_2^{(1)}+4=0 \left.\right\}$$

$$\{A\}^{(1)}=\left\{\begin{matrix}0.163\\0.569\\1\end{matrix}\right\}$$

同理可求得第二、第三主振型。

2. 刚度法

1) 振动微分方程的建立

如图 12.39(a)所示为 n 个自由度体系，设在振动的任一时刻各质点的位移分别为 y_1，y_2，$\cdots$，y_n。首先加入附加链杆阻止所有质点的位移，则在各质点的惯性力 $-m_i\ddot{y}_i$($i=1$，2，$\cdots$，n)作用下，各链杆的反力即等于 $m_i\ddot{y}_i$[图 12.39(b)]；其次令各链杆发生与各质点实际位置相同的位移 [图 12.39(c)]，此时各链杆上所需施加的力为 F_{Ri}。若不考虑各质点所受的阻尼力，则将上述两情况叠加，各附加链杆上的总反力应等于零，由此便可列出各质点的动力平衡方程。以质点 m_i 为例，有

$$m_i\ddot{y}_i+F_{Ri}=0 \qquad\text{(a)}$$

由叠加原理

$$F_{Ri}=k_{i1}y_1+k_{i2}y_2+\cdots+k_{in}y_n \qquad\text{(b)}$$

式中，k_{ii}、k_{ij} 等为结构的刚度系数，它们的物理意义如图 12.39(d)、(e)所示。把式(b)代入式(a)，有

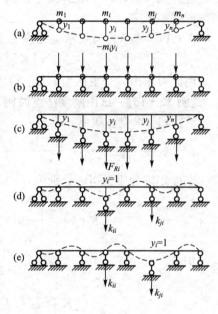

图 12.39

$$m_i\ddot{y}_i+k_{i1}y_1+k_{i2}y_2+\cdots+k_{in}y_n=0$$

同理，对每个质点都列出这样一个动力平衡方程，于是可建立 n 个方程如下：

$$\left.\begin{matrix}m_1\ddot{y}_1+k_{11}y_1+k_{12}y_2+\cdots+k_{1n}y_n=0\\ m_2\ddot{y}_2+k_{21}y_1+k_{22}y_2+\cdots+k_{2n}y_n=0\\ \cdots\cdots\\ m_n\ddot{y}_n+k_{n1}y_1+k_{n2}y_2+\cdots+k_{nn}y_n=0\end{matrix}\right\}$$

n 个质点的振动的微分方程可用矩阵形式表示：

$$\begin{bmatrix}m_1 & & &\\ & m_2 & &\\ & & \ddots &\\ & & & m_n\end{bmatrix}\left\{\begin{matrix}\ddot{y}_1\\\ddot{y}_2\\\vdots\\\ddot{y}_n\end{matrix}\right\}+\begin{bmatrix}k_{11} & k_{12} & \cdots & k_{1n}\\ k_{21} & k_{22} & \cdots & k_{2n}\\ \vdots & \vdots & \vdots & \vdots\\ k_{n1} & k_{n2} & \cdots & k_{nn}\end{bmatrix}\left\{\begin{matrix}y_1\\y_2\\\vdots\\y_n\end{matrix}\right\}=\left\{\begin{matrix}0\\0\\\vdots\\0\end{matrix}\right\} \qquad (12-67a)$$

简写为：

$$[M][\ddot{y}]+[K]\{y\}=\{0\} \qquad (12-67b)$$

式中，$[K]$ 为结构的刚度矩阵，它为对称方阵；$[M]$ 为质量矩阵，在集中质量的体系

中是对角阵；$\{y\}$ 为质点位移向量；$\{\ddot{y}\}$ 为质点加速度向量。

2）微分方程的解及基本频率

设解答的形式为：

$$\{y\}=\{A\}\sin(\omega t+\alpha) \tag{c}$$

将式（c）代入运动方程（12-65b），并消去公因子 $\sin(\omega t+\varphi)$，则得到

$$([K]-\omega^2[M])\{A\}=\{0\} \tag{12-68}$$

为了得到 $\{A\}$ 的非零解，应使系数行列式为零，即

$$|[K]-\omega^2[M]|=0$$

将行列式展开，可求出 n 个自振频率 ω_1，ω_2，$\cdots$，ω_n。其中最小的频率 ω_1 称为第一频率或基本频率。

令 $\{A\}^{(i)}$ 表示为与频率 ω_i 相应的主振型，将之代入式（12-68），得

$$([K]-\omega_i^2[M])\{A\}^{(i)}=\{0\} \tag{12-69}$$

由此可求出 n 个主振型向量 $\{A\}^{(1)}$、$\{A\}^{(2)}$、$\cdots$、$\{A\}^{(n)}$。

【例 12-13】 试用刚度法重做例 12-12。

解：（1）求自振频率。

即　$k_1=\dfrac{24EI_1}{h_1^3}$，$k_2=\dfrac{24EI_2}{h_2^3}=\dfrac{k_1}{3}$，$k_3=\dfrac{24EI_3}{h_3^3}=\dfrac{k_1}{5}$

刚度矩阵和质量矩阵分别为：

$$[K]=\frac{k}{15}\begin{bmatrix}20 & -5 & 0\\ -5 & 8 & -3\\ 0 & -3 & 3\end{bmatrix}\qquad [M]=m\begin{bmatrix}2 & 0 & 0\\ 0 & 1 & 0\\ 0 & 0 & 1\end{bmatrix}$$

因此

$$[K]-\omega^2[M]=\frac{k_1}{15}\begin{bmatrix}20-2\eta & -5 & 0\\ -5 & 8-\eta & -3\\ 0 & -3 & 3-\eta\end{bmatrix} \tag{a}$$

其中 $\eta=\dfrac{15m}{k_1}\omega^2$

$$\frac{k_1}{15}\begin{vmatrix}20-2\eta & -5 & 0\\ -5 & 8-\eta & -3\\ 0 & -3 & 3-\eta\end{vmatrix}=0$$

展开得：

$$2\eta^3-42\eta^2+225\eta-225=0$$

方程的三个根为：

$$\eta_1=1.293，\quad \eta_2=6.680，\quad \eta_3=13.027$$

$$\omega_1^2=0.0862\frac{k}{m}，\quad \omega_2^2=0.4453\frac{k}{m}，\quad \omega_3^2=0.8685\frac{k}{m}$$

$$\omega_1=0.2936\sqrt{\frac{k}{m}}，\quad \omega_2=0.6673\sqrt{\frac{k}{m}}，\quad \omega_3=0.9319\sqrt{\frac{k}{m}}$$

（2）求主振型。

第一主振型。将 ω_1 和 η_1 代入式（a），得

$$[K] - \omega_1^2[M] = \frac{k_1}{15} \begin{bmatrix} 17.414 & -5 & 0 \\ -5 & 6.707 & -3 \\ 0 & -3 & 1.707 \end{bmatrix}$$

保留后两个方程，得

$$\left. \begin{aligned} -5A_1^{(1)} + 6.707A_2^{(1)} - 3A_3^{(1)} = 0 \\ -3A_2^{(1)} + 1.707A_3^{(1)} = 0 \end{aligned} \right\}$$

取 $A_3^{(1)} = 1$，可解得

$$\{A\}^{(1)} = \begin{Bmatrix} A_1 \\ A_2 \\ A_3 \end{Bmatrix}^{(1)} = \begin{Bmatrix} 0.163 \\ 0.569 \\ 1 \end{Bmatrix}$$

振型图如图 12.40(a)所示。

第二主振型。将 ω_2 和 η_2 代入式(a)，得

$$[K] - \omega_2^2[M] = \frac{k_1}{15} \begin{bmatrix} 6.640 & -5 & 0 \\ -5 & 1.320 & -3 \\ 0 & -3 & -3.680 \end{bmatrix}$$

保留后两个方程，得

$$\left. \begin{aligned} -5A_1^{(2)} + 1.320A_2^{(2)} - 3A_3^{(2)} = 0 \\ -3A_2^{(2)} - 3.680A_3^{(2)} = 0 \end{aligned} \right\}$$

取 $A_3^{(2)} = 1$，可解得

$$\{A\}^{(2)} = \begin{Bmatrix} A_1 \\ A_2 \\ A_3 \end{Bmatrix}^{(2)} = \begin{Bmatrix} -0.294 \\ -1.227 \\ 1 \end{Bmatrix}$$

振型图如图 12.40(b)所示。

第三主振型。将 ω_3 和 η_3 代入式(a)，得

$$[K] - \omega_3^2[M] = \frac{k_1}{15} \begin{bmatrix} -6.054 & -5 & 0 \\ -5 & -5.027 & -3 \\ 0 & -3 & -10.027 \end{bmatrix}$$

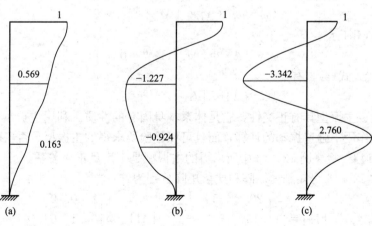

图 12.40

保留后两个方程，得

$$\left.\begin{array}{l} 5A_1^{(3)}+5.027A_2^{(3)}+3A_3^{(3)}=0 \\ 3A_2^{(3)}+10.027A_3^{(3)}=0 \end{array}\right\}$$

取 $A_3^{(3)}=1$，可解得：$\{A\}^{(3)}=\left\{\begin{array}{c} A_1 \\ A_2 \\ A_3 \end{array}\right\}^{(3)}=\left\{\begin{array}{c} 2.760 \\ -3.3427 \\ 1 \end{array}\right\}$

振型图如图 12.40(c)所示。

3. 主振型的正交性

由上面的分析可知，n 个自由度体系具有 n 个自振频率及相应的 n 个主振型，从 n 个振型中任取两个振型 $\{A\}^{(i)}$ 和 $\{A\}^{(j)}$，若使

$$\{A\}^{\mathrm{T}(i)}[M]\{A\}^{(j)}=0 \tag{12-70}$$

$$\{A\}^{\mathrm{T}(i)}[K]\{A\}^{(j)}=0 \tag{12-71}$$

则称为主振型满足正交性，即对质量矩阵正交，对刚度矩阵也正交。

事实上，将主振型 $\{A\}^{(i)}$ 代入振型方程(12-69)，有

$$([K]-\omega_i^2[M])\{A\}^{(i)}=0$$

或

$$[K]\{A\}^{(i)}=\omega_i^2[M]\{A\}^{(i)}$$

上式两边左乘 $\{A\}_{(j)}^{\mathrm{T}}$，有

$$\{A\}_{(j)}^{\mathrm{T}}[K]\{A\}^{(i)}=\omega_i^2\{A\}_{(j)}^{\mathrm{T}}\{M\}\{A\}^{(i)} \tag{a}$$

将主振型 $\{A\}^{(j)}$ 代入振型方程同样可得

$$\{A\}_{(i)}^{\mathrm{T}}[K]\{A\}^{(j)}=\omega_j^2\{A\}_{(i)}^{\mathrm{T}}\{M\}\{A\}^{(j)}$$

将上式两边同时转置，这里 $[K]$ 和 $[M]$ 为对称矩阵，即 $[K]^{\mathrm{T}}=[K]$，$[M]^{\mathrm{T}}=[M]$，则有

$$\{A\}^{\mathrm{T}(j)}[K]\{A\}^{(i)}=\omega_j^2\{A\}^{\mathrm{T}(j)}[M]\{A\}^{(i)} \tag{b}$$

式(a)减去式(b)，有

$$(\omega_i^2-\omega_j^2)\{A\}^{\mathrm{T}(j)}[M]\{A\}^{(i)}=0$$

由 $\omega_i\neq\omega_j$，则有

$$\{A\}^{\mathrm{T}(j)}[M]\{A\}^{(i)}=0 \tag{c}$$

将式(c)代入式(a)，有

$$\{A\}^{\mathrm{T}(j)}[K]\{A\}^{(i)}=0$$

上面证明了主振型具有正交性，它是体系本身固有的性质。利用主振型的正交性不仅可简化动荷载作用下强迫振动的计算，而且可以检验所求得的主振型是否正确。

【例 12-14】 验算例 12-13 中所求得的主振型是否满足正交关系。

解：由例 12-13 得知刚度矩阵和质量矩阵分别为：

$$[K]=\frac{k}{15}\begin{bmatrix} 20 & -5 & 0 \\ -5 & 8 & -3 \\ 0 & -3 & 3 \end{bmatrix} \quad [M]=m\begin{bmatrix} 2 & 0 & 0 \\ 0 & 1 & 0 \\ 0 & 0 & 1 \end{bmatrix}$$

三个主振型分别为：

$$\{A\}^{(1)}=\begin{Bmatrix}0.163\\0.569\\1\end{Bmatrix}, \quad \{A\}^{(2)}=\begin{Bmatrix}-0.294\\-1.227\\1\end{Bmatrix}, \quad \{A\}^{(3)}=\begin{Bmatrix}2.760\\-3.3427\\1\end{Bmatrix}$$

(1) 验算正交关系式(12-70)。

$$\{A\}^{T(1)}[M]\{A\}^{(2)}=\begin{bmatrix}0.163 & 0.569 & 1\end{bmatrix}\begin{bmatrix}2 & 0 & 0\\0 & 1 & 0\\0 & 0 & 1\end{bmatrix}\begin{Bmatrix}-0.924\\-1.227\\1\end{Bmatrix}m$$

$$=m[0.163\times2\times(-0.924)+0.569\times2\times(-1.227)+1\times1\times1]$$

$$=0.0006m\approx0$$

$$\{A\}^{(1)T}[M]\{A\}^{(3)}=-0.002m\approx0$$

$$\{A\}^{(2)T}[M]\{A\}^{(3)}=-0.0002m\approx0$$

(2) 验算正交关系式(12-71)。

$$\{A\}^{(1)T}[K]\{A\}^{(2)}=\begin{bmatrix}0.163 & 0.569 & 1\end{bmatrix}\frac{k_1}{15}\begin{bmatrix}20 & -5 & 0\\-5 & 8 & -3\\0 & -3 & 3\end{bmatrix}\begin{Bmatrix}-0.924\\-1.227\\1\end{Bmatrix}$$

$$=\frac{k_1}{15}\times(6.681-6.676)=\frac{k_1}{15}\times0.005\approx0$$

$$\{A\}^{T(1)}[K]\{A\}^{(3)}=\frac{k_1}{15}\times(24.75-24.77)=\frac{k_1}{15}\times(-0.02)\approx0$$

$$\{A\}^{T(2)}[K]\{A\}^{(3)}=\frac{k_1}{15}\times(34.0720-34.0722)=\frac{k_1}{15}\times(-0.0002)\approx0$$

▌12.9 振型分解法

本节用振型分解法讨论多自由度体系在任意动荷载作用下的受迫振动。

对于 n 个自由度体系，当动荷载均作用在质点上时，用刚度法建立的无阻尼强迫振动方程为：

$$\left.\begin{aligned}m_1\ddot{y}_1+K_{11}y_1+K_{12}y_2+\cdots+K_{1n}y_n=F_1(t)\\m_2\ddot{y}_2+K_{21}y_1+K_{22}y_2+\cdots+K_{2n}y_n=F_2(t)\\\cdots\cdots\\m_n\ddot{y}_n+K_{n1}y_1+K_{n2}y_2+\cdots+K_{nn}y_n=F_n(t)\end{aligned}\right\} \quad (12-72a)$$

用矩阵表示为：

$$[M]\{\ddot{y}\}+[K]\{y\}=\{F(t)\} \quad (12-72b)$$

式中，$[M]$ 为质量矩阵；$[K]$ 为刚度矩阵；$\{\ddot{y}\}$ 为加速度向量；$\{y\}$ 为位移向量；$\{F(t)\}$ 为荷载向量。

由于刚度矩阵 $[K]$ 一般不是对角矩阵，则方程(12-72)中每一个方程都包含一个以上的未知质点的位移，即这些方程是互相耦联的。当动力荷载 $F(t)$ 不是按简谐规律变化而是任意荷载时，直接求解联立的微分方程组是很困难的。本节将利用主振型的正交性，通过一定的坐标变换可将联合的(耦联的)微分方程组化成 n 个非耦联的微分方程，从而使每一个方程只含有一个未知量，即可分别独立求解。这种方法称为振型分解法。

前面建立的多自由度体系的运动方程均以各质点位移作为基本未知量，质点位移向量

$$\{y\}=[y_1 y_2 \cdots y_n]^{\mathrm{T}}$$

称为几何坐标。

为了坐标变换的需要，取结构已规准化的 n 个主振型向量 $\{A\}^{(1)}$，$\{A\}^{(2)}$，$\cdots$，$\{A\}^{(n)}$ 作为基底，将几何坐标 $\{y\}$ 表示为该基底的线性组合，即

$$\{y\}=\eta_1\{A\}^{(1)}+\eta_2\{A\}^{(2)}+\cdots+\eta_n\{A\}^{(n)}$$
$$=\sum_{i=1}^{n}\eta_i\{A\}^{(i)} \tag{12-73}$$

这也就是将位移向量 $\{y\}$ 按各主振型进行分解。上式的展开形式为：

$$\begin{Bmatrix} y_1 \\ y_2 \\ \vdots \\ y_n \end{Bmatrix}=\eta_1\begin{Bmatrix} A_1^{(1)} \\ A_2^{(1)} \\ \vdots \\ A_n^{(1)} \end{Bmatrix}+\eta_2\begin{Bmatrix} A_1^{(2)} \\ A_2^{(2)} \\ \vdots \\ A_n^{(2)} \end{Bmatrix}+\cdots+\eta_n\begin{Bmatrix} A_1^{(n)} \\ A_2^{(n)} \\ \vdots \\ A_n^{(n)} \end{Bmatrix}$$

$$=\begin{bmatrix} A_1^{(1)} & A_1^{(2)} & \cdots & A_1^{(n)} \\ A_2^{(1)} & A_2^{(2)} & \cdots & A_2^{(n)} \\ \vdots & \vdots & & \vdots \\ A_n^{(1)} & A_n^{(2)} & \cdots & A_n^{(n)} \end{bmatrix}\begin{Bmatrix} \eta_1 \\ \eta_2 \\ \vdots \\ \eta_n \end{Bmatrix}$$

可简写为：

$$\{y\}=[A]\{\eta\}$$

式中，$\{\eta\}=[\eta_1 \eta_2 \quad \cdots \quad \eta_n]^{\mathrm{T}}$ 称为正则坐标。$[A]$ 称为主振型矩阵，它就是几何坐标和正则坐标之间的转换矩阵。由于 $\{A\}^{(i)}$ 与时间无关，而 η_i 是时间 t 的函数。

将式(12-73)代入运动方程(12-72)，得到关于正则坐标的微分方程：

$$[M]\left(\sum_{i=1}^{n}\ddot{\eta}_i\{A\}^{(i)}\right)+[K]\left(\sum_{i=1}^{n}\eta_i\{A\}^{(i)}\right)=\{F(t)\}$$

两边左乘 $\{A\}^{\mathrm{T}(j)}$，得

$$\sum_{i=1}^{n}\{A\}^{\mathrm{T}(j)}[M]\{A\}^{(i)}\ddot{\eta}_i+\sum_{i=1}^{n}\{A\}^{\mathrm{T}(j)}[K]\{A\}^{(i)}\eta_i=\{A\}^{\mathrm{T}(j)}\{F(t)\} \tag{12-74}$$

由振型的正交性，有

$$\{A\}^{\mathrm{T}(j)}[M]\{A\}^{(i)}=0 \quad (i\neq j)$$
$$\{A\}^{\mathrm{T}(j)}[K]\{A\}^{(i)}=0 \quad (i\neq j)$$

则

$$\sum_{i=1}^{n}\{A\}^{\mathrm{T}(j)}[M]\{A\}^{(i)}=\{A\}^{\mathrm{T}(j)}[M]\{A\}^{(j)}$$

$$\sum_{i=1}^{n}\{A\}^{\mathrm{T}(j)}[K]\{A\}^{(i)}=\{A\}^{\mathrm{T}(j)}[K]\{A\}^{(j)}$$

于是式(12-74)成为：

$$\{A\}^{\mathrm{T}(j)}[M]\{A\}^{(j)}\ddot{\eta}_j+\{A\}^{\mathrm{T}(j)}[K]\{A\}^{(j)}\eta_j=\{A\}^{\mathrm{T}(j)}\{F(t)\} \tag{12-75}$$

令

$$\{A\}^{\mathrm{T}(j)}[M]\{A\}^{(j)}=M_j^*$$
$$\{A\}^{\mathrm{T}(j)}[K]\{A\}^{(j)}=K_j^* \tag{12-76}$$
$$\{A\}^{\mathrm{T}(j)}\{F(t)\}=F_j^*(t)$$

则式(12-75)改写为：

$$A_j^* \ddot{\eta}_j + K_j^* \eta_j = F_j^*(t) \tag{12-77}$$

式中，M_j^* 为第 j 个主振型的广义质量；K_j^* 这第 j 个主振型的广义刚度；$F_j^*(t)$ 为广义荷载。

多自由度体系的振型方程(12-68)

$$([K]-\omega_j^2[M])\{A\}=\{0\}$$

式(12-68)两边左乘 $\{A\}^{\mathrm{T}(j)}$，得

$$\{A\}^{\mathrm{T}(j)}[K]\{A\}^{(j)}-\omega_j^2\{A\}^{\mathrm{T}(j)}[M]\{A\}^{(j)}=0$$

则有

$$\omega_j^2 = \frac{K_j^*}{M_j^*}$$

于是，式(12-75)可写为：

$$\ddot{\eta}_j + \omega_j^2 \eta_j = \frac{1}{M_j^*}F_j^*(t) \tag{12-78}$$

令以上过程中 j 从 1 到 n，则可得到 n 个独立方程：

$$\ddot{\eta}_j + \omega_j^2 \eta_j = \frac{1}{M_j^*}F_j^*(t) \quad (j=1,\ 2,\ \cdots,\ n) \tag{12-79}$$

这就是关于正则坐标 η_j 的运动方程，与无阻尼单自由度体系强迫振动方程形式相同，因而可采用同样方法求解。在分别求出各正则坐标 η_1，η_2，$\cdots$，η_n 之后，可由式(12-73)求得各几何坐标 y_1，y_2，$\cdots$，y_n。

综上所述，振型分解法的计算步骤为：

(1) 计算结构的自振频率和振型；

(2) 由式(12-76)计算各振型的广义质量和广义荷载；

(3) 求解正则坐标的微分方程(12-79)，得到正则坐标；

(4) 按式(12-73)计算结构质点位移(几何坐标)。

【例 12-15】 试用振型分解法求图 12.41(a)所示各横梁处的位移幅值和柱端弯矩幅值。已知刚架各横梁刚度为无穷大，$m=100\mathrm{t}$，$EI=5\times10^5\mathrm{kN\cdot m^2}$，$l=5\mathrm{m}$，简谐荷载幅值 $F=30\mathrm{kN}$，其每分钟振动 240 次。

解：(1)求体系的自振频率和振型。

在各横梁水平方向设置附加链杆，并令 3 根附加链杆分别产生单位水平位移，如图 12.41(b)、(c)、(d)所示。根据截面平衡条件，求出各附加链杆的反力。

令

$$K=\frac{24EI}{l^3}=\frac{24\times5\times10^5}{5^3}=96\times10^3\mathrm{kN}$$

则

$$K_{11}=6K \quad K_{22}=3K \quad K_{33}=K$$

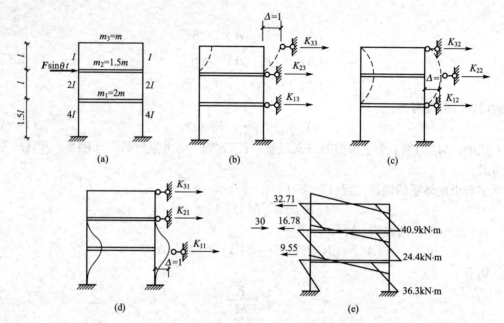

图 12.41

$$K_{12}=K_{21}=-2K \quad K_{23}=K_{32}=-K \quad K_{13}=K_{31}=0$$

$$[K]=\frac{24EI}{l^3}\begin{bmatrix} 6 & -2 & 0 \\ -2 & 3 & -1 \\ 0 & -1 & 1 \end{bmatrix}$$

而质量矩阵为:

$$[M]=100\begin{bmatrix} 2 & 0 & 0 \\ 0 & 1.5 & 0 \\ 0 & 0 & 1 \end{bmatrix}$$

将刚架的刚度矩阵 $[K]$ 和质量矩阵 $[M]$ 代入频率方程 $|[K]-\omega^2[M]|=0$,求得结构自振频率为:

$$\omega_1=19.40\text{s}^{-1}, \quad \omega_2=42.27\text{s}^{-1}, \quad \omega_3=60.67\text{s}^{-1}$$

再利用幅值方程 $([K]-\omega^2[M])\{A\}=\{0\}$,求得结构振型为:

$$\{A\}^{(1)}=\begin{Bmatrix} 1 \\ 2.608 \\ 4.290 \end{Bmatrix} \quad \{A\}^{(2)}=\begin{Bmatrix} 1 \\ 1.226 \\ -1.584 \end{Bmatrix} \quad \{A\}^{(3)}=\begin{Bmatrix} 1 \\ -0.834 \\ 0.294 \end{Bmatrix}$$

(2)计算广义质量和广义荷载。

$$M_1^*=\{A\}^{\text{T}(1)}[M]\{A\}^{(1)}=[12.608 \quad 4.290]\begin{bmatrix} 2\text{m} & 0 & 0 \\ 0 & 1.5\text{m} & 0 \\ 0 & 0 & \text{m} \end{bmatrix}\begin{Bmatrix} 1 \\ 2.608 \\ 4.290 \end{Bmatrix}=30.607\text{m}$$

$$M_2^*=\{A\}^{\text{T}(2)}[M]\{A\}^{(2)}=[11.226 \quad -1.584]\begin{bmatrix} 2\text{m} & 0 & 0 \\ 0 & 1.5\text{m} & 0 \\ 0 & 0 & \text{m} \end{bmatrix}\begin{Bmatrix} 1 \\ 1.226 \\ -1.584 \end{Bmatrix}=6.7637\text{m}$$

$$M_3^* = \{A\}^{\mathrm{T}(3)}[M]\{A\}^{(3)} = \begin{bmatrix} 1 & -0.834 & 0.294 \end{bmatrix} \begin{bmatrix} 2m & 0 & 0 \\ 0 & 1.5m & 0 \\ 0 & 0 & m \end{bmatrix} \begin{Bmatrix} 1 \\ -0.834 \\ 0.294 \end{Bmatrix} = 3.1298m$$

$$F_1^*(t) = \{A\}^{\mathrm{T}(1)}\{F(t)\} = \begin{bmatrix} 1 & 2.608 & 4.290 \end{bmatrix} \begin{Bmatrix} 0 \\ F\sin\theta t \\ 0 \end{Bmatrix} = 2.608F\sin\theta t$$

$$F_2^*(t) = \{A\}^{\mathrm{T}(2)}\{F(t)\} = \begin{bmatrix} 1 & 1.226 & -1.584 \end{bmatrix} \begin{Bmatrix} 0 \\ F\sin\theta t \\ 0 \end{Bmatrix} = 1.226F\sin\theta t$$

$$F_3^*(t) = \{A\}^{\mathrm{T}(3)}\{F(t)\} = \begin{bmatrix} 1 & -0.834 & 0.294 \end{bmatrix} \begin{Bmatrix} 0 \\ F\sin\theta t \\ 0 \end{Bmatrix} = -0.834F\sin\theta t$$

（3）求正则坐标的运动方程。

正则坐标的运动方程为：

$$\ddot{\eta}_i + \omega_i^2 \eta_i = \frac{F_i^*(t)}{M_i^*} \quad (i=1,2,3)$$

由于 $F_i^*(t)$ 为简谐荷载，上述方程为3个独立的单自由度体系在简谐荷载作用下的强迫振动方程。由式（12-26）得

$$\eta_1 = \frac{F_1^*(t)}{M_1^*(\bar{\omega}_1^2 - \theta^2)} = \frac{2.608F\sin\theta t}{30.607m(19.40^2 - 64\pi^2)} = -0.10013 \times 10^{-3}\sin\theta t$$

$$\eta_2 = \frac{F_2^*(t)}{M_2^*(\bar{\omega}_2^2 - \theta^2)} = \frac{1.266F\sin\theta t}{6.763m(41.27^2 - 64\pi^2)} = -0.050747 \times 10^{-3}\sin\theta t$$

$$\eta_3 = \frac{F_3^*(t)}{M_3^*(\bar{\omega}_3^2 - \theta^2)} = \frac{-0.834F\sin\theta t}{3.1298m(60.67^2 - 64\pi^2)} = -0.026217 \times 10^{-3}\sin\theta t$$

（4）计算质点位移（几何坐标）。

$$\{y\} = \sum_{i=1}^{3} \{A\}^{(i)} \eta_i$$

$$\begin{Bmatrix} y_1 \\ y_2 \\ y_3 \end{Bmatrix} = \begin{Bmatrix} 1 \\ 2.608 \\ 4.290 \end{Bmatrix}\eta_1 + \begin{Bmatrix} 1 \\ 1.226 \\ -1.584 \end{Bmatrix}\eta_2 + \begin{Bmatrix} 1 \\ -0.834 \\ 0.294 \end{Bmatrix}\eta_3 = \begin{Bmatrix} -0.0756 \\ -0.1771 \\ -0.5178 \end{Bmatrix} \times 10^{-3}\sin\theta t$$

各质点最大动位移为：

$$A_1 = -0.0756 \times 10^{-3}\mathrm{m} \quad A_2 = -0.1771 \times 10^{-3}\mathrm{m} \quad A_3 = -0.5178 \times 10^{-3}\mathrm{m}$$

（5）计算结构最大动弯矩。

惯性力幅值为 $\{F_I^0\} = \theta^2[m]\{A\}$，即

$$\begin{Bmatrix} F_{I1}^0 \\ F_{I2}^0 \\ F_{I3}^0 \end{Bmatrix} = 64\pi^2 \begin{bmatrix} 200 & & \\ & 150 & \\ & & 100 \end{bmatrix} \begin{Bmatrix} -0.0756 \times 10^3 \\ -0.1771 \times 10^3 \\ -0.5178 \times 10^3 \end{Bmatrix} = \begin{Bmatrix} -9.55 \\ -16.78 \\ -32.71 \end{Bmatrix}\mathrm{kN}$$

将求得的惯性力幅值和简谐荷载幅值直接作用于刚架，如图12.41（e）所示。

由于此刚架横梁刚度为无穷大，每层只有两根柱且其截面及柱高相等，故每根柱顶的弯矩为：

$$M_i = \frac{V_i l}{4}$$

式中，V_i 为该层的总剪力，等于该层以上水平外力（包括惯性力）的代数和；h 为该层柱高。

于是各层柱端弯矩为：

顶层：

$$M_3 = \frac{32.71 \times 5}{4} = 40.8875 \text{kN} \cdot \text{m}$$

中层：

$$M_2 = \frac{(32.71 + 16.78 - 30) \times 5}{4} = 24.4 \text{kN} \cdot \text{m}$$

底层：

$$M_1 = \frac{(32.71 + 16.78 - 30 + 9.55) \times 5}{4} = 36.3 \text{kN} \cdot \text{m}$$

刚架弯矩幅值图如图 12.41(e)所示，对于横梁的杆端弯矩可由刚结点力矩平衡推得。

12.10 计算频率的近似法

由以上各节讨论可知，随着结构自由度的增加，计算自振频率的工作量也随之加大。但是，在许多工程实际问题中，较为重要的通常只是结构前几个较低的自振频率。这是因为频率越高，则振动速度越大，因而介质的阻尼影响也就越大，相应于高频率的振动形式也就愈不易出现。基于这种原因，用近似法计算结构的较低频率以简化计算就非常必要了。下面介绍两种常用的方法。

1. 能量法

结构在振动中，具有两种形式的能量，一种是由于具有质量和速度而构成的动能，另一种则是由于结构变形而存储的应变能。根据能量守恒定律，结构在无阻尼自由振动中的任何时刻，其动能和应变能之和应当保持不变。

以梁的自由振动为例，假设其位移可表示为：

$$y(x, t) = y(x)\sin(\omega t + \varphi)$$

式中，ω 是自振频率。对 t 微分，可得出速度计算式

$$v = \dot{y}(x, t) = y(x)\omega\cos(\omega t + \varphi)$$

梁的弯曲应变能为：

$$V_\varepsilon = \frac{1}{2}\int_0^l \frac{M^2 \mathrm{d}x}{EI} = \frac{1}{2}\int_0^l EI \left[y''(x,t) \right]^2 \mathrm{d}x$$

$$= \frac{1}{2}\sin^2(\omega t + \varphi)\int_0^l EI \left[y''(x) \right]^2 \mathrm{d}x$$

其最大值为：

$$V_{\varepsilon max} = \frac{1}{2}\int_0^l EI \left[y''(x) \right]^2 \mathrm{d}x$$

梁的动能为：

$$T = \frac{1}{2}\int_0^l \bar{m}v^2 \mathrm{d}x = \frac{1}{2}\omega^2\cos^2(\omega t + \varphi)\int_0^l \bar{m}y^2(x) \mathrm{d}x$$

其最大值为：

$$T_{\max} = \frac{1}{2}\omega^2 \int_0^l \bar{m}y^2(x)\,\mathrm{d}x$$

式中，$m(x)$ 为结构上的分布质量。

当 $\sin(\omega t + \varphi) = 0$ 时，位移和应变能为零，速度和动能为最大值，而体系的总能量即为 $T_{\max}$。

当 $\cos(\omega t + \varphi) = 0$ 时，速度和动能为零，位移和应变能为最大值，而体系的总能量即为 $V_{\varepsilon\max}$。

根据能量守恒定律，可知

$$T_{\max} = V_{\varepsilon\max}$$

由此求得频率如下：

$$\omega^2 = \frac{\int_0^l EI\,[\,y''(x)\,]^2\,\mathrm{d}x}{\int_0^l \bar{m}y^2(x)\,\mathrm{d}x} \tag{12-80}$$

如果梁上还有集中质量 $m_i(i=1,2,\cdots,n)$，则上式应改为：

$$\omega^2 = \frac{\int_0^l EI\,[\,y''(x)\,]^2\,\mathrm{d}x}{\int_0^l \bar{m}y^2(x)\,\mathrm{d}x + \sum_{i=1}^n m_i y_i^2} \tag{12-81}$$

式(12-81)就是用瑞利法求自振频率的公式。利用此公式求自振频率时必须知道振型曲线 $y(x)$，但 $y(x)$ 事先往往未知，故只能假设一个 $y(x)$ 来进行计算。若假设的曲线恰好与第一振型吻合，则可求得第一频率的精确值；若假设的曲线恰好与第二振型吻合，则可求得第二频率的精确值……但假设的曲线往往是近似的，故求得的频率亦为近似值。由于假设高频率的振型较为困难，常使误差很大，故这种方法只适宜计算第一频率。在假设曲线 $y(x)$ 时，至少应满足边界条件。为了提高精度，通常可采用某一静荷载 $q(x)$（例如结构的自重）作用下的弹性曲线作为 $y(x)$ 的近似表达式，然后由式(12-81)即可求得第一频率的近似值。此时，应变能可用相应荷载 $q(x)$ 所做的功来代替，即

$$V_\varepsilon = \frac{1}{2}\int_0^l q(x)y(x)\,\mathrm{d}x$$

而式(12-81)可改写为：

$$\omega^2 = \frac{\int_0^l q(x)y(x)\,\mathrm{d}x}{\int_0^l \bar{m}y^2(x)\,\mathrm{d}x + \sum_{i=1}^n m_i y_i^2} \tag{12-82}$$

如果取结构自重作用下的变形曲线作为 $y(x)$ 的近似表达式（注意，如果考虑水平振动，则重力应沿水平方向作用），则式(12-81)可改写为：

$$\omega^2 = \frac{\int_0^l q(x)y(x)\,\mathrm{d}x + \sum_{i=1}^n m_i g y_i}{\int_0^l \bar{m}y^2(x)\,\mathrm{d}x + \sum_{i=1}^n m_i y_i^2} \tag{12-83}$$

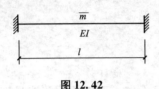

图 12.42

【例 12 - 16】 试用能量法求图 12.42 所示两端固定等截面梁的自振第一频率($\overline{m}$ 为单位长度质量)。

解： 取梁的自重作用下的挠曲线作为 $y(x)$，即取

$$y(x) = \frac{ql^4}{24EI}\left(\frac{x^2}{l^2} - 2\frac{x^3}{l^3} + \frac{x^4}{l^4}\right)$$

代入式(12 - 82)，得

$$\omega_1^2 = \frac{\displaystyle\int_0^l q(x)y(x)\mathrm{d}x}{\displaystyle\int_0^l \overline{m}y^2(x)\mathrm{d}x + \sum_{i=1}^n m_i y_i^2} = \frac{q\displaystyle\int_0^l \frac{ql^4}{24EI}\left(\frac{x^2}{l^2} - 2\frac{x^3}{l^3} + \frac{x^4}{l^4}\right)\mathrm{d}x}{\overline{m}\displaystyle\int_0^l \left[\frac{ql^4}{24EI}\left(\frac{x^2}{l^2} - 2\frac{x^3}{l^3} + \frac{x^4}{l^4}\right)\right]^2 \mathrm{d}x} = \frac{504}{l^4}\frac{EI}{\overline{m}}$$

$$\omega_1 = \frac{22.45}{l^2}\sqrt{\frac{EI}{\overline{m}}}$$

精确解为 $\omega_1 = \dfrac{22.37}{l^2}\sqrt{\dfrac{EI}{\overline{m}}}$，可见能量法的精度是很好的。

【例 12 - 17】 试用能量法求等截面简支梁的第一频率。

解： (1) 假设 $y(x)$ 为抛物线，即

$$y(x) = \frac{4a}{l^2}x(l-x)$$

$$y''(x) = -\frac{8a}{l^2}$$

代入式(12 - 80)，得

$$\omega_1^2 = \frac{\displaystyle\int_0^l EI\left[y''(x)\right]^2\mathrm{d}x}{\displaystyle\int_0^l \overline{m}y^2(x)\mathrm{d}x} = \frac{EI\displaystyle\int_0^l \frac{64a^2}{l^4}\mathrm{d}x}{\overline{m}\displaystyle\int_0^l \frac{16a^2}{l^4}x^2(l-x)^2\mathrm{d}x} = \frac{EI}{\overline{m}}\frac{120}{l^4}$$

$$\omega_1 = \frac{10.95}{l^2}\sqrt{\frac{EI}{\overline{m}}}$$

(2) 假设 $y(x)$ 为均布荷载 q 作用下的挠曲线，即

$$y(x) = \frac{q}{24EI}(l^3 x - 2lx^3 + x^4)$$

代入式(12 - 82)，得

$$\omega_1^2 = \frac{\displaystyle\int_0^l q(x)y(x)\mathrm{d}x}{\displaystyle\int_0^l \overline{m}y^2(x)\mathrm{d}x} = \frac{\dfrac{q^2 l^5}{120EI}}{\overline{m}\left(\dfrac{q}{24EI}\right)^2\dfrac{31}{630}l^9}$$

$$\omega_1 = \frac{9.87}{l^2}\sqrt{\frac{EI}{\overline{m}}}$$

(3) 假设 $y(x)$ 为正弦曲线，即

$$y(x) = a\sin\frac{\pi x}{l}$$

代入式(12-80)，得

$$\omega_1{}^2 = \frac{\int_0^l EI[y''(x)]^2 \mathrm{d}x}{\int_0^l \bar{m} y^2(x)\mathrm{d}x} = \frac{EIa^2 \frac{\pi^4}{l^4}\int_0^l \left(\sin\frac{\pi x}{l}\right)^2 \mathrm{d}x}{\bar{m}a^2 \int_0^l \left(\sin\frac{\pi x}{l}\right)^2 \mathrm{d}x} = \frac{EI}{\bar{m}}\frac{\pi^4}{l^4}$$

$$\omega_1 = \frac{9.8696}{l^2}\sqrt{\frac{EI}{\bar{m}}}$$

正弦曲线是第一主振型的精确解，因此由它求得的 ω 即为第一频率的精确解。根据均布荷载作用下的挠度曲线求得的 ω 具有很高的精度。

2. 质量集中法

将体系的分布质量集中于若干点上，根据静力等效的原则，使集中后的质点重力与原来的分布质量的重力互为静力等效（合力相等）；最终把无限自由度体系的振动问题简化为有限自由度体系的振动问题。显然，集中质量的数目愈多，所得结果就愈精确，但相应计算工作量也愈大。这种方法可用于求梁、拱、刚架、桁架等各类结构。

【例 12-18】 试求具有均布质量 $\bar{m}$ 的简支梁的自振频率。

解：在图 12.43(a)、(b)、(c)中，分别将梁分为二等段、三等段、四等段，每段质量集中在该段的两端，这时体系分别简化为具有一、二、三个自由度的体系。根据这三个计算简图，可分别求出第一频率、前两个频率、前三个频率。

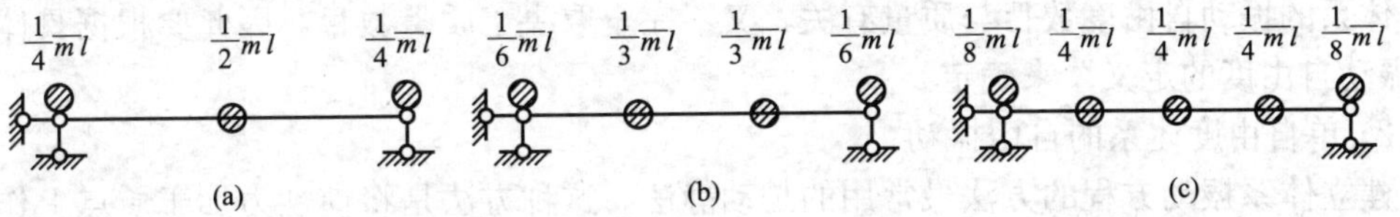

图 12.43

图 12.43(a)：$\omega_1 = \frac{9.80}{l^2}\sqrt{\frac{EI}{\bar{m}}}$，$\omega_1$ 的精确解为 $\omega_1 = \frac{9.87}{l^2}\sqrt{\frac{EI}{\bar{m}}}$，二者比较，近似法的误差为 0.7%。

图 12.43(b)：$\omega_1 = \frac{9.86}{l^2}\sqrt{\frac{EI}{\bar{m}}}$，$\omega_2 = \frac{38.2}{l^2}\sqrt{\frac{EI}{\bar{m}}}$

此时，ω_1 与精确解的误差为 0.1%；ω_2 精确解为 $\omega_2 = \frac{39.48}{l^2}\sqrt{\frac{EI}{\bar{m}}}$，其近似解误差为 3.24%。

图 12.43(c)：$\omega_1 = \frac{9.865}{l^2}\sqrt{\frac{EI}{\bar{m}}}$，$\omega_2 = \frac{39.2}{l^2}\sqrt{\frac{EI}{\bar{m}}}$，$\omega_3 = \frac{84.6}{l^2}\sqrt{\frac{EI}{\bar{m}}}$

此时，ω_1 与精确解的误差为 0.05%；ω_2 与精确解的误差为 0.7%；ω_3 的精确解为 $\omega_3 = \frac{88.83}{l^2}\sqrt{\frac{EI}{\bar{m}}}$，其近似解的误差为 4.8%。

由此可见，集中质量法能给出良好的近似结果，故在工程中常被采用。但在选择集中质量的位置时，必须注意结构的振动形式，而将质量集中在振幅较大的地方，才能使所得的频率值较为正确。例如在计算简支梁的最低频率时，由于其相应的振动形式是对称的，且跨中振幅最大，故应将质量集中在跨中；又如对于图 12.44(a)所示的刚架，当它作对称振动时，各结点无线位移，这时应将质量集中于杆件的中点，如图 12.44(b)所示；而在反对称振动时，应将质量集中在结点上，如图 12.44(c)所示。

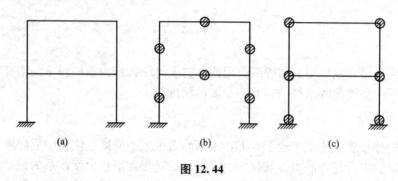

(a)　　　　　　　　　　(b)　　　　　　　　　　(c)

图 12.44

本 章 小 结

本章讨论了结构在动荷载作用下的反应。其主要内容如下。

1) 动力计算的特点、动荷载的分类及结构的振动自由度

体系的振动自由度数目与质量有关，又不完全取决于质量数目，因此要根据具体问题"按振动自由度的定义"来确定。

2) 单自由度体系的自由振动

建立体系振动方程的方法最常用的是动静法。这种方法是将惯性力加于质点上作为平衡问题来建立运动方程。在给定条件下能熟练计算自振频率和自振周期。

$$\omega = \sqrt{\frac{k}{m}} = \sqrt{\frac{1}{m\delta}} = \sqrt{\frac{g}{W\delta}} = \sqrt{\frac{g}{\Delta_{st}}}, \quad T = \frac{2\pi}{\omega}。$$

测阻尼比最常用的方法是利用结构产生的初位移来获得自由振动记录，从而利用 $\xi \approx \frac{1}{2\pi n}\ln\frac{y_k}{y_{k+n}}$ 实测阻尼比。由于阻尼比一般很小，它对频率、周期的影响一般可忽略。

3) 单自由度体系的受迫振动

在简谐荷载作用下，平稳阶段体系也是按荷载频率振动的简谐振动，当荷载频率和体系的自振频率较接近时，就会产生共振。在工程上应避免共振现象产生。

无阻尼情况简谐荷载作用下的动力系数的计算公式是 $\beta = \dfrac{1}{1 - \dfrac{\theta^2}{\omega^2}}$，当动荷载作用在单自由度体系的质点上时，各截面的最大动内力和最大动位移可采用统一的动力系数。

4) 两个自由度体系的自由振动

两个自由度体系有两个自振频率，相应地有两个主振型，会验证主振型的正交性。

5) 两个自由度体系的受迫振动

两个自由度体系在简谐荷载作用下的振幅及动内力幅值的计算。

对两个自由度体系，各质点的振幅、动内力幅值没有一个统一的动力系数。

6）多自由度体系的自由振动

多自由度体系的自振频率的个数等于振动自由度数目，全部频率由小到大排列。

不管振动方程用哪种方法建立，多自由度体系的自由振动最终归结为求解频率方程和振型方程，从数学的角度看属于矩阵特征值问题。

7）振型分解法

振型分解法将多自由度体系的振动问题转化为单自由度体系的振动计算问题。从处理方法上看，它使复杂的问题分解为简单的问题；从力学现象上看，它使我们看出复杂运动与主振型之间关系的规律。

8）能量法

能量法是计算体系第一频率的一种实用近似方法，这种方法的关键在于假设位移曲线。在假设位移曲线时应满足边界条件。

关 键 术 语

动荷载（dynamic load）；静荷载（static load）；简谐荷载（harmonic load）；周期荷载（periodic load）；突加荷载（Suddenly applied constant load）；随机荷载（random load）；自由度（degree - of - freedom）；集中质量法（method of lumped mess）；单自由度体系（single degree - of - freedom system）；广义坐标法（generalized coordinate）；自由振动（free vibration）；达朗贝尔原理（D'Alembert's principle）；刚度法（stiffness method）；柔度法（flexibility method）；自振周期（natural period）；频率（frequency）；圆频率（circular frequency）；振幅（Amplitude of vibration）；初始相位角（initial phase angle）；强迫振动（forced vibration）；动力系数（magnification factor）；共振（resonance）；第一振型（first mode shape）；阻尼（damping）；阻尼比（damping ratio）；特征方程（characteristic equation）；主振型的正交性（orthogonality of normal modes）；质量矩阵（mass matrix）；刚度矩阵（stiffness matrix）。

习 题 12

一、思考题

1. 动荷载和静荷载的主要区别是什么？

2. 结构动力计算和静力计算的主要区别是什么？

3. 结构动力计算中的自由度概念与体系几何组成分析中的自由度概念有何区别？

4. 柔度法和刚度法所建立的自由振动微分方程是相通的吗？试举例说明。

5. 柔度矩阵和刚度矩阵存在什么关系？

6. 为什么说结构的自振周期和自振频率是结构固有的性质？

7. 低阻尼对自振频率和振幅有何影响？

8. 什么是动力系数？

9. 什么是主振型？什么是主振型的正交性？

10. 两个自由度结构发生共振的可能性有几个？为什么？

11. 求自振频率和主振型时能否利用对称性？怎样利用对称性简化计算？

12. 振型分解法中用到了叠加原理，在结构动力计算中，什么情况下能用这个方法？什么情况下不能用？

13. 应用能量法时，所设的位移函数应满足什么条件？

二、填空题

1. 图 12.45 所示体系振动自由度的数目分别是：（a）_____、（b）_____、（c）_____、（d）_____、（e）_____、（f）_____、（g）_____、（h）_____。

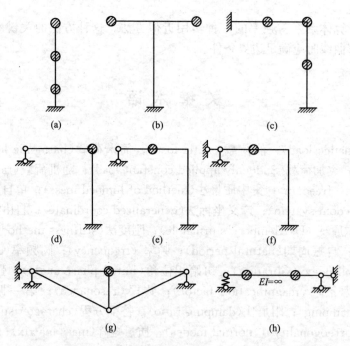

图 12.45

2. 无阻尼单自由度振动体系的自振频率与体系的约束有关，体系的约束越刚强，则频率_____。

3. 单自由度体系的有阻尼自由振动，阻尼对_____的影响很大，对_____的影响极小。

4. 多自由度振动体系的刚度矩阵 $[K]$ 和柔度矩阵 $[\delta]$ 的关系是_____。

5. 已知两个自由度体系的质量矩阵为 $[M] = \begin{bmatrix} m & 0 \\ 0 & 2m \end{bmatrix}$，振型为 $\{A\}^{(1)} = \begin{Bmatrix} 1 \\ 2 \end{Bmatrix}$，$\{A\}^{(2)} = \begin{Bmatrix} 1 \\ A_2^{(2)} \end{Bmatrix}$，则 $A_2^{(2)} = $_____。

三、判断题

1. 凡是大小、方向、作用点位置随时间变化的荷载，在结构动力计算中都必须看作动力荷载。（ ）

2. 仅在恢复力作用下的振动称为自由振动。（　　）

3. 当结构中某杆件的刚度增加时，结构的自振频率不一定增大。（　　）

4. 结构的振动自由度个数与结构是静定还是超静定有关。（　　）

5. 图 12.46(a)体系的自振频率比图 12.46(b)的小。（　　）

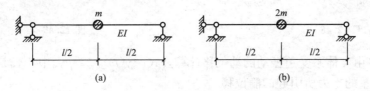

图 12.46

6. 由于阻尼的存在，任何振动都不会长期继续下去。（　　）

7. 单自由度体系，在考虑阻尼时，频率会变小。（　　）

8. 为了避免共振，要错开动荷载频率和结构固有频率，一般通过改变动荷载的频率来实现。（　　）

9. 用瑞利法时若取重力作用下的静变形曲线为位移形函数，求得的第一频率的精度很高。（　　）

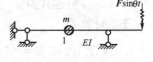

图 12.47

10. 图 12.47 所示的振动体系，1 点的位移和弯矩的动力系数相同。（　　）

四、选择题

1. 单自由度结构自由振动的振幅取决于（　　）。
   A. 初位移
   B. 初速度
   C. 初位移、初速度 与质量
   D. 初位移、初速度和结构的自振频率

2. 若要减小受弯结构的自振频率，则应使（　　）。
   A. EI 增大，m 增大
   B. EI 减少，m 减少
   C. EI 减少，m 增大
   D. EI 增大，m 减少

3. 单自由度结构其他参数不变，只有刚度增大到原来的两倍，则周期比原来的周期（　　）。
   A. 减少到 $1/2$
   B. 减少到 $1/\sqrt{2}$
   C. 增大到 2 倍
   D. 增大到 $\sqrt{2}$

4. 结构的跨度、约束、质点位置不变，下列哪种情况自振频率最小（　　）。
   A. 质量小，刚度小
   B. 质量大、刚度大
   C. 质量小、刚度大
   D. 质量大、刚度小

5. 图 12.48 所示结构中，不计杆件分布质量，当 EI_2 增加，则结构自振频率（　　）。
   A. 不变
   B. 增大
   C. 减少
   D. 增大或是减少取决于 EI_2 和 EI_1 的比值

6. 将图 12.49(a)中支座 B 换成图 12.49(b)的 BC 杆，不计杆件分布质量，EI_2、EI_1、h 为常数，则图 12.49(a)结构自振周期比图 12.49(b)结构自振周期（　　）。
   A. 大
   B. 小
   C. 小或相等，取决于阻尼比
   D. 大或小取决于 EI_2 和 EI_1 的比值

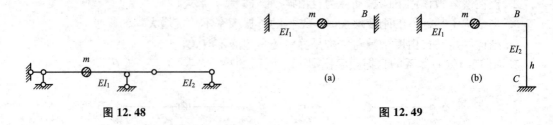

图 12.48　　　　　　　　　　　图 12.49

7. 在单自由度体系受迫振动的动位移计算公式 $[y(t)]_{max}=\beta y_{st}$ 中，y_{st} 是指（　　）。

　　A. 质量的重力所引起的静位移

　　B. 动荷载的幅值所引起的静位移

　　C. 动荷载引起的动位移

　　D. 质量的重力和动荷载幅值所引起的静位移

8. 当荷载频率 θ 接近结构的自振频率 ω 时，（　　）。

　　A. 可作为静荷载处理　　　　　　B. 荷载影响非常小

　　C. 会引起共振　　　　　　　　　D. 可以不考虑阻尼的影响

五、计算题

1. 求图 12.50 所示两个体系的自振频率。弹簧的刚度系数 $k_1=\dfrac{12EI}{l^3}$。

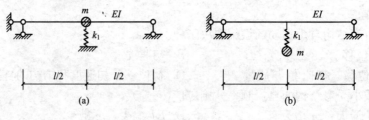

图 12.50

2. 如图 12.51 所示，排架横梁刚度可视为无穷大，不计其变形，并将排架质量集中在横梁上，试确定其自振频率。

3. 求图 12.52 所示体系的自振频率。不计杆件的自重和阻尼影响。

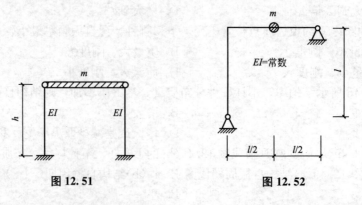

图 12.51　　　　　　　　　图 12.52

4. 求图 12.53 所示体系的自振频率。$I_1=\infty$，不计杆件的自重和阻尼影响。

5. 已知：$y_0 = 0.1$cm，$W = 20$kN，$E = 2 \times 10^4$MPa，$I = 10 \times 10^4$cm^4。求图 12.54 所示柱顶端的位移振幅、最大速度和最大加速度。

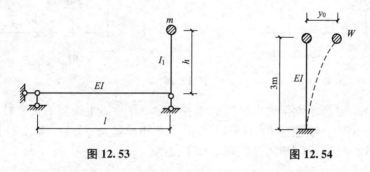

图 12.53   图 12.54

6. 如图 12.55 所示单跨排架，横梁 $EA = \infty$，屋盖系统及柱子的部分质量集中在横梁处。在柱顶水平集中力 $F = 120$kN 作用下，排架柱顶产生侧移 $y_0 = 0.6$cm。这时突然释放，排架作自由振动，并测得周期 $T_d = 2.0$s，以及振动一周后柱顶的侧移 $y_1 = 0.5$cm。试求排架的阻尼系数和振动 5 周后柱顶的振幅 y_5。

7. 图 12.56 所示悬臂梁具有一自重为 $mg = 12$kN 的集中质量，其上受有振动荷载，其中 $F = 5$kN。若不考虑阻尼，试分别计算该梁在振动荷载为每分钟振动 300 次和 600 次两种情况下的最大竖向位移和最大弯矩。已知 $l = 2$m，$E = 210$GPa，$I = 3.4 \times 10^{-5}$m^4。梁的自重不计。

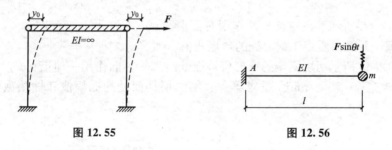

图 12.55   图 12.56

8. 求图 12.57 所示体系的自振频率。

9. 图 12.58 所示结构在柱顶有电动机，试求电动机转动时的最大水平位移和柱端弯矩的幅值。已知电动机和结构的重力集中于柱顶，$W = 20$kN，电动机水平离心力的幅值 $F = 2.5$kN，电动机的转速 $n = 550$r/min，柱的线刚度 $i = \dfrac{EI_1}{h} = 5.88 \times 10^8$N·cm。

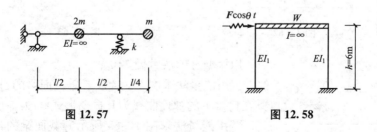

图 12.57   图 12.58

10. 求图 12.59 所示梁的自振频率和主振型。梁的自重不计，$EI =$常数。

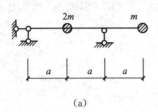
(a)

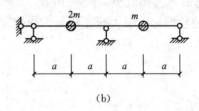
(b)

图 12.59

11. 求图 12.60 所示刚架的自振频率和主振型，并验证主振型的正交性。已知：弹性模量 $E=2\times10^5$ MPa，惯性矩 $I=1.8\times10^4$ cm^4，集中质量 $m=1.5$t，梁、柱自重不计。

12. 求图 12.61 所示刚架的自振频率和主振型。

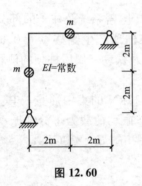

图 12.60

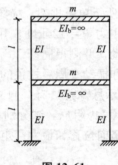

图 12.61

13. 图 12.62 所示梁在质点 2 处作用有简谐荷载，$F=2$kN，$\theta=1.5\omega_1$。计算质点 1、2 的位移幅值，并求出质点 1 截面处的弯矩幅值。

14. 图 12.63 所示两层刚架的第二层楼面处沿水平方向作用一简谐荷载，其幅值 $F=5$kN，机器转速 $n=150$r/min。试求第一、第二层楼面处的振幅值和柱端截面 A 的弯矩幅值。

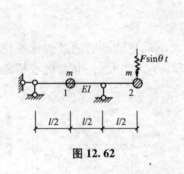

图 12.62

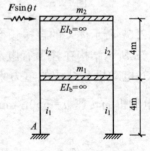

图 12.63

15. 用振型分解法重做 14 题。

16. 试用能量法求图 12.64 所示等截面梁的自振第一频率。设以梁在自重下的弹性曲线为其振动形式（$\overline{m}$ 为单位长度质量）。

17. 试用能量法求图 12.65 所示等截面梁的自振第一频率（$\overline{m}$ 为单位长度质量）。

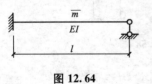

图 12.64

18. 用质量集中法求图 12.66 所示刚架的最低频率。

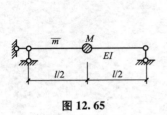

图 12.65

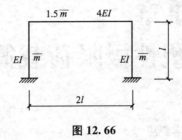

图 12.66

第13章
结构塑性极限荷载简介

本章教学要点

知识模块	掌握程度	知识要点
杆的极限内力、结构的极限荷载	熟悉	轴向拉压杆结构的极限荷载
	了解	圆杆的极限扭矩
	掌握	极限弯矩和塑性铰
	了解	梁和刚架的极限荷载

本章技能要点

技能要点	掌握程度	应用方向
极限弯矩和塑性铰	掌握	结构设计，极限能力的分析
梁和刚架的极限荷载	了解	结构在意外荷载作用下的极限能力

 导入案例

在强震下建筑不倒塌的秘密

建筑物当遭遇到超过抗震设防烈度的大地震作用时，将发生严重破坏，有的甚至会倒塌。抗震设防目标中的"小震不坏、中震可修、大震不倒"，就是要保证在大震时一些建筑物虽然已达到不可修复的破坏，但是不要倒塌，以保证建筑物内的人们能有足够的生存空间逃离或等待救援。图13.1所示为某建筑在大地震作用下破坏的残骸，显然，建筑物里面的人员已几乎没有生还的可能了。图13.2所示某建筑虽然在大地震作用下发生了严重的破坏，但整体结构依然矗立，里面的人员没有像图13.1所示建筑那样完全被掩埋在瓦砾之中。

那么，怎样使建筑能抵御大地震的作用而不倒塌呢？抗震专家有许多措施，其中之一就是发挥材料的塑性承载极限，即在大震时，结构(钢结构或钢筋混凝土结构)受力较大截面的应力超过了弹性极限，该处将进入弹塑性阶段，而此时截面并没有断裂，仍然可以继续承受荷载。当地震作用继续增加，使得结构多处截面进入完全塑性状态，结构变成了几何可变体时，相应的外荷载也达到了结构的塑性极限值，这时结构就会倒塌。一般的地震作用持续时间都比较短，往往是在结构还未成为几何可变体时，地震就已结束了。所以，结构有较多的塑性极限储备，这就是保证建筑"大震不倒"的一道秘密防线。

本章将从单个杆件的塑性极限内力开始，研究一些简单结构的塑性极限荷载的计算。

图 13.1　　　　　　　　　　　　　图 13.2

13.1 概　　述

　　工程中，对于钢材等弹塑性材料，按照前面所述的弹性分析方法，计算出杆件所能承受的最大内力为弹性极限内力，相应结构的极限荷载为弹性极限荷载。结构在弹性极限荷载作用下，对于具有弹塑性性质的材料，此时结构并非立即产生破坏，而是即将进入弹塑性受力状态，继续加载后，结构的受力状态将变得很复杂。从工程需要出发，在对材料的弹塑性性质做出科学的理想化假设后，方能确定结构的最终极限荷载，与此对应的结构体系将由几何不变体系转化为几何可变体系。

　　在对结构进行塑性分析时，从工程需要出发，为使计算简化，一般对弹塑性材料如常见的低碳钢原有的应力应变关系(图13.3)进行简化。将图中屈服阶段理想化为向右无限延长的水平线，得到如图13.4所示的应力应变关系图，亦称为理想弹塑性材料的应力应变关系：在应力到达 A 点之前应力应变为线弹性关系，当应力达到 A 点时材料即进入塑性状态，对应的杆件的内力称为弹性极限内力。此时，应力不再增加，而应变会持续增加。若在 C 点处卸载，卸载直线与 OA 平行，即为弹性状态。钢筋混凝土杆件可按理想弹塑性材料进行分析。

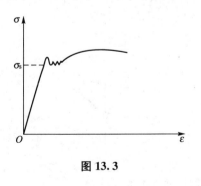

图 13.3

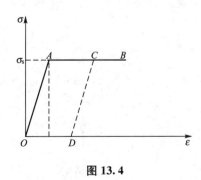

图 13.4

　　对于受轴向拉压变形的杆件，由于杆件各截面上的应力均匀分布，随着荷载的增加，各点上的应力将会同时到达屈服极限值 σ_s。根据图13.4，此时杆件将会发生无限的伸长或缩短，成为几何可变体。因此轴向拉压杆件的弹性极限轴力与塑性极限轴力相同。

对于受扭转变形的杆件，首先是在最大扭矩所在截面周边处的剪应力达到屈服剪应力，进入塑性状态，此时截面的扭矩称为弹性极限扭矩。随着荷载的增加，屈服剪应力向截面中心发展，直到整个截面各点的剪应力完全达到屈服状态，此时截面的扭矩称为塑性极限扭矩。

同理，对于受弯曲变形的杆件，首先是在最大弯矩所在截面边缘处的正应力达到屈服，进入塑性状态，此时截面的弯矩称为弹性极限弯矩。随着荷载的增加，屈服正应力向截面中央发展，直到整个截面各点的正应力完全达到屈服状态，此时截面的弯矩称为塑性极限弯矩。

杆件截面完全进入塑性状态时的内力称为塑性极限内力，在结构中，当某一局部的应力达到极限值时，结构的很多部分并没有破坏，特别是超静定结构，此时若再增加荷载，结构还可在局部完全进入塑性状态而大部分仍在弹性状态下继续工作，直至荷载继续增大到出现一个或多个完全塑性区域，以至于结构成为几何可变体系而退出工作。结构成为几何可变体系时对应的荷载称为塑性极限荷载，也就是结构的极限荷载。

由于塑性极限荷载是在结构某截面上各点应力完全达到屈服应力 σ_s 而得出的，因为整个截面发生了塑性变形，所以结构也会发生了较大的位移。因此，对于在位移方面有较严格要求的结构，是不适宜用塑性极限荷载的方法进行设计的。

13.2 轴向拉压杆结构的塑性极限荷载

轴向拉压杆件的弹性极限轴力与塑性极限轴力相同，所以，对于静定拉压杆结构，只要一个杆件达到极限轴力，结构就会成为几何可变体，因此静定拉压杆结构也就只有一种极限荷载。

但是，对于如图 13.5 所示的超静定拉压杆结构，若 3 个杆件的材料、截面相同，经解超静定计算后，可知 2 杆的轴力大于 1、3 杆的轴力，会率先进入屈服状态，其内力达到塑性极限轴力 $N_{2u}=\sigma_s A_s$。而此时，1、3 杆仍在弹性状态下，结构可在 2 杆承受不变的塑性极限轴力 N_{2u} 的情况下继续增加荷载。当荷载继续增大，经静定分析后，显然 1 杆也进入塑性状态，如图 13.6 所示，结构成为几何可变体系，此时的 F_u 称为结构的塑性极限荷载。

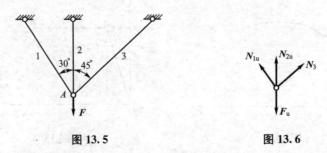

图 13.5   图 13.6

总结图 13.5 所示的超静定拉压杆结构的塑性极限荷载计算过程：首先是判断出结构为 1 次超静定，再判断出结构中 3 个杆件中 2 杆的内力最大，最先达到塑性极限轴力。然后通过静力平衡关系计算出剩余静定结构中的 1 杆与 3 杆的最大内力是发生在 1 杆上，当

1 杆也达到塑性极限轴力时，结构即成为几何可变体系。此时的外力即为该结构的塑性极限荷载。对于由截面、材料不同的杆件组成的结构，或是结构形式复杂，不能明显判断最大内力发生在哪个杆件时，为了避免求解超静定结构，可以采用对杆件轮流试算的方法，即轮流设定任意两杆屈服，然后利用平衡条件求得对应的 F_u 值，比较相应的 F_u 值，最小者即为塑性极限荷载。

【例 13-1】 图 13.7(a)所示抗弯刚度无穷大的梁，承受集中荷载 F 作用，两吊杆的长度和 EA 均相同，杆的屈服应力 $\sigma_s = 240\text{MPa}$。试求该荷载形式的极限荷载值 F_u。

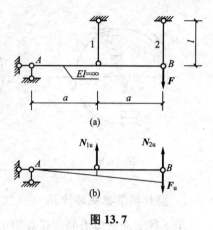

图 13.7

解： 该结构为 1 次超静定，可直观地判定出 2 杆将首先达到屈服。继续增加荷载直到 1 杆也达到屈服，则结构成为几何可变体，如图 13.7(b)所示。

在此极限状态下由平衡条件 $\sum M_A = 0$ 可得

$$F_u \times 2a = N_{1u} \cdot a + N_{2u} \times 2a$$

$$F_u = \frac{1}{2} N_{1u} + N_{2u} = \frac{3}{2} \sigma_s A$$

由弹性关系计算的最大内力与荷载的关系为

$$N_1 = \frac{1}{2} N_2, \quad N_2 = \sigma_s A$$

$$F_e \times 2a = \frac{1}{2} \sigma_s A \cdot a + \sigma_s A \times 2a$$

可得该结构的弹性极限荷载 F_e：

$$F_e = \frac{5}{4} \sigma_s A$$

塑性极限荷载与弹性极限荷载比较：

$$\frac{F_u}{F_e} = \frac{3\sigma_s A}{2} \frac{4}{5\sigma_s A} = \frac{6}{5}$$

考虑塑性的极限荷载虽然有所提高，但是结构的位移也增加了许多，读者可进行弹性位移和塑性位移的计算和比较。

13.3 圆杆的极限扭矩

1. 截面上屈服应力 τ_s 的变化规律

工程中，承受扭转变形的大多为弹塑性材料制成的圆截面杆件，弹性极限状态时截面的应力分布如图 13.8 所示，其弹性极限扭矩为 M_e。

$$\tau = \frac{M}{W_p}$$

$$M_e = \tau_s W_p = \tau_s \frac{\pi d^3}{16}$$

截面处于弹性极限状态时，仅是圆截面周边各点的应力达到 τ_s，若继续增加外荷载，屈服应力 τ_s 将向截面内发展。若在距轴心为 r 处的应力也达到了 τ_s 时，如图 13.9 所示，截面在 $R—r$ 的圆环面积内各点的应力均为 τ_s，而在半径 r 以内的截面上各点的应力仍是弹性状态，按线性分布。显然，若再继续增加荷载，使得整个截面各点的应力均达到 τ_s 时，如图 13.10 所示，截面的扭矩即为塑性极限扭矩。

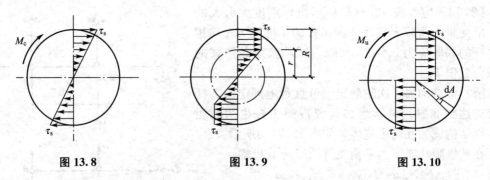

图 13.8　　　　　　　　　　图 13.9　　　　　　　　　　图 13.10

2. 塑性极限扭矩的计算

由上述截面剪应力的变化规律可知：塑性极限扭矩是截面各点的剪应力均达到 τ_s，根据图 13.10 中各点上的力对轴心的力矩可得出

$$M_u = \int_A \rho \cdot \tau_s \mathrm{d}A = \tau_s \int_A \rho \mathrm{d}A = \tau_s \frac{\pi d^3}{12}$$

显然，塑性极限扭矩 M_u 大于弹性极限扭矩 M_e，两者进行比较：

$$\frac{M_u}{M_e} = \frac{\pi d^3}{12} \frac{16}{\pi d^3} = \frac{4}{3}$$

M_u 比 M_e 提高了 33%，亦即承载能力提高了同样大小。

与轴向拉压杆比较，杆件在发生扭转变形以及后面要叙述的弯曲变形时，由于截面上各点应力在初始弹性阶段时分布不均匀，当最大应力达到屈服时需要再继续增加荷载才会使整个截面的应力都达到屈服。所以，静定杆件也有弹性极限内力与塑性极限内力之分。

对于矩形截面杆，弹性阶段时的应力分布需按弹性力学求得，当整个截面的应力都达到屈服极限时，其塑性极限扭矩 M_u 的计算反而比较简单：过 4 个角点绘制 45° 斜线，得 4 个区域，每个区域的应力方向与周边平行，按静力矩合成即可得到 M_u 值。读者可参阅混凝土结构书籍，自行计算。

13.4 极限弯矩和塑性铰

1. 截面上屈服应力 σ_s 的变化规律

对于弯曲的杆件，在弹性状态下横截面上正压力的分布如图 13.11 所示，其弹性极限弯矩可由公式

$$\sigma_s = \frac{M_e}{W_z} \quad M_e = \sigma_s W_z$$

得出，其中 M_e 为横截面的弹性极限弯矩。此时，仅是弯曲杆件截面的上下边缘各点的应力达到了 σ_s，若继续增加外荷载，屈服应力 σ_s 将向截面中央发展。若在距边缘处为 a 的应力也达到了 σ_s，则范围内的各点应力均达到 σ_s，而截面中间处各点的应力仍是弹性状态（图 13.12）。显然，若再继续增加外荷载，使得整个截面上各点的应力均达到 σ_s 时，截面的弯矩就是塑性极限弯矩（图 13.13）。

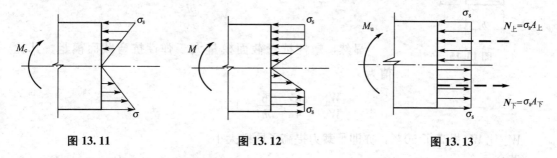

图 13.11   图 13.12   图 13.13

2. 塑性铰与中性轴的位置

当截面上的应力全部达到 σ_s 时，截面进入可承受塑性极限弯矩且发生屈服转动的状态，其转动方向与塑性极限弯矩方向相同，即该截面如同一个可转动的铰一样。与前述的光滑理想铰不同，该处的转动可承受塑性极限弯矩，因此称为塑性铰（转动方向同弯矩方向，是单向铰）。

塑性铰所在截面的中性轴（拉、压应力分界线）可根据截面 $\sum X = 0$ 的平衡条件，由轴两侧面积相等确定出来。对于对称截面，塑性极限状态下的中性轴和弹性状态下的中性轴在同一个位置。当截面不是对称时，如图 13.14(a) 所示截面，z 轴为弹性状态下的中性轴，其位置由面积矩（静矩）$A_上 y_上 = A_下 y_下$ 的关系式来确定，由图中可见，$A_上 \neq A_下$。截面进入塑性极限状态后，中性轴的位置按积 $A_上 = A_下$ 的关系式确定，其位置如图 13.14(b) 所示。在截面的弯矩由弹性极限弯矩提高到塑性极限弯矩时，截面的弹性中性轴也在向塑性中性轴的位置移动。

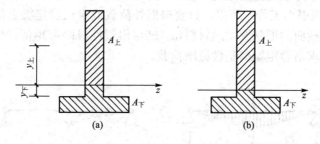

(a)   (b)

图 13.14

3. 塑性极限弯矩的计算

由上述截面上正压力的变化规律可知：塑性极限期间是截面各点的正压力均达到了 σ_s，根据图 13.14(b) 中截面上各点的力对中性轴的力矩，可得出截面塑性极限弯矩 M_u。

$$M_u = \int_{A_上} y \sigma_s \mathrm{d}A + \int_{A_下} y \sigma_s \mathrm{d}A = \sigma_s (S_上 + S_下) = \sigma_s W_u$$

式中，S 为中性轴一侧面积对中性轴的面积矩（静矩）；W_u 为塑性抗弯截面模量。

对于图 13.15 所示矩形截面，其塑性抗弯截面模量为

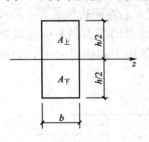

$$W_u = 2\left(b \cdot \frac{h}{2} \cdot \frac{h}{4}\right) = \frac{bh^2}{4}$$

而矩形截面的弹性抗弯截面模量为

$$W_e = \frac{bh^2}{6}$$

图 13.15

显然，塑性抗弯截面模量大于弹性抗弯截面模量。其比值为

$$\frac{W_u}{W_e} = \frac{bh^2}{4} \cdot \frac{6}{bh^2} = 1.5$$

W_u 比 W_e 提高了 50%，亦即承载力提高了同样大小。

若令

$$\frac{W_u}{W_e} = f$$

称 f 为截面的塑性弯曲形状系数，表 13-1 列出了几种常见截面的 f 值。

表 13-1 常见截面的塑性弯曲形状系数

截面	工字形	薄壁圆形	矩形	圆形
f	1.15～1.17	1.27	1.5	1.7

13.5 梁和刚架的极限荷载

对于以弯曲变形为主的静定结构，在最大弯矩处出现一个塑性铰，结构即进入几何可变状态（图 13.16）而退出工作。所以，只要根据外荷载确定出静定梁上的最大弯矩与外荷载的关系，再根据截面的形状及梁的材料（σ_s）确定出塑性极限弯矩值，令最大弯矩等于塑性极限弯矩，就可求出静定梁的塑性极限荷载。

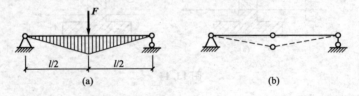

图 13.16

【例 13-2】 图 13.17(a)所示等截面梁，承受满跨均布荷载 q 作用，梁的屈服应力 $\sigma_s = 240\text{MPa}$。试求该荷载形式的极限荷载值 q_u。

解：绘制弯矩图如图 13.17(b)所示，显然截面 B 处由全梁的最大弯矩为

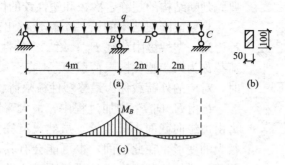

图 13.17

$$M_B = \frac{q}{2} \times 2^2 + q \times 1 \times 2 = 4q$$

截面的塑性极限弯矩为

$$M_u = \sigma_s W_u = 240 \times 10^3 \times \frac{0.05 \times 0.1^2}{4} = 30\text{kN} \cdot \text{m}$$

当 $M_B = M_u$ 时，可得塑性极限荷载为

$$4q_u = 30 \qquad q_u = \frac{30}{4} = 7.5\text{kN/m}$$

当 $M_B = M_e$ 时，可得弹性极限荷载为

$$M_e = \sigma_s W_e = 2400 \times 10^3 \times \frac{0.05 \times 0.1^2}{6} = 20\text{kN} \cdot \text{m}$$

$$4q_e = 20 \qquad q_e = \frac{20}{4} = 5\text{kN/m}$$

此梁的塑性极限荷载还可由

$$q_u = fq_e = 1.5 \times 5 = 7.5\text{kN/m}$$

求得。

塑性极限荷载与弹性极限荷载比较：

$$\frac{q_u}{q_e} = \frac{7.5}{5} = 1.5 = f \text{（塑性截面形状系数）}$$

这也说明，对于等截面的静定梁，其塑性极限荷载等于弹性极限荷载的 f 倍。

对于图 13.18 所示包含有静定部分的超静定结构，若最大弯矩发生在如 BC 的静定部分，当其出现塑性铰时，BC 部分即成为几何可变体。因此，其极限荷载仍是按静定结构方式计算。

对于最大弯矩发生在超静定部分的超静定结构（图 13.19），一般来说，需要出现 $n+1$ 个（比超静定次数多一个）塑性铰，结构才会成为几何可变体，而对于各跨内等截面并且荷载同向的连续梁，各跨只要有 3 个铰就形成几何可变或几何瞬变的破坏机构。因此，超静定梁和刚架结构的塑性极限荷载的分析

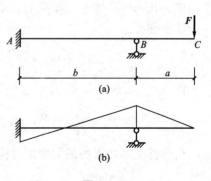

图 13.18

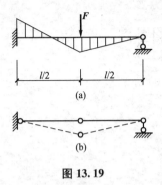

图 13.19

要先判断结构的超静定次数和塑性铰的位置。

当梁或刚架结构的第一个塑性铰出现时，对应的外荷载称为第一塑性极限荷载 F_{1u}；第二个塑性铰出现时，对应的外荷载称为第二塑性极限荷载 F_{2u}；直至第 $n+1$ 个塑性铰出现时，对应的外荷载称为最终塑性极限荷载 F_u。

F 由 F_e 向 F_{1u} 增加过程中，最大弯矩所在截面的屈服应力由边缘向截面中间发展，虽然没有完全屈服，但也产生了很大的变形，在此期间，也可能会有其他弯矩较大截面随着荷载的增加、截面弯矩的增加而进入此状态。此时的弯矩图形不能按照弹性关系计算求得，因此一般情况下是在极限状态下按静力平衡方法求得极限荷载。

类似于超静定拉压杆结构极限荷载的分析，超静定梁和刚架结构的极限荷载分析也是按最大弹性极限弯矩确定第一塑性铰发生的位置，然后以该塑性铰处的塑性极限弯矩为固定不变的外荷载来考虑平衡，进而确定下一个塑性铰出现的位置。在成为几何可变体的极限平衡状态下可确定相应极限荷载值。

总结以上分析可知，极限状态应满足以下 3 个条件：①由于塑性铰的单向性，所以结构在成为几何可变体时亦是按荷载方向作单向运动的，即单向机构条件；②在极限状态下，结构各截面的弯矩均小于塑性极限弯矩 M_u，即屈服条件（或称内力局限条件）；③极限荷载的分析是在结构由静定结构向几何可变体系过渡的极限状态下进行的，所以可用静力平衡条件计算，即平衡条件。因此，对于能明确判断出的极限状态，由于不必考虑变形关系，仅需按照静力平衡条件进行计算，所以其计算较超静定结构的计算要简单。另外，由于极限状态前的结构为静定结构，所以超静定结构的极限荷载值不受支座移动和温度变化的影响。

【例 13－3】 图 13.20（a）所示超静定梁，承受集中荷载 F 作用。已知梁的屈服应力为 σ_s，抗弯截面模量为 W_Z，塑性截面形状系数为 f。试求该荷载形式下的极限荷载值 F_u。

解： 本题为单跨一次超静定梁，应出现两个塑性铰时结构才能成为几何可变体系。由弹性关系计算的最大弯矩发生在梁的 A 端，所以第一塑性铰出现在 A 处，如图 13.20（b）所示。以 A 处承受不变的塑性极限弯矩 M_u，继续增加荷载，显然第二塑性铰应出现在集中力作用处的截面上，此时结构成为几何可变体系，如图 13.20（c）所示。

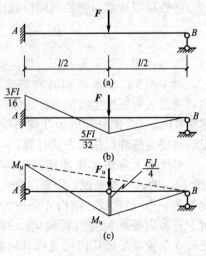

图 13.20

按平衡关系

$$\frac{1}{2}M_u + M_u = \frac{F_u l}{4}$$

可得

$$F_u = \frac{6M_u}{l} = \frac{6}{l}\sigma_s f W_Z$$

由弹性关系计算的最大弯矩与荷载的关系为

$$\frac{3F_e l}{16} = \sigma_s W_Z$$

可得该梁的弹性极限荷载

$$F_e = \frac{16}{3l}\sigma_s W_Z$$

塑性极限荷载与弹性极限荷载比较

$$\frac{F_u}{F_e} = \frac{6f\sigma_s W_Z}{l} \frac{3l}{16\sigma_s W_Z} = \frac{9}{8}f$$

【例 13-4】 求图 13.21(a)所示两跨超静定梁的极限荷载值 q_u。已知 $M_u = 360\text{kN·m}$。

解： 本题为多跨超静定梁，其破坏机构为各单跨破坏机构。

第一跨的破坏机构如图 13.21(b)所示，在梁的 A 端、跨中（为简化计算，近似用跨中弯矩代替最大弯矩）和 B 支座处出现塑性铰。以该 3 处承受相应不变的塑性极限弯矩，计算其塑性极限荷载 q_{1u}

按平衡关系，有

$$\frac{q_{1u}(12)^2}{8} = 540 + \frac{540+360}{2}$$

$q_{1u} = 55\text{kN/m}$（精确解答为 54.89kN/m。）

第二跨的破坏机构如图 13.21(c)所示，在梁的 B 支座和集中力处出现塑性铰。以该两处承受相应不变的塑性极限弯矩，计算其塑性极限荷载 q_{2u}。

按平衡关系，有

$$\frac{6q_{2u}(6)}{4} = 360 + \frac{360}{2}$$

$$q_{2u} = 60\text{kN/m}$$

比较这两个极限荷载值，显然，结构的塑性极限荷载为 $q_u = 55\text{kN/m}$。

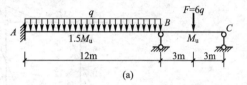

(a)

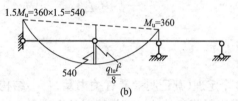

(b)

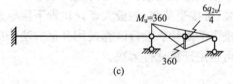

(c)

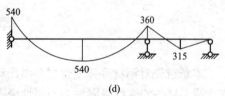

(d)

图 13.21

【例 13-5】 计算图 13.22(a)所示超静定刚架的极限荷载值 F_u。

解： 本题为 3 次超静定结构，应出现 4 个塑性铰时结构才能成为几何可变体系。由弹性关系计算的最大弯矩发生在结构的 A、B 端，如图 13.22(b)所示，所以第一塑性铰出现在 A、B 处。以 A、B 处承受不变的塑性极限弯矩 M_u，继续增加荷载，显然第二塑性铰应出现在结构的 C、D 处，此时结构成为几何可变体系，如图 13.22(c)所示。

按平衡关系［图 13.22(d)］，有

$$\frac{1}{2}F_u h = 2M_u$$

可得

$$F_u = \frac{4M_u}{h}$$

对于复杂的荷载及结构形式，由于较难判断塑性铰出现的位置及顺序，需要依据以下

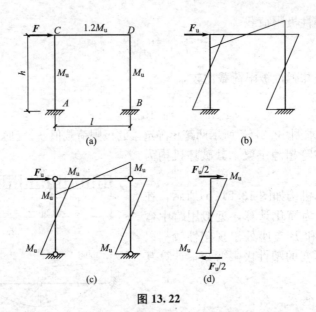

图 13.22

3个定理(其证明参看有关书籍)：①结构具有唯一极限荷载，即单向定理或唯一性定理；②极限荷载是结构破坏荷载的极小者，即上限定理或极限定理；③极限荷载是结构安全荷载(可接受荷载)的极大者，也即下限定理或极大定理，对多个可能出现的几何可变体系的极限平衡状态进行试算或用其他方法来确定极限荷载。本书不做更多的介绍，实际工程中可运用计算软件解决。

本 章 小 结

本章首先对钢材等弹塑性材料做出科学的理想化假设，按照杆件的不同受力情况，又分别介绍了杆件的弹性极限轴力与塑性极限轴力，杆件的弹性极限扭矩与塑性极限扭矩，杆件的弹性极限弯矩与塑性极限弯矩，塑性铰及塑性抗弯截面模量，结构的极限荷载等概念。

对于以弯曲变形为主的静定结构，在最大弯矩处出现一个塑性铰，结构即进入几何可变状态而退出工作。

对于包含有静定部分的超静定结构，若最大弯矩发生在静定部分，当其出现塑性铰时，该部分即成为几何可变体系。因此，其极限荷载仍是按静定结构方式计算的。对于最大弯矩发生在超静定部分的超静定结构，一般来说，需要出现 $n+1$ 个(比超静定次数多一个)塑性铰，结构才会成为几何可变体系，而对于各跨内等截面并且荷载同向的连续梁，各跨只要有 3 个铰就可形成几何可变或几何瞬变的破坏机构。因此，超静定梁和刚架结构的塑性极限荷载的分析要先判断结构的超静定次数和塑性铰的位置。一般情况下是在极限状态下按静力平衡方法求得极限荷载。

极限荷载计算具有以下特点：①由于塑性铰的单向性，所以结构在成为几何可变体系时也是按荷载方向作单向运动的；②极限状态下，结构各截面的弯矩均小于塑性极限弯矩 M_u；③极限荷载的分析是在结构由静定结构向几何可变体系过渡的极限状态下进行的，所以可用静力平衡条件计算；④对结构可能出现多个几何可变体系的极限平衡状态，需进行试算或用其他方法来确定结构的极限荷载；⑤由于极限状态前的结构为静定结构，所以超静定结构的极限荷载值不受支座移动和温度变化的影响。

关 键 术 语

塑性变形（plastic deformation）；塑性材料（ductile materials）；屈服（yield）；极限荷载（ultimate load）；极限弯矩（limit moment）；屈服弯矩（yield moment）；塑性铰（plastic hinge）。

习　题　13

一、思考题

1. 解释静定拉压杆结构的极限荷载。
2. 塑性铰与理想光滑铰有何区别？
3. 一次超静定结构须出现 2 个塑性铰才是几何可变体吗？试举例说明。
4. 为什么静定拉压杆结构没有弹性极限荷载和塑性极限荷载的区别？
5. 在什么情况下不能考虑塑性计算？
6. 简述塑性极限荷载高于弹性极限荷载的原因。

二、填空题

1. 塑性铰与普通铰不同，它是一种_____铰，只能沿_____方向发生相对转动。

2. 静定结构的极限状态有_____个塑性铰，一次超静定结构极限状态需有_____个塑性铰，据此_____推断出 n 次超静定结构极限状态一定出现 $n+1$ 个塑性铰。

3. 由理想弹塑性材料制成的超静定结构，从承受荷载到破坏，一般说来其工作阶段分为三个，即① _____；② _____；③ _____。

4. 在极限状态中，结构任一截面的弯矩绝对值将_____极限弯矩。

5. 结构的极限荷载计算，就是要确定结构在_____时所能承担的荷载值。

6. 对图 13.23 所示工字形截面来说，塑性极限弯矩是弹性极限弯矩（屈服弯矩）的_____倍。已知 $b=30\text{cm}$，$t=10\text{cm}$。

7. 极限弯矩 M_u 所在截面的中性轴是以截面的_____确定的。

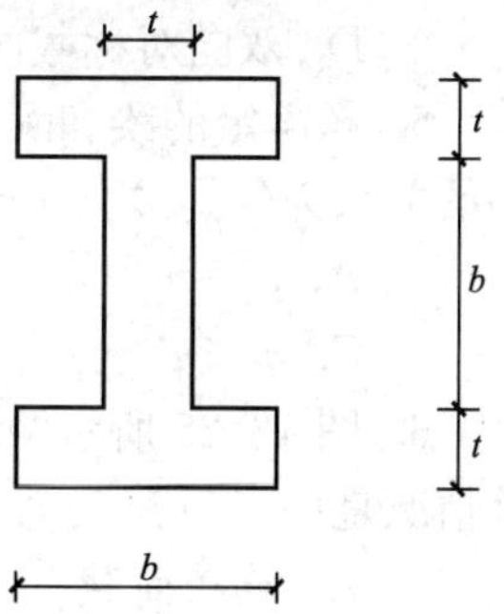

图 13.23

三、判断题

1. 结构塑性分析适用于所有材料和全部工程结构。（　　）
2. 平面假设在塑性分析中不能使用。（　　）
3. 求极限荷载时出现塑性铰的数目与超静定次数一定相同。（　　）
4. 静定结构只要产生一个塑性铰即发生塑性破坏，n 次超静定结构一定要产生 $n+1$

个塑性铰才产生塑性破坏。（　　）

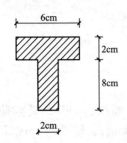

图 13.24

5. 结构某截面完全进入塑性状态后，该截面就像铰一样不能承受内力，处于这种情况下的截面称为塑性铰。（　　）

6. 理想弹塑性材料的杆件，截面应力全部达到屈服应力 σ_s 时，称此时的截面为弹塑性铰。（　　）

7. 有一个对称轴的截面的极限弯矩为 $M_u = \sigma_s A a / 2$，其中 A 为截面面积，a 为受拉区和受压区面积形心之间的距离，σ_s 为材料的屈服极限。（　　）

8. 图 13.24 所示 T 形截面，其材料的屈服极限 $\sigma_s = 235\text{MPa}$，可算得其极限弯矩 $M_u = 17.86\text{kN} \cdot \text{m}$。（　　）

四、选择题

1. 塑性铰具有如下的性质（　　）。

    A. 可以沿弯矩方向发生有限相对转角   B. 沿弯矩增加方向有弹性刚度

    C. 沿弯矩减少方向的弹性刚度为零   D. 塑性铰和一般铰具有同样的性质

2. 塑性截面系数 W_u 和弹性截面系数 W_e 的关系为（　　）。

    A. $W_e = W_u$ B. $W_e \geqslant W_u$

    C. $W_e \leqslant W_u$ D. W_e 可能大于，也可能小于 W_u

3. 下列结论中正确的是（　　）。

    A. 塑性截面系数与截面积成正比

    B. 塑性铰不能承受反向荷载

    C. 任意截面在形成塑性铰过程中的中性轴位置保持不变

    D. 在极限状态下，截面的中性轴将截面积等分

4. 截面中性轴的位置从弹性阶段到塑性阶段保持不变的情况只存在（　　）。

    A. Ⅱ 形截面   B. T 形截面

    C. 有一根对称轴并在对称平面作用横向荷载的截面

    D. 双向对称截面

5. 超静定的梁和刚架，当变成破坏机构时，塑性铰的数目 m 与结构超静定次数 n 之间的关系为（　　）。

    A. $m = n$ B. $m > n$

    C. $m < n$ D. 取决于体系构造和承受荷载的情况

6. 图 13.25 所示两端固定梁在合力相同的不同荷载作用下，其极限荷载最小时的荷载情况是（　　）。

    A. 均布荷载

    B. 中点受一个集中力

    C. 二等分段中点各受一个集中力（二力相等）

    D. 三等分段中点各受一个集中力（三力相等）

7. 图 13.26 所示 4 种同材料、同截面形式的单跨梁中，其极限荷载值最大的为（　　）。

    A. $M_{u1} > M_{u2}$ B. $M_{u1} = M_{u2}$

    C. $M_{u1} < M_{u2}$ D. 不确定的

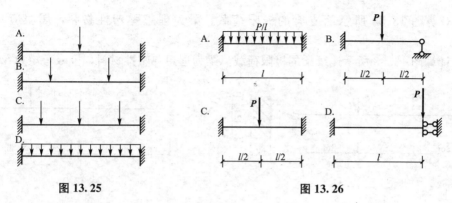

图 13.25   图 13.26

8. 图 13.27 所示截面，其材料的屈服极限 $\sigma_s = 24\text{kN/cm}^2$，可算得极限弯矩 M_u 大小为（   ）。

A. 543.85kN·m   B. 645.25kN·m

C. 762.50kN·m   D. 867.25kN·m

9. 图 13.28 所示连续梁截面的极限弯矩为 M_u 极限荷载 F_u 为（   ）。

A. $2M_u/l$ B. $2.5M_u/l$ C. $4M_u/l$ D. $6M_u/l$

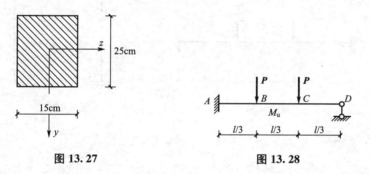

图 13.27   图 13.28

五、计算题

1. 图 13.29 所示的超静定拉压杆结构，承受荷载 F 作用。若 3 个杆件的材料、截面、杆长均相同，屈服应力为 σ_s，试计算其塑性极限荷载 F_u。

2. 计算图 13.30 所示结构的极限荷载。拉杆 1 和拉杆 2 为理想弹塑性材料，其长度 l、横截面积 A、弹性模量 E 及屈服应力 σ_s 均相同。

3. 计算图 13.31 所示截面的极限弯矩，已知材料的屈服应力 $\sigma_s = 235\text{MPa}$。

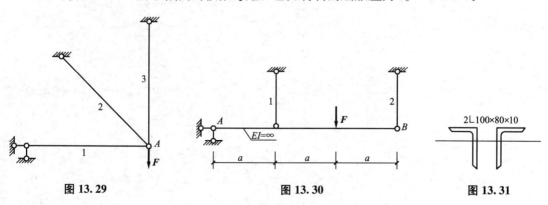

图 13.29   图 13.30   图 13.31

4. 计算图 13.32 所示简支梁的极限荷载。梁为理想弹塑性材料，屈服应力 $\sigma_s =$ 235MPa。

5. 计算图 13.33 所示连续梁的极限荷载。梁为理想弹塑性材料，极限弯矩为 M_u。

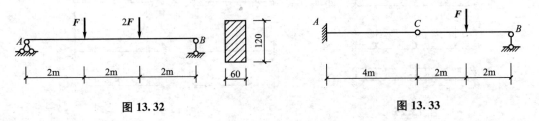

图 13.32　　　　　　　　　　　　　　图 13.33

6. 图 13.34 所示超静定梁，承受集中荷载 F 作用。已知梁的极限弯矩为 M_u。试求该荷载形式下的极限荷载值 F_u。

7. 图 13.35 所示超静定刚架，承受集中荷载 F 作用。已知各杆的长度均为 l，各杆的极限弯矩均为 M_u。试求该荷载形式下的极限荷载值 F_u。

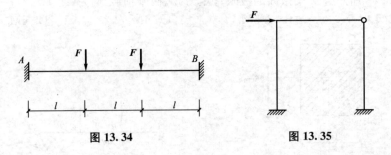

图 13.34　　　　　　　　　　　　　图 13.35

部分习题参考答案

习 题 1

二、填空题

1. 杆件结构　薄壳结构　实体结构　平面结构　空间结构
2. 等截面直杆　变截面直杆　等截面或变截面的曲杆
3. 荷载作用在结构上的时间长短

三、判断题

1. √；　2. √　3. ×；4. ×；　5. ×；　6. ×；7. √

四、选择题

1. D；　2. C；　3. B

习 题 2

二、填空题

1. 铰结点　刚结点　复合结点
2. 2
3. 几何瞬变体系
4. 虚铰
5. 无穷大　不确定
6. 3
7. 几何不变　无　有
8. 几何可变
9. $W \leqslant 0$　三个
10. 5
11. 几何不变　4
12. $W \leqslant 0$　满足刚片相连接的规则
13. 无多余约束的几何不变
14. 无多余约束的几何不变

三、判断题

1. ×；　2. ×；　3. √；　4. √；　5. ×；　6. ×；　7. ×；
8. ×；　9. √；　10. ×；　11. ×；　12. ×；　13. ×；　14. √；
15. ×；　16. √；　17. √；　18. ×；　19. ×

四、选择题

1. D；　2. D；　3. A；　4. A；　5. C；　6. C；　7. A；　8. A；　9. C；
10. B；　11. A；　12. C；　13. C；　14. D；　15. B；　16. B；　17. C

五、分析题

图 2.49、图 2.51、图 2.53、图 2.54、图 2.55、图 2.56、图 2.57、图 2.59、

图 2.61、图 2.62、图 2.66、图 2.68、图 2.69、图 2.70 为无多余约束的几何不变体系；
图 2.50、图 2.52、图 2.60、图 2.71、图 2.72 为瞬变体系；图 2.58 为具有两个多余约束
的几何不变体系；图 2.63、图 2.67 为少一个联系的几何可变体系；图 2.64、图 2.65 为
具有一个多余约束的几何不变体系。

习　题　3

二、填空题

1. 静力平衡条件　多余

2. 截面法　静力平衡方程

3. 一侧　一侧　截面

4. 0　0

5. 20kN·m

6. 简支梁　悬臂梁　外伸梁

7. $\dfrac{\mathrm{d}V(x)}{\mathrm{d}x}=q(x)$　　$\dfrac{\mathrm{d}M(x)}{\mathrm{d}x}=V(x)$　　$\dfrac{\mathrm{d}^2M(x)}{\mathrm{d}x^2}=q(x)$

8. 剪力图　弯矩图

9. 2

三、判断题

1. √；　2. ×；　3. √；　4. √；　5. √；　6. ×；　7. ×

四、选择题

1. A；　2. B；　3. D；　4. A；　5. C；　6. D；　7. B；　8. A；

9. A；　10. B；　11. A；　12. B

五、计算题

1. (a) $V_D^L=4$kN, $M_D=16$kN·m

　(b) $V_A=-43$kN, $M_A=309$kN·m(右侧受拉)

　(c) $V_A^R=25$kN, $M_D=20$kN·m

2. (a) $M_B=-40$kN·m

　(b) $M_D=10$kN·m

　(c) $M_D^R=-4$kN·m

　(d) $M_{中}=-1$kN·m

　(e) $M_C=\dfrac{1}{2}Pl$

　(f) $M_C=\dfrac{1}{4}Pl$

3. 略

4. (a) $M_A=-4$kN·m, $V_A=3$kN;

　　　$M_B=-2$kN·m, $V_B^R=4$kN

　(b) $M_D=5$kN·m, $V_D=6.67$kN;

　　　$M_F=13.33$kN·m, $V_F^L=13.33$kN

　(c) $M_B=4.33$kN·m, $V_B^L=-2.92$kN;

$M_C = -16\text{kN} \cdot \text{m}, \quad V_C^R = 8\text{kN}$

(d) $M_A = -3\text{kN} \cdot \text{m}, \quad V_A = 2.33\text{kN}$;

$M_F = -1.67\text{kN} \cdot \text{m}, \quad V_F^L = 3.67\text{kN}$

5. (a) $M_B = 2M, \quad M_D = 2M$

(b) $M_B = -10\text{kN} \cdot \text{m}, \quad M_C = -6\text{kN} \cdot \text{m}$

习 题 4

二、填空题

1. 20 右 0

2. 0 0 -2kN

3. 相等 弯矩

4. $2Pl$ 左

5. $4\text{kN} \cdot \text{m}$ 下

6. Pd 里

7. $0.5\text{kN} \cdot \text{m}$ 下

三、判断题

1. ×; 2. ×; 3. ×; 4. ×; 5. ×; 6. √; 7. √

四、选择题

1. C; 2. C; 3. C; 4. C; 5. C; 6. B; 7. C; 8. D;

9. A; 10. B; 11. A; 12. B; 13. B; 14. C

五、计算题

1. (a) $M_{BC} = \dfrac{1}{2}qa^2$(上侧受拉), $M_{BA} = \dfrac{1}{2}qa^2$(右侧受拉),

$V_{BA} = -qa, \quad N_{BC} = -qa$

(b) $M_{BA} = 30\text{kN} \cdot \text{m}$(左侧受拉), $V_{BA} = 0, \quad N_{BA} = -100\text{kN}$

(c) $M_{BA} = 2Pa$(右侧受拉), $V_{BA} = 0, \quad N_{BA} = 0$

(d) $M_{BA} = 1.6\text{kN} \cdot \text{m}$(上侧受拉), $M_{AB} = 8.35\text{kN} \cdot \text{m}$(上侧受拉)

2. (a) $M_{CB} = 80\text{kN} \cdot \text{m}$(下侧受拉), $V_{CB} = 20\text{kN}, \quad N_{CA} = -20\text{kN}$

(b) $M_{CD} = 280\text{kN} \cdot \text{m}$(上侧受拉), $M_{DC} = 160\text{kN} \cdot \text{m}$(上侧受拉),

$V_{CD} = 30\text{kN}, \quad N_{CD} = -80\text{kN}$

(c) $M_{ED} = 120\text{kN} \cdot \text{m}$(上侧受拉), $M_{FB} = 80\text{kN} \cdot \text{m}$(右侧受拉),

$V_{DE} = 30\text{kN}, \quad N_{DE} = -40\text{kN}$

(d) $M_{CB} = 60\text{kN} \cdot \text{m}$(下侧受拉), $V_{CB} = -8.75\text{kN}, \quad N_{CA} = 8.75\text{kN}$

3. (a) $M_{BC} = 250\text{kN} \cdot \text{m}$(下侧受拉), $M_{CA} = 20\text{kN} \cdot \text{m}$(左侧受拉),

$V_{CB} = 180\text{kN}, \quad N_{CA} = -180\text{kN}$

(b) $M_{DC} = m$(下侧受拉), $V_{DC} = -\dfrac{m}{a}, \quad N_{DA} = \dfrac{m}{a}$

4. (a) $M_{DC} = 20\text{kN} \cdot \text{m}$(上侧受拉), $V_{EC} = -20\text{kN}, \quad N_{DA} = -20\text{kN}$

(b) $M_{EA} = 40\text{kN} \cdot \text{m}$(右侧受拉), $V_{FB} = -6.67\text{kN}, \quad N_{EC} = 6.67\text{kN}$

(c) $M_{DE} = 3P$(下侧受拉), $V_{DE} = -\dfrac{P}{2}, \quad N_{DE} = -\dfrac{P}{2}$

375

(d) $M_{DC} = 14.83\text{kN} \cdot \text{m}$(下侧受拉)，$M_{EC} = 12.84\text{kN} \cdot \text{m}$(上侧受拉)，

$\quad V_{DA} = -0.35\text{kN}$，$N_{DA} = 1.96\text{kN}$

6. (a) $M_{DC} = 0$

(b) $M_{CA} = 25\text{kN} \cdot \text{m}$(右侧受拉)

(c) $M_{AB} = 40\text{kN} \cdot \text{m}$(左侧受拉)

(d) $M_{BA} = 25\text{kN} \cdot \text{m}$(左侧受拉)

(e) $M_{DA} = \dfrac{1}{2}Pa$(左侧受拉)

(f) $M_{DC} = \dfrac{1}{2}Pa$(上侧受拉)

7. (a) $M_{DC} = 20\text{kN} \cdot \text{m}$(下侧受拉)

(b) $M_{DC} = 80\text{kN} \cdot \text{m}$(左侧受拉)，$M_{GF} = 320\text{kN} \cdot \text{m}$(上侧受拉)

(c) $M_{GD} = 12\text{kN} \cdot \text{m}$(右侧受拉)，$M_{EC} = 12\text{kN} \cdot \text{m}$(上侧受拉)

(d) $M_{DB} = 0$，$M_{DF} = Pa$(下侧受拉)，$M_{HF} = 2Pa$(上侧受拉)

8. 提示：两平行链杆处的剪力为零。

习 题 5

二、填空题

1. 曲线　水平推力

2. 水平推力

3. $-30°$　$\dfrac{qa}{4}(1-\sqrt{2})$　$\left(-\dfrac{qa}{2}\right)\cos(-30°)-\left(\dfrac{qa}{2}\right)\sin(-30°)$

4. $84\text{kN} \cdot \text{m}$　上

5. 荷载作用情况

6. 无弯矩和剪力　轴力　均匀

三、判断题

1. √；　2. √；　3. √；　4. ×；　5. √；　6. √

四、选择题

1. C；　2. A；　3. D；　4. C；　5. D；　6. B；　7. C；　8. A

五、计算题

1. (1) $Y_A = 10\text{kN}(\uparrow)$，$Y_B = 14\text{kN}(\uparrow)$，$H_A = H_B = H = 12\text{kN}$

(2) $M_D = 4\text{kN} \cdot \text{m}$，$V_{D左} = 3.576\text{kN}$，$V_{D右} = -3.576\text{kN}$，$N_{D左} = 15.198\text{kN}$，

$N_{D右} = 11.622\text{kN}$；$M_E = 4\text{kN} \cdot \text{m}$，$V_E = 0$，$N_E = 13.41\text{kN}$

2. $V_A = 100\text{kN}(\uparrow)$，$H_A = H_B = H = 50\text{kN}$，$M_D = -29\text{kN} \cdot \text{m}$，$V_D = 18.3\text{kN}$，

$N_D = -68.3\text{kN}$

习 题 6

二、填空题

1. 简单桁架　联合桁架　复杂桁架

2. 结点　截面

3. 混合组成　轴力　弯矩　剪力

4. $-\sqrt{2}\dfrac{P}{4}=-0.3536P$　　$\sqrt{2}\dfrac{P}{4}=0.3536P$

5. 0　P

6. 相等　相同

7. 15

8. 6

三、判断题

1. ×；　2. √；　3. ×；　4. √；　5. ×；　6. √；　7. ×；　8. ×；　9. √

四、选择题

1. C；　2. A；　3. D；　4. B；　5. C；　6. C；　7. A；　8. C；　9. A；

10. A；　11. D；　12. A；　13. D；　14. A；　15. B；　16. D；　17. C；

18. B；　19. D；　20. D；　21. C

五、计算分析题

1. (a) 简单桁架，有4根零杆

　(b) 联合桁架，有10根零杆

　(c) 简单桁架，有15根零杆

　(d) 简单桁架，有5根零杆

　(e) 联合桁架，有8根零杆

　(f) 复杂桁架，有5根零杆

2. (a) $N_{12}=\sqrt{2}P$，$N_{13}=-P$，$N_{23}=-P$，$N_{24}=P$，$N_{34}=\sqrt{2}P$，$N_{35}=-2P$

　(b) $N_{12}=N_{34}=N_{14}=-\dfrac{P}{2}$，$N_{26}=N_{36}=N_{35}=0$，$N_{15}=N_{45}=\dfrac{\sqrt{2}P}{2}$，$N_{56}=P$

　(c) $N_{AB}=-4\text{kN}$

　(d) $N_{DC}=-5\text{kN}$，$N_{AB}=4\text{kN}$，$N_{AC}=-15.65\text{kN}$

3. (a) $N_1=-8\text{kN}$，$N_2=5\text{kN}$，$N_3=4.12\text{kN}$

　(b) $N_1=-P$

　(c) $N_1=-\dfrac{3P}{4}$

　(d) $N_1=-\dfrac{10\sqrt{5}}{3}\text{kN}$，$N_2=0$，$N_3=-\dfrac{10\sqrt{2}}{3}\text{kN}$

　(e) $N_1=-2.5P$，$N_2=-\dfrac{5}{6}P$，$N_3=3P$

　(f) $N_1=20\text{kN}$，$N_2=0$，$N_3=0$

4. (a) $N_1=22.5\text{kN}$，$N_2=-45$，$N_3=37.5\text{kN}$

　(b) $N_1=-2.84\text{kN}$，$N_2=0$，$N_3=5\text{kN}$，$N_4=0$

5. (a) $N_{DE}=\dfrac{P}{2}$(拉)，$N_{DA}=\dfrac{\sqrt{2}P}{2}$(拉)，$N_{DF}=-\dfrac{P}{2}$(压)，$N_{EB}=\dfrac{\sqrt{2}P}{2}$(拉)，

　　$N_{EG}=-\dfrac{P}{2}$(压)，$M_F=\dfrac{Pa}{4}$(下边受拉)，$V_{AF}=\dfrac{P}{4}$，$V_{FC}=-\dfrac{P}{4}$，

$$M_G = \frac{Pa}{4}(\text{上边受拉}), \quad V_{CG} = -\frac{P}{4}, \quad V_{GB} = \frac{P}{4}$$

(b) $M_D = 120\text{kN} \cdot \text{m}(\text{左边受拉}), \quad N_{CE} = -28.28\text{kN}$

习 题 7

二、填空题

1. 形状　位置　线　角

2. 0

3. $\dfrac{11ql^4}{24EI}$

4. 位移和变形　内力　位移　变形

5. 弯曲　剪切

6. 杆轴为直线　EI 为常量　M_P 与 $\overline{M}$ 两个弯矩图中至少有一个是直线图形

7. 平衡　弹性

8. A_ω 与 y_C 在杆件的同侧　在异侧

9. 虚设位移状态　虚设力系

三、判断题

1. √;　2. √;　3. √;　4. ×;　5. √;　6. ×;　7. √;

8. ×;　9. ×

四、选择题

1. C;　2. C;　3. C;　4. B;　5. C;　6. A;　7. B;　8. B;

9. C;　10. C;　11. D;　12. B;　13. B;　14. A;　15. A;

16. C;　17. D;　18. C;　19. C

五、计算题

1. $\Delta_{AV} = \dfrac{ql^4}{8EI}(\rightarrow), \quad \theta_A = \dfrac{ql^3}{6EI}(\curvearrowleft)$

2. $\Delta_{BH} = \dfrac{3ql^4}{8EI}(\rightarrow)$

3. $\Delta_C = 1.72\text{mm}(\downarrow)$

4. $\Delta_{DH} = 3.828\dfrac{pa}{EA}(\rightarrow)$

5. $\Delta_{BH} = \dfrac{PR^3}{2EI}(\rightarrow)$

6. $\Delta_{AV} = \dfrac{ql^4}{8EI}(\rightarrow), \quad \theta_A = \dfrac{ql^3}{6EI}(\curvearrowleft)$

7. (1) $\Delta_{V\max} = \dfrac{23Pl^3}{648EI}(\downarrow)$

　(2) $\Delta_{CV} = \dfrac{680}{3EI}(\downarrow)$

　(3) $\theta_B = \dfrac{19qa^3}{24EI}(\curvearrowleft)$

　(4) $\Delta_{AH} = \dfrac{7qa^4}{EI}(\leftarrow), \quad \Delta_{DV} = \dfrac{161qa^4}{48EI}(\downarrow)$

(5) $\Delta_{CD} = \dfrac{11qa^4}{15EI}(\leftarrow \rightarrow)$

(6) $\Delta_{AV} = \dfrac{54}{EI}(\uparrow)$, $\Delta_{DV} = \dfrac{161qa^4}{48EI}$

8. $\Delta_{DV} = 28\text{mm}(\downarrow)$

9. $\Delta_{CV} = 13.2\text{mm}(\uparrow)$

10. $\Delta_{DH} = 16.5\text{mm}(\rightarrow)$

11. (1) $\Delta_{BH} = 10\text{mm}(\leftarrow)$；(2) $\Delta_{BH} = 2.5\text{mm}(\rightarrow)$

12. $\Delta_{KV} = \Delta_y - 3a\Delta_\varphi(\downarrow)$，$\Delta_{KH} = \Delta_H + a\Delta_\varphi(\leftarrow)$，$\Delta_{K\varphi} = \Delta_\varphi$

13. $\Delta_{DV} = 3.3\text{mm}(\downarrow)$

习 题 8

二、填空题

1. 2次 1次 4次 5次 6次 12次 2次 5次 3次 5次

2. 基本体系中由于 $X_j = 1$ 作用引起的沿 X_i 方向的位移 基本体系中由于荷载作用引起的沿 X_i 方向的位移

3. 正 正或负或零

4. 0.375Pa 上

5. 0.5Pl 内

三、判断题

1. $\times$；ㅤ2. $\checkmark$；ㅤ3. $\times$；ㅤ4. $\times$；ㅤ5. $\times$；ㅤ6. $\checkmark$；ㅤ7. $\times$；

8. $\times$；ㅤ9. $\times$；ㅤ10. $\times$；ㅤ11. $\times$；ㅤ12. $\checkmark$；ㅤ13. $\times$；

14. $\checkmark$；ㅤ15. $\checkmark$；ㅤ16. $\times$；ㅤ17. $\times$；ㅤ18 $\times$

四、选择题

1. C；ㅤ2. D；ㅤ3. A；ㅤ4. B；ㅤ5. C；ㅤ6. B；ㅤ7. B；ㅤ8. A；ㅤ9. A；ㅤ10. B

五、计算题

1. (a) $M_A = \dfrac{3}{16}Pl$（上侧受拉）

　(b) $M_B = \dfrac{3}{32}Pl$ （上侧受拉）

　(c) $M_A = \dfrac{1}{3}ql^2$（上侧受拉），$M_B = \dfrac{1}{6}ql^2$（下侧受拉）

　(d) $M_A = \dfrac{1}{8}Pl$（上侧受拉），$M_B = \dfrac{1}{8}Pl$（上侧受拉）

2. (a) $M_{CA} = 9\text{kN}\cdot\text{m}$（左侧受拉）

　(b) $M_{CA} = 13.8\text{kN}\cdot\text{m}$（左侧受拉），ㅤ$M_{DB} = 2.2\text{kN}\cdot\text{m}$（左侧受拉）

　(c) $M_{DB} = 8.625\text{kN}\cdot\text{m}$（上侧受拉）

　(d) $M_{CA} = \dfrac{1}{14}ql^2$（左侧受拉）

　(e) $M_{AD} = 36.96\text{kN}\cdot\text{m}$（右侧受拉）；$M_{BE} = 104.46\text{kN}\cdot\text{m}$（右侧受拉）

　(f) $M_{DE} = 0.852\text{kN}\cdot\text{m}$（上侧受拉），$M_{ED} = 10.2\text{kN}\cdot\text{m}$（上侧受拉）

3. (a) $M_{DE} = 62.12$kN・m(上侧受拉)

(b) $M_{AD} = 49.04$kN・m(左侧受拉),$M_{BE} = 11.524$kN・m(左侧受拉)

4. (a) $N_{DE} = 0.172P$,$N_{EC} = -0.586P$

(b) $N_{BC} = 0.896P$,$N_{AC} = 0.147P$

5. (a) $M_{AC} = 22.5$kN・m(左侧受拉)

(b) $M_{BD} = 92.4$kN・m(右侧受拉)

6. $N_{EF} = 67.3$kN,$M_C = 14.6$kN・m(上侧受拉)

7. $M_K = 125.743$kN・m(下侧受拉),$V_K = 0.089$kN,$N_K = -111.623$kN

8. $H = 0.46P$,$M_A = 0.11PR$

9. (a) $M_{AC} = 15.6$kN・m(左侧受拉),$M_{CA} = 9.38$kN・m(右侧受拉)

(b) $M_{AC} = 61.5$kN・m(左侧受拉),$M_{BD} = 32.3$kN・m(左侧受拉)

(c) $M_{AC} = 20.7$kN・m(左侧受拉),$M_{CD} = 22.8$kN・m(下侧受拉)

(d) $M_{AB} = \dfrac{1}{24}qa^2$(下侧受拉)

(e) $M_{DE} = 0.039ql^2$(上侧受拉),$M_{ED} = 0.074ql^2$(上侧受拉)

(f) $M_{AE} = \dfrac{1}{4}Ph$(左侧受拉)

(g) $M_{AC} = 9.27$kN・m(右侧受拉),$M_{BD} = 32.3$kN・m(左侧受拉)

(h) 上下中点弯矩为$\dfrac{qR^2}{4}$(内侧受拉)

10. (a) $M_{CB} = \dfrac{480\alpha EI}{l}$(上侧受拉)

(b) $\varphi_A = 60\alpha$(顺时针转)

11. $M_A = \dfrac{3EI\alpha\Delta t}{2h}$(上侧受拉)

12. (a) $M_{AB} = 3\dfrac{EI}{l}\alpha$(下侧受拉)

(b) $M_{AB} = 4\dfrac{EI}{l}\alpha$(下侧受拉)

(c) $M_{AB} = 3\dfrac{EI}{l^2}\Delta$(上侧受拉)

(d) $M_{AB} = 6\dfrac{EI}{l^2}\Delta$(上侧受拉)

(e) $M_{BC} = \dfrac{4EI}{3000\alpha}$(下侧受拉)

习 题 9

二、填空题

1. 变形条件

2. 也可 平衡

3. 线刚度 i 远端支承情况

4. 0 0

5. 0

6. 功的互等定理(或反力互等定理)

7. 静力平衡

8. 4 1 2 1 2 2 2 2

9. $n_\varphi=2, n_l=0$　$n_\varphi=1, n_l=2$　$n_\varphi=8, n_l=3$　$n_\varphi=1, n_l=1$

$n_\varphi=2, n_l=2$　$n_\varphi=2, n_l=1$　$n_\varphi=1, n_l=1$　$n_\varphi=1, n_l=0$

10. 反对称

11. 相反

三、判断题

1. ✕；　2. ✕；　3. √；　4. ✕；　5. √；　6. ✕；　7. ✕；　8. √

四、选择题

1. D；　2. A；　3. D；　4. D；　5. B；　6. D；　7. C；　8. B；

9. B；　10. B；　11. C；　12. B；　13. A

五、计算分析题

1. (a)　$3+1=4$

(b)　$5+2=7$

(c)　$\alpha\neq0$, $1+1=2$; $\alpha=0$, $1+0=1$

(d)　$\alpha\neq0$, $6+4=10$; $\alpha=0$, $6+4=10$

(e)　$EA\neq\infty$, $6+3=8$; $EA=\infty$, $6+2=8$

(f)　$4+2=6$

(g)　$2+2=4$

2. (a)　$\overline{M}_{CB}=3i$, $M_{CB}^F=\dfrac{3}{16}ql^2$

(b)　$\overline{M}_{BA}=\dfrac{3}{4}EI$, $M_{BA}^F=5\text{kN}\cdot\text{m}$

(c)　$\overline{M}_{CD}=\dfrac{2EI}{l}$

(d)　$\theta_A=1$, $\overline{M}_{FB}=0$;　$\theta_B=1$, $\overline{M}_{FB}=-i$, $M_{FB}^F=\dfrac{1}{8}ql^2$

3. (a)　$M_{DC}=41.5\text{kN}\cdot\text{m}$, $M_{CD}=-6.92\text{kN}\cdot\text{m}$

(b)　$M_{BA}=45.63\text{kN}\cdot\text{m}$

4. (a)　$M_{AB}=-\dfrac{41}{280}Pl$, $M_{BC}=-\dfrac{11}{280}Pl$

(b)　$M_{BC}=-54.3\text{kN}\cdot\text{m}$, $M_{CB}=70.3\text{kN}\cdot\text{m}$

5. (a)　$M_{AD}=-\dfrac{11ql^2}{56}$, $M_{AEB}=-\dfrac{3ql^2}{28}$

(b)　$M_{AD}=-84.2\text{kN}\cdot\text{m}$, $M_{EB}=-70\text{kN}\cdot\text{m}$, $M_{ED}=35.1\text{kN}\cdot\text{m}$

(c)　$M_{AC}=-10.4\text{kN}\cdot\text{m}$, $M_{BD}=-5.65\text{kN}\cdot\text{m}$, $M_{CE}=7.53\text{kN}\cdot\text{m}$

(d)　$M_{DG}=33.3\text{kN}\cdot\text{m}$, $M_{AD}=53.33\text{kN}\cdot\text{m}$

6. (a)　$M_{AC}=-225\text{kN}\cdot\text{m}$, $M_{BD}=-135\text{kN}\cdot\text{m}$

(b)　$M_{CE}=-40\text{kN}\cdot\text{m}$, $M_{EC}=70\text{kN}\cdot\text{m}$, $M_{EF}=-57.39\text{kN}\cdot\text{m}$

7. (a) $M_{AD}=\dfrac{1}{48}ql^2$，$M_{DE}=-\dfrac{1}{24}ql^2$

(b) $M_{DE}=0$，$M_{ED}=180\text{kN}\cdot\text{m}$，$M_{BC}=-360\text{kN}\cdot\text{m}$

(c) $M_{EF}=-57.39\text{kN}\cdot\text{m}$，$M_{AC}=-5.22\text{kN}\cdot\text{m}$，$M_{CE}=20.87\text{kN}\cdot\text{m}$

(d) $M_{AC}=-171.4\text{kN}\cdot\text{m}$，$M_{CA}=-128.6\text{kN}\cdot\text{m}$

习 题 10

二、填空题

1. 固定　固端弯矩　放松　不平衡　固端弯矩　分配弯矩　传递弯矩
2. 线刚度　支承情况
3. 无侧移（或无结点线位移）
4. 当近端转动时远端弯矩与近端弯矩的比值　0.5　−1
5. 0　1　0.2
6. 1　0.385

三、判断题

1. √；　2. ×；　3. √；　4. √；　5. √；　6. √；　7. ×；　8. √；
9. √；　10. √；　11. √

四、选择题

1. C；　2. B；　3. D；　4. C；　5. B；　6. B；　7. D；　8. B

五、计算题

1. (a) $M_{BA}=35\text{kN}\cdot\text{m}$(上侧受拉)，$R_B=27.5\text{kN}(\uparrow)$

(b) $M_A=6.08\text{kN}\cdot\text{m}$(上侧受拉)，$M_{CB}=61.14\text{kN}\cdot\text{m}$(上侧受拉)，$R_B=73.89\text{kN}(\uparrow)$

(c) $M_{CB}=52.76\text{kN}\cdot\text{m}$(上侧受拉)，$R_B=89.7\text{kN}(\uparrow)$

2. (a) $M_{BA}=14.7\text{kN}\cdot\text{m}$(上侧受拉)，$M_{CB}=16.8\text{kN}\cdot\text{m}$(上侧受拉)

(b) $M_A=3.33\text{kN}\cdot\text{m}$(右侧受拉)，$M_{CD}=33.33\text{kN}\cdot\text{m}$(上侧受拉)

3. $M_{JK}=128.3\text{kN}\cdot\text{m}$(上侧受拉)，$M_{LK}=176.8\text{kN}\cdot\text{m}$(上侧受拉)，
$M_{AD}=20.8\text{kN}\cdot\text{m}$(右侧受拉)，$M_{HG}=161.4\text{kN}\cdot\text{m}$(上侧受拉)

4. $M_{KJ}=148.6\text{kN}\cdot\text{m}$(上侧受拉)，$M_{HG}=190.3\text{kN}\cdot\text{m}$(上侧受拉)，
$M_{AD}=33.4\text{kN}\cdot\text{m}$(右侧受拉)，$M_{EB}=16.4\text{kN}\cdot\text{m}$(右侧受拉)

5. $M_{AD}=39\text{kN}\cdot\text{m}$(左侧受拉)，$M_{GJ}=11.25\text{kN}\cdot\text{m}$(左侧受拉)，
$M_{KJ}=5.06\text{kN}\cdot\text{m}$(上侧受拉)，$M_{EF}=29.25\text{kN}\cdot\text{m}$(下侧受拉)

6. $M_{AD}=31.88\text{kN}\cdot\text{m}$(左侧受拉)，$M_{GJ}=7.08\text{kN}\cdot\text{m}$(左侧受拉)，
$M_{KJ}=6.53\text{kN}\cdot\text{m}$(上侧受拉)，$M_{EF}=38.82\text{kN}\cdot\text{m}$(下侧受拉)

7. $V_A=V_C=2.75\text{kN}$，$V_B=2.92\text{kN}$

8. 略

习 题 11

二、填空题

1. $Z=P_1\cdot y_1+P_2\cdot y_2+\cdots+P_n\cdot y_n=\sum\limits_{i=1}^{n}P_i\cdot y_i$

2. 平衡方程　位移图

3. 梁中点　$\dfrac{l}{2}-\dfrac{a}{2}$

4. 静力法　机动法

5. 基本部分　附属部分

6. R_B　C　反力 R_B

7. $B_{左}$　剪力

8. M_K　D　M_K

9. 2m

10. 移动　绝对最大

11. 虚位移

12. 500　160

13. 3.8

三、判断题

1. ×；　2. √；　3. √；　4. ×；　5. ×；　6. √；　7. ×；　8. √；
9. √；　10. √；　11. √；　12. √；　13. ×；　14. ×；　15. ×；　16. √

四、选择题

1. A；　2. C；　3. D；　4. B；　5. C；　6. D；　7. C；　8. A；　9. C；
10. A；　11. D；　12. D；　13. C

五、计算题

1. (a) $R_A=1$，$M_A=x$，$M_C=\begin{cases}0, & (0<x\leqslant 2)\\-(x-2) & (x\geqslant 2)\end{cases}$，$V_C=\begin{cases}0, & (0<x\leqslant 2)\\1 & (2<x\leqslant 3)\end{cases}$

 (b) $R_B=1(B$ 点的值$)$，$M_C=1(C$ 点的值$)$，$V_C=-\dfrac{1}{2}(C$ 左的值$)$，$M_B=-2(D$ 点

 的值$)$，$V_B^L=-1(B$ 左的值$)$，$V_B^R=+1(B$ 右的值$)$

 (c) $R_A=R_A^0$，$R_B=R_B^0$，$M_C=M_C^0$，$V_C=V_C^0\cos\alpha$，$N_C=-V_C^0\sin\alpha$

注：上标加"0"者为平梁有关量的值。

 (d) $V_C^L=-1(C$ 左的值$)$，$M_C=b(C$ 点的值$)$

2. (a) $M_C=\dfrac{2}{3}\mathrm{m}(D$ 点的值$)$，$V_C=\dfrac{2}{3}(D$ 点的值$)$

 (b) $R_A=\dfrac{10}{9}(F$ 点的值$)$，$M_C=\dfrac{4}{3}\mathrm{m}(G$ 点的值$)$，$V_C=-\dfrac{2}{9}(G$ 点的值$)$，

 $V_D^L=-\dfrac{2}{9}(G$ 点的值$)$，$V_D^R=-\dfrac{5}{9}(D$ 点的值$)$

3. (a) $N_1=\dfrac{7}{11}(C$ 点的值$)$，$N_2=\dfrac{12}{11}(E$ 点的值$)$，$N_3=\dfrac{32}{33}(D$ 点的值$)$，

 $N_4=-\dfrac{34}{33}(C$ 点的值$)$，$N_5=\dfrac{136}{165}(D$ 点的值$)$，$N_6=-\dfrac{34}{55}(E$ 点的值$)$，

 $N_7=1(G$ 点的值$)$

 (b) $N_1=1(D$ 点的值$)$，$N_2=-\dfrac{\sqrt{13}}{3}(D$ 点的值$)$，$N_3=1(E$ 点的值$)$

(c) $N_1=\dfrac{3}{2}(C$ 点的值$)$，$N_2=1(C$ 点的值$)$，$N_3=\dfrac{\sqrt{2}}{2}(C$ 点的值$)$，

$N_4=\sqrt{2}(C$ 点的值$)$

4. (a) $R_C=\dfrac{4}{3}$m(B 点的值)，$M_H=-\dfrac{2}{3}$m(B 点的值)，$V_H=\dfrac{1}{3}$(B 点的值)，

$V_G=0$(B 点的值)

(b) $R_A=-\dfrac{1.5}{4}$(C 点的值)，$R_B=\dfrac{5.5}{4}$(C 点的值)，$M_E=-1$m(D 点的值)，

$V_E^L=-1$(D 点的值)，$V_E^R=\dfrac{1}{3}$(以上为 D 点的值)

(c) $M_A=-3$m(B 点的值)，$V_C=-1$(C 点的值)，$M_D=-2$m(C 点的值)，

$M_K=-1$m(C 点的值)，$V_K=-\dfrac{1}{2}$(C 点的值)

(d) $M_K=\dfrac{2}{3}$m(K 点的值)，$V_K=-\dfrac{1}{3}$(K 左的值)，$V_C^R=1$(C 右的值)，

$M_D=1$m(D 点的值)

5. (a) $M_E=55$kN·m，$V_D^L=23.75$kN

(b) $V_C=7.15$kN，$M_C=6.8$kN·m

(c) $V_C=70$kN，$M_C=80$kN·m

(d) $R_C=140$kN($\uparrow$)，$M_E=40$kN·m，$V_C^L=-60$kN

6. (a) $M_{Cmax}=242.5$kN·m，$V_{Cmax}=80.83$kN，$V_{Cmin}=-9.17$kN

(b) $M_{Cmax}=1912.21$kN·m，$V_{Cmax}=637.43$kN，$V_{Cmin}=-81.13$kN

7. $M_{Cmax}=314.31$kN·m，$V_{Cmax}=104.8$kN，$V_{Cmin}=-27.31$kN

8. $R_{Bmax}=237$kN

9. $M_{max}=426.67$kN·m

10. 绝对最大弯矩为 355.6kN·m，跨中最大弯矩为 350kN·m

11. 略

习　题　12

二、填空题

1. 3；　3；　2；　1；　2；　1；　1；　1

2. 越大

3. 振幅　频率

4. $[K]=[\delta]^{-1}$

5. -0.25

三、判断题

1. ×；　2. ×；　3. √；　4. ×；　5. ×；　6. ×；　7. √；　8. ×；

9. √；　10. ×

四、选择题

1. D；　2. C；　3. B；　4. B；　5. A；　6. B；　7. B；　8. C

五、计算题

1. (a) $\omega = \sqrt{\dfrac{48EI}{5ml^3}}$

   (b) $\omega = \sqrt{\dfrac{60EI}{5ml^3}}$

2. $\omega = \sqrt{\dfrac{6EI}{mh^3}}$

3. $\omega = \sqrt{\dfrac{1536EI}{23ml^3}}$

4. $\omega = \sqrt{\dfrac{3EI}{mh^2 l}}$

5. $y_{max} = 1\text{mm}$, $v_{max} = 41.75\text{mm/s}$, $a_{max} = 1743\text{mm/s}^2$

6. $c = 401.96\text{kg/s}$, $y_5 = 0.24\text{cm}$

7. (1) $y_{max} = 7.88\text{mm}$, $M_A = -42.2\text{kN} \cdot \text{m}$;

   (2) $y_{max} = 6.16\text{mm}$, $M_A = -36.4\text{kN} \cdot \text{m}$

8. $\omega = \sqrt{\dfrac{16k}{33m}}$

9. $y_{max} = -0.0884\text{cm}$(与 F 方向相反), $M_{max} = 0.52\text{kN} \cdot \text{m}$

10. (a) $\omega_1 = 0.931\sqrt{\dfrac{EI}{ma^3}}$, $\omega_2 = 2.35\sqrt{\dfrac{EI}{ma^3}}$, $\dfrac{A_1^{(1)}}{A_2^{(1)}} = -\dfrac{1}{0.306}$, $\dfrac{A_1^{(2)}}{A_2^{(2)}} = \dfrac{1}{1.638}$

    (b) $\omega_1 = 1.928\sqrt{\dfrac{EI}{ma^3}}$, $\omega_2 = 3.327\sqrt{\dfrac{EI}{ma^3}}$, $\dfrac{A_1^{(1)}}{A_2^{(1)}} = -\dfrac{1}{1.592}$, $\dfrac{A_1^{(2)}}{A_2^{(2)}} = \dfrac{1}{0.314}$

11. $\omega_1 = 134.16\text{s}^{-1}$, $\omega_2 = 202.90\text{s}^{-1}$

12. $\omega_1 = 3.028\sqrt{\dfrac{EI}{ml^3}}$, $\omega_2 = 7.927\sqrt{\dfrac{EI}{ml^3}}$, $\dfrac{A_2^{(1)}}{A_1^{(1)}} = \dfrac{1}{1.618}$, $\dfrac{A_2^{(2)}}{A_1^{(2)}} = -\dfrac{1}{0.618}$

13. $A_1 = 0.0316\dfrac{Fl^3}{EI}$, $A_2 = 0.099\dfrac{Fl^3}{EI}$(与 A_1 方向相反), $M_{1max} = 0.299Fl$

14. $A_1 = -0.202\text{mm}$, $A_2 = -0.206\text{mm}$, $M_A = 6.063\text{kN} \cdot \text{m}$

15. 同 14 题答案

16. $\omega = \dfrac{15.45}{l^2}\sqrt{\dfrac{EI}{\overline{m}}}$

17. 假设 $y(x) = a\sin\dfrac{\pi x}{l}$ 时, $\omega = \sqrt{\dfrac{\dfrac{\pi^4 EI}{2l^3}}{\dfrac{ml}{2} + M}}$

18. $\omega = \dfrac{2.21}{l^2}\sqrt{\dfrac{EI}{\overline{m}}}$

习 题 13

二、填空题

1. 单向　弯矩增大

2. 1　2　不能

3. 弹性阶段　弹塑性阶段　塑性流动阶段

4. 不超过

5. 丧失承载能力

6. 6.9175

7. 上下面积相等

三、判断题

1. ×；　2. ×；　3. ×；　4. ×；　5. ×；　6. ×；　7. √；　8. ×

四、选择题

1. A；　2. B；　3. D；　4. D；　5. D；　6. B；　7. A；　8. A；　9. C

五、计算题

1. $F_u = \left(1 + \dfrac{\sqrt{2}}{2}\right)\sigma_s A$

2. $F_u = 2\sigma_s A$

3. $M_u = 105.4 \text{kN} \cdot \text{m}$

4. $F_u = 11.34 \text{kN}$

5. $F_u = \dfrac{M_u}{2}$

6. $F_u = \dfrac{2M_u}{l}$

7. $F_u = \dfrac{3M_u}{l}$

参 考 文 献

[1] 龙驭球，包世华. 结构力学 [M]. 北京：高等教育出版社，2008.

[2] 李廉锟. 结构力学 [M]. 北京：高等教育出版社，2011.

[3] 李家宝. 结构力学 [M]. 北京：高等教育出版社，2004.

[4] 彭俊生，罗永坤. 结构力学指导型习题册 [M]. 成都：西南交通大学出版社，2001.

[5] 老亮. 材料力学史漫话 [M]. 北京：高等教育出版社，1993.

[6] 于玲玲. 结构力学 [M]. 北京：中国电力出版社，2009.

[7] 金圣才. 注册结构工程师基础考试过关必做 1500 题 [M]. 北京：中国石化出版社，2009.

[8] 卢存恕，周周，范国庆. 建筑力学（上册）[M]. 长春：吉林大学出版社，1996.

[9] 卢存恕，吴富英，常伏德. 建筑力学（下册）[M]. 长春：吉林大学出版社，1996.

北京大学出版社土木建筑系列教材(已出版)

序号	书名	主编	定价	序号	书名	主编	定价
1	建筑设备(第2版)	刘源全 张国军	46.00	55	土木工程材料	王春阳 裴锐	40.00
2	土木工程测量(第2版)	陈久强 刘文生	40.00	56	结构抗震设计	祝英杰	30.00
3	土木工程材料(第2版)	柯国军	45.00	57	土木工程专业英语	霍俊芳 姜丽云	35.00
4	土木工程计算机绘图	袁果 张渝生	28.00	58	混凝土结构设计原理	邵永健	40.00
5	工程地质(第2版)	何培玲 张婷	26.00	59	土木工程计量与计价	王翠琴 李春燕	35.00
6	建设工程监理概论(第2版)	巩天真 张泽平	35.00	60	房地产开发与管理	刘薇	38.00
7	工程经济学(第2版)	冯为民 付晓灵	42.00	61	土力学	高向阳	32.00
8	工程项目管理(第2版)	仲景冰 王红兵	45.00	62	建筑表现技法	冯柯	42.00
9	工程项目投资控制	曲娜 陈顺良	30.00	63	工程招投标与合同管理	吴芳 冯宁	39.00
10	建设项目评估	黄明知 尚华艳	38.00	64	工程施工组织	周国恩	28.00
11	工程造价管理	车春鹏 杜春艳	24.00	65	建筑力学	邹建奇	34.00
12	工程招标投标管理(第2版)	刘昌明	30.00	66	土力学学习指导与考题精解	高向阳	26.00
13	工程合同管理	方俊 胡向真	23.00	67	建筑概论	钱坤	28.00
14	建筑工程施工组织与管理(第2版)	余群舟 宋会莲	31.00	68	岩石力学	高玮	35.00
15	建设法规(第2版)	肖铭 潘安平	32.00	69	交通工程学	李杰 王富	39.00
16	建设项目评估	王华	35.00	70	房地产策划	王直民	42.00
17	工程量清单的编制与投标报价	刘富勤 陈德方	25.00	71	中国传统建筑构造	李合群	35.00
18	土木工程概预算与投标报价(第2版)	刘薇 叶良	37.00	72	房地产开发	石海均 王宏	34.00
19	室内装饰工程预算	陈祖建	30.00	73	室内设计原理	冯柯	28.00
20	力学与结构	徐吉恩 唐小弟	42.00	74	建筑结构优化及应用	朱杰江	30.00
21	理论力学(第2版)	张俊彦 赵荣国	40.00	75	高层与大跨建筑结构施工	王绍君	45.00
22	材料力学	金康宁 谢群丹	27.00	76	工程造价管理	周国恩	42.00
23	结构力学简明教程	张系斌	20.00	77	土建工程制图	张黎骅	29.00
24	流体力学	刘建军 章宝华	20.00	78	土建工程制图习题集	张黎骅	26.00
25	弹性力学	薛强	22.00	79	材料力学	章宝华	36.00
26	工程力学	罗迎社 喻小明	30.00	80	土力学教程	孟祥波	30.00
27	土力学	肖仁成 俞晓	18.00	81	土力学	曹卫平	34.00
28	基础工程	王协群 章宝华	32.00	82	土木工程项目管理	郑文新	41.00
29	有限单元法(第2版)	丁科 殷水平	30.00	83	工程力学	王明斌 庞永平	37.00
30	土木工程施工	邓寿昌 李晓目	42.00	84	建筑工程造价	郑文新	38.00
31	房屋建筑学(第2版)	聂洪达 郄恩田	48.00	85	土力学(中英双语)	郎煜华	38.00
32	混凝土结构设计原理	许成祥 何培玲	28.00	86	土木建筑CAD实用教程	王文达	30.00
33	混凝土结构设计	彭刚 蔡江勇	28.00	87	工程管理概论	郑文新 李献涛	26.00
34	钢结构设计原理	石建军 姜袁	28.00	88	景观设计	陈玲玲	49.00
35	结构抗震设计	马成松 苏原	25.00	89	色彩景观基础教程	阮正仪	42.00
36	高层建筑施工	张厚先 陈德方	32.00	90	工程力学	杨云芳	42.00
37	高层建筑结构设计	张仲先 王海波	23.00	91	工程设计软件应用	孙春红	39.00
38	工程事故分析与工程安全	谢征勋 罗章	22.00	92	城市轨道交通工程建设风险与保险	吴宏建 刘宽亮	75.00
39	砌体结构	何培玲	20.00	93	混凝土结构设计原理	熊丹安	32.00
40	荷载与结构设计方法(第2版)	许成祥 何培玲	30.00	94	混凝土结构设计	熊丹安	37.00
41	工程结构检测	周详 刘益虹	20.00	95	城市详细规划原理与设计方法	姜云	36.00
42	土木工程课程设计指南	许明 孟苫超	25.00	96	工程经济学	都沁军	42.00
43	桥梁工程(第2版)	周先雁 王解军	37.00	97	结构力学	边亚东	42.00
44	房屋建筑学(上:民用建筑)	钱坤 王若竹	32.00	98	结构力学实用教程	常伏德	47.00
45	房屋建筑学(下:工业建筑)	钱坤 吴歌	26.00	99	房地产估价	沈良峰	45.00
46	工程管理专业英语	王竹芳	24.00	100	土木工程结构试验	叶成杰	39.00
47	建筑结构CAD教程	崔钦淑	36.00	101	土木工程概论	邓友生	34.00
48	建设工程招投标与合同管理实务	崔东红	38.00	102	工程项目管理	邓铁军 杨亚频	48.00
49	工程地质	倪宏革 时向东	25.00	103	误差理论与测量平差基础	胡圣武 肖本林	37.00
50	工程经济学	张厚钧	36.00	104	房地产估价理论与实务	李龙	36.00
51	工程财务管理	张学英	38.00	105	混凝土结构设计	熊丹安	37.00
52	土木工程施工	石海均 马哲	40.00	106	钢结构设计原理	胡习兵	30.00
53	土木工程制图	张会平	34.00	107	土木工程材料	赵志曼	39.00
54	土木工程制图习题集	张会平	22.00	108	道路勘测设计	刘文生	43.00

请登陆 www.pup6.cn 免费下载本系列教材的电子书(PDF版)、电子课件和相关教学资源。

欢迎免费索取样书,并欢迎到北大出版社来出版您的大作,可在 www.pup6.cn 在线申请样书和进行选题登记,也可下载相关表格填写后发到我们的邮箱,我们将及时与您取得联系并做全方位的服务。

联系方式:010-62750667, donglu2004@163.com, linzhangbo@126.com, 欢迎来电来信咨询。